教育部精品教材

普通高等教育"十一五"国家级规划教材

药用高分子材料

第三版

姚日生　主编

董岸杰　刘永琼　李凤和　副主编

U0222842

化学工业出版社

·北京·

《药用高分子材料》（第三版）通过高分子结构、性能阐述其在药物的生产加工与使用过程中的应用，全书共七章，包括：绪论、高分子材料的性能、高分子材料在药物制剂中的应用原理、药用天然高分子材料、药用合成高分子、高分子药物、药品包装用高分子材料及其加工。本书第二版是普通高等教育"十一五"国家级规划教材，并荣获教育部普通高等教育精品教材。第三版修订重点是增加纳米药物制剂、生物大分子药物和高分子前药研究成果及其相关理论，另外还增加了工艺技术实例。

《药用高分子材料》（第三版）可作为高等学校药学、制药工程和药物制剂及相关专业的本科教材，也可供科研人员、企业生产技术人员等参考。

图书在版编目（CIP）数据

药用高分子材料/姚日生主编 . —3 版 . —北京：
化学工业出版社，2018.9（2024.9 重印）
教育部普通高等教育精品教材　普通高等教育
"十一五"国家级规划教材
ISBN 978-7-122-32430-6

Ⅰ.①药…　Ⅱ.①姚…　Ⅲ.①高分子材料-药剂-辅助材料-高等学校-教材　Ⅳ.①TQ460.4

中国版本图书馆 CIP 数据核字（2018）第 135262 号

责任编辑：杜进祥　马泽林　　　　　　文字编辑：丁建华
责任校对：边　涛　　　　　　　　　　装帧设计：关　飞

出版发行：化学工业出版社（北京市东城区青年湖南街 13 号　邮政编码 100011）
印　　装：高教社（天津）印务有限公司
787mm×1092mm　1/16　印张 18¼　字数 454 千字　　2024 年 9 月北京第 3 版第 5 次印刷

购书咨询：010-64518888　　　　　　售后服务：010-64518899
网　　址：http://www.cip.com.cn
凡购买本书，如有缺损质量问题，本社销售中心负责调换。

定　价：46.00 元

《药用高分子材料》（第三版）编写人员

主　　编　姚日生

副 主 编　董岸杰　刘永琼　李凤和

编写人员（按姓氏笔画排序）

见玉娟　安徽中医药大学

邓胜松　合肥工业大学

刘永琼　武汉工程大学

李凤和　安徽安生生物化工科技有限公司

姚日生　合肥工业大学

高文霞　温州大学

董岸杰　天津大学

前　言

《药用高分子材料》内容涉及高分子化学、高分子物理和功能高分子材料等，已是我国药学、药剂学和制药工程专业主要教学用书之一，是普通高等教育"十一五"国家级规划教材，2011年9月荣获教育部普通高等教育精品教材。在第二版编写时，重点是增加纳米药物制剂、生物大分子药物和高分子前药研究成果及其相关理论。另外，无论是第一版的还是第二版的《药用高分子材料》，其内容都是以理论原理和方法为主，需要增加必要的工艺技术实例，以帮助提高非高分子材料科学与工程专业的学生自学效率。

自第二版《药用高分子材料》出版十年以来，药用高分子材料和包材等品种在增加，有关标准规范也在变化；同时，在教学过程中，发现教材编写有疏漏，且部分章节内容有重叠。因此，我们必须作出相应的修订。

全书在保持第二版的总体构架的基础上，以结构决定性能、性能决定应用的逻辑对有关内容进行调整、补充，并对章节内容进行梳理，以改善章节内容的可读性。其中，第一章到第三章的编写从定义或名词解释等基本概念开始，并增加工艺技术实例以说明或验证制备方法原理；第四章和第五章按照辅料的类别或品种的结构和性质、制备方法及其应用进行编写，并给出必要的图解；第六章主要修订第一节并增加部分临床应用或试验的高分子药物品种实例；第七章主要引用新标准和法规条款，并适当补充新材料。

本书第一章、第二章和第三章由姚日生修订，第四章和第五章由李凤和修订并提供新的应用实例，第六章由高文霞和邓胜松修订，第七章由见玉娟和李凤和修订。全书由姚日生主编，董岸杰、刘永琼、李凤和副主编。

在此我代表本书的所有编者，衷心地感谢读者为本版修订提供的许多有价值的修改意见和建议。新药的研发及新的高分子材料的发现，都将促进药用高分子材料的发展，届时依然需要修订补充。因此，我们再次恳请各校师生以及科技工作者在使用本书的过程中提出批评建议以供编者对本书的疏漏之处做进一步修改，以期得到更多读者的认可。

姚日生

2018年4月于合肥

第一版前言

现代药物和药物制剂的开发、医药学研究以及生命科学各领域都离不开高分子化学和高分子材料，可以说没有高分子材料就没有现代药物制剂。药用高分子材料用作药物辅料、药物和药品的包装贮运材料，主要目的是为了提高药剂的稳定性、药物的生物利用度和药效，改善药物的成型加工性能，改变给药途径以开发新药、实现智能给药，实现物料输送、混合、反应、加工、中转和产品包装贮运与安全使用。

药用高分子材料是高分子材料的一个重要分支，了解高聚物结构与其物理和生物性能的关系，可以指导我们正确地选择和使用药用高分子材料，并通过各种有效的方法改变高聚物的结构以满足特定使用性能需要，实现药物的有效传递。因此，药用高分子材料在现代医药以及制药工业中起着非常重要的作用。

我们编写的教材《药用高分子材料》从高分子结构出发，介绍材料的性能，由高分子材料性能论及其在药物的生产加工与使用过程中的应用。全书主要针对药用高分子辅料，介绍高分子的基本概念、高分子结构与性能以及高分子材料在药物与制药工业中的应用原理，讨论高分子材料的药用性能与结构的关系，并依据材料种类和结构分别介绍药用天然高分子材料、药用合成高分子材料、高分子药物的结构、性质、生产与应用，简单介绍药用高分子包装材料的性质、加工与应用。本书主要供高等学校制药工程和药物制剂专业教学使用，也可用作医学和药学有关专业的教材或教学参考书，并且可作为药物制剂生产与科研单位技术人员的参考书。

本书由合肥工业大学、天津大学、武汉化工学院、安徽中医学院等院校编写。全书共7章，由姚日生担任主编。各章节的编写人员有：姚日生（第一、二章和第三章一、二节），刘永琼（第四章），董岸杰（第三章三、四节和第五章），邓胜松（第六章），见玉娟与钟国琛（第七章）。

本书在编写过程中，得到了贺浪冲、史铁钧和元英进等教授的帮助以及编者所在单位的支持，书稿中部分文献的核对工作由朱慧霞老师承担，在此一并深表感谢。

由于药用高分子材料以及高分子材料自身的发展非常快，种类也特别多，而本教材没有作全面阐述，所以，有一定的局限性。但是，在编写过程中，编者尽可能地做了点击，并给出了相应的参考文献，以便读者获得更多的信息。欢迎广大读者批评、指正。

编　者

2003 年 6 月

第二版前言

药用高分子材料课程是制药工程专业主干课程，课程知识涉及药用高分子材料的性能与结构的关系、高分子材料在药物制剂中的应用原理、药用高分子材料的制备与加工以及高分子药物等，同时为《药剂学》以及《药制剂工程技术与设备》等的学习提供必要的理论知识。本教材是在 2003 年版《药用高分子材料》教材的基础上进行修订而成的。

近年来，纳米技术与材料科学的快速发展，涌现出纳米级高分子微粒负载药物的新型制剂，极大地推进了药用高分子材料的研究与应用；生物医学、生物技术与高分子化学和药物化学的紧密结合，呈现出对生物大分子药物以及基于合成高分子的高分子前药研究的热点，这些科研成果丰富了高分子药物的化学与物理理论。因此，有必要对原教材中的相关章节进行修改，以紧跟学科发展的步伐，使教材的内容符合本专业人才培养所需的知识结构。

全书保持原教材的基本构架：介绍高分子的基本概念、高分子结构与性能，以及高分子材料在药物与制药工业中的应用原理，讨论高分子材料的药用性能与结构的关系，并依据材料种类和结构分别介绍药用天然高分子材料、药用合成高分子材料、高分子药物的结构、性质、生产与应用，并简单介绍药用高分子包装材料的性质、加工与应用。修订工作主要有：对原书第一章和第二章结构进行了调整，将高分子结构内容并入第一章，更改第二章为高分子材料的性能，并对原教材第三章和第四章作了更新和补充；重新编写第六章高分子药物，并着重在高分子前药原理、设计合成与应用的介绍。但是，教材仍不免有一定的局限性和不足，恳请各校师生以及科技工作者在使用过程中提出批评建议，以供进一步修改。

教材的修订得到了国内多所高校有关教师的大力支持，第二版教材中除了原教材的编者姚日生（合肥工业大学）、刘永琼（武汉工程大学）、董岸杰（天津大学）、邓胜松（合肥工业大学）、见玉娟和钟国琛（安徽中医学院）外，武汉理工大学陈敬华也参加了第四章的修订编写，温州大学的高文霞参加了第六章的修订编写。书稿的整理得到了朱慧霞和研究生陶丽、程莎莎等的帮助，在此一并深表感谢。

编　者

2008 年元月于合肥

目　录

第一章 绪 论

药物的疗效、安全性和稳定性不仅取决于自身的分子结构，而且与药物剂型、制剂处方及制备工艺有着密切的关系。人们日常用药几乎都是以一定的剂型出现的药物，现有的药物剂型按形态分有固体剂型、半固体剂型（软膏剂、糊剂等）、液体剂型和气体剂型，在这些药物剂型中大部分是借助药用高分子材料而加工和应用的。在药物和制剂的加工与应用中，药用高分子材料不仅作为药物辅料使用，而且可利用自身的结构或与小分子药物结合作为药物使用。其主要用于提高药物制剂的稳定性、药物的生物利用度和药效，改善药物的成型加工性能，改变给药途径以开发新药，实现智能给药；由其发展的纳米药物将或正在改变传统的诊断和治疗方式。另外，在原料药以及药物制剂的生产过程中，高分子材料可作为药物生产装备的结构材料和药品的包装材料。

第一节 概 述

一、药用高分子材料的定义与分类

1. 定义

药用高分子材料是指药品生产和制造加工过程中使用的高分子材料，包括作为药物制剂成分的药用辅料、高分子药物以及与药物接触的包装贮运高分子材料。药用高分子材料是从应用的角度定义的，它是高分子材料的重要组成部分，具有高分子材料的一切通性，但有自己的特殊性。

国际药用辅料协会（IPEC）给药用辅料的定义是在药物制剂中经过合理的安全评价的不包括生理有效成分或前体的组分，它的作用有：

① 在药物制剂制备过程中有利于成品的加工。

② 加强药物制剂稳定性，提高生物利用度或病人的顺应性。

③ 有助于从外观鉴别药物制剂。

④ 增强药物制剂在贮藏或应用时的安全性和有效性。

相应地，药用高分子辅料是指能将药理活性物质制备成药物制剂的各种高聚物，它本身并没有药效，只在药品中起着一些从属的或辅助的作用。并且长久以来，人们都把辅料看作是惰性物质，随着人们对药物由剂型中释放、被吸收的性能的深入了解，现在人们已普遍认识到，辅料有可能改变药物从制剂中释放的速度或稳定性，从而影响其生物利用度。

事实上，同一种药物采用不同高分子辅料可制成不同剂型，实现给药途径的改变，从而使药物起效时间、疗效维持时间不同。如贴膜剂、舌下片等属速效剂型；透皮制剂、包衣片等则起效较慢，而控缓释制剂使药物疗效维持较长时间；注射剂、气雾剂、舌下片，透皮制剂、栓剂、软膏等剂型均可避免药物的肝首过效应、药物对胃肠道的刺激、体液以及生物体内的酶等对药物的分解破坏。另外，有的高分子辅料在对药物赋形或功能化的同时还具有改善感观的效果，如用明胶或其他高分子材料制成药物的包合物及微囊可使剂量较大的液体药物固化，同时能够掩盖药物不良臭味，防止药物挥发，减少刺激性。在现代生物药物制剂中，经常采用聚乙二醇等高聚物修饰或包裹以降低多肽药物或基团的毒副作用，并减少或消除生物体对这类药物的排异作用。因此，药用高分子辅料不但赋予药物具体的用药形式，而且左右药物稳定性、药效发挥及制剂质量，能够增加药物溶解度从而提高药物生物利用度。

而作为药品的包装贮运用材料，其利用的是高分子材料具有高的耐候性、生物稳定性、阻隔性能、力学性能和成型加工等的性能。包装贮运材料因与原料药、中间品和成品药直接接触，所以，它对药品的质量、有效期有很大的影响作用。良好的材料能够保证药品安全有效地发挥作用，对药物加工、贮存、管理、运输及使用提供了有益的帮助。这类高分子材料有高密度聚乙烯、聚丙烯、聚氯乙烯、聚碳酸酯、氯乙烯/偏氯乙烯共聚物等。

至于高分子药物则是依靠高聚物本身的物理化学结构与性质来发挥药物活性作用，包括高分子前药和高分子纳米药物，以及生物酶和类肝素等聚合物型的高分子药物等。虽然从药效的角度看高分子前药和高分子纳米药物的载体高分子处于从属地位，但它增加了药物的靶向性，它的存在延长了药物的效用，并为原药的低毒化作出了贡献。

2. 分类

从功能上可将药用高分子材料分为药用辅料、高分子药物以及药品包装材料等。

从来源上可将药用高分子材料分为来自天然动植物的高分子材料、以石油矿物原料经化学合成的高分子物以及经微生物发酵代谢或生物酶催化合成的高分子物。其中，天然高分子主要有淀粉、多糖、蛋白质和胶质等；合成高分子有聚丙烯酸酯、聚维酮、聚乙烯醇、聚乙烯、聚丙烯、聚氯乙烯、聚苯乙烯、聚碳酸酯和聚乳酸等；生物高分子有右旋糖酐、质酸、聚谷氨酸、生物多糖等；还有利用天然或生物高分子的活性进行化学反应引入新基团以及产生新结构的半合成高分子，比如 PEG 化干扰素等。

当然，我们也可以依高分子的化学结构对药用高分子材料进行分类，具体可参见本章第二节。

二、医药对高分子材料的基本要求

药物制剂尤其是现代制剂离开高分子材料是几乎不可能存在和发展的。但不是所有的高分子材料都能用于药品及其生产加工过程。由于药物制剂必须安全、有效、稳定，因此，药用高分子材料无论在作为药物制剂的成分之一还是作为包装贮运材料时，同样要求是安全、有效、稳定的。

药用高分子材料因进入人体消化系统、血液循环系统或埋入人体组织，故要求无毒、无凝血作用、与生物体的亲和性以及有一定的物理力学性能。其中，无毒即要求不引起炎症和溶血作用。与生物体的亲和性因使用目的而异，但是它们有一个共同点：材料的表面特性，或生物体和材料的界面特性，都同生物体的亲和性密切相关。人体血液循环系统或身体组织对进入其中的高聚物材料将作出排异性反应。而这一反应是生物体内所固有的生物防御机构对异物的侵入所作出的响应，表现在该反应的初期一种叫做补体的免疫蛋白质的活化。所谓生物亲和性也可以说是一种材料在生物体内不被感到是异物的性质。因此，作为药用高分子材料必须具备：

① 材料本身高的纯度，其中最好不含催化剂、添加剂以及单体等杂质，材料本身及其分解产物应无毒，不会引起炎症和组织变异反应，无致癌性。

② 材料能经受消毒处理。

③ 对于导入方式进入循环系统的药物-体内包埋以及注射用药物的载体或者是高分子药物，由于会进入血液系统，故要求是水溶性或亲水性的、生物可降解的，能被人体吸收或排

出体外、具有抗凝血性并且不会引起血栓的高分子材料,作为体内包埋药物的载体还应有一定的持久性。

④ 作为口服药物与制剂用高分子材料可以是不被人体消化吸收的惰性材料,最好是具有生物可降解性,以便高分子残基能通过排泄系统排出体外。

⑤ 使其能在体内水解为具有活性的基团。

⑥ 适宜的载药能力和载药后适宜的释药能力。

⑦ 作为药品包装贮运用高分子材料,在保证对人体无毒害的前提下,重要的是它的物理性能和力学性能,如材料的强度、气密性、透明性等。

因用途不同,对药用高分子材料的要求也不尽相同,由靶向制剂用高分子材料可见一斑,靶向制剂利用的是:

① 聚合物分子量大,作为载体使用时能使药物在病灶部位停留较长时间。

② 药物在聚合物内能通过扩散或聚合物自身的降解达到缓释或控释的目的。

③ 可以把一些具有靶向作用或控制药物释放的功能性组分通过化学键合的方式结合到聚合物粒子表面。

④ 可生物降解的聚合物材料,能避免药物释放后载体材料在人体器官组织内积聚,产生毒副作用。常用的靶向制剂的载体材料可分为合成的、天然的以及半合成的高分子材料。

作为靶向制剂的载体材料一般要求:①性质稳定;②有合适的释药速率;③无毒、无刺激性;④能与药物配伍,不影响药物的药理作用及含量测定;⑤有一定的强度及可塑性,能完全包封囊心物,或药物与附加剂能比较完全地进入球的骨架内;⑥具有符合要求的黏度、渗透性、亲水性、溶解性等特性;⑦对于注射用载体材料应具有生物降解与生物相容性。

三、药用高分子材料的历史

我国是医药文明古国,不但在中草药使用上具有悠久的历史,而且在药用高分子使用方面也比西方国家早得多,东汉张仲景(公元142～219年)在《伤寒论》和《金匮要略》记载的剂型栓剂、洗剂、软膏剂、糖浆剂及脏器制剂等十余种制剂中,首次记载用动物胶汁、炼蜜和淀粉糊等天然高分子为丸剂的赋形剂,并且至今仍然沿用。

在医药上早期使用的都是天然高分子化合物,如淀粉、树胶、葡萄糖及生物制剂等,虽然天然高分子化合物在今天的药物制剂中仍占有一定的地位,但不论在原料的来源上、品种的多样化上以及药物本身的物理化学性质和药理作用上都有一定的局限性,满足不了医疗卫生事业的发展需要。为了满足临床用药的高效和功能化,20世纪40年代合成高分子化合物或半合成高分子化合物进入生物医药领域。如今以其替代天然高分子化合物已成为一种不可扭转的趋势,尤其是近年来与纳米技术相结合的药用高分子的发展更是迅速。

目前,药用高分子材料在药用辅料中占有很大的比重,现代制药工业,从包装到复杂的药物传递系统的制备,都离不开高分子材料,其品种的多样化和应用的广泛性表明它的重要性。1960年以来,药用高分子材料在药物制剂应用中取得了比较重要的进展,如1964年的微囊,1965年的硅酮胶囊和共沉淀物,1970年的缓释眼用治疗系统,1973年的毫微囊、宫内避孕器,1974年的微渗透泵、透皮吸收制剂,1975年Ringsdrof H.提出的大分子前药以及20世纪80年代以来的膜控和骨架控释制剂、靶向制剂和多肽或基因工程药物等的发明和创制等都离不开高分子材料的应用。

在医疗实践中应用最为广泛的口服固体制剂,如胶囊剂、片剂,其最常用的高分子材料有黏合剂、稀释剂、崩解剂、润滑剂和包衣材料五类，用高分子将药物包衣或微囊化能够增加药物的稳定性。在现代药物制剂中高分子材料作为药物传递系统的组件、膜材、骨架，并促进了药剂技术的飞速进步。通过合成、改性、共混和复合等方法的改进，一些高分子材料在分子尺寸、电荷密度、疏水性、生物相容性、生物降解性、功能方面呈现出理想的特殊性能，尤其是在缓释、控释制剂的开发应用中。在液体制剂或半固体制剂中，高分子辅料作为共溶剂、脂性溶剂、助悬剂、胶凝剂、乳化剂、分散剂、增溶剂和皮肤保护剂等使用。作为生物黏着性材料，可黏着于口腔、胃黏膜等腔道处。还用作新型给药装置的组件，如靶向制剂、恒速释药（渗透泵片）、定时释药（脉冲式释放体系）及按需要释药（自调式释放体系）、胃漂浮剂以及植入剂等，可以说没有高分子辅料，新剂型的开发是不可想象的。另外，一般的药物在制剂中的含量较小，甚至小于 1mg 以下，若不用高分子辅料是难以分散均匀的。可见，无论是固体制剂、半固体制剂，还是液体制剂，没有辅料几乎就不能成型。因此，药用高分子辅料在其中扮演着极其重要的角色。

对于药物及药物制剂用高分子材料的研究和开发，我国的起步较晚，而在发达国家已有几十年的历史。发达国家已逐步形成一套比较完整的技术要求，积累了丰富的经验。国际标准化组织制定了统一标准的方法（ISO 9000），已经协调了一些高分子辅料的标准依据，如以美国药典作依据制定的辅料标准有微晶纤维素、玉米淀粉、羧甲基纤维素钙、羧甲基纤维素钠、粉状纤维素、醋酸纤维素、醋酸纤维素酞酸单酯、羟丙基纤维素和低取代羟丙基纤维素；以欧洲药典为依据制定的辅料标准有乙基纤维素和羟乙基纤维素；以日本药典（药局方）作依据制定的辅料标准有聚维酮、羟丙甲纤维素和甲基纤维素等。

近十几年来，中国已有相当数量的药用高分子材料被开发应用，如淀粉的改性产物（羧甲基淀粉钠、可压性淀粉），纤维素及其衍生物（微晶纤维素、低取代羟丙基纤维素、羟丙甲纤维素）、甲壳素及其衍生物、丙烯酸树脂类（肠溶型、胃崩型、胃溶型、渗透型）等，有的已有大吨位的生产能力。还有泊洛沙姆、卡波姆、聚维酮、聚乳酸、己内酯/丙交酯嵌段共聚物、聚乙二醇、聚乙烯醇、乙烯/醋酸乙烯共聚物（EVA）、苯乙烯/二乙烯苯树脂、聚甲基丙烯酸酯、聚乳酸、聚甲基氰基丙烯酸、交联羧甲基纤维素、乳酸/羟基乙酸共聚物等，有的已获批准生产，有的正在开发之中。应用于药物包装的高压聚乙烯、聚丙烯、聚氯乙烯、聚碳酸酯、聚酯等塑料，近年来发展速度相当快。塑料眼药水瓶、软膏管、水剂瓶、薄膜袋、聚氯乙烯和铝箔复合材料泡罩包装等都已普遍使用。

虽然我国已有一定的辅料开发能力，除传统辅料外，已能批量生产微晶纤维素、乙基纤维素、羧甲基纤维素、低取代羟丙基纤维素和羟丙基甲基纤维素，可溶性淀粉、羧甲基淀粉钠和羟丙基淀粉，丙烯酸树脂Ⅰ、Ⅱ、Ⅲ和Ⅳ，聚丙烯酸胺酯Ⅰ和Ⅱ，以及聚乙二醇等。但在数量种类以及质量上与国外相比仍有较大差距，需要在新结构设计与新品种创制方面加大研发力度。事实上，对一种性能优良的高分子辅料的开发绝不亚于一种新药的开发。

第二节 高分子的基本概念

一、高分子及相关术语的定义

（1）高分子化合物

高分子是由一种或多种小分子通过共价键连接而成的链状或网状分子且分子量很大的一类化合物，即由成百上千个原子组成的大分子。一般地，分子量在 10^4 以上。因此，常称为高分子化合物。另外，我们通常提到的大分子指的是分子量在 10^3 以上的化合物。

高分子化合物一般又称为聚合物（Polymer），但严格地讲，两者并不等同。因为有些高分子化合物并非由简单的重复单元连接而成，而仅仅是分子量很高的物质，这就不宜称作聚合物。但通常，这两个词是相互混用的。

另外分子通过可逆和高度取向的非共价相互作用结合而形成的大尺度规则组装体结构也称为聚合物，或称超分子聚集体。但本课程不介绍这类聚合物及其结构与性能。

（2）高分子材料

高分子材料也称为聚合物材料，它是以高分子化合物为基本组分的材料。虽然有许多高分子材料仅由高分子化合物构成，但大多数高分子材料，除基本组分之外，为获得具有各种实用性能或改善其成型加工性能，一般还加有各种添加剂。例如，作为塑料使用的高分子材料中添加有颜料、填料、增塑剂、稳定剂、润滑剂等。因此，高分子化合物（即聚合物）与高分子材料的含义是不同的，而在工业上并未将两者严格区分。

药用辅料、新型给药系统等药用以及其他用途的高分子材料的结构和性能主要是由其基本组分聚合物所决定。

（3）结构单元与链节

一个高分子往往由许多相同的简单结构单元通过共价键重复连接而成。例如高分子聚乙烯醇是由乙烯醇结构单元重复连接而成。

$$R-CH_2-CH-CH_2-CH-CH_2-CH-CH_2-CH-CH_2-CH\cdots$$
$$\qquad\quad OH\qquad\quad OH\qquad\quad OH\qquad\quad OH\qquad\quad OH$$

为方便起见，可缩写成

$$\left[CH_2-CH\atop \qquad OH\right]_n$$

上式是聚乙烯醇分子结构表示式。端基 R— 只占高分子的很小部分，故略去不计。其中 $-CH_2-CH-$（下接 OH）是结构单元，也是重复结构单元（简称重复单元），亦称链节，是与聚乙烯醇分子结构相似的聚丙烯，但两者的侧基不同，聚丙烯的侧基是甲基（$-CH_3$），于是，在性质和用途上有很大的差异。聚乙烯醇是亲水性的并可溶于水，具有良好的黏合性、增稠性、生物相容性、成膜性和凝胶特性，用作药用辅料，而聚丙烯则是水不溶的且对大多数有机溶剂也是不溶的，通常在高温熔融挤出成型，用作药用包装材料。

$$\left[H_2C-CH_2\atop \quad\; CH_3\right]_n$$

习惯上，将形成结构单元的分子称作单体。这类与单体分子的原子种类和各种原子的个数完全相同、仅电子结构有所改变的结构单元也称为单体单元。如聚乙烯是由小分子乙烯（单体）通过自由基聚合而得到的，它的结构单元与单体单元是一样的，它可简记为

$$\left[CH_2-CH_2\right]_n$$

上式中 n 代表重复单元数，又称聚合度，它是衡量分子量大小的一个指标。乙烯是合成高聚物聚乙烯的单体，但是，上述聚乙烯醇不是由乙烯醇直接聚合而得到的，因为没有乙烯醇这种单体，聚乙烯醇是由聚乙酸乙烯酯与甲醇或乙醇进行醇解反应而形成的，它的原单体是乙酸乙烯酯。

二、高聚物的分类与命名

（1）高聚物分类

由于高聚物的种类很多，性质也各不相同，因此，给出科学的分类以反映物质特性的内在联系是非常必要的。通常，可根据来源、性能、结构、用途等不同角度对聚合物进行多种分类。

根据大分子（或高聚物）主链结构，即按高聚物的化学结构分类，可将高聚物分成有机高聚物、元素有机高聚物和无机高聚物三类。

有机高聚物又分为碳链和杂链高聚物，碳链高聚物是指大分子主链完全由碳原子构成，绝大部分烯烃类和二烯烃类聚合物都属于这一类。常见的有聚乙烯醇、聚氯乙烯、聚乙烯、聚苯乙烯、聚丙烯腈、聚丁二烯等；杂链高聚物是指大分子主链中除碳原子外，还有氧、氮、硫、磷等在有机化合物中常见的元素的原子，常见的这类聚合物如聚醚（聚甲醛、聚乙二醇）、聚酯（聚乳酸、聚羟基丁酸酯）、聚酰胺（尼龙 1010、尼龙 66）、聚脲、聚硫橡胶、聚砜等。

$$\left[CH_2-CH_2-O\right]_n$$

聚乙氧基醚

$$\left[\overset{O}{\overset{\|}{C}}-CH_2-CH_2-CH_2-CH_2-\overset{O}{\overset{\|}{C}}-NH-CH_2-CH_2-CH_2-CH_2-CH_2-CH_2-NH\right]_n$$

聚己二酰己二胺（尼龙 66）

元素有机高聚物是指大分子主链中没有碳原子，主要由硅、硼、铝、钛、氮、硫、磷等原子和氧原子组成，但侧基却由有机基团如甲基、乙基、芳基等组成。典型的例子是聚二甲基硅氧烷，即有机硅橡胶。其结构如下。

$$\left[O-\underset{\underset{CH_3}{|}}{\overset{\overset{CH_3}{|}}{Si}}\right]_n$$

如果主链和侧基均无碳原子，则为无机高聚物，如某些硅酸盐（玻璃、陶瓷等）、弹性硫 S_n、石墨、金刚石以及氮化硼陶瓷等。

而根据高聚物为基础组分的高分子材料的性能和用途，可将高聚物分成橡胶、纤维、塑料、黏合剂、涂料、功能高分子等不同类别。这实际上是高分子材料的一种分类，并非聚合物的合理分类，因为同一种聚合物，根据不同的配方和加工条件，往往既可用作这种材料也可用作那种材料。例如，聚乙烯醇既可作黏合剂、药用膜材料亦可作涂料。又如聚丙烯既可作为塑料使用也可加工成纤维材料——丙纶。

（2）高聚物命名

高聚物和以高聚物为基础组分的高分子材料的名称：专有名称、商品名称、基于结构的以国际纯粹与应用化学联合会（International Union of Pure and Applied Chemistry，IUPAC）命名规则命名和基于原料名称的化学名称。

专有名称是根据功能、用途、来源等或沿用已久的习惯叫法，如，用于纺织纤维生产的聚对苯二甲酸乙二醇酯称为涤纶或的确良，因医用或来源而得名的高分子药物：抑素、胰岛素、干扰素等；沿用已久的淀粉是具有 α-1,4 糖苷键的葡聚糖，天然大分子聚氨基酸统称为蛋白质，类似的还有阿拉伯胶、甲壳素、透明质酸等，因其简单而普遍采用。此外，在描述常用的塑料和橡胶时，特别重要的是以其基础组分聚合物化学名称为基础的标准缩写：PVC（聚氯乙烯）、PE（聚乙烯）、PP（聚丙烯）、PC（聚碳酸酯）、PMMA（聚甲基丙烯酸甲酯）、PVOH（聚乙烯醇）、SBS（苯乙烯-聚丁二烯-苯乙烯嵌段共聚物）等。而天然的高聚物一般有自己的专用名称，如纤维素、蛋白质、淀粉，它们并不能反映出所称物质的结构。

商品名称是由生产商为销售而给自家的高聚物产品设计的商标或制订的牌号而形成的习惯叫法，比如聚酰胺类的习惯名称为尼龙（Nylon），聚丙烯酸酯共聚物卡波姆（Carbomer），乙二醇和丙二醇共聚物泊洛沙姆（Poloxamer）。

尽管 IUPAC 在 1973 年提出了以结构为基础的系统命名法，但目前仅见于学术研究文献中，尚未普遍采用。

化学名称是根据大分子链的化学结构而确定的名称，实际上普遍采用的化学名称是以原料-单体或假想单体名称为基础，在单体或假想单体名称前冠以"聚"字就成为高聚物名称。大多数烯类单体形成的高聚物均按此命名，如聚氯乙烯、聚苯乙烯、聚乙烯、聚甲基丙烯酸甲酯分别是氯乙烯、苯乙烯、乙烯和甲基丙烯酸甲酯的聚合物，而聚乙烯醇则是假想单体乙烯醇的聚合物。大多数由烯烃合成的橡胶是共聚物，常从共聚单体中各取一字，后附"橡胶"二字来命名，如，丁（二烯）苯（乙烯）橡胶、乙（烯）丙（烯）橡胶等。杂链高聚物通常采用化学分类命名，它以该类材料中所有品种所共有的特征化学单元为基础，例如环氧树脂、聚酯、聚酰胺、聚氨基甲酸酯的特征化学单元分别为环氧基、酯基、酰胺基和氨基甲酸酯基。至于具体品种，应有更详细的名称，例如，己二胺和己二酸的反应产物称为聚己二酰己二胺等。

第三节　高分子的基本结构及特点

高聚物的结构极其复杂，人们曾经把高分子溶液误认为是胶体溶液，将高分子看作是小分子的简单堆切而成的胶团。随着感性认识的深化，到了 1920 年德国人 H. Staudinger 首先提出了链型高分子的概念，认为"无论天然或合成高聚物，其形态和特性，都可以由具有共价键连接的链型高分子结构来解释"，因而从化学结构上阐明了高分子物质的共同特征。事实上，高分子的结构是多层次的，除了化学结构外，还有空间排列等物理结构，如任意一个蛋白质大约有 200 多种空间折叠结构类型。聚合物的结构层次有近程（一级）结构、远程（二级）结构和聚集态（三级）结构（见图1-1）。其中，近程结构是指聚合物的主链和侧基或侧链的化学结构，包括链的化学组成、单体的连接方式、结构单元的空间构型。其中连接方式又包括头-头、尾-尾、头-尾结构，共轭双烯聚合生成的 1,4、1,2 加成结构，支化与交联结构，共聚组成与序列分布，端基结构等内容。空间构型则包括立体异构（旋光异构）以及双烯类单体 1,4 加成产生的顺反异构（几何异构）。

对于这样复杂的高聚物结构，可以从两个方面进行研究：一是高分子链结构，指的是单个高分子的化学结构和立体化学结构，以及高分子的大小和形态；二是高分子聚集态结构，指的是高聚物材料本体的内部结构，包括：晶态结构、非晶态结构、取向态结构以及织态结构（共混物结构）。

一、高分子近程结构

近程结构是聚合物的最基本结构，是在单体聚合过程或大分子化学反应过程中形成的，

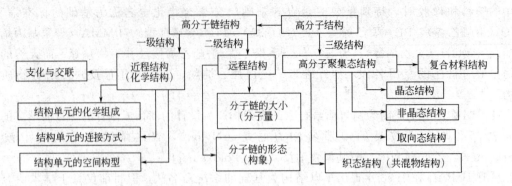

图 1-1 聚合物的结构层次

通过物理方法不能改变聚合物的近程结构。高分子链的近程结构常称为聚合物的一级结构，也称为高分子的化学结构。它包括高分子链结构单元的化学组成、连接方式、空间构型、序列结构以及高分子链的几何形状。

1. 结构单元的化学组成

按照主链的化学组成，可分为碳链高分子、杂链高分子、元素有机高分子等。合成高分子链的结构单元的化学结构与单体的化学结构及合成反应机理相关。化学组成不同，性能和结构都不同。

2. 结构单元的连接方式

高分子链是由许多结构单元通过主价键连接起来的链状分子。在缩聚过程中，结构单元的连接方式比较固定。但在加聚过程中，单体构成大分子的连接方式比较复杂，存在许多的连接方式，并由此产生顺序异构体。例如，在乙烯型单体（$CHR{=\!}CH_2$）中，若将取代基R的一端称为"头"，另一端为"尾"，则存在头-尾、头-头及尾-尾连接的不同方式。双烯单体聚合时，除了"头""尾"连接之外，还存在1,4、1,2及3,4加成的连接。但是单体不是完全任意地连接的，还因取代基的电性和空间位阻而使连接方向受到限制，另外，聚合化学条件对连接方式也有一定的影响。以聚乙烯醇为例：

　　　　头-尾连接　　　　　　　　　　　头-头连接　　　　　　　　　　　尾-尾连接

聚乙烯醇的原高聚物聚乙酸乙烯酯若是在高于室温聚合得到的产物，其中含有1%～2%的头-头连接，若是在-30℃聚合时，此含量减少至0.5%。

3. 结构单元的空间排列方式

① 几何异构　在双烯类单体采取1,4加成的连接方式时，因高分子主链上存在双键，所以有顺式和反式之分。例如天然橡胶是顺式1,4加成的聚异戊二烯，古塔波胶是反式1,4加成的聚异戊二烯。由于结构不同，两者性能迥异。天然橡胶是很好的弹性体，密度为$0.9g/cm^3$，熔点$T_m=30℃$，玻璃化转变温度$T_g=-70℃$，能溶于汽油、CS_2及卤代烃中。古塔波胶由于等同周期小，容易结晶，无弹性，密度为$0.95g/cm^3$，$T_m=65℃$，$T_g=-53℃$。又如顺式聚丁二烯为弹性体，可作橡胶用，而反式聚丁二烯只能作塑料用。

② 结构单元的旋光异构　当碳原子上所连接的四个原子（或原子基团）各不相同时，此碳原子就称为不对称碳原子。例如，乙烯基类聚合物的高分子$\text{{\Large(}}CH_2-C^*HR\text{{\Large)}}_n$中，因为此碳原子两边所连接的碳链长度或结构不同，因而可视为两个不同的取代基，每个链节上呈

号所示的碳原子都为不对称碳原子。由于每个不对称碳原子都有 d-及 l-两种可能构型,所以当一个高分子链含有 n 个不对称碳原子时就有 2^n 个可能的排列方式。有三种基本情况:各个不对称碳原子都具有相同的构型(d-构型或 l-构型)时称为全同立构;若 d-构型和 l-构型交替出现,则称为间同(间规)立构;若 d-构型及 l-构型无规分布,则称为无规立构。全同立构和间同立构都属于有规立构,可通过等规聚合的方法制得此类聚合物。

对于低分子物质,不同的空间构型常有不同的旋光性。但对于高分子链,虽然含有许多不对称碳原子,但由于内消旋或外消旋的缘故,一般并不显示旋光性。

高分子的立体规整性对聚合物性能有很大影响。有规立构的高分子由于取代基在空间的排列规则,大都能结晶,强度和软化点也较高。

4. 高分子链骨架的几何形状

高分子链骨架的几何形状可分为线形(型)、支链形(型)、树枝状、网状和梯形等几种类型。见图 1-2。

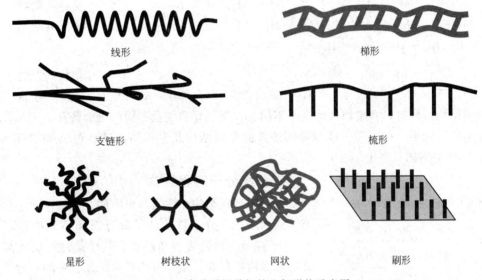

图 1-2 高分子链骨架的几何形状示意图

线形低分子整个分子如同一根长链,无支链。支链高分子亦称支化高分子,是指分子链上带有一些长短不同的支链。产生支链的原因与单体的种类、聚合反应机理及反应或生成条件有关。支化结构对生物的活性有较大的影响,如天然的直链多糖和纤维素等没有生物活性,而带有支链的香菇多糖和云芝多糖等则具有强烈的抗肿瘤活性。

星形高分子、梳形以及树枝状高分子都可视为支链形大分子的特殊类型。树枝状高分子因其统一的形状、可控制的表面基团等特殊结构而具有其他结构高分子所没有的生化活性,它的大小、内部空腔和表面管道决定了它可以作为蛋白质、酶和病毒理想的合成类似物;可控制的表面基团决定了它可作为基因治疗的媒介物、硼中子捕获治疗(BNCT)试剂、疫苗等;具有将遗传物质有效地转入真核细胞的细胞核和细胞质中的能力,能够治愈多种遗传病。近十几年来,树枝状高分子备受关注。

高分子链之间通过化学键相互交联连接起来就形成三维结构的网状高分子。这里的"分子"已不同于一般分子的含义,这种交联聚合物的特点是不溶不熔。表征这种交联结构的参数是交联点密度或交联点之间的平均分子量。支链及交联的存在使得高分子不易整齐排列，因此，结晶度和密度下降。

形状类似"梯子"和"双股螺旋"的高分子，分别称为梯形及双螺旋形高分子。例如聚丙烯腈在氮气保护并隔绝氧气条件下加热即可形成梯形结构的产物，即所谓的碳纤维。这类高分子是双链构成的，一般具有优异的耐高温性能。

5. 共聚物大分子链的序列结构

有两种或两种以上结构单元的共聚物高分子都有一定的序列结构。序列结构就是指各个不同结构单元在高分子中的排列顺序。以 M_1，M_2 两种单体的共聚物为例，其高分子链一般可看作由 $(M_1)_{n_1}$ 和 $(M_2)_{n_2}$ 两种段落无规连接而成。n_1 和 n_2 分别表示 M_1 序列和 M_2 序列的长度，可取由 1 到任意正整数的数值。序列结构就是指 M_1 及 M_2 序列的长度分布。

共聚物高分子的序列结构可分为三种基本类型：交替型，即交替共聚物；嵌段及接枝型，即嵌段及接枝共聚物；无规型，即无规共聚物的情况。对应的排列形式为

$$—M_1—M_2—M_1—M_2—M_1—M_2—M_1—M_2—M_1—M_2—$$ 交替共聚物

$$—M_1—M_1—M_1—M_1—M_2—M_2—M_2—M_1—M_1—$$ 嵌段共聚物

$$\sim M_1—M_1—M_1—M_1—M_1—M_1—M_1 \sim$$
$$\;\;\;\;\;\;\;\;\;\;\;\;\;\;|$$
$$\;\;\;\;\;\;\;\;\;\;\;M_2—M_2—M_2—M_2 \sim$$ 接枝共聚物

$$—M_1—M_2—M_2—M_1—M_2—M_1—M_2—M_2—M_2—M_1—M_1—$$ 无规共聚物

序列结构不同时，共聚物的性能亦不同，甚至会导致完全不同的生命特征。例如，分类系统相差极远的牛、羊、马、猪与鲸胰岛素的序列结构几乎相同，只是在 A 链的第 8、9、10 位的氨基酸不同（图 1-3）。

图 1-3 牛、羊、马、猪
胰岛素的序列结构片段

二、高分子远程结构

高分子远程结构亦称为高聚物的二次结构，它包括高分子的大小——分子量及分子量分布和高分子形态（构象）——高分子链的柔性和刚性。其中柔性是反映高分子链行为即构象转变行为，因此柔性对聚合物的物理性能和力学性能有重大影响。

1. 分子量及分子量分布

聚合物的分子量有两个基本特点，一是分子量大，二是分子量具有多分散性。聚合物分子量可达数十万乃至数百万。高分子长度可达 $10^2 \sim 10^3$ nm。而一般低分子物的分子量不超过数百，分子长度不超过数纳米。分子量上的巨大差别反映到低分子到高分子在性质上的飞跃。这是一个从量变到质变的过程。聚合物是由大小不同的同系物组成，其分子量只具有统计平均的意义，这种现象称为分子量的多分散性。

当其他条件固定时，聚合物的性质是分子量的函数。对不同的性质，这种函数关系是不同的。因而根据不同的性质就得到不同的平均分子量。

聚合物溶液冰点的下降、沸点的升高、渗透压等，只决定于溶液中高分子的数目，这就是聚合物溶液的依数性。根据溶液的依数性测得的聚合物分子量的平均值称为数均分子量，以 $\overline{M}_n$ 表示，它实际上是一种加权算术平均值。

$$\overline{M}_n = \frac{\sum\limits_i n_i M_i}{\sum\limits_i n_i} = \sum\limits_i N_i M_i \tag{1-1}$$

式中，n_i 及 N_i 分别为分子量为 M_i 的大分子的物质的量及摩尔分数。

聚合物溶液的另外一些性质，如对光的散射性质、扩散性质等，不但与溶液中高分子的数目有关，而且与高分子的尺寸直接相关。根据这类性质测得的平均分子量叫重均分子量，以 $\overline{M}_w$ 表示。

$$\overline{M}_w = \frac{\sum\limits_i m_i M_i}{\sum\limits_i m_i} = \sum\limits_i w_i M_i \tag{1-2}$$

式中，m_i 及 w_i 分别为分子量为 M_i 高分子的质量和质量分数。

此外，还有根据聚合物溶液流动过程中分子内阻力测定的 Z 均分子量 $\overline{M}_z$，以及根据聚合物溶液的黏度性质而测得的黏均分子量 $\overline{M}_\eta$。

$$\overline{M}_\eta = \left(\sum\limits_i W_i M_i^\alpha\right)^{1/\alpha} \tag{1-3}$$

式中，α 为参数，即 $[\eta] = KM^\alpha$ 式中的指数，一般在 $0.5 \sim 1.0$ 之间，因此，$\overline{M}_z < \overline{M}_\eta \leqslant \overline{M}_w$。等号只适用于分子量为单分散性即高分子的分子量都相等的情况。

聚合物分子量的多分散性可用分子量分布函数来完整地描述，但对实际应用而言，一般用多分散性的大小来表示。多分散性的大小即分子量分布的宽窄，可用分子量多分散性指数 d 表示。d 值越大即表示分子量分布越宽。

$$d = \frac{\overline{M}_w}{\overline{M}_n} \tag{1-4}$$

分子量的大小及多分散性对聚合物性能有显著影响。一般而言，聚合物的力学性能随分子量的增大而提高。这里有两种基本情况：一是某些属性如玻璃化转变温度（T_g）、抗张强度、密度、比热容等，刚开始时，随分子量增大而提高，最后达到一极限值；二是某些性能如黏度、弯曲强度等，随分子量增大而不断提高，不存在上述的极限值。多分散性的大小主要决定于聚合过程，也受试样处理、存放条件等因素的影响。

2. 形态及构象

前面谈到的结构单元的连接方式、几何异构、旋光异构、高分子链骨架的几何形状、共聚物的序列结构等，都属于化学结构。几何异构和旋光异构称为构型，构型不同时，分子的形状也不同，但要改变构型非破坏化学键不可。

高分子的主链虽然很长，但通常并不是伸直的，它可以卷曲起来，使分子采取各种形态。这是由于大多数的高分子主链中都存在着许多 C—C（或 C—N，C—O，Si—O 等）单键。这些单键是由 σ 电子组成，其电子云分布是轴性对称的，所以，高分子在运动时 C—C 单键可以绕轴旋转，称为内旋转。如果不考虑取代基对这种旋转的阻碍作用，C—C 单键旋转应该是完全自由的。由于单键内旋转而产生的分子在空间的不同形态称为构象。构象是由分子内部热运动而产生的，是一种物理结构，分子链呈伸直构象的概率是极小的，而呈卷曲构象的概率较大。因此，单键的内旋转是导致高分子链呈卷曲构象的原因，内旋转越是自由，卷曲的趋势就越大。我们将这种不规则卷曲的高分子链的构象称为无规线团。

高分子链的柔性是决定聚合物特征的基本因素。高分子链的柔性主要来源于内旋转，而内旋转的难易取决于内旋转位垒的大小，凡是使内旋转位垒增加的因素都使柔性减小。内旋转位垒首先与主链结构有关，键长越大，相邻非键合原子或原子基团间的距离就越大，内旋转位垒就小，链的柔性就越大；取代基的极性越强、体积越大，内旋转位垒就越大，高分子链的柔性就越小。

热运动促使单键内旋转，内旋转使分子处于卷曲状态，呈现众多的构象。构象数越多，分子链的熵值就越大。但是，除熵值因素之外，决定大分子形态的还有能量因素，位能越低的形态，在能量上越稳定。大分子链的实际形态取决于这两个基本因素的竞争。在不同条件下，这两个因素的相对重要性不同，因此就产生各种不同的形态。大分子链的形态有以下几种基本类型。

图 1-4　无规线团
结构示意图

① 伸直链 ∧∧∧∧∧ 。在这种形态中，每个链节都采取能量最低的反式连接，整个大分子呈锯齿状。拉伸结晶的聚乙烯大分子就是典型的例子。

② 折叠链 ～～～～ 。如聚乙烯单晶中某些大分子链就采取这种形态，聚甲醛晶体中大分子链也是这样。

③ 螺旋形链 ○○○○○○○ 。全同立构的聚丙烯大分子链、蛋白质、核酸等大分子链大都是这样的螺旋形链。形成螺旋状的原因是采取这种形态时，相邻的非键合原子基团间距离较大，相斥能较小，或者有利于形成分子内的氢键。

④ 无规线团。如图 1-4 所示，大多数合成的线型（形）高聚物在熔融态或溶液中，大分子链都呈无规线团状，这是较为典型的大分子链形态。

三、高分子聚集态结构

聚集态结构是指分子链之间的排列和堆砌结构，根据聚集态的不同特征，聚合物的状态可分为无定形态、结晶态（只针对结晶性聚合物）、取向态、液晶态（只针对液晶聚合物）以及织态结构（只对共混高聚物），各种状态都有各自的结构模型。一种聚合物以何种聚集态出现，不但取决于分子链的化学结构，还取决于外界因素，而且聚集态结构是分子链采取特有构象的宏观体现，因而聚集态是决定聚合物本体性质的主要因素，对于实际应用中的高聚物材料或制品，其使用性能直接取决于在加工成型过程中形成的聚集态结构。在这种意义上来说，链结构只是间接地影响高聚物材料的物理力学性能，而聚集态结构才是直接影响其性能的因素。

高分子聚集态结构，是指高分子材料本体内部高分子链之间的几何排列，亦称为三级结构。它是在分子间力作用下高分子相互敛集在一起所形成的组织结构。高分子聚集态结构包括晶态结构、非晶态（无定形）结构和取向态结构。换句话说，同一高分子材料内存在有晶区和非晶区、取向和非取向部分的排列问题。一级和二级结构规整、简单的以及分子间作用力强的大分子易于形成晶体结构。一级结构比较复杂和不规则的大分子则往往形成无定形即非晶态结构。当然聚合物能否结晶以及结晶程度的大小尚与外界条件有密切关系。通常高分子材料内还掺有其他成分——"杂质"，就有高分子与"杂质"的相互排列问题，这种排列就是高分子的织态结构。

高分子聚集态结构有两个不同于低分子聚集态的明显特点。第一，聚合物晶态总是包含一定量的非晶相，100%结晶的情况是很罕见的。第二，聚合物聚集态结构不但与大分子链本身的结构有关，而且强烈地依赖于外界条件。例如，同一种尼龙6，在不同条件下所制备的样品，其形态结构截然不同。将尼龙6的甘油溶液加热至260℃，倾入25℃的甘油中则形成非晶态的球状结构。如将上述溶液以1~2℃/min的速度冷却，则形成微丝结构。若冷却速度为40℃/min，则形成细小的层片结构，这是规整的晶体结构。若将尼龙6的甲酸溶液蒸发，则得到枝状或细丝状结构。

1. 非晶态结构

高分子的非晶态结构是指玻璃态、橡胶态、黏流态（或熔融态）及结晶高分子中非晶区的结构。非晶态高聚物的分子排列为非长程有序。关于非晶态聚合物的结构模型主要有Flory的无规线团模型（图1-4所示）和叶叔酋（Yeh）的折叠链缨状胶束粒子模型（图1-5所示）。

根据Flory无规线团模型，非晶态的自由体积应为35%，而事实上，非晶态只有大约10%的自由体积。因此很多人对无规线团模型表示异议，提出了非晶态聚合物局部有序（即短程有序）的结构模型，其中有代表性的是Yeh在1972年所提出的折叠链缨状胶束模型，亦称为两相模型。此模型的主要特点是认为非晶态聚合物不是完全

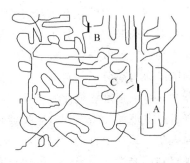

图1-5　折叠链缨状胶束粒子模型
A—有序区；B—粒界区；C—粒间区

无序的，而是存在局部有序的区域，即包含有序和无序两个部分，因此称为两相结构模型。根据这一模型，非晶态聚合物主要包括两个区域。一是由大分子链折叠而成的"球粒"或"链节"，其尺寸约3~10nm。在这种"颗粒"中，折叠链的排列比较规整，但比晶态的有序性要小得多。二是球粒之间的区域，是完全无规的，其尺寸约1~5nm。

2. 晶态结构

与一般低分子晶体相比，高聚物的晶体具有不完善、无完全确定的熔点及结晶速度较快的特点。这些特点来源于大分子的结构特征。一个大分子可占据许多个格子点，构成格子点的并非整个大分子，而是大分子中的结构单元或大分子的局部段落。这就是说，一个大分子可以贯穿若干个晶胞。因此，高聚物的晶体结构包括：晶胞结构、晶体中大分子链的形态以及单晶和多晶的形态等。

晶态聚合物的结构模型以Flory的插线板模型最为合适，如图1-6所示。该模型主张无规折叠，一个分子链进入一个片晶后，并不是在其邻近地位折回再进入这一片晶，而是进入片晶间的非晶区以后以无规方式进入同一片晶，不一定是邻近地位，而且也可能进入其他片晶，最后也可能再回到最初的片晶中。因此，高分子结晶只要链单元相互有规则地堆砌就可以结晶，这也是大多数高聚物结晶速度较快的根本原因。

聚合物晶态结构可归纳为以下三种结构的组合：分子链是无规线团的非晶态结构；分子链是折叠排列、横向有序的片晶；伸直平行趋向的伸直链晶体。任何实际聚合物材料都可视为这三种结构按不同比例组合而成的混合物。结晶部分的含量用结晶度表示。测定结晶度可

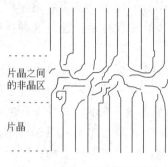

片晶之间
的非晶区

片晶

图1-6　Flory的插线板模型

采用密度法、红外光谱法、X射线衍射法等。不同的方法涉及不同的有序度，所得结果往往很不一致。

　　3. 高聚物的取向态结构

　　当线形高分子充分伸展的时候，其长度为其宽度的几百、几千甚至几万倍，这种结构上悬殊的不对称性，使它们在某些情况下很容易沿某特定方向作占优势的平行排列，这就是取向。高聚物的取向现象包括分子链、链段以及结晶高聚物的晶片、晶带沿特定方向的择优排列。取向态与结晶态虽然都与高分子的有序性有关，但是它们的有序程度不同。取向态是一维或二维有序的，而结晶态则是三维有序的。拉伸取向态的结果：伸直链段增多，折叠链段减少，系结链数目增多，从而提高了材料的力学强度和韧性。聚合物取向之后呈现明显的各向异性。取向方向的力学强度提高，垂直于取向方向的强度下降。

　　对于未取向的高分子材料来说，其中链段是随机取向的，因此未取向的高分子材料是各向同性的。而取向的高分子材料中，链段在某些方向上是择优取向的，材料呈各向异性。取向的结果为高分子材料的力学性能、光学性能以及热性能等方面发生了显著的变化。力学性能中，抗张强度和挠曲疲劳强度在取向方向上显著地增加，而与取向方向相垂直的方向上则降低，其他如冲击强度、断裂伸长率等也发生相应的变化。取向高分子材料上发生了光的折射现象，即在平行于取向方向与垂直于取向方向上的折射率出现了差别（称为双折射），呈现材料的光学各向异性。取向通常还使材料的玻璃化转变温度升高，对结晶性高聚物，则密度和结晶度也会升高，因而提高了高分子材料的使用温度。取向的高分子材料一般可以分为两类：一类是单轴取向；另一类为双轴取向。

四、高聚物结构特点

　　高聚物结构的一般特点如下。

　　① 高分子链是由很大数目（$10^3 \sim 10^5$）的结构单元所组成的，这些结构单元通过共价键连成不同的结构——线形的、支化的（长支链和短支链）、星形的、梳形的、树枝状的、梯形的和网状的，高聚物的分子量大小是不均一的。

　　② 一般高分子的主链都有一定的内旋转自由度，可以弯曲，使高分子长链具有柔性。且由于分子的热运动，柔性链的形态可时刻改变，呈现无数可能的构象。如果组成高分子链的化学键不能内旋转，或结构单元间有强烈的相互作用，则形成刚性链，使高分子链具有一定的构象及构型。

　　③ 在高分子链之间一旦存在有交联结构，即使交联度很小，高聚物的物理力学性能也会发生很大变化，主要是不溶和不熔，具有小刺激大响应的特性。

　　④ 高分子链之间的范德华相互作用力对高聚物的聚集态结构及高聚物材料的物理力学性能有重要的影响，高聚物分子聚集态结构是决定高聚物材料使用性能的主要因素，高聚物的分子聚集态结构存在有晶态和非晶态。高聚物的晶态比小分子晶态的有序程度差得多，但高聚物的非晶态却比小分子液态的有序程度高。这是由于高分子的分子移动比较困难，分子的几何不对称性大，致使高分子链的聚集体具有一定程度的有序排列。

第四节　聚合与高分子化学反应

一、聚合反应与工艺

人工合成的高聚物是通过聚合反应获得的，所用聚合反应主要有两类：一类是不饱和乙烯类单体及环状化合物，通过自身的加成聚合反应而成高聚物，称为加聚反应；另一类是含有两个或两个以上官能团，通过缩合聚合反应而成高聚物，称为缩聚反应。也就是说，由单体转变成聚合物的反应称为聚合反应。此外，由两种或多种单体进行的加聚反应称为共聚合反应，由两种以上的单体参与，所得聚合物分子中含有两种或两种以上重复结构单元的缩合聚合反应称为共缩聚，它们的产物都是共聚物。

（一）聚合反应

加成聚合反应一般按链式反应机理进行，引发加成聚合反应的活性中心可以是自由基或离子，对应的有自由基聚合或离子聚合反应以及配位（络合）聚合反应。聚合需要活性种（Reactive Species）的存在（外因）和单体中存在接受活性种进攻的弱键，如—C＝C—（内因）。聚合物是唯一的反应产物，因此，所产生的聚合物的化学组成与所用的单体相同。现代合成高分子 70% 左右是利用链式聚合反应合成的，包括丙烯酸树脂（PAA）、聚乙烯醇（PVA）、PVC、PE、PP、聚四氟乙烯（PTFE）、丁腈橡胶和氯丁橡胶等。其中，聚丙烯酸和聚维酮的合成反应方程式如下。

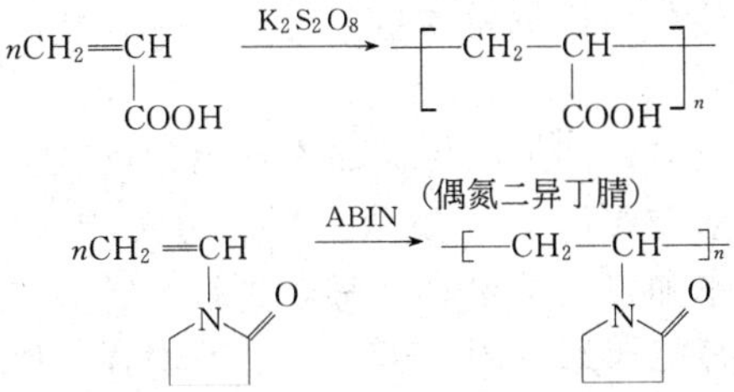

在加成聚合反应过程中，聚合物的分子量瞬间达到最大值，也就是说，反应所生成的聚合物分子量或最终的聚合度不随时间的延长而增加，但是，单体的转化率随时间的进行而增大。

1. 加成聚合反应

（1）自由基聚合反应

一般通式可表示如下。

$$nM \longrightarrow \ce{-[M]_n}$$

式中，M 代表单体分子；n 代表聚合度。

通常采用过氧（—O—O—）、偶氮（—N＝N—）或二硫（—S—S—）化物产生自由基活性中心引发聚合。比如，过氧化苯甲酰（BPO）、偶氮二异丁腈（ABIN）的热裂解产生自由基的反应方程式如下。

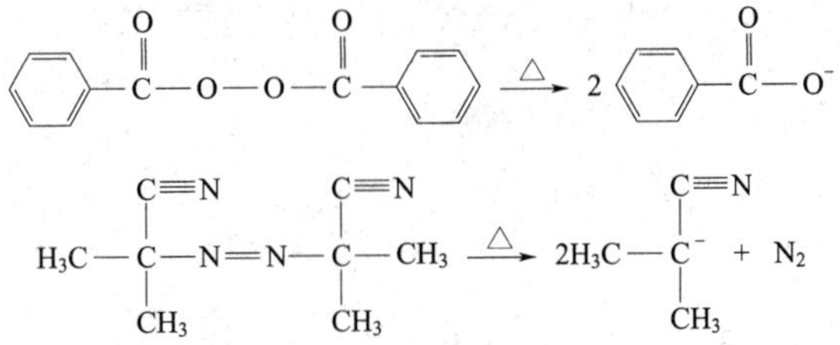

自由基引发聚合反应按下述方式进行。

链引发 $\qquad I \longrightarrow 2R\cdot$

链增长 $\qquad R\cdot + M \longrightarrow RM\cdot$

$\qquad RM\cdot + M \longrightarrow RMM\cdot$

$\qquad \cdots\cdots$

链终止 $\qquad RM\sim\sim M\cdot + RM\sim\sim M\cdot \left\{ \begin{array}{l} \longrightarrow RM\sim\sim MMM\sim\sim R \\ \longrightarrow RM\sim\sim M + RM\sim\sim M \end{array} \right.$

链转移 $\qquad RM\sim\sim M\cdot + AB \longrightarrow RM\sim\sim MA + B\cdot$

式中，I 为引发剂分子；R 为由引发剂分解而产生的自由基；AB 为链转移剂。

引发开始后，聚合物链增长极为迅速，直至链终止发生。在整个反应进行的过程中，聚合物链数目不断增加，但平均链长大致是恒定的，即所生成的聚合物平均分子量是一定的。一般烯烃类单体，如氯乙烯、乙烯、丙烯、苯乙烯、丁二烯、乙酸乙烯酯、丙烯酸与甲基丙烯酸酯等，都是通过加成聚合反应转变成相应的聚合物的。

20 世纪 80 年代 Otsu T. 开创了可控自由基聚合反应，实现了类似离子聚合的活性聚合反应。普通自由基聚合反应中的链转移反应不可逆地产生死聚物，而可控自由基聚合反应中，如果是可逆链转移反应则形成休眠的大分子链和新的引发种。

$$R\cdot + A{-}X{-}R{-}[M]_n\cdot + A{-}X$$
$$R{-}X + A\cdot \quad R{-}[M]_n{-}X + A\cdot$$

式中，A—X 为链转移剂。它可以通过分子设计制得多种具有不同拓扑结构（线形、梳状、网状、星形、树枝状大分子等）、不同组成和不同功能化的结构确定的高聚物及有机/无机杂化材料，将是制备多功能智能化药用材料的重要方法。

（2）离子型聚合反应

离子型聚合是通过正或负电荷的依次传递而实现聚合反应的，因此，在离子反应中，介质的介电常数和极性是非常重要的。离子型聚合反应分为阳离子聚合反应和阴离子聚合反应，在离子型聚合反应中，也和自由基聚合一样，可以分为链引发、链增长、链终止三步。具有吸电子基团的乙烯基单体能够通过阴离子途径引发聚合，比如苯乙烯；而具有供电子基团的乙烯基单体能够通过阳离子途径引发聚合，比如异丁烯。

① 阴离子聚合　聚 α-氰基丙烯酸烷基酯是氰基丙烯酸酯（ACA）单体在亲核试剂如 HO^-，CH_3O^- 或 CH_3COO^- 等引发下进行阴离子聚合反应制备的。

② 阳离子聚合　聚异丁烯可以用 BF_3H_2O 与异丁烯单体反应形成阳离子活性中心并引发异丁烯进行阳离子聚合制备。

（3）开环聚合

开环聚合是指环状化合物单体经过开环加成转变为线形聚合物的反应。按单体不同，可进行阳离子、阴离子、配位等聚合。开环聚合的可能性随单体环的大小而异，其次序为三元环＞四元环＞五元环＞六元环。五、六元环较稳定，七元环以上的聚合可能性又加大。其中，含有杂原子的环状单体极性较大，易进行离子型聚合，而以正离子聚合的单体最多，如环醚、环硫醚、环亚胺、环二硫化物、环缩甲醛、内酯、内酰胺、环亚胺醚等。用负离子引发的开环聚合的单体则有环醚、内酯、内酰胺、环氨基甲酸酯、环脲、环硅氧烷等。环氧乙烷既能进行正离子开环聚合，也能进行负离子开环聚合。

环氧乙烷常用阴离子引发剂引发聚合，其典型的引发剂有碱金属的烷氧化物（醇钠）、氢氧化物、氨基化物、有机金属化合物、碱土金属氧化物等，环氧乙烷开环聚合反应经历链引发、链增长和链终止三个阶段，所得聚合产物结构为链式。

目前在工业上占重要地位的开环聚合产物有聚环氧乙烷、聚环氧丙烷、聚四氢呋喃、聚环氧氯丙烷、聚甲醛、聚己内酰胺、聚硅氧烷等。其中，可作为药用高分子的有聚乙二醇（PEG）和聚乙氧基醚（PEO），环氧乙烷与环氧丙烷的共聚物泊洛沙姆，还有用壬基酚引发阴离子开环聚合合成的乳化剂——聚乙氧基壬基酚醚等。开环聚合产物和单体具有同一组成，一般是在温和条件下进行反应，副反应比缩聚反应少，易于得到高分子量聚合物，也不存在等当量配比的问题（见缩合聚合）。开环聚合也不同于烯类加成聚合，不像双键开裂时释放出那样多的能量。

（4）链式聚合反应的特征

① 聚合物是唯一的反应产物，所产生的聚合物的化学组成与所用的单体相同。

② 在链式聚合反应过程中，聚合物的分子量瞬间达到最大值，即反应所生成的聚合物分子量或最终的聚合度不随时间的延长而增加。

③ 单体的转化率随时间的进行而增大。

这些反应不仅用于高分子的合成，还可用于天然高聚物的改性形成接枝的半合成高分子。或用于天然高分子基微球、纳米粒以及微凝胶等。

2. 缩聚反应

按逐步反应机理进行的，此反应与低分子的缩合反应是一样的。两种多官能度的分子发生缩合形成聚合物，同时失去一个小分子，例如水或无机盐等，因此，所形成聚合物的化学组成与起始单体不同。例如聚碳酸酯的合成如下。

$$n\text{HO}-\!\!\!\!\bigcirc\!\!\!\!-\overset{\overset{\text{CH}_3}{|}}{\underset{\underset{\text{CH}_3}{|}}{\text{C}}}-\!\!\!\!\bigcirc\!\!\!\!-\text{OH} + 2n\text{NaOH} + n\text{COCl}_2 \longrightarrow \left[\text{O}-\!\!\!\!\bigcirc\!\!\!\!-\overset{\overset{\text{CH}_3}{|}}{\underset{\underset{\text{CH}_3}{|}}{\text{C}}}-\!\!\!\!\bigcirc\!\!\!\!-\text{O}-\overset{\overset{\text{O}}{\|}}{\text{C}}\right]_n + 2n\text{NaCl}$$

缩合聚合反应的一般通式可表示如下。

$$\text{Gg} + n\text{Mm} \longrightarrow -(\text{GM})_n- + n(\text{gm})$$

式中，Gg 和 Mm 可以相同亦可不相同。缩合反应总是发生在链端官能团之间，随着反应的进行，平均链长是逐步增大的。因此，缩聚反应的特点是：每一高分子链增长速率较慢，增长的高分子链中的官能团和单体中的官能团的活性相同，所以每一个单体可以与任何一个单体或高分子链反应，每一步反应的结果，都形成完全稳定的化合物，因此链逐步增长，反应时间长。由于分子链中官能团和单体中的官能团反应能力相同，所以，在聚合反应初期，单体很快消失，生成了许多两个或两个以上的单体分子组成的二聚体、三聚体和四聚体等，即反应体系中存在分子量大小不等的缩聚物。

比如，乳酸缩合脱水直接合成聚乳酸。在缩聚反应过程中存在如下两个平衡反应。

① 酯化反应的脱水平衡

$$nH_3C-\overset{\underset{OH}{|}}{\underset{|}{C}}-COOH \xrightarrow[\text{加热}]{\text{催化剂}} H-\left(O-\overset{\underset{H}{|}}{\underset{|}{C}}-\overset{\underset{O}{||}}{C}\right)_n OH + (n-1)H_2O$$

② 低聚物的解聚平衡

$$H-\left(O-\overset{CH_3}{\underset{H}{\overset{|}{C}}}-\overset{O}{\overset{||}{C}}\right)_n OH \rightleftharpoons H-\left(O-\overset{CH_3}{\underset{H}{\overset{|}{C}}}-\overset{O}{\overset{||}{C}}\right)_{n-2} OH +$$

（二）聚合工艺

1. 加聚高分子合成工艺

实施加聚高分子的合成工艺依反应体系的分散方法分为：本体聚合、乳液聚合、溶液聚合、悬浮聚合、界面聚合。其中，本体聚合、乳液聚合和溶液聚合在辅料的生产中是常用的。

（1）本体聚合

所谓本体聚合是一类只有单体及少量引发剂，而不用溶剂和分散剂的聚合方法。常用于 PMMA、PP 等的合成。比如 PbSe/PMMA 量子点光纤材料的合成：在烧杯中加入 25mL 甲基丙烯酸甲酯（MMA）和 0.25g 偶氮二异丁腈（ABIN），在 75℃下强搅拌预聚合 15min，使其达到一定的黏度后，冷却至室温，分别将上述制备的 PbSe 量子点样品加入。强搅拌 60min，再超声振荡 30min，使量子点在 PMMA 胶状体中均匀分布。最后将量子点分布均匀的 PMMA 胶状体再次放入恒温干燥箱中以 50℃的温度聚合 72h，便得到 PbSe 纳米晶体均匀掺杂的固体。

以丙烯腈（AN）与甲基丙烯酸（MAA）为主要单体合成 AN-MAA 共聚物板。将 AN 和 MAA 混合单体 100 份与约 5 份交联剂和 0.1 份引发剂混匀后注入模具，反复充 N_2 数次，充分排除密封模具内的空气，放在 35～50℃恒温水浴槽内加热聚合。

（2）乳液聚合

单体在乳化剂存在下，经搅拌等措施使单体分散于水中成为乳状液，然后使用水溶性引发剂引发聚合的方法。乳化剂用量 0.5%～1%，但单体残留较高。可在乳液聚合后，加盐溶液或酸等电介质类破乳剂分离水洗，或直接喷雾干燥降低单体残留，并以干树脂形态使用。也可以采用过程升温暴聚或后期减压蒸馏的乳液聚合工艺，生产单体残留低的乳液和水分散体。

以下是肠溶型聚丙烯酸树脂乳胶液（NE30D）聚合工艺（见图 1-7）。

① 工艺流程图

② 生产工艺处方 甲基丙烯酸 50kg，丙烯酸正丁酯 94kg，十二烷基硫酸钠 2.5kg，过硫酸钾 0.68kg，纯化水 350kg，制成 500kg。

③ 质量标准 酸值 230～270、特性黏度 140～400、单体残留≤0.01%（HPLC），重金属≤20μg/g、砷盐≤2μg/g。

④ 工艺操作 取 50kg 纯化水于配料桶内，分别加入十二烷基硫酸钠、过硫酸钾搅拌溶解，然后用真空吸料机转入加入 250kg 纯化水的 1m³ 搪玻璃反应釜中。搅拌加热升温至 80～

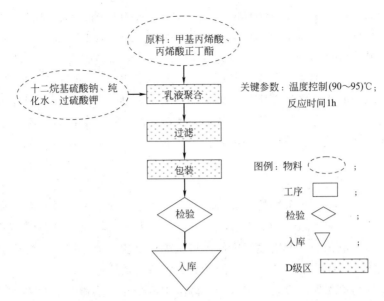

图 1-7 肠溶型聚丙烯酸树脂乳胶液聚合工艺流程示意图

85℃，以 1.2～1.5kg/min 速度滴加甲基丙烯酸/丙烯酸正丁酯混合单体；滴加完毕后加热升温并控温在 90～95℃，保温反应 1h，反应结束后降温至 40℃。放料灌装。

为了获得纳米微乳（或凝胶）采用微乳液聚合体系，但是，乳化剂用量大（1%～5%）、单体含量低。采用阴离子与非离子表面活性剂复配可以降低乳化剂用量（1%～2%），在药用高分子微粒的合成中通常用十二烷基硫酸钠和吐温复配。

无皂微乳聚合（乳化剂用量＜0.1%）是近年来人们合成药用高分子微粒的有效方法，可利用具有温度敏感性的羟丙基甲基纤维素（HPMC）、羟丙基纤维素（HPC）的改性多糖类高聚物等作为模板实现无皂聚合。但是要获得单分散纳米微粒依旧是难题。

（3）溶液聚合

将单体溶解于溶剂中引发聚合的方法，且产物溶于溶剂中。比如药用辅料聚丙酸树脂Ⅱ号和Ⅲ号均是采用乙醇溶液聚合工艺生产。首先，将单体（丙烯酸、甲基丙烯酸及其酯）和油溶性引发剂（比如偶氮二异丁腈、过氧化苯甲酰）分别溶于乙醇；然后，滴加引发剂引发聚合，聚合结束后水析成型并脱除溶剂或流延蒸发脱除溶剂；最后，经粉碎、真空干燥得树脂。

溶液聚合工艺通用性强，可以用于所有药用高分子的合成。

（4）悬浮聚合

在不溶解单体也不溶解反应生成的聚合物的溶剂（一般用水）中，将单体以小液滴的形式悬浮在溶剂（水）中的聚合方法，称为悬浮聚合。

悬乳聚合、乳液聚合及溶液聚合等聚合方法不仅可用于高分子的合成，还可用于天然高聚物的改性形成接枝的半合成高分子，或用于天然高分子基微球、纳米粒以及微凝胶等。以淀粉微球和纳米粒的制备为例，从淀粉原料到淀粉微球，主要是靠交联剂的介入，其交联剂可以是丙烯酰类化合物等，它是先在淀粉链上引入一个不饱和的侧链，然后将此侧链交联聚合，聚合交联反应是在 W/O 型的反相乳液中进行的。聚丙烯酰化淀粉微球制备是首先用丙烯酸缩水甘油酯对淀粉进行"接枝"，在淀粉分子链上引入带双键（C＝C）的侧链，然后在过硫酸铵引发下聚合。但是淀粉分子与衍生后侧链之间是以醚键相连，相隔的碳数较多，不利于淀粉微球的生物降解。用丙烯酰氯代替丙烯酸缩水甘油酯，将生成的淀粉丙烯酸酯分散在油相中，用氧化还原体系引发聚合成丙烯酯化淀粉微球，这样的变化使得接枝反应的时间大大缩短（约几十分钟），并且，这样淀粉与侧链之间靠酯键相连，可以被人体血浆中的酯酶水解，提高了生物降解率。李连涛等用马来酸酐对淀粉进行单酯化，然后与丙烯酸钠、交联剂、过硫酸铵一起溶于缓冲液中作水相，用溶有表面活性剂的氯仿-甲苯混合液作油相，经搅拌成稳定的 W/O 型乳液后，室温下引发聚合成球。淀粉纳米粒的合成，也可以用丙烯酸甘油酯对淀粉进行接枝，将接枝后的淀粉作内水相制成 W/O 型乳剂，再由四甲基乙二胺作引发剂，接枝淀粉进行自由基聚合而成纳米粒。

2. 缩聚高分子合成工艺

制备或生产缩聚高分子化合物的合成工艺有熔融缩聚、溶液缩聚和界面缩聚。熔融缩聚是将单体加热到聚合物熔点以上（一般高于 200℃），使副产物及时从反应混合物中移去，如果需要也可以加入催化剂，加惰性气体保护可减少副反应。溶液缩聚要有适当的惰性溶剂作为反应介质，溶剂即能溶解单体，也要能使聚合物溶解或溶胀。

界面缩聚是非均相缩聚反应，它将两个单体溶于两个互不溶解的溶剂中，反应在相界面进行，生产出来的产物大部分是以膜状形式在界面形成。由于聚合物膜会影响单体的扩散，导致缩聚反应速率下降。因此，为保证较高的转化率，界面缩聚法通常要求较长的反应时间。界面缩聚可用于药物微囊的制备或生产。

界面缩聚法通常选用聚酰胺或聚氨酯作壳材料。聚酰胺微胶囊：水性二胺或三胺扩散至相界面处与油相中的对苯二甲酰氯发生反应，生成聚酰胺膜并沉积成为聚合物微胶囊外壳。聚氨酯微胶囊：用溶解于水相的二醇与溶解于油相的二异氰酸酯之间的缩聚反应来生成聚氨酯膜。工业上已有聚氨酯微胶囊用于生产墨粉和包覆杀虫剂。

二、高分子的化学反应

高分子的化学反应是指高聚物在物理及化学的因素影响下，发生引起化学结构的改变和化学性质变化的反应。1845 年，Schonbein C. F. 用硝酸-硫酸处理纯净的纤维素制得硝酸纤维；1932年德国 Lüdersdorff F. 将橡胶用松节油和硫黄共煮制得不黏的橡胶制品，1935 年英国 Adams 最先合成了具有交换反应性能的强酸性磺化酚醛树脂；20 世纪后期至今，药用高分子纳米粒的制备以及多肽和蛋白质类药物表面的结构修饰等；这些都依赖于高分子的化学反应。

通过高分子的化学反应可以实现：①引入反应活性基团及功能基团，使非反应性的高分子变成反应性的高分子，使高分子材料改性，产生新的功能，并提高使用性能，如右旋糖酐与氯磺酸反应合成具有肝素活性的右旋糖酐硫酸酯。②从常用的高分子化合物制备另一类不能通过单体直接聚合得到的高分子，如从聚乙酸乙烯酯水解制造聚乙烯醇（PVA）。③制备不同组成分布的共聚物，使现有的高分子材料取长补短，如淀粉接枝聚丙烯酸。④通过高分子化学反应，了解和证明高分子的结构，例如聚氯乙烯经过锌粉处理后，大分子链形成许多三元环结构的化合物，由此可知氯乙烯单体在聚合体里的排列是头-尾连接，而不是头-头连接或尾-尾连接。⑤了解高分子老化及裂解原因，从而找出防止的方法，延长它们的使用寿命。⑥制成新的材料，如具有缓控释功能的微凝胶及纳米凝胶材料。

1. 高分子的化学反应能力与影响因素

（1）高分子的化学反应能力

高分子的化学反应与低分子化合物的经典有机化学反应没有本质的区别，但高分子的分子量大且结构复杂,有些高分子的化学反应是低分子化合物所没有的,使得高聚物的化学反应能力带有以下几个特征。

① 一个大分子链含有大量具有反应能力的基团,当进行化学反应时,并非所有的基团都参与反应,即大分子链反应具有不均匀性,故反应产物不是单一结构的。而低分子化合物,由于每一分子所含基团不多,经过化学反应后,容易分离出相同结构的产物。

② 高分子链很长,在物理或化学因素的作用下,容易发生大分子裂解,大分子内环化,大分子链间的支化、异构化,甚至交联等副反应。例如聚烯烃的氯化或氯磺化,由于该反应是自由基机理,所以,很易降解或交联。这是高聚物化学变化与低分子化合物的化学变化的显著不同之处。

③ 高分子与化学试剂反应,如属非均相反应,则试剂在高分子相内的扩散速率对反应的程度影响很大。若试剂在高分子相内扩散速率高于反应速率,则反应与低分子反应相似,但是,一般情况下大分子的扩散速率总是比反应速率要慢一些。若试剂不能扩散进高分子相内,则反应只局限于高分子的表面上,反应是不均匀的,这对聚合物的性质有较大的影响。如聚脂肪烯烃进行化学反应时,很难找到一种既溶解(或溶胀)反应原料又溶解(或溶胀)反应产物的溶剂,所以在反应时,常在非均相中进行。其结果是反应产物的结构不均匀。

(2)高分子化学反应的影响因素

① 静电荷与位阻 静电荷与位阻对高分子功能基化学反应的影响与低分子化合物类似,只是表现得更显著。由于邻近不同的功能基常能相互影响,故可加速或降低这些功能基与化学试剂反应的程度。

当高分子的部分功能基转化为与化学试剂相同电荷的离子基后,可明显降低它近旁功能基的反应性,这就使得一个高分子链中,并不是所有基团都能参与反应。空间位阻效应对高分子化学反应也是很有影响的。低分子量的聚乙烯醇较高分子量的易于磺化,原因是高分子量的聚乙烯醇的螺旋卷曲结构紧密,在没有溶剂或溶胀剂的存在下,主链上的羟基受位阻保护,结果硫酸不易同它接触,故难以发生化学反应。

② 结晶结构 高分子的化学反应通常在无定形的区域进行,在结晶区域几乎不发生。这是因为高分子晶区分子间的取向度较高,分子间相互作用力大,反应试剂不易扩散进聚合物内部。纤维素有高度的结晶性,它与化学试剂反应时,开始速率很慢,反应仅限于纤维素的表面;随着基团的引入,其结晶结构渐被破坏,使化学试剂可扩散到内部而发生反应。纤维素的单元结构有三个羟基,当它们同碘甲烷反应时,所分离出的产品比较复杂,有单取代的(34%),有双取代的(22%),有三取代的(6%),甚至有不起反应的(38%)。在单取代的产品中,在不同碳上的羟基,反应情况也不一样(C_2 位置占 49%,C_3 位置占 10%,C_6 位置占 41%);同时,不同单元的纤维素所得产品也不同。反应式如下。

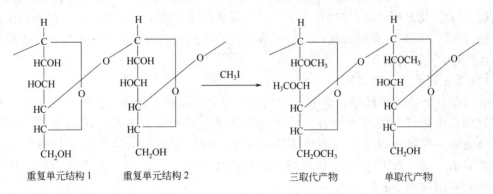

重复单元结构 1　　重复单元结构 2　　　　　三取代产物　　单取代产物

③ 溶解度或溶胀度　高分子的某部分功能基反应后，对聚合物的溶解度是有影响的，因而它的化学活性也有所变化（提高或降低）。在一般情况下，提高聚合物的溶解度或溶胀度，可以增加它的反应性质；降低聚合物的溶解度或溶胀度，可以降低它的反应程度。但也有例外，如聚乙酸乙烯酯的醇解，在反应后期，聚合度高（溶解度低）的较聚合度低（溶解度高）的聚乙酸乙烯酯醇解更完全。这是因为高分子量、高醇解度的聚乙酸乙烯酯首先沉淀分离出，随即吸附溶液里的碱，增加了聚合物周围的碱浓度，这易于使尚未醇解的酯更快地转变为醇，而比溶解的聚合物反应更完全。

为了增加反应速率，经常使用两种溶剂：一种能溶解或溶胀开始反应的聚合物；另一种能溶解或溶胀它的衍生物。在化学反应中，也会发生副作用如交联等。聚苯乙烯的磺化或氯甲基化就是例子，这种作用也会影响反应程度及反应速率。不过，若反应试剂在聚合物内的扩散速率不改变，则反应程度与反应速率不会受大影响。

④ 其他　除了上述因素外，高分子的化学反应还受到：①大分子链上的功能基对成双反应的限制，若链上的功能基为单数，那么其中必有不能起反应的基团；②反应聚合物的混合物分散状态的相溶性的影响，大部分聚合物是不相溶的，甚至结构相似的高分子也是不相溶的，如聚苯乙烯与聚叔丁基苯乙烯；③高分子链的空间构型以及构象导致链上功能基化学活性差异的影响，如立体规整聚 N,N-二甲基丙烯酸胺的水解速度较无规立构高分子快 $6\sim7$ 倍。

2. 高分子反应类型

与低分子相似，高分子能进行一般的有机化学反应、络合反应、氧化反应等。高分子还可进行降解反应、分子间反应、支化与接枝反应以及特有的表面和力化学反应。

（1）高分子的一般有机化学反应

包括取代、加成、消除、水解、酯化、氢化、卤化、醚化、硝化、磷化、环化、离子交换反应等。如高分子芳烃-聚苯乙烯的取代反应，聚苯乙烯经反应可得到氯甲基化聚苯乙烯、氨基化聚苯乙烯和磺化聚苯乙烯等。纤维素的与环氧乙烷、环氧丙烷等进行醚化反应合成药用高分子辅料羟乙基纤维素、羟丙基纤维素等，羟丙基纤维素与二乙烯基亚砜加成交联反应是获得羟丙基纤维素基微凝胶的方法之一，淀粉与氯磺酸可进行酯化反应合成具有肝素功能的淀粉硫酸酯。

聚乙二醇分子链上两端的羟基具有反应活性，能发生所有脂肪族羟基的化学反应，如酯化反应、氧化反应以及与多官能团化合物的交联等。

基于 PEG 的良好的生物相容性和亲水性，人们已经设计开发了多种聚乙二醇的衍生物，其中 PEG 与可生物降解聚合物的接枝或嵌段共聚物，如聚乳酸/PEG、聚己内酯/PEG、聚氨基酸/PEG、壳聚糖/PEG 等展现出优良的药物控制释放性能。此外，PEG 键合的蛋白质或其他药物分子，具有提高药物在水中的溶解性，减少生物酶对蛋白质类药物的作用等功能，也得到了大量的研究。

（2）高分子的表面反应

所谓高分子的表面反应，顾名思义，是指高聚物在加工处理过程中，反应仅局限在高聚物的表面进行。高聚物的表面反应能够改进高聚物的触感性、抗静电性、耐磨蚀性、渗透性、黏结性以及生物相容性等；在肽、寡核苷酸等的合成中用作载体，可实现固相合成。常见的 PEG 化干扰素是利用暴露在干扰素表面的端基进行活化偶联反应制备的，其结构如下：

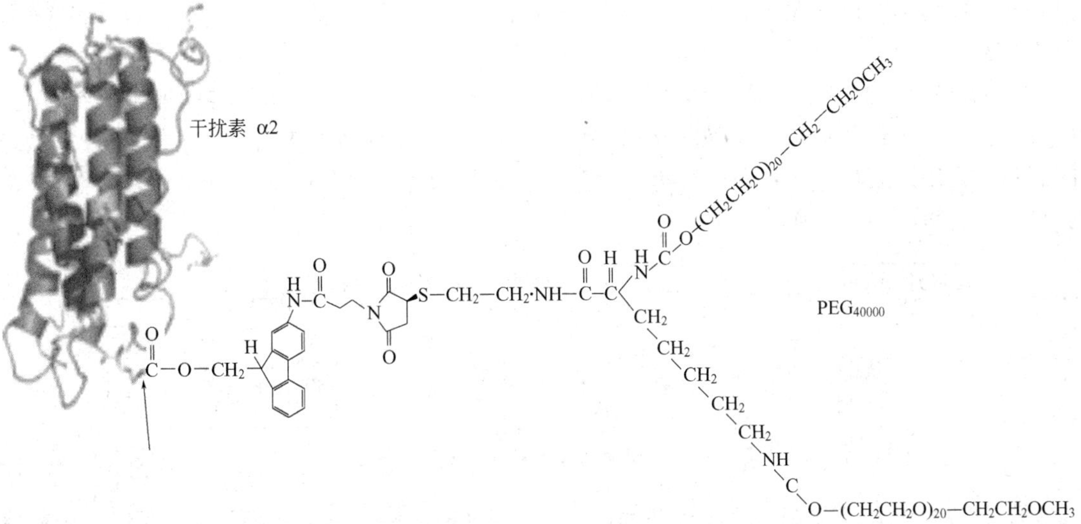

干扰素 α2

$C-O-CH_2$

$S-CH_2-CH_2-NH-C-C-N-C-O-(CH_2CH_2O)_{20}-CH_2-CH_2OCH_3$

OH

PEG_{40000}

CH_2
CH_2
CH_2
CH_2
CH_2
NH
C
$O-(CH_2CH_2O)_{20}-CH_2CH_2OCH_3$

（3）高分子的降解反应及络合反应

① 高分子的降解反应 高聚物在加工与使用过程中，因光、热以及机械力的作用而引起其性质的变化，称为降解。降解的必然结果是材料的物理力学性能和化学性质均发生变化，这是在药物制剂生产与使用的过程都不希望出现的，明显的变化或产生毒害性的变化则是严格禁止的。

② 高分子络合反应 如聚乙烯胺、聚丙烯酸等带有氨基、羧基和羟基等络合基团的高聚物，可作为高分子配位体与金属离子络合，形成高分子络合物。脱乙酰基甲壳素（壳聚糖）就是利用其氨基的反应活性，可作为人体各种微量金属元素的调节剂，也可作为重金属离子中毒的解毒剂。

三、微纳米粒的制备

目前，较普遍应用的纳米粒的制备方法有溶剂蒸发法、自动乳化溶剂扩散法、凝聚法、聚合法（乳液聚合法与沉淀聚合法）、自组装法等。

1. 溶剂蒸发法

溶剂蒸发法也叫液中干燥法，是借助于乳化剂的作用，制备水溶或非水溶性药物的聚合物纳米粒，这是最常用的纳米粒制备方法，疏水性聚合物纳米粒常用此法制备。

（1）疏水性药物的 NPs（纳米粒子）的制备

主要适用于疏水性聚合物/疏水性药物纳米粒的制备，采用水包油型（O/W）的乳液体系。具体过程为把聚合物溶解到与水不互溶的有机溶剂（如二氯甲烷、氯仿、乙酸乙酯）中形成聚合物的溶液，药物分散或溶解到聚合物溶液中。在高速均化或超声场等分散条件下，把形成的溶液或混合物加入到含有乳化剂的水体系中，形成 O/W 型乳液，液滴内部是含有聚合物和药物的油相。形成稳定的微乳后，采用升温或减压或连续搅拌等方法蒸出有机溶剂。随着溶剂的蒸发，乳滴内形成聚合物与药物的固体相，即得到含药的聚合物 NPs，再进行分离、洗涤、干燥。

人们用这种方法制备出了上述多种可生物降解聚合物的载药 NPs，用于疏水性药物的控制释放。乳化剂和溶剂的种类和用量、乳化方法、溶剂的蒸发速度、聚合物的分子量等因素对 NPs 的粒径、物理化学性质、药物的包封率及释放影响很大。

（2）水溶性药物的 NPs 的制备

水溶性药物的微球化可以采用无水乳化体系或多步乳化技术，制备出 O/O、W/O/W 及 W/O/O/O 等型的微球。

① O/O 型　把含有药物的聚合物溶液（在有机溶剂中）在一非互溶的油中进行乳化，即可制备出水溶性药物的 O/O 型的药物微球。如水溶性药物马来酸噻吗咯尔的 O/O 型微球的制备。采用乙腈作为药物和聚合物的溶剂，作为分散相，用芝麻油为连续相，司盘 80 为乳化剂。流程如图 1-8 所示。

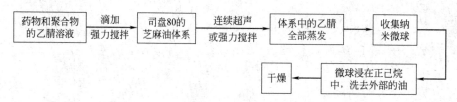

图 1-8　O/O 型药物微球的制备工艺流程图

② W/O/W 型　先制备水溶性药物的 W/O 型乳液，然后再把制得的 W/O 型乳液分散到另外的水相中。即采用双乳化蒸发技术。如 Zambaux 等报道的聚乳酸微球的制备方法，工艺流程如图 1-9 所示。其中，最初乳液的稳定性对于多步乳化的微球的成功制备是至关重要的，对所形成的粒子的形态、孔径、药物的释放等影响很大。

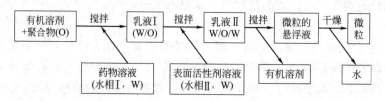

图 1-9　多步乳化法（引导相分离法）制备 W/O/W 型药物微球工艺流程图

2. 自动乳化溶剂扩散法

自动乳化溶剂扩散法是采用水溶性溶剂如丙酮或甲醇与水不溶性溶剂如二氯甲烷或氯仿的混合溶剂为油相，将聚合物和药物溶于油相并在水中分散，由于水溶性溶剂的自发扩散，使两相界面张力降低，两相界面产生躁动，有机相液滴减小，逐渐形成纳米尺寸的乳滴，并沉淀出来成为 NPs。增大水溶性溶剂的浓度，使粒径减小。

上述方法需要使用溶剂和表面活性剂，残留溶剂对人体有害并污染环境，降低 NPs 内药物的药性。美国 FDA 对注射胶体制剂的溶剂残留量作了专门的规定，如二氯甲烷的残留量不能超过 500×10^{-6} g/mL，氯仿不能超过 50×10^{-6} g/mL。溶剂残留量的测定多采用气相色谱法。为满足这一要求，人们还开发了盐析法、乳化-溶剂扩散技术和超临界流体技术。

3. 凝聚法

凝聚法主要用于亲水性聚合物的药物 NPs 的制备，如壳聚糖、海藻酸钠、明胶等，较多用于蛋白质或多肽的纳米粒的制备。

常用的凝聚法是借助于乳化剂或通过超声、高剪切等分散技术将聚合物与药物混合体系（水相）分散于油相中，然后通过加热、交联或盐析等手段使亲水性聚合物凝聚成球。如白蛋白纳米粒的制备：将白蛋白与药物溶于或分散于水中，然后加入含有乳化剂的油相中搅拌或超声乳化，再将乳液快速滴加到 $100 \sim 180 ℃$ 的热油中保持 10min，白蛋白变性形成纳米粒，冷却、乙醚分离纳米粒、离心、洗涤得白蛋白纳米粒。

Calvo 等研究了离子化凝胶法制备壳聚糖的 NPs。其方法是将含有壳聚糖的聚氧乙烯-聚氧丙烯的二嵌段共聚物（PEO-PPO）的水体系与聚阴离子三聚磷酸钠（TPP）的水溶液混合，壳聚糖分子链上的带正电荷的氨基与带负电的 TTP 产生静电吸引作用，形成壳聚糖的 NPs。通过调节壳聚糖与 PEO-PPO 二嵌段共聚物的比例，可以制备出尺寸在 200～1000nm 的 NPs。这种壳聚糖的 NPs 对蛋白质具有很好的负载能力。

另外，还有人采用复合凝聚技术及乳液凝聚技术制备了 DNA 的壳聚糖 NPs。

4. 聚合法

（1）乳液聚合法制备聚合物 NPs

α-氰基丙烯酸酯（ACA）的聚合可在温和的条件下进行，不需要 γ 辐射引发和使用引发剂，因此乳液聚合法制备聚-α-氰基丙烯酸烷基酯的纳米药物粒子得到了较广泛的应用。PACA 的 NPs 的制备通常是把 ACA 加入强力搅拌的含有乳化剂的较低 pH 的水介质中，ACA 扩散到乳化剂形成的胶束中进行聚合，药物可以和单体同时加入，随着聚合的进行，药物逐渐被包裹在聚合物形成的粒子中，聚合反应结束后，形成 PACA 的载药 NPs 的悬浮体系，过滤、洗去乳化剂和游离的药物，即得到 PACA 的载药 NPs。

（2）沉淀聚合法制备聚合物 NPs

前已述及，聚 N-异丙基丙烯酰胺（PNIAAm）是一种热敏性聚合物，其水凝胶微球的制备方法是：5g 的 N-异丙基丙烯酰胺与亚甲基双丙烯酰胺（MBAAM）混合单体加入 190g 水中，然后加入 10mL 0.2g 过硫酸钾的水溶液，在 N_2 保护下 70℃反应 24h，形成 PNIAAm 的 NPs。分离、用水洗涤数次。得到的粒子尺寸在 500nm 左右。

5. 自组装法

基于两亲性或离子型嵌段（或接枝）共聚物自组装形成的纳米粒是一类真正在纳米尺度（<100nm）的载药纳米材料，而且呈现较窄的粒径分布，这种粒子是由疏水性的内核、亲水性的外壳组成的，因此也称为自组装胶束，是目前纳米制药研究领域的关注焦点。

（1）两亲性聚合物胶束的制备方法及形成机理

用于制备载药 NPs 的两亲性聚合物的亲水嵌段通常是柔性链，能够组装成紧密的防护层，以形成具有空间立体稳定性的胶束。两亲聚合物在水中的胶束化是靠疏水嵌段的成核聚集形成的，成核的牵引力主要是分子间的相互作用力，包括疏水作用、静电相互作用、金属复合作用和氢键作用。聚合物自组装胶束的形成过程如图 1-10 所示。

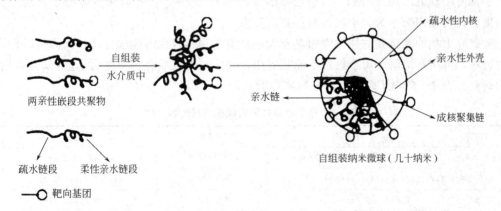

图 1-10 聚合物自组装胶束的形成过程

嵌段或接枝的两亲性聚合物胶束的制备主要有三种方法：第一种是直接在水中溶解的方法；第二种是自组装溶剂蒸发法；第三种是渗析法。目前研究较多的能够自组装成胶束的两亲性聚合物载体材料如下。

① 以疏水性的聚合物为主链，接枝上亲水性的侧链，所得到的接枝共聚物在水介质中会自发地组装成外表亲水、内部亲油的胶束。随着共聚物组成中亲水支链数和支链分子量的增加，接枝共聚物胶束的粒径减小。如 Sakuma 等研究并制备了以聚苯乙烯（PS）为主链的系列两亲性接枝共聚物，制备过程如下。

A. 大单体的合成

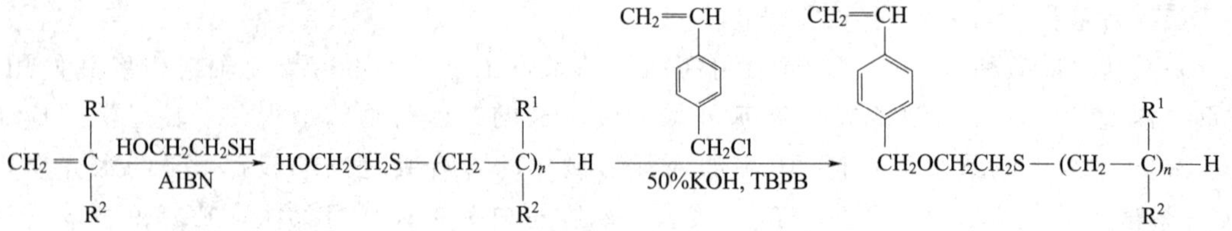

B. 接枝共聚物的制备

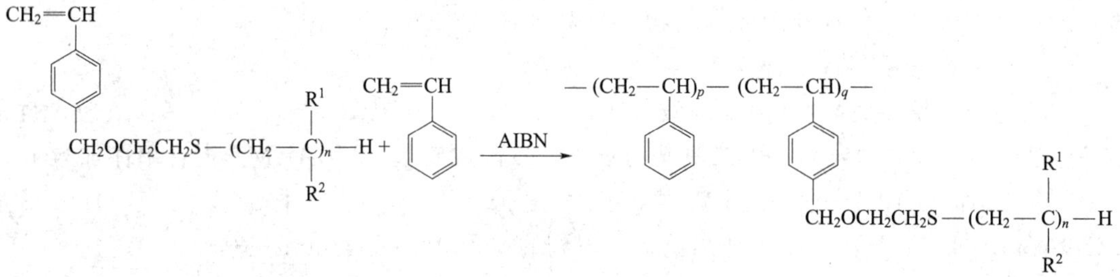

其中，TBPB 为溴化三丁基磷；AIBN 为偶氮二异丁腈；支链为亲水的聚合物链，如聚甲基丙烯酸（PMAA），R^1 为—CH_3，R^2 为—COOH；如聚（N-异丙基丙烯酰胺）（PNIPAAm），R^1 为—H，R^2 为—$CONHCH(CH_3)_2$；如聚乙烯基乙酰胺（PNVA），R^1 为—H，R^2 为—$NHCOCH_3$；聚乙烯基胺（PVAm）R^1 为—H，R^2 为—NH_2。

以降钙素为模型药物制备的该系列共聚物的纳米药物的性能的研究结果表明，在相同接枝率、相同条件下，降钙素的平衡吸附量与胶束表面性质、胶束粒径及胶束的浓度有很大的关系。

② 两亲性嵌段共聚物载药胶束　目前，在所开发的两亲性嵌段共聚物体系中，亲水嵌段几乎都使用聚氧乙烯（PEO）或聚乙二醇（PEG）。此外，一些如聚丙烯酸、聚维酮等水溶性聚合物也被用来作为亲水嵌段制备载药胶束。

形成胶束核的聚合物的选择性相对较大，具有生物相容性的疏水性聚合物都可以作为成核的材料，可生物降解的聚合物广泛地被应用，其中，聚乳酸类材料受到了重视，得到了大量的研究。表 1-1 列出了常被用作成核嵌段的几种聚合物。

表 1-1　用于嵌段共聚物成核嵌段的聚合物

中文名	英文名	中文名	英文名
聚天冬氨酸	Poly(aspartic acid)(PAsp)	聚（L-赖氨酸）	Poly(L-lysine)
聚（β-天冬氨酸卞酯）	Poly(β-benzyl-aspartate)(PBLA)	聚氧丙烯	Poly(propylene oxide)
聚己内酯	Polycaprolactone(PCL)	聚精氨酸	Polyspermine
聚（γ-谷氨酸卞酯）	Poly(γ-benzyl-L-glutamte)(PBLA)	甲基丙烯酸甲酯低聚物	Oligo(methyl methacrylate)
聚乳酸	Poly(lactic acid)(PLA)		

近年来，许多两亲性的二或三嵌段的共聚物被开发出来，作为疏水性药物、蛋白质、酶、DNA 等药物的载体，其中包括非离子型和离子型的两亲性嵌段共聚物。人们对两亲性嵌段共聚物的制备、自组装性质、胶束粒径及其分布、稳定性、药物的负载、药物释放、疗效等方面进行了大量的研究工作，而且越来越多的研究者致力于这一领域的研究，希望对材料制备工艺、胶束的形成机理、纳米药物的作用等方面有系统了解和掌握，把纳米药物推向实际应用。迄今为止，在这方面贡献最大的就是日本 Kabanov 领导的研究组及 Kataoka 领导的研究组。

两亲性聚合物自组装胶束优点在于：①制备工艺简单，形成的胶束比表面活性剂胶束稳定。②核具有较高的药物负载能力，适应的药物范围较广，可以是固态、液态，可以是疏水性、亲水性，也可以是单方药或复方药。③直接形成了亲水表面，能够防止蛋白质的吸附和躲避网状系统的捕捉。④粒径小且分布非常窄，粒径在 10～1000nm 范围，通过分子设计可以调节粒径的大小和释放速率。尺寸与病毒、脂蛋白及人体内自然的介观范围的组织单元相近，因此易通过生理屏障，在体内具有独特的分布，易于实现靶向。其在体内的分布主要与粒径的大小、表面形态有关，与核内包裹的药物性质关系不大。⑤易于进行表面修饰，带上具有专一识别功能的基团或物质，容易实现细胞内的靶向给药。因此，这种两亲性聚合物自组装胶束被作为较有前途的纳米药物载体得到了广泛的研究，主要用于抗癌药和生物大分子类药物的传递系统的纳米载体。

（2）带电荷的嵌段共聚物的离聚物复合胶束（PIC 胶束）

离聚物复合胶束（PIC 胶束）不是两种带有相反电荷的均聚物间的静电相互作用形成的复合物，而是通过完全水溶的两种带电荷的嵌段共聚物之间的超分子自组装形成的，具有相当窄的粒径分布。这种 PIC 胶束最早被 Kataoka 研究组发现，是由 PEO-*b*-聚天冬氨酸和 PEO-*b*-聚赖氨酸两种嵌段共聚物间的分子组装复合形成的。聚天冬氨酸链上的羧基与聚赖氨酸链上的氨基间发生静电相互作用，导致两种嵌段共聚物复合，复合后的链段呈疏水性，则聚集成核，形成复合胶束，如图 1-11 所示。复合胶束的尺寸大小取决于界面自由能、成核嵌段的伸展程度及 PEO 链间的排斥力等因素。

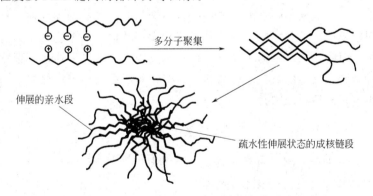

图 1-11 带相反电荷的嵌段共聚物的离子复合胶束形成过程

带电荷嵌段共聚物与带相反电荷的聚电解质间也能够组装成窄分布的 PIC 胶束，因此，嵌段离聚物能够用来携载带相反电荷的化合物，如酶、蛋白质、DNA 等生物大分子。这种嵌段离聚物通过静电复合作用把酶等被携带物包在核内，与外界隔离，即使在通常酶没有活性的情况下（如高温或有机介质中）也能够使酶保持很高的活性。因此，这一技术在生物类大分子、药物的载体及纳米生物反应器等方面具有极大的应用价值。

这种 PIC 胶束的制备较简单，只需把嵌段共聚物水溶液与酶或蛋白质等带相反电荷的物质的水溶液（或缓冲液）按一定比例直接混合。如：溶菌酶的 PEO-聚天冬氨酸嵌段共聚物 PIC 胶束，DNA 的 PEO-聚赖氨酸 PIC 胶束等。

（3）金属复合的离子型嵌段共聚物胶束

离子型嵌段共聚物可以通过与金属离子或其复合物作用进行胶束化，这对于金属化合物的负载、传递极有意义。比如两亲性嵌段共聚物对抗癌活性剂顺铂（Cis-Platin，CDDP）的负载作用，就是通过金属复合作用进行的胶束化，把顺铂包在胶束中。把顺铂与 PEO-聚天冬氨酸的嵌段共聚物在二次蒸馏水中混合，即可自发地形成窄分布的聚合物——金属复合物胶束。这种复合胶束在生理盐水中能够连续释放顺铂达 50h，释放速率与聚天冬氨酸的链长成反比。而且小鼠体内研究表明，这种复合胶束对顺铂的释放有一定的诱导期，这一诱导期有利于胶束在癌症部位的聚集。与单独顺铂给药相比，采用聚合物-金属复合胶束给药后，血液中的顺铂浓度高出 5 倍，在癌症部位的聚集高出 14 倍。

6. 其他纳米粒子制备技术

此外，还有超临界流体技术、相分离方法、盐析/乳化-扩散法等。超临界流体技术对环境友好，制备出的载药聚合物微粒纯度高、无溶剂残留。采用此技术制备微粒的报道较多，制备 NPs 的报道相对较少。超临界流体技术中较普遍应用的是超临界流体迅速扩张法（RESS）和反溶剂超临界法（SAS）。Randolph 等采用一种改进的 SAS 技术——气相反溶剂技术（GAS）成功地制备出聚乳酸 NPs，即把聚乳酸的溶液通过一喷嘴迅速地导入到超临界流体中，超临界流体把聚合物的溶剂全部萃取掉，不溶于超临界流体的聚合物沉淀，形成纳米粉末。

尽管药用高分子材料的发展大大地丰富了药物剂型，并推动了给药方式的转变，但同时也给制剂学与药理学提出了大量的新问题。因为对于高分子化合物与普通药物之间的关系和影响，对于高分子化合物在机体内的反应、吸收、分解和排泄等一系列机制，很多还不是十分清楚的，还需要进行大量深入的基础研究和临床研究。

高聚物因其高分子的巨大分子量而不同于小分子，高分子是具有多层次结构的一类凝聚态物质——软物质，呈现弱影响强响应的特征。高聚物固体具有的黏弹性、材料性能具有各向异性、在溶剂中表现出溶胀特性、溶液黏度特别大等共性。高聚物的结构变化会带来材料性能的显著变化。因此，在学习药用高分子材料的过程中，要紧紧抓住高聚物结构与性能关系这一主线，将高分子化学以及分子运动和热转变作为联系结构与性能关系的桥梁，并结合药剂学知识，实现相关知识的融合。

思 考 题

1. 什么是药用高分子材料？并给出其具体分类。

2. 作为药用高分子材料有哪些基本要求？

3. 张仲景在《伤寒论》和《金匮要略》记载的栓剂、洗剂、软膏剂、糖浆剂及脏器制剂等十余种制剂中，有哪些剂型中应用的是高分子辅料，并列出 2～3 个制剂说明。

4. Ringsdrof H. 在医药领域有什么贡献？

5. 请给出聚丙烯酸、聚乙烯醇和聚维酮结构单元和单体的化学结构表达式。

6. 请给出直链淀粉、聚乙二醇和聚对苯二甲酸乙二醇酯结构单元和单体的化学结构表达式。

7. 下列聚合物名中哪些是习惯名称？

聚丙烯酸、尼龙66、PEG、PVC、PP、PVA、胰岛素、干扰素、蛋白质。

8. 根据大分子（或高聚物）主链结构可将其分为哪几种？

9. 什么叫高分子近程结构？其具体指的是什么？

10. 什么叫高分子远程结构？其具体指的是什么？

11. 什么叫大分子链的序列结构？试比较人胰岛素与猪胰岛素的氨基酸序列结构。

12. 大分子链的形态主要有几种基本类型？

13. 试述聚丙烯酸甲酯乳液聚合工艺、反应机理及反应方程式，同时给出其单体、单体单元、重复结构单元的结构简式。

14. 试述聚乳酸本体聚合工艺、反应机理及反应方程式，同时给出其单体和重复结构单元的结构简式。

第二章 高分子材料的性能

　　材料是具有满足指定工作条件下使用要求的形态和物理、化学与生物性状的物质，在我们的生产与生活中有高分子材料与金属材料、陶瓷材料以及复合材料等。药用高分子材料是高分子材料的一个重要分支，药用高分子材料的物质基础是高分子化合物，因此，药用高分子材料的结构与其基本组分高聚物的结构密切相关。了解高聚物结构与其物理和生物性能的关系，可以指导我们正确地选择和使用药用高分子材料，并通过各种有效的途径改变高聚物的结构以满足特定的使用性能要求。

第一节　高分子的分子运动

一、高聚物的分子热运动

1. 高聚物分子的运动单元

　　大分子具有多重运动单元，如侧基、支链、链节、链段及整个大分子等，与这些不同运动单元相对应的运动方式有：键长、键角的振动或扭曲；侧基、支链或链节的摇摆、旋转；分子内旋转及整个大分子的中心位移等。此外，对结晶聚合物还存在晶型转变、晶区缺陷部分的运动等。与低分子相比，聚合物分子运动大致可分为两种尺寸的运动单元，即大尺寸单元和小尺寸单元，前者指整个大分子链，后者指链段和链段以下的运动单元。整个大分子链的运动称为布朗运动，小尺寸单元的运动亦称为微布朗运动。

2. 高分子热运动特点

　　① 高分子热运动是个松弛过程。任何体系在外场作用下，从原来的平衡状态过渡到另一平衡状态是需要一定时间的，即有一个速度问题。这样的过程在物理学上称为"松弛过程"或"弛豫过程""延滞过程"。在达到新的平衡状态前，要经过一系列随时间而改变的中间状态，这种中间状态就称为松弛状态。这种过程的快慢可用松弛时间 τ 来表示，τ 越大，过程越慢。也就是说，松弛过程是指具有时间依赖性的过程。

　　② 在一定的外力和温度作用下，高聚物从一种平衡状态，通过分子的热运动，达到与外界条件相适应的新的平衡态，此过程也是一个速度过程，即松弛过程。高分子结构的多重性，决定了与其结构相对应的分子运动具有多重性，聚合物的分子运动单元（除键长、键角及其他小单元外）一般较大，松弛时间较长，其松弛特性明显，具有范围很大的松弛时间谱，松弛时间可在 $10^{-10} \sim 10^4 \mathrm{s}$ 以上。由于高分子运动时运动单元所受到的摩擦力一般是很大的，这个过程通常是慢慢地完成的，所以，在一般时间尺度下即可看到众多的松弛过程。

　　③ 高分子热运动与温度有关。由于分子运动是一个速度过程，在物理化学上就是动力学过程。因此，要达到一定的运动状态，提高温度和延长时间具有相同的效果，称为时-温转化效应，或时-温等效原理。高分子运动及物理状态原则上都符合时-温等效原理，使高聚物温度升高带来体积的膨胀，加大分子链节之间的空间，有利于运动单元自由迅速的运动，τ 缩短；若温度下降，τ 延长。

二、高分子的力学状态

非晶态高聚物内部分子处于不同运动状态，在宏观上表现有三种力学状态，并对应三个不同的温度区域。非晶态高聚物，在玻璃化转变温度以下时处于玻璃态；玻璃态高聚物受热时，向高弹态转变，玻璃态与高弹态之间的转变称为玻璃化转变，对应的转变温度为玻璃化转变温度 T_g；再经高弹态最后转变成黏流态（见图 2-1），开始转变为黏流态的温度 T_f 称为流动温度或黏流温度；这三种状态称为力学三态。

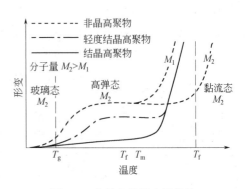

图 2-1 非晶态结晶高聚物的
温度-形变曲线

1. 玻璃态与玻璃化转变温度

由于温度低，链段的热运动不足以克服主链内旋转位垒，因此，链段的运动处于"冻结"状态，只有侧基、链节、链长、键角等的局部运动。在力学行为上表现为模量高（$10^9 \sim 10^{10}$ Pa）和形变小（1％以下），具有胡克弹性行为，质硬而脆。玻璃态转变区是对温度十分敏感的区域，温度范围约 $3 \sim 5$℃。在此温度范围内，链段运动已开始"解冻"，大分子链构象开始改变、进行伸缩，表现有明显的力学松弛行为，具有坚韧的力学特性。

2. 高弹态

在 T_g 以上，链段运动已充分发展。高聚物弹性模量降为 $10^5 \sim 10^6$ Pa 左右，在较小应力下，即可迅速发生很大的形变，除去外力后，形变可迅速恢复，因此称为高弹性或橡胶弹性。黏弹转变区是大分子链开始能进行中心位移的区域，模量降至 10^4 Pa 左右。在此区域，聚合物同时表现黏性流动和弹性形变两个方面。这是松弛现象十分突出的区域。应当指出，交联聚合物，则不发生黏性流动，只有高弹行为。对线形高聚物，高弹态的温度范围随分子量的增大而增大，分子量过小的高聚物无高弹态。

3. 黏流态与黏流温度

温度高于 T_f 以后，由于链段的剧烈运动，整个大分子链重心发生相对位移，产生不可逆形变即黏性流动。此时高聚物为黏性液体。分子量越大，T_f 就越高，黏度也越大。交联高聚物则无黏流态存在，因为它不能产生分子间的相对位移。

如图 2-1 所示的温度-形变曲线（热机械曲线）上有两个斜率突变区，分别称为玻璃化转变区和黏弹转变区。结晶高聚物因存在一定的非晶部分，因此也有玻璃化转变。但由于结晶部分的存在，链段运动受到限制，所以在 T_g 以上，模量下降不大。在结晶高聚物的 T_g 与其熔融温度 T_m 之间不出现高弹态，在 T_m 以上模量迅速下降。若高聚物分子量很大，且 $T_m < T_f$，在 T_m 与 T_f 之间将出现高弹态。若分子量较低，$T_m > T_f$，则熔融之后即转变成黏流态。

高聚物的 T_m、T_g、T_f 决定了某种高聚物材料的使用温度，或者说决定了高分子材料的耐寒性和耐热性。T_g 通常被定为结晶性高分子材料使用范围的温度上限，塑料应在低于 T_g 的温度下使用，而橡胶应在高于 T_g 的温度下使用。对于橡胶和弹性体，因为是在高于其玻璃化转变温度以上使用，故要求其玻璃化转变温度越低越好。如，硅橡胶的 T_g 为 -123℃、氯丁橡胶的 T_g 为 -45℃（见表 2-1）。高聚物作为结构材料用于低温环境时，除要求有一定的强度外还要求有一定的韧性，不至于在低温下使用时发生脆裂。由表 2-1 可见，聚丙烯酸和聚甲基丙烯酸甲酯的 T_g 远高于室温，在药物制剂中表现为较脆。为了改善骨架或包衣膜的韧性，通常需要添加 T_g 低于室温的聚乙二醇（聚环氧乙烷）或小分子柠檬酸三乙酯等作为增塑剂，以降低聚丙烯酸等的玻璃化转变温度。图 2-2 反映的是聚丙烯酸树脂 II 号的 T_g 因 PEG、柠檬酸三乙酯（TEC）的添加量的变化而变化情况。

表 2-1　常见高聚物的熔点与玻璃化转变温度

序号	名称	$T_m/℃$	$T_g/℃$	序号	名称	$T_m/℃$	$T_g/℃$
1	纤维素	>270	—	14	聚乙烯	140,95	−125,−20
2	聚环氧乙烷	66.2	−67	15	聚丙烯	183,130	26,−35
3	聚丙烯酸	—	106	16	聚对苯二甲酸乙二酯	270	69
4	聚丙烯酸乙酯	—	−22	17	聚［双（甲基胺基）膦腈］	—	14
5	聚甲基丙烯酸甲酯	160	105	18	聚己二酰己二胺（尼龙 66）	267	45
6	聚（α-腈基丙烯酸丁酯）	—	85	19	聚碳酸酯	267	150
7	聚醋酸乙烯酯	—	30	20	聚二甲基硅氧烷（硅橡胶）	−29	−123
8	聚乙烯醇	258	99	21	乙烯丙烯共聚物（乙丙橡胶）	—	−60
9	聚丙烯酰胺	—	165	22	聚异丁烯基橡胶	1.5	−70
10	聚氯乙烯（PVC）	—	78～81	23	聚顺式 1,4-异戊二烯（天然橡胶）	36	−70
11	聚四氟乙烯（Teflon）	327	130	24	聚反式 1,4-异戊二烯（古塔橡胶）	74	−68
12	聚偏二氟乙烯	171	39	25	聚氯代丁二烯（氯丁橡胶）	43	−45
13	偏二氟乙烯/六氟丙烯共聚物	—	−55	26	苯乙烯和丁二烯共聚物（丁苯橡胶）	—	−56

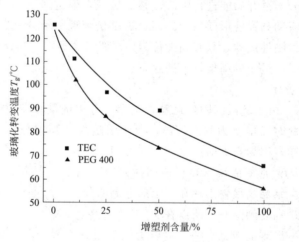

图 2-2　TEC 和 PEG400 用量对
聚丙烯酸树脂 II 号玻璃化转变温度的影响

对热塑性材料而言，凡能提高 T_g 或 T_m 方法都可以改善此类材料的耐热性，另外，结晶高聚物由于聚集态结构比较致密，具有比无定形高聚物更好的耐高温氧化性能。由于交联的网状结构材料是不会流动的，除非分子链断裂或交联键破坏，因此对于热固性材料来说其使用温度的上限取决于材料化学结构的高温稳定性。应当指出，除了高聚物的结构外，配合剂的性质和用量对高聚物的热稳定性有很大影响，有的配合剂或杂质可能加速高聚物的热老化，而各种热稳定剂则可提高高聚物的耐热性。总之，高聚物的耐热性是内在因素和外在因素共同作用的结果。

T_m通常被定作是结晶性高分子材料加工温度下限，高分子材料加工工艺中，加热和冷却所需能量，加热和冷却过程的热扩散以及温度-结晶相互关系等，都涉及高分子材料的热焓。在材料具有恒定比热容的理想情况下，热焓等于比热容与温升的乘积。高分子材料的比热容［H，J/(g·K)］主要是由化学结构决定的，一般在 4～30kJ/(kg·K) 之间，比金属及无机材料的大。

由于高聚物一般是靠分子间力结合的，所以热在高聚物材料中扩散速率如同其他非金属材料一样，主要取决于邻近原子或分子的结合强度。主价键结合时扩散快，是良好的热导体，热导率［κ，J·m/(m²·s·K)］大；次价键结合时，导热性差，热导率小。固体高聚物的热导率范围较窄，一般在 0.92J/(m·s·K) 左右，并且依赖于材料的结晶度，结晶高聚物的热导率比非晶高聚物的大很多；非晶高聚物的热导率随分子量的增大而增大，这是因为热传递沿分子链进行比在分子间进行要容易，同样加入低分子的增塑剂会使热导率下降。高聚物热导率随温度的变化有所波动，但波动范围一般不超过10%。取向引起热导率的各向异性，沿取向方向热导率增大，横向方向减小。微孔高聚物的热导率非常低，一般为 0.125J/(m·s·K) 左右，随密度的下降而减小，其热导率大致是固体高聚物和发泡气体热导率的加权平均值。但是，在实际工程技术中应用最多的是热扩散系数 α，$\alpha = \kappa/(\rho H)$，其中 ρ 为密度（kg/m³）。

材料受热时一般都膨胀，膨胀程度取决于材料所达到的温度，热膨胀可以是线膨胀、面膨胀和体膨胀。高聚物的热膨胀性比金属及陶瓷大，热膨胀系数在 50～250μm/(m·K) 之间。高聚物的热膨胀系数随温度的提高而增大，但一般并非温度的线性函数。热膨胀结晶度越高，热膨胀越小，但是聚乙烯等结晶性高分子材料的热膨胀性比非晶高聚物的热膨胀性大。这是由于结晶性热塑性高聚物中的橡胶态非晶区比玻璃态非晶高聚物对温度更为敏感。

同一高聚物材料，在某一温度下，由于受力大小和时间的不同，可能呈现不同的力学状态。因此，上述的力学状态只具有相对意义。在室温下，塑料处于玻璃态，玻璃化转变温度是非晶态塑料使用的上限温度，熔点则是结晶高聚物使用的上限温度。对于橡胶，玻璃化转变温度则是使用的下限温度。

三、高聚物的黏性流动

非晶聚合物温度在黏流温度 T_f 以上、结晶聚合物温度在其熔点 T_m 以上时，处于黏流态或熔融态，可统称为聚合物熔体，能够进行黏性流动。由于聚合物大分子结构的特性，使得聚合物的流动有一系列区别于一般低分子液体的特点。

真实流体可分为牛顿型和非牛顿型两类，任何液体在流动过程中都可产生两种速度梯度场——横向速度梯度场和纵向速度梯度场，对应的流动分别称为剪切流动和拉伸流动，相应的黏度分别为剪切黏度和拉伸黏度。

$$\frac{F}{A} = \mu \frac{du}{dy} \quad 或 \quad \tau = \mu\dot{\gamma} \tag{2-1}$$

对于牛顿流体，在一定温度下 μ 为常数，称为流体的黏度系数，或称剪切黏度，习惯简称黏度，单位 Pa·s。而非牛顿流体 μ 为变数，μ 随剪切速率 $\dot{\gamma}$、剪切应力 τ 或时间的变化而变化。式中 $\dot{\gamma} = du/dy$，表示在剪切应力 τ 的作用下，沿 y 轴方向单位长度上的速度变化率，亦可称为剪切速率。

高聚物熔体是非牛顿流体，而非牛顿流体，剪切应力 τ 与剪切速率的比值，在一定温度下不是常数，即黏度随剪切速率、剪切应力或时间而变化。

$$\tau = K\dot{\gamma}^n \tag{2-2}$$

式中，K 和 n 为非牛顿参数。n 亦称为非牛顿指数，K 亦称为稠度系数。

对假塑性流体，$n<1$，高聚物熔体即属于这种流体。高聚物熔体大分子链相互之间存在无规缠结，这种缠结在高剪切应力或高剪切速率下能被破坏，所以提高剪切速率会使黏度下降，这就是聚合物熔体表现假塑性的原因所在。

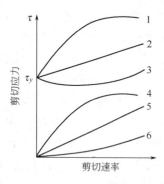

图 2-3 流体流动的剪切应力
与剪切速率的关系曲线

1—屈服假塑型；2—宾汉塑型；
3—屈服膨胀型；4—假塑型；
5—牛顿型；6—膨胀型

对胀塑性流体，$n>1$，如某些聚合胶乳、填料充填的高聚物熔体体系等。产生胀塑性流动的机理是当含固量高的（以及填料充填的高聚物熔融体构成的）悬浮液溶液静止时，在很低的剪切速率下，体系中的固体颗粒紧密堆砌，故空隙最小，其中有少量液体能够填充其空隙，起"润滑剂"的作用，所以黏度不高。但当剪切速率增大，固体颗粒间原来的紧密准堆砌状况已不能维持，而逐渐被破坏，因而产生膨胀效应，这时体系中的流体，不再能填满全部空隙，所以黏度增大。

在图 2-3 中，τ-$\dot{\gamma}^n$ 关系曲线 1~3 是通过屈服点而非原点的曲线，当迫使流体流动的剪切应力低于屈服点值 τ_y 时，不发生流动，超过这个值时可产生牛顿型或非牛顿型的流动，τ_y 称为屈服应力，流体流动有如下的关系式。

$$\tau - \tau_y = k\dot{\gamma}^n \tag{2-3}$$

造成屈服流动的原因常被认为是这类流体中粒子与粒子之间形成一定三维结构，这种疏松而有弹性的三维网状结构是由于粒子不对称性，水化及扩散双电层中 P 点的电位减弱等使得部分粒子吸力占优势而形成的。流体在流动变形之前必须在一定程度先拆散粒子间的结构，使粒子发生相对运动，这就是流体存在着屈服值的原因。当流体流动时，由于粒子间的吸引依然存在。结构的拆散和重新形成在流动时可以同时发生，在剪切速率不太高的情况下，由于结构重新形成的速度随拆散程度的增加，在流动中可以达到速度相等的稳定态。影响这类流体流动的因素很多，但归根结底是网状结构的形成。而这完全取决于固体粒子的浓度、粒子大小、形状以及它们之间的吸引力，显然有足够浓度的固体粒子才有可能形成网状结构，而粒子形状不对称性增大，以及粒子间吸引力的增大都有利于网状结构的形成。

此外，尚有一些流体的黏度强烈地依赖于时间。随着流动时间的增长黏度逐渐下降的流体称为触变性流体，反之，随流动时间延长黏度提高的液体，称为震凝性流体。

四、高分子的结晶

高聚物的结晶过程与小分子化合物的相似，分为成核过程和生长过程，高聚物的结晶速率是晶核生成速率和晶粒生长速率的总效应。成核分均相成核和异相成核（外部添加物或杂质）。若成核速率大，生长速率小，则形成的晶粒（一般为球晶）小，反之则形成的晶粒大。在生产上可通过调整成核速率和生长速率来控制晶粒的大小，从而控制产品的性能。高聚物结晶过程可分为主、次两个阶段。次期结晶是主期结晶完成后，某些残留非晶部分及结晶不完整部分继续进行的结晶和重排作用。次期结晶速率很慢，产品在使用中常因次期结晶的继续进行而影响性能。因此，可采用退火的方法消除这种影响。高聚物本体结晶温度范围都在其玻璃化转变温度 T_g 和熔点 T_m 之间，如图 2-4 所示，图中 Ⅰ 区在熔点以下 $10 \sim 30℃$ 范围内，熔体由高温冷却时的过冷温度区，成核速度小，结晶速率实际上等于零。Ⅱ 区是成核区，从 Ⅰ 区下限开始，向下 $30 \sim 60℃$ 范围内，随温度的降低，结晶速率迅速增大，成核过程控制结晶速率。Ⅲ 区是熔体结晶生成的主要区域，最大结晶速率出现在此区域。在 Ⅳ 区结晶速率随温度的降低而迅速下降，此阶段的结晶速率主要由晶粒生长过程控制。

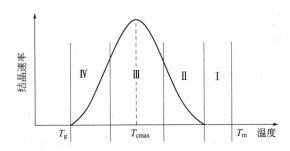

图 2-4　结晶速度-温度关系曲线分区示意图

高聚物结晶速率最大时的温度 T_{cmax} 与其熔点 T_m 和 T_g 的关系一般为：

$$T_{cmax} = 0.63 T_m + 0.37 T_g - 18.5 \tag{2-4}$$

依靠均相成核的纯聚合物结晶时，容易形成大球晶，力学性能不好。加入成核剂可降低球晶的尺寸。结晶可提高高聚物的密度、硬度及热变形温度，溶解性及透气性减少，断裂伸长率下降，抗张强度提高但韧性减小。

第二节　高分子的溶液性质

一、高分子溶液的基本性质

高分子溶液是分子分散体系，是处于热力学平衡状态的真溶液，是能够用热力学函数来描述的稳定体系。但是，由于高聚物本身的结构特点——巨大的长链分子，使得高分子溶液与小分子溶液相比，存在很大的差异。

1. 高分子溶液的蒸气压

溶质的摩尔分数为 x_2 的小分子溶液接近理想溶液，它的蒸气压服从拉乌尔定律。

$$\Delta p = p_1^0 x_2 \tag{2-5}$$

而在溶质的摩尔分数为 x_2 的高分子溶液中，溶剂的蒸气压下降值比小分子溶液的大得多，$\Delta p \gg p_1^0 x_2$，也就是说，一个高分子在溶液中所起的作用，比一个小分子在溶液中所起的作用要大得多。

2. 高分子溶液的热力学性质

高分子溶液混合过程中热力学函数的变化与理想溶液相比的最大不同在于前者的混合熵远大于后者的混合熵，即超额混合熵 $\Delta S_m^E \neq 0$。

3. 高分子浓溶液

高分子稀溶液是很稳定的体系，在没有化学变化的条件下，其性质不随时间而改变，用于高分子的分子量大小测定与溶液性质的表征，纳米以及微米级载药体的制备等。高分子浓溶液是指浓度大于 1% 的溶液体系，通常黏度很大，稳定性随浓度的增大而下降。可用于药物的胞衣、黏合、赋形、药膜、凝胶等的制备与生产。

这里需要说明的有两个特殊体系：①添加增塑剂的高分子材料属于高分子浓溶液；②从广义来说，共混高聚物也是一种溶液。

4. 高分子溶液的光学特性

高聚物溶液的一个最主要的特性是通常在外力（场）的作用下表现出光学的各向异性，如产生双折射和双色性等。这种光学各向异性与其中微粒的极化性、取向等微观特性有关。通常认为双折射和双色性的来源主要有两方面：一是大分子的及其固有的各向异性产生；二是溶解在介质中颗粒形状的各向异性或介质与其他组分的折射差异而产生。

二、高聚物的溶解

1. 高聚物的溶解过程机制

聚合物由于本身的结构、分子量、体系的黏度等影响因素，其溶解过程要比小分子复杂的多。在高聚物的溶解过程中首先经"溶胀"阶段，然后才能溶解，一般很缓慢，高聚物溶解过程表现出的溶胀性使得它能够在一些固体片剂中产生崩解作用。

由于低分子溶剂和高聚物混合时，两者分子大小相差悬殊，溶剂小分子扩散速度较快，高分子向溶剂中的扩散速度很慢。首先是小分子钻入高聚物中，在初期只是少数链段与小分子相互混合，整个链还不能发生扩散运动，这样高聚物发生胀大，随着溶剂的不断渗入，必然使更多的链段可以松动，一旦分子链中所有链段都已经摆脱了其他链段的相互作用，则将它转入溶液，所以溶胀是由于两种不同运动单元引起的，溶胀是溶解的必经阶段，对于交联的高聚物在与溶剂接触时也会发生溶胀，在吸入大量溶剂后，虽使链段运动，但因为交联的化学键的束缚，不能再进一步转入溶液中，只能停留在最高溶胀阶段，称为溶胀平衡。

对于非晶态聚合物，由于分子间堆砌比较松散，分子间相互作用力较弱，溶剂分子比较容易渗入聚合物内部使之发生溶胀或溶解（相对于结晶态聚合物而言），线形非晶态高聚物的溶解度与分子量有关，分子量大的溶解度小，一般来说，分子量相同的同种化学类型聚合物，支化的比线形的更容易溶解。交联高聚物由于三维交联网的存在而不会发生溶解。其溶胀程度部分取决于高聚物的交联度，交联度增大，溶胀度变小。

对于晶态聚合物，由于聚合物分子间排列规整，堆砌紧密，分子间相互作用力较强，溶剂分子较难渗入晶相，因此，结晶高聚物的溶解要比非结晶高聚物的溶解困难。但是，一般聚合物结晶是不完全的，结构中存在非晶态部分，所以，溶胀仍为结晶聚合物溶解的中间阶段，但在晶格未破坏前聚合物只能溶胀而不能溶解，特别是对于非极性晶态聚合物，在室温是很难溶解的，需要升高温度，甚至要接近其熔点，待晶态转变为非晶态后，溶剂才能渗入到高聚物内部而使之溶解，例如高密度聚乙烯的熔点为 135℃，在四氢萘溶剂中，加热到 120℃才能溶解。而对于极性结晶聚合物，通过加热或选用强极性溶剂，即可溶解，原因在于极性结晶聚合物的非晶相部分与强极性溶剂接触，产生放热效应，破坏晶格，使之溶解。例如蛋白质类高分子——明胶在冷水中溶胀缓慢，加热至 40℃ 可以加快溶胀与溶解；在室温下，聚酰胺（俗称尼龙）类高聚物可溶于苯酚等强极性溶剂中。

2. 聚合物溶解过程的热力学

高分子的溶解过程是溶质分子和溶剂分子相互混合的过程，恒温恒压条件下，该过程能自发进行的必要条件是吉布斯自由能变化（ΔG_m）小于零。

$$\Delta G_m = \Delta H_m - T\Delta S_m < 0 \qquad (2\text{-}6)$$

式中，ΔS_m 为混合熵；ΔH_m 为混合热；T 为溶解时的热力学温度。

因为溶解过程是分子排列趋于混乱的过程，即 $\Delta S_m > 0$，因此 ΔG_m 的正负取决于 ΔH_m 的正负和大小。

极性高分子溶于极性溶剂中时，溶解是放热的即 $\Delta H_m < 0$，则 $\Delta G_m < 0$，所以溶解自发进行。非极性高分子溶解过程一般是吸热的，即 $\Delta H_m > 0$，故只有在 $|\Delta H_m| < |T\Delta S_m|$ 时才能满足式（2-6）的溶解条件，也就是说升高或减小温度 T，才有可能使体系自发进行。由此可见，高分子的溶解与温度有密切关系。

当非极性高分子和溶剂体系的温度 T 低于其临界溶解温度 T_c 时，体系将呈现为两相，一相基本接近纯溶剂，另一相为高分子溶液（并含有大量溶剂）。临界溶解温度 T_c 随分子量的增加而增加，随高聚物的浓度的增加而下降。对极性强的高分子和溶剂体系常常出现下限临界溶解温度（LCST），尤其是以水为溶剂的体系。这类体系的 LCST 一般在溶剂沸点以下，其 ΔH_m、ΔS_m 以及其混合体积变化 ΔV_m 均为负值，这是由于高分子与溶剂之间形成氢键而溶解，当温度升高，由于分子热运动破坏氢键，使溶解度变小而导致相分离，于是，出现 LCST，并且分子量大的样品的 LCST 较低。

根据经典的 Hildebrand 溶度公式，混合热 ΔH_m 如下。

$$\Delta H_m \approx V_{12}(\delta_1 - \delta_2)^2 \varphi_1 \varphi_2 \qquad (2\text{-}7)$$

式中，V_{12} 为溶液的总体积，cm^3；δ 为溶度参数，$(J/cm^3)^{1/2}$；φ 为体积分数；下标 1 和 2 分别表示溶剂和溶质。式（2-7）只适用于非极性的溶质和溶剂的相互混合。

由式（2-7）可知，混合热 ΔH_m 是由于溶质和溶剂的溶度参数不等而引起的，ΔH_m 总是正值，如果溶质和溶剂的溶度参数越接近，则 ΔH_m 越小，也越能满足自发进行的条件，一般 δ_1 和 δ_2 的差值不宜超过 ± 1.5。

溶度参数数值等于内聚能密度的平方根，内聚能密度就是单位体积的内聚能。对于小分子而言，内聚能就是汽化能。

$$\delta_1 = (\Delta E_1 / V_1)^{1/2} \qquad (2\text{-}8A)$$

$$\delta_2 = (\Delta E_2 / V_2)^{1/2} \qquad (2\text{-}8B)$$

式中，ΔE 为内聚能，J；V 为体积，cm^3。

聚合物的溶度参数可用黏度法或用溶胀度法进行测定。黏度法是将聚合物溶解在各种溶度参数与聚合物相近的溶剂中，分别在同一浓度、同一温度下测定这些聚合物溶液的特性黏度，因聚合物在良溶剂中舒展最好时特性黏度最大，故把特性黏度最大时所用的溶剂的 δ 值看作该聚合物的溶度参数。溶剂的溶度参数可以从溶剂的蒸气压与温度的关系通过 Clapeyron方程和热力学第一定律算出溶剂的摩尔汽化能 ΔE，然后用式（2-8）中求得 δ_1。溶胀度法是在一定温度下，将交联度相同的高分子分别放在一系列溶度参数不同的溶剂中使其溶胀，测定平衡溶胀度，聚合物在溶剂中溶胀度不同，只有当溶剂的溶度参数与聚合物的溶度参数相等时，溶胀最好，溶胀度最大。因此，可把溶胀度最大的溶剂所对应的溶度参数作为该聚合物的溶度参数。表 2-2 和表 2-3 是一些高聚物和溶剂的溶度参数。

表 2-2　高聚物的溶度参数　　　　　　　　　　　　　　　单位：$(J/cm^3)^{1/2}$

高聚物	δ	高聚物	δ
聚乙烯	16～16.6	聚丁二烯	18.8
聚丙烯	16.8～18.8	聚二甲基硅氧烷	15～15.5
聚氯乙烯	19.4～19.8	聚甲基丙烯酸甲酯	23.1
聚醋酸乙烯酯	19.2	聚甲基丙烯酸乙酯	22.1
聚乙烯醇	25.8～29	聚丙烯酸甲酯	19.8～21.2
聚氧化丙烯	15.3～20.2	聚氨基甲酸酯	20.4
聚苯乙烯	20.1	二醋酸纤维素	23.2
聚甲醛	20.8～22.5	醋酸纤维素	25.1

表 2-3　溶剂的溶度参数　　　　　　　　　　　　　　　　单位：$(J/cm^3)^{1/2}$

溶剂	δ	溶剂	δ
甲醇	29.6	三氯甲烷	19
乙醇	26	吡啶	40.3
1-丙醇	24.3	丙酮	20.4
异丁醇	23.9	环己酮	20.2
正丁醇	23.3	乙腈	24.3
甲酸	27.6	DMF	24.7
醋酸	25.8	DMSO	27.4
水	47.4	丙三醇	33.7
乙酸乙酯	18.6	乙二醇	32.1
乙酸丁酯	17.5	甲苯	18.2
二乙醚	15.1	乙苯	18
四氢呋喃	20.2	环己烷	16.8
二氧六环	20.4	二硫化碳	20.4
四氯化碳	17.6		

三、高分子溶液溶剂的选择

在制药工业生产与药学研究过程中，高分子溶液是常见的，并具有重要作用和地位。如液体制剂中，胶体分散体系——明胶、蛋白质等的水溶液，右旋糖酐注射液等。因用途以及高聚物的结构性质等的不同有浓溶液和稀溶液之说，但浓和稀之间没有严格的界限，与溶剂和溶质的性质以及溶质的分子量的大小有关。将高聚物溶解需要有合适的溶剂，由溶解过程热力学可知，对非极性高聚物的溶解要求选用的溶剂的溶度参数值与高聚物的基本相等。那么，对极性的高聚物又如何选择溶剂？

1. 溶解高分子的溶剂选择原则

选择溶解高分子材料合适的溶剂是药物制剂中常遇到的事，如制备薄膜包衣液或制备控释膜，如何来选择溶剂、应用何种不同性质的化合物来调节膜上孔隙的大小，药物、溶剂和高分子的相容性如何等，这就需要运用判断高分子溶解度及相容性的一般规律。这些规律对高聚物的溶剂选择具有一定的指导意义。

（1）极性相似相溶原则

这种原则是人们在长期研究小分子物质溶解时总结出来的，即极性大的溶质溶于极性大的溶剂，极性小的溶质溶于极性小的溶剂，溶质和溶剂的极性越相近，二者越易互溶。此原则在一定程度上仍适用于高聚物-溶剂体系。如聚苯乙烯可溶于非极性的苯或乙苯中，也可溶于弱极性的丁酮等溶剂；极性大的聚乙烯醇可溶于水和乙醇。

（2）溶度参数相近原则

根据式(2-7)，对于一般的非极性非晶态的以及弱极性的高聚物，选择溶度参数与高聚物相近的溶剂，高聚物能很好地溶解。例如天然橡胶[$\delta=16.2(J/cm^3)^{1/2}$]溶于甲苯[$\delta=18.38(J/cm^3)^{1/2}$]和$CCl_4$[$\delta=17.54(J/cm^3)^{1/2}$]，而不溶于乙醇[$\delta=26.2(J/cm^3)^{1/2}$]。一般而言，高聚物与溶剂两者的溶度参数相差值，在1.5以内时常常可以溶解，当大于$1.7\sim2.0$时高聚物就不溶。在选择高聚物的溶剂时，除了使用单一溶剂外，还经常使用混合溶剂，有时效果更好。对于混合溶剂的溶度参数$\delta_{混}$可由下式计算。

$$\delta_{混}=\varphi_1\delta_1+\varphi_2\delta_2 \tag{2-9}$$

式中，φ_1和φ_2分别为两种纯溶剂的体积分数；δ_1和δ_2分别为两种纯溶剂的溶度参数。例如，聚苯乙烯的$\delta=17.58$（$J/cm^3)^{1/2}$，可以选择丁酮（$\delta=18.48$）和正己烷（$\delta=14.8$）的混合溶剂，使其溶度参数接近聚苯乙烯的溶度参数，达到良好的溶解性能。

（3）溶剂化作用原则

溶剂化作用是溶剂与溶质相接触时，分子间产生相互作用力，此作用力大于溶质分子内聚力，从而使溶质分子分离，并溶于溶剂中。高分子按功能团可分为弱亲电子性高分子、给电子性高分子、强亲电子性高分子及氢键高分子（表2-4），同样溶剂按其极性不同也可分为弱亲电子性溶剂、给电子性溶剂、强亲电子性溶剂或强氢键溶剂三类（表2-5）。在溶剂与高分子的溶度参数相近时，凡属亲电子性溶剂能和给电子性高分子进行"溶剂化"而易于溶解；同理，给电子溶剂能和亲电子性高分子"溶剂化"而利于溶解；溶剂与高分子基团之间形成氢键，也有利于溶解。

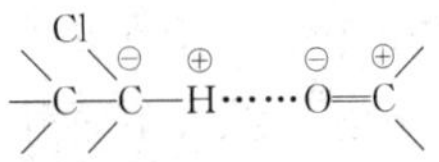

图 2-5　质子供给体与质子受体相互作用示意图

例如，聚氯乙烯可溶于环己酮中，这是由于聚氯乙烯是弱的给质子体、环己酮是受质子体的缘故，两者相互作用见图2-5。

表 2-4　一些高分子的极性分类

给电子性高分子（受质子体）	弱亲电子性高分子（给质子体）	强亲电子性高分子（强给质子体）
聚乳酸	聚氯乙烯	聚丙烯酰胺
聚乙氧醚	聚乙烯	聚丙烯酸
环氧树脂	聚丙烯	聚丙烯腈
聚酰胺	三元乙丙橡胶	聚乙烯醇
聚对苯二甲酸乙二醇酯	聚四氟乙烯	蛋白质
聚碳酸酯		右旋糖酐

表 2-5　一些溶剂的极性分类

给电子性溶剂（受质子体）	弱亲电子性溶剂（给质子体）	强亲电子性溶剂（强给质子体）
乙酸乙酯	二氯甲烷	水
乙醚	四氯化碳	乙酸
四氢呋喃	环己烷	乙腈
丁酮	正辛烷	乙醇
环己酮	甲苯	三异丙醇胺
二甲基甲酰胺	二硫化碳	苯酚

尽管有上述原则，但是在实际应用时要具体结合高聚物结晶性、极性以及分子量的大小等因素进行分析确定，同时还要根据使用目的、安全性、工艺要求、成本等多方面进行综合选择。对于非晶态极性聚合物不仅要求溶剂的溶度参数与聚合物相近，而且还要求溶剂的极性要与聚合物接近才能使之溶解，如聚乙烯醇是极性的，它可溶于水和乙醇中，而不溶于苯中。例如成膜和薄膜包衣的溶剂，应选择挥发性溶剂，否则难以成为连续膜，而作增塑剂用的溶剂，则要求挥发性小，以便长期保留在聚合物中。

2. 高分子溶液的配制

在药物制剂中，经常遇到制备高分子溶液的问题。由于高分子的溶解过程缓慢，其溶液的制备过程较长，这时可以采取适当的方法加速其溶解。一般市售的药用高分子材料大多呈粒状、粉末状，如果将其直接置于良溶剂中，易于聚结成团，与溶剂接触的团块表面的聚合物首先溶解，使其表面黏度增加，不利于溶剂继续扩散进入颗粒内部。因此，在溶解之初，应采取适宜的方法，使颗粒高度分散，防止或减少高聚物的颗粒黏成团，然后，再加入良溶剂进行溶胀和溶解，这样可以较快地制备高分子溶液。例如，聚乙烯醇和羧甲基纤维素钠在热水中易溶，配制其水溶液时，则应先用冷水润湿、分散，然后加热使之溶解。而羟丙甲纤维素在冷水中比在热水中更易溶解，则应先用 80～90℃ 的热水急速搅拌分散，由于其在热水中不溶，颗粒表面不黏，则有利于充分分散，然后用冷水（5℃左右）使其溶胀，溶解。

制备一般的高分子浓溶液关键在溶剂，溶剂的综合性能是优良的。溶剂必须是聚合物的良溶剂，以便配成任意浓度的溶液。溶剂有适中的沸点，如果沸点过低，溶剂消耗太大，而且在成型时，由于溶剂挥发过快致使制品质量或成型不良；如果溶剂沸点过高，则不容易将其从制品中除去，使产品质量受损或加工设备复杂化。溶剂要不易燃、不易爆、无毒性，且来源丰富、价格低廉、回收简易、在回收过程中不分解变质。例如，极易溶于水盐酸地尔硫草胞衣液的处方如下。

聚丙烯酸铵酯 I	16g
柠檬酸三乙酯	3.2g
滑石粉	10g
乙醇水溶液	200mL

高分子浓溶液的配制过程，通常不涉及化学反应，因此工序过程并不复杂。溶液配制的基本流程为溶胀-溶解、陈化、过滤。其中溶胀-溶解工序，先进行润湿浸泡使高聚物溶胀，然后搅拌溶解均化，在此工序是否加热依高聚物的性质决定；陈化工序，有时可以省去；过滤是保证后加工产品质量的措施之一，过滤操作既可以借助传统微孔材料也可以用现代的膜材料来完成。从喉疾灵片薄膜包衣液的制备中可见一斑，将 IV 号聚丙烯酸树脂按处方投料量准确称取，置于适当容器内，加入 95％乙醇适量，润湿后浸泡过夜，待完全溶解后，过滤，滤液备用。

四、高聚物溶液的流变特性

合成高聚物溶液以及大多数菌丝体悬浮发酵液等、天然药物（中药）提取液尤其浓缩液等天然高分子溶液都是非牛顿型流体。其剪切应力 τ 与剪切速率的比值，在一定温度下不是常数，即黏度随剪切速率、剪切应力或时间而变化。

高聚物溶液的流变特性主要是通过实验测量流动曲线而获得的，测量借助于几何形状简单，便于计算剪切速率和剪切应力的各种黏度计或流变仪，常用的方法是旋转式和毛细管式的黏度测定。作为牛顿型流体其 $\tau/\dot{\gamma}$ 是常数，测一个点即可；非牛顿型流体其表观黏度 $\mu_a = \tau/\dot{\gamma}$ 是变化的，必须测定一系列的 τ-$\dot{\gamma}$ 数据。旋转式黏度计是采用各种几何形状，包括同心圆筒、角度不同的锥体、一个锥体和一个平板等组合起来的设备。

以旋转圆筒黏度计为例，内筒静止不动，外筒以一定的速度旋转；或外筒静止不动，内筒以一定的速度旋转，内外圆筒的环形缝隙中充填被测液体，由于外筒的旋转产生的扭矩，使液体受到剪切作用并传递到内筒上，内筒随之旋转产生一个小角度，内筒转矩的大小可通过指针的偏转角度直接读出。这样，就可通过外筒的旋转角速度 ω 来计算剪切速率 $\dot{\gamma}$，由内筒产生的扭矩 M 来计算剪切应力 τ。但是，变量 $\dot{\gamma}$ 和 τ，在内外筒缝隙中都不是常数，都与在缝隙中的位置有关。

设内外筒的半径分别为 r_1 和 r_2，筒内浸液高度为 h，外筒以一定的角速度旋转，若忽略内筒底面下流体所造成的阻力，则离轴中心 r 处的剪切应力 τ_r 为

$$\tau_r = M/(2\pi r^2 h) \tag{2-10}$$

因为扭矩

$$M = \tau A r$$
$$= \tau 2\pi r h r \tag{2-11}$$

稳态下，缝隙中任意一点的扭矩相等，因此

$$M = \tau_1 2\pi r_1 h r_1 \tag{2-12}$$
$$= \tau_1 2\pi r_1^2 h \tag{2-13}$$
$$= \tau_0 2\pi r_2^2 h \tag{2-14}$$

式中，τ_1 为内筒壁处的剪切应力；τ_0 为外筒壁处的剪切应力。

于是

$$\tau_1/\tau_0 = r_2^2/r_1^2 \tag{2-15}$$

剪切应力与半径的平方成反比，剪切应力在外筒壁处最小。

利用旋转角速度 ω 计算剪切速率时，有

$$\omega = -\frac{1}{2} \int_{\tau_1}^{\tau_0} f(\tau) \tau \mathrm{d}\tau \tag{2-16}$$

式中，$f(\tau)$ 因流体的类型而异。

牛顿型流体的 $\dot{\gamma} = f(\tau) = \tau/\mu$，有

$$\mu = \frac{M}{4\pi \omega h}\left(\frac{1}{r_1^2} - \frac{1}{r_2^2}\right) \tag{2-17}$$

离轴心 r 处的剪切速率 $\dot{\gamma}_r$ 为

$$\gamma_r = \frac{\tau_r}{\mu} = \frac{2\omega}{r^2} \frac{r_1^2 r_2^2}{r_2^2 - r_1^2} \tag{2-18}$$

所以

$$\frac{\dot{\gamma}_1}{\dot{\gamma}_2} = \frac{r_2^2}{r_1^2} \tag{2-19}$$

剪切速率与半径的平方成反比，剪切速率在外筒壁处最小。

对于非依时性的非牛顿型流体中的幂律流体和宾汉塑性流体，同样可以用旋转圆筒黏度计测定流体的流动特性数据。

① 幂律流体

$$f(\tau) = \dot{\gamma} = \tau/\mu_a$$

$$= \left(\frac{\tau}{k}\right)^{\frac{1}{n}} \tag{2-20}$$

离轴心 r 处的剪切速率 $\dot{\gamma}_r$ 为

$$\dot{\gamma}_r = \frac{\tau_r}{\mu_a}$$

$$= 2n^{-1}\omega r^{-2/n}(r_1^{-2/n} - r_2^{-2/n})^{-1} \tag{2-21}$$

② 宾汉塑性流体

$$\tau - \tau_y = \mu_p \dot{\gamma} \ , \ \tau > \tau_y$$

$$f(\tau) = \dot{\gamma} = (\tau - \tau_y)/\mu_p$$

利用旋转角速度 ω 计算剪切速率的关系式得

$$\omega = \frac{M}{4\pi h \mu_p}\left(\frac{1}{r_1^2} - \frac{1}{r_2^2}\right) - \frac{\tau_y}{\mu_p}\ln\frac{r_2}{r_1} \tag{2-22}$$

式(2-22)中的扭矩 $M > 2\pi r_2^2 h \tau_y$，只有这时缝隙中的全部物料才能发生运动，M 和 ω 均可读出，由此可得到宾汉黏度 μ_p，然后就可计算出黏度值 $\mu_a = \tau/\dot{\gamma} = (\tau_y + \dot{\gamma}\mu_p)/\dot{\gamma} = \mu_p + \tau_y/\dot{\gamma}$。

五、聚电解质溶液特性

所谓聚电解质是一类带有可电离基团的高聚物，如生命体中的脱氧核糖核酸、蛋白质以及生物多糖、合成的药用高分子聚丙烯酸等，由这类高聚物与溶剂构成的溶液称为聚电解质溶液。在制药与用药过程中，聚电解质几乎都是以水溶液的形式存在的。

在水中，聚电解质离解为聚离子和小离子，小离子的电荷电性与聚离子相反。聚离子是一个多价的电荷集中的大离子，在其周围束缚着大量的反离子，由此导致其溶液的热力学性质和电荷迁移性质与小分子电解质不同。又因高分子链上带电荷基团之间的静电排斥力和与反离子之间的相互作用直接影响聚离子的形态，造成它的溶液性质与非离子型高聚物的不同。

聚电解质进入溶液将引起液体的增比浓度 $\eta_{sp} = (\eta - \eta_0)/\eta_0$、比浓黏度 η_{sp}/C 和特性黏度 $[\eta] = (\eta_{sp}/c)_{c \to 0}$ 等的变化，其中 η 是聚电解质溶液的黏度、η_0 是纯溶剂的黏度。增比黏度是相对于溶剂来说溶液黏度增加的分数，对于高分子溶液，增比黏度往往随溶液浓度的增加而增大；比浓黏度表示的是当溶液的浓度为 C 时，单位浓度对增比黏度的贡献；特性黏度又称为特性黏数，其值与浓度无关，其量纲是浓度的倒数。

聚电解质溶液的 η_{sp}/C 随溶液浓度 C 的减少而迅速上升，这是由于聚离子与反离子之间的距离增大，反离子对聚离子的屏蔽作用减弱，聚离子的净电荷增加导致聚离子扩展所造成的。这种反离子的与聚离子的相互作用而影响聚电解质溶液性质的效应被称为聚电解质效应。当增加水溶性无机盐时，与聚离子电荷电性相反的离子浓度增大，反离子向外扩散受到限制导致聚离子的净电荷减少，则 η_{sp}/C 下降；当水溶性无机盐的浓度足够大时，聚电解质的效应受到抑制，其黏性行为与中性高分子相似，η_{sp}/C 与溶液浓度 C 呈线性关系。也就是说，以足够浓的盐溶液作为聚电解质的溶剂时，并在确定的温度下，可依据 Mark-Houwink 方程 $[\eta] = KM^a$ 来测定计算聚电解质的黏均分子量 $\overline{M}_\eta$。在一定的分子量范围内，k 和 α 是与分子量无关的常数。表2-6是几种聚电解质的 K 和 α 值。

表 2-6 几种聚电解质的 $[\eta]=KM^{\alpha}$ 中的 K 和 α 值

聚电解质	溶剂	$t/℃$	$K/\times10^5$	α	$M_w/\times10^{-4}$
聚甲基丙烯酸	2mol/L NaNO₃	25.0	44.9	0.65	9~70
聚甲基丙烯酸	0.002mol/L HCl	30.0	66	0.50	10~90
聚乙烯磺酸钾	0.35mol/L KCl	5.5	43.3	0.50	5~50
聚乙烯磺酸钾	1.00mol/L KCl	44.5	51	0.50	5~50
聚乙烯磺酸钠	1.00mol/L NaCl	32.4	61	0.50	5~50
聚丙烯酸	二氧六环	30.0	76	0.50	13~82
聚丙烯酸钠	0.025mol/L NaBr	15.0	16.3	0.84	1~50
聚丙烯酸钠	1.5mol/L NaBr	15.0	124	0.50	1~50
NaCMC(取代度 0.7)①	0.10mol/L NaCl	25.0	12.3	0.91	5~35
海藻酸钠	0.10mol/L NaCl	25.0	7.97	1.0	5~19
RNA	0.02mol/L 磷酸盐	20.0	62	0.53	2~12
DNA(天然)	0.2mol/L NaCl	25.0	0.145	1.12	30~
聚苯乙烯磺酸钠	0.01mol/L NaCl	25.0	2.8	0.89	39~234
聚苯乙烯磺酸钠	0.1mol/L NaCl	25.0	17.8	0.68	39~234
聚苯乙烯磺酸钠	4.17mol/L NaCl	25.0	20.4	0.5	49~228

① 原表中为酯化度,编者注。

聚电解质溶液的 $[\eta]$ 依赖于聚离子的电荷密度,如,聚甲基丙烯酸(PMAA)和聚丙烯酸(PAA)的中和程度加大,即电荷密度增加将使高分子链扩展,从而有 $[\eta]$ 随之增高的现象出现。在中和程度加大的同时,束缚反离子的数目也随之增加,使聚离子的净电荷的增加受到限制。当中和度达到并超过一定值时(对 PMAA 和 PAA 来说为 0.6),$[\eta]$ 几乎恒定不变。在中和度更低的范围内,亲油性基团的存在,使得其 $[\eta]$ 的增加速度非常小。PMAA 的—CH₃ 侧基之间形成的憎水效应(包括—CH₃ 之间的色散力和水对—CH₃ 的排斥作用)使 PMAA 分子链更为卷曲,必须有较大的静电斥力才能使之扩展。

六、凝胶的结构与性能

凝胶(Gel)是指溶胀的三维网状结构高分子,即高聚物分子间相互连接,形成空间网状结构,而在网状结构的孔隙中又填充了液体介质,这样一类分散体系称为凝胶。特别是环境敏感水凝胶作为智能高聚物为设计和制备自调式给药系统和生物工程方面的多种新应用提供了可行性,这是因为它们具有与生物组织相似的功能。水凝胶几乎都是由水溶性或亲水性高聚物形成的,高吸水性高聚物通过弱的化学键与水结合,不但能吸收数百倍乃至上千倍的水,而且保水性能强,一般压力下难以将水排除,即使在 7MPa 下仍能保持 75%~85% 的水分。

1. 凝胶的分类

根据高分子交联键性质的不同,凝胶可分为两类:一类是化学凝胶;一类是物理凝胶。

化学凝胶是指大分子通过共价键连接形成网状结构的凝胶,一般通过单体聚合或化学交联制得。这类化学键交联的凝胶不能熔融,也不能溶解,结构非常稳定,因此也称为不可逆凝胶,例如,淀粉用环氧氯丙烷交联而成的微凝胶,此结构的微凝胶在稀释 1000 倍后仍保持网状结构,参见图 2-6 淀粉微凝胶的透射电镜图。

物理凝胶是指大分子间通过非共价键(通常为氢键或范德华力)相互连接,形成网状结构。这类凝胶由于聚合物分子间的物理交联使其具有可逆性,即只要温度等外界条件改变,物理链就会被破坏,凝胶可重新形成链状分子溶解在溶剂中成为溶液,因此物理凝胶又称为可逆凝胶,如明胶溶液冷却所形成的凝胶、聚乙烯醇水溶液冷却至一定温度所形成的凝胶。

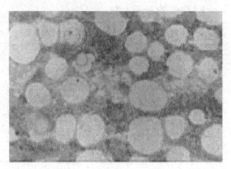 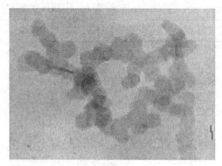

(a) 1%淀粉微凝胶，1×4000　　　　　(b) 微凝胶稀释1000倍后的结构，1×80000

图 2-6　淀粉微凝胶的透射电镜图

根据凝胶中含液量的多少又可分为冻胶和干凝胶两类，冻胶指液体含量很多的凝胶，含液量常在90%以上，如明胶凝胶含液量最高可达99%，冻胶多数由柔性大分子构成，具有一定的柔顺性，网络中充满的溶剂不能自由流动，所以表现出弹性的半固体状态，通常指的凝胶均即冻胶。液体含量少的凝胶称为干凝胶，其中大部分是固体成分，如市售的明胶粉末（含水量约15%）。干凝胶在吸收适宜液体膨胀后即可转变为冻胶。

2. 凝胶形成的因素

凝胶是由高分子溶液在一定的条件下形成的，从高分子溶液转变为凝胶的宏观特征是高分子溶液失去流动性。影响凝胶的因素主要有浓度、温度和电介质，每种高分子溶液都有一形成凝胶的最小浓度，小于这个浓度则不能形成凝胶，大于这个浓度可加速凝胶作用。对温度来说，温度低有利于凝胶化，分子形状越不对称，凝胶化的浓度越小；但也有加热导致凝胶，低温变成溶液的例子，如泊洛沙姆的凝胶。电解质对凝胶的影响比较复杂，有促进作用，也有阻止作用，其中阴离子起主要作用，当盐的浓度较大时，SO_4^{2-} 和 Cl^- 一般加速凝胶作用，而 I^- 和 SCN^- 则阻滞凝胶作用。

3. 凝胶的性质

凝胶的结构决定了其具有触变性、溶胀性、脱水收缩性和透过性，这些性质使凝胶在药物制剂及药物在生物体内传递过程中呈现智能化。

物理凝胶受外力作用（如振摇、搅拌或其他机械力），网状结构被破坏而变成流体，外部作用停止后，又恢复成半固体，这种凝胶与溶胶相互转化的过程，称为触变性。其原因是这些凝胶的网状结构不稳定，振摇时容易破坏，静置后又重新形成。凝胶具有一定的屈服值，具有弹性和黏性，对于某一具体凝胶，致流值、弹性或黏性等性质往往不是同时都显著地表现出来。

溶胀性是指凝胶吸收液体后自身体积明显增大的现象，是弹性凝胶的重要特性。凝胶的溶胀分为两个阶段：第一阶段是溶剂分子钻入凝胶中与大分子相互作用形成溶剂化层，此过程很快伴有放热效应和体积收缩现象（指凝胶体积的增加比吸收的液体体积小）；第二阶段是液体分子的继续渗透，这时凝胶体积大大增加，可达干燥物质质量的几倍甚至几十倍。

溶胀性的大小可用溶胀度来衡量，溶胀度为一定温度下，单位质量或体积的凝胶所能吸收液体的极限量。

水凝胶由水溶性或亲水性高聚物形成的，高吸水性高聚物通过弱的化学键与水结合，不但能吸收数百倍乃至上千倍的水，保水性能强，一般压力下难以将水排除，即使在7MPa下

仍能保持 $75\%\sim85\%$ 的水分。水凝胶在一定含水量时，自由体积变化出现极大值，说明此时凝胶由玻璃态转变为橡胶态；若凝胶体系在水含量极低时，自由体积就发生变化，说明在溶胀过程中与聚合物的亲水基团以氢键相连的结合水和团簇态水共存。水-多糖体系在一定含水量下，出现四种相变，即玻璃化转变（T_g）、水的冷结晶（T_{cc}）、冻结水的熔化（T_m）、水由中间相向各向异性液相的转变（T_z）。水凝胶的玻璃化转变行为可按含水量分为四个区域：第一区域，体系只含不冻结结合水（因与高分子链上极性基团形成氢键而结合的水分子），由于水的增塑作用，体系的 T_g 明显降低；第二区域，体系中有可冻结结合水存在，仍能观察到 T_g 下降，此中间水在冷却中形成无定形的水，对吸附有结合水的多糖分子的主链运动具有增塑作用；第三区域，体系降温过程中形成有规结构的冰，使 T_g 降至最小值后随含水量增大而增大。在第二和第三区域，体系的玻璃化转变是多糖运动、不冻结结合水和无定形冰共同作用的结构。在游离水存在的第四区域，体系的 T_g 趋于恒定。对明胶的研究发现，明胶的自由体积均在纳米范围内，即凝胶网络内存在"纳米"空隙，从动力学上，"纳米"空隙会阻碍包埋其中水的结晶，这部分水也会成不冻结结合水。因此，不冻结结合水并非完全源于水分子与高分子极性氢键的形成。

影响溶胀度的主要因素有液体的性质、温度、电解质及 pH，液体的性质不同，溶胀度有很大差异；温度升高可加速溶胀速度（一般符合一级过程），减小有限溶胀阶段的最大膨胀度（此过程为放热过程），但有时温度升高可使有限溶胀转化为无限溶胀；电解质对溶胀度的影响主要是阴离子部分，其影响作用与影响胶凝作用的顺序相反；pH 对溶胀度的影响比较复杂，要视具体聚合物而论，如蛋白质类高分子凝胶，介质的 pH 在等电点附近时溶胀度最小。

溶胀的凝胶在低蒸气压下保存，液体缓慢地自动从凝胶中分离出来的现象，称为脱水收缩。脱水收缩是凝胶内结构形成以后，链段间的相互作用继续进行的结构，链段继续运动相互靠近，使网状结构更为紧密，把一部分液体从网孔中挤出，凝胶中溶剂损失显著改变了凝胶的性质，它的表面将形成干燥、紧密的外膜，继续干燥，则形成干凝胶，如明胶片、阿拉伯胶粒等。

处于高溶胀状态的凝胶有较大的平均孔径，有利于分子透过，含水的孔道有利于可溶于水的物质透过。从孔隙特性来说，均质凝胶具有相对微小的孔隙，无溶剂时，体积变小，但能保持最初的几何形状；永久性多孔凝胶，具有较大的孔隙，无溶剂时，网状结构不塌陷，仍具有较大的孔隙。

凝胶与液体性质相似，可以作为扩散介质。在低浓度水凝胶中，水分子或离子是可以自由通过的，其扩散速度与在溶液中几乎相同；凝胶浓度增大和交联度增大时，物质的扩散速度都将变小，因交联度增大使凝胶骨架空隙变小，小分子物质透过凝胶骨架时要通过这些迂回曲折的孔道，孔隙越小，扩散系数降低越显著；对于大分子，这种扩散速度的降低则更加明显。物质在凝胶中的透过性还与其所含溶剂的性质和含量有关。总之，处于高溶胀状态的凝胶有较大的平均孔径，有利于分子透过，含水的孔道有利于可溶于水的物质透过。此外，当凝胶网络上大分子带电时，对离子的扩散与透过则具有选择性。

第三节 高分子的界面性能

高分子材料的界面不仅是其分子量、结构、柔性、分子间力等众多信息的反映，而且在进入或在人体等生命体中的高分子表面具有特殊的生理活性。在药物对生物机体施加作用的过程中，首先药物要从其寄宿体（药剂）中的通过高聚物凝胶网孔以及高聚物膜扩散至体液和/或血液中，然后穿过一层或多层生物膜进入预期的作用部位，通常高聚物同时与生物膜相互吸附亲和，因此在此过程中的每一步都与高分子的表面及界面相关，所涉及的高分子不是外加的就是生物体自身的。

高分子的吸附以及渗透性等性能使得其在药物制剂中具有重要的作用，而这些性能的基础是高分子的表面与界面。

一、高分子界面的定义

1. 高分子的表面

在热力学平衡的物系中，只有两相或两相以上共存时才存在界面，因此，不存在着一个相的"表面"。不过，在一相为非常稀薄气相的情况，以及固体表面或远离临界状态的液体表面等均可视为表面。

对高分子来说，即使其熔融体蒸气压也是极低的。在高分子物质能够稳定存在的温度范围，实际上，不存在高分子气体，也就不存在高分子的气相。因此，高分子熔融体、高分子共混体和共聚体以及水溶液体系的外表面即为"表面"。

2. 高分子的界面

两个相的表面结合在一起构成界面。高分子的界面主要有高分子溶液的界面、高分子熔融体的相界面、高分子共混体和共聚体的界面等。

高分子溶液的界面是指高分子物系的液-液界面，高分子的链结构特性使之在界面上的高分子链可以采取与本体中不同的形态。和高分子表面接触的物质通过分子之间的色散力、氢键作用产生的黏合功而相互作用，高分子的黏结是高分子表面化学的重要现象。

高分子熔融体的相界面是表面凹凸不平造成的，对于高分子共混体和共聚体等含有若干个构造单元链节物系的熔融体表面上，为了使其表面自由能更低，表面层中低能量组分的浓度高于其在本体中的浓度，所以，该组分吸附在表面层。

二、高分子在固体表面的吸附

对于大多数颗粒表面具有很好润湿性能的填充体系而言，网络的形成主要是通过高聚物分子链连接起来的。Macosko 等提出了三种可能导致颗粒集聚形成网络的类型（图 2-7）：a. 通过一条吸附或偶联的高分子链直接将两个颗粒/积聚体连接在一起；b. 通过分别吸附/偶联在不同颗粒或其聚集体上的不同高分子链之间的缠结互相连接；c. 通过非吸附高分子链（但是与吸附/偶联高分子链发生缠结的）之间的缠结形成连接。

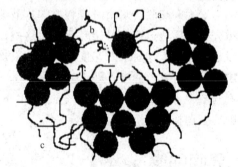

图 2-7 颗粒填料-高聚物之间三种不同的相互作用形成网络的示意图

1. 吸附机制

蛋白质、多糖、类脂以及合成高聚物等药用高分子在细胞壁和人造器官上的吸附以及酶的吸附提纯是利用高分子在固-液界面的吸附能力。现代药剂-生物黏附给药系统，是利用材料对生物黏膜表面的黏附性能，使给药系统在生物膜的特定部位滞留时间延长，或达到药物在特定部位吸收的目的。黏附材料和生物膜表面糖蛋白的相互作用，产生生物黏附，其机制如下。

① 电荷理论 系材料和黏膜表面物质的电荷扩散，在表面产生一个电荷双电层产生黏附。

② 吸附理论 系材料和黏膜表面物质通过范德华力、氢键、疏水键力、水化力及立体化学构象力相互作用产生黏附。比如，羧甲基纤维素钠、卡波姆和羟丙基纤维素等高聚物借助静电或氢键作用，而具有膜的黏附性，于是其能够在胃黏膜和结肠黏膜等生命体膜上黏附。

③ 润湿理论 系材料溶液在黏膜表面扩散，润湿黏膜产生黏附，此理论可解释具有表面活性的材料在黏膜上黏附。

④ 扩散理论 系材料和黏膜表面物质的相互扩散，导致分子之间的相互缠绕产生黏附。目前比较被广泛接受的是扩散理论。

2. 各因素对吸附的影响

虽然高分子和小分子一样，吸附量随浓度的增加也趋于极限值，但高分子量计的极限吸附量比相似条件下同类小分子的要大得多。例如铜粉自四氯化碳中吸附聚醋酸乙烯酯的极限值比乙酸乙酯的大 20～40 倍。

高聚物分子量、溶剂、温度和吸附剂对高分子吸附是有影响的。在分子量低时，极限吸附值随分子量增加而增加；分子量高时，这种依赖性就不明显了；非孔性固体颗粒优先吸附分子量较大的高分子，而且吸附层中的分子量分布比在溶液中的窄一些；高聚物在多孔性固体颗粒上的吸附量随分子量的升高而下降，因为分子量越大，吸附剂上就有更多的细孔不能被渗透利用。一般自不良溶剂中吸附时较自良溶剂中更强烈。在丁酮中加入一些甲醇，可使聚苯乙烯的极限吸附值明显升高，因为甲醇是聚苯乙烯的不良溶剂。对于聚醋酸乙烯酯，溶剂极性减小时，溶剂能力由良变为不良；对聚苯乙烯而言，情况正好相反。溶剂的另一效应是对表面的竞争，若溶剂与表面可形成氢键或有较强的吸引，则高分子的表观吸附就可能近于零，甚至出现负吸附。例如，炭黑自四氯化碳（有可极化的氯原子）或苯（有共轭的大 π 电子）中吸附聚异丁烯就是如此，这可能是由于炭黑表面的氧化物与苯或四氯化碳的相互作用较具有惰性的高分子碳氢链的相互作用更强的缘故。

大量的实验结果表明温度升高，有时使吸附减少，有时使吸附增加；后一种情形说明吸附是吸热的过程。因吸附是自由能下降的过程，由 $\Delta G = \Delta H - T\Delta S$，可知对吸热的吸附过程，熵必增加。这可能是高分子吸附时必从表面上顶替下一些溶剂分子，这些溶剂分子得到的平动熵超过了高分子因吸附而失去的构型熵。此外，吸附时还得到了溶液的稀释熵。但应指出，将温度升高吸附增加看作是吸热过程的根据是 Clausius-Clapeyron 公式，应用此公式得出的是吸附量相等时的吸附热；而温度不同时高分子吸附量相同并不意味着抛锚的链段数相同。

吸附剂通过它的化学性质、比表面和孔性质对吸附的高分子起作用，表面的化学性质决定了高分子和溶剂之间的竞争，比表面决定了以吸附剂单位质量为基础的吸附量大小，孔性质则如前所述对高分子起一定的分级作用。

对高分子吸附来说，厚达几百至几千埃（Å，1Å=0.1nm）的吸附层并不意味着一定是多分子层的，高分子吸附通过一个或几个"抛锚链段"与表面接触。根据溶液中高分子构型的考虑，分子量足够高的分子会形成近于球形的无规线团。在良溶剂中，这些线团占的体积大，而在不良溶剂中，线团占的体积就小。线团的大小还与高分子链的刚性和链间的相互作用有关。在浓溶液中，线团之间会相互纠缠，而在稀溶液中，各个线团有相互独立的倾向；高分子很可能就是以线团的形式被吸附的。设被吸附的线团成单层，则极限吸附量如下。

$$W_m^s = \frac{SM}{\pi R^2 N} \tag{2-23}$$

式中，W_m^s 的单位为 g/g；S 为对高分子吸附有效的比表面积，m^2/g；M 为高分子的分子量，g/mol；N 为 Avogadro 数，1/mol；R 为高分子线团的回旋半径，m。实验表明，一些金属粉末从多种溶剂中吸附聚醋酸乙烯酯的极限吸附量比式（2-23）预示的大几倍，因此，必须假设表面上的高分子线团是处在压缩作用下，以致在高覆盖度时线团之间会互相渗透纠缠。若高分子是以线团，特别是松散线团的形式被吸附时，每个线团可以包容许多溶剂分子。

任何高分子吸附的理论必须考虑的主要问题之一就是高分子在界面上的构型，高分子吸附时可以有许多基团附着到表面上，以致被吸附基团之间的链段形成伸在溶液中的线圈，如图 2-8 所示。Simha、Frisch 和 Eirich 提出了柔性高分子稀溶液的吸附模型。他们假设在固体表面形成定位单分子层，高分子的末端距离服从 Gauss 分布，吸附的链段数目在吸附力弱时与 M 成正比，在吸附力比 kT（k 为波尔兹曼常数）大到一定程度后与 M 成正比，吸附的高分子只以少数链段附着在表面上，其余的链段形成线圈或"桥"伸展在溶液中。根据这个模型，他们用统计方法导出了分子的吸附链段平均数 ν 与表面覆盖度 θ 的关系。

$$\frac{\theta}{1-\theta} e^{2K_1\theta} = (KC)^{\frac{1}{\nu}} \tag{2-24}$$

式中，$\theta = W_1^S / W_2^S$，W_1^S 和 W_2^S 分别是吸附平衡后单位质量吸附剂表面上的高分子和溶剂的质量；C 为高分子的浓度；K_1 为与接近表面的链间额外的相互作用有关的常数；K 为等温线常数。对于低覆盖度时的柔性长链，ν 正比于链中可吸附链段数的开方，因此吸附量应与 M 的开方成正比。当覆盖度较高时，吸附分子间的相互作用变得重要了，吸附量就倾向于与 M 成正比。此外，ν 值应随高分子链的柔性的增强而增大。升高温度使链的柔性增加，故 ν 增大，有可能抵消其他因素的温度效应。这可以解释为什么有时吸附量随温度升高而增加。另一个比较重要的高分子吸附理论是 Silberberg 提出的。他假定吸附的高分子有许多链段附着在表面上，而伸进溶液的线圈很小，这种吸附高分子的形状与分子量无关。当链段吸附能与分子热运动能量 kT 相近时，即足以使高分子几乎完全平躺在表面上。

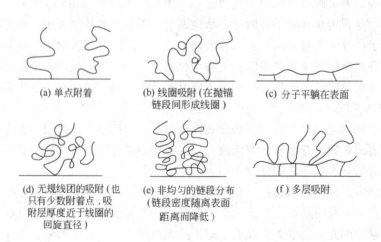

(a) 单点附着   (b) 线圈吸附（在抛锚链段间形成线圈）   (c) 分子平躺在表面

(d) 无规线团的吸附（也只有少数附着点，吸附层厚度近于线圈的回旋直径）   (e) 非均匀的链段分布（链段密度随离表面距离而降低）   (f) 多层吸附

图 2-8　高分子吸附的各种形态

三、高分子在溶液界面的吸附

高聚物的分子有许多链节，每个链节都可能吸附在界面上；因此，只有所有的链节都脱附之后，整个分子才能脱离表面，而这种可能是很小的。这样就能在形成界面的某一相中溶解的高分子仍可能在该界面上形成稳定的膜。例如醋酸纤维素，因有很大的内聚力，故不易在水面上展开；但却可在油-水界面上展开成膜，甚至油相可以溶解这种高分子时（如苯）也是这样。又如水溶性的高分子，如聚丙烯酸、聚乙烯醇和许多高分子电解质，也都能在水面或油-水界面上展开成稳定的膜。只有当链节在界面上的吸附能是负值时，高分子才不能形成稳定的膜，例如，聚丙烯酸或聚甲基丙烯酸在水面上展开时，若水相的 pH 较高，羧基就会电离，结果膜很快溶解，不能得到稳定的膜。

高分子（链）在溶液界面可以形成表面膜，对高分子表面膜，Frisch 和 Simha 给出了非常有意义的假设：高分子链并不完全平躺在表面上，而只是某些链节"抛锚"在表面上，而其余的链节则伸展在形成界面的体相中。只有所有的链节都脱离后，整个分子才能脱离表面。在形成界面的某一相中溶解的高分子仍可能在该界面上形成稳定的膜。

对于水溶性高分子，最重要的是避免展开时分子向水相的扩散，例如，将蛋白质展开在水面上时，水相的 pH 最好调节在等电点或等电点附近，以减少蛋白质分子的电荷，因为蛋白质分子带电之后不仅使溶度增大，而且会因分子相互排斥而使扩散速度增加。若在水中加盐（如硫酸铵），也可降低蛋白质的溶度和电势，因此有利于防止扩散。采用盐溶液作基底也常有利于不电离的高分子的展开，缺点是可能因盐的吸附而改变膜的性质。

在油-水界面上展开成膜时，选择合适的展开溶剂是很重要的。若高分子能溶于水相，则展开溶剂应选择能溶于油的；反之，若高分子能溶于油相，则展开溶剂应是能溶于水相的。为了使展开溶剂利于浮在界面，其密度最好介于油水两相之间。

高分子表面膜的主要特点是分子量对膜的性质影响不大，在表面压 π 大于 0.5mN/m 时，π-a 关系一般与分子量无关，因此，a 通常表示一个链节的面积或 1mg 高分子的面积。或者说，只要 π 固定，则每个链节所占的面积都是一样的，虽然其分子量可以相差好几个数量级。与此相似，高分子表面膜的表面电势与 a 的关系也与分子量无关，这是因为每个链节的面积既然一样，这就暗示链节的取向相同，故表面电势也一样。但是，高分子表面膜的力学性质却与分子量有关。例如，高分子表面膜会发生二度空间的胶凝现象。自表面弹性模量的测定，可以确定发生胶凝时的 a 和 π，即所谓的胶凝面积和胶凝压力。通常，胶凝面积随分子量的增加而增大，而胶凝压力则随分子量的增加而下降。在 π 相同时，在水面上，高分子链间的 van der Waals 力很大；而在油-水界面上，油的存在使链间的 van der Waals 力显著减小，结果是 a 增大。

增加高分子链间的吸引力，膜变得更凝聚。例如，聚甲基丙烯酸乙酯就比聚丙烯酸乙酯的膜有更大的凝聚性。增加侧链的长度会降低膜的可压缩性，使 a 变大（固定 π 时）。虽然侧链的长度对 π 有显著的影响，但侧链是否有分支却关系不大。在油-水界面的高分子膜，高分子侧链增长，a 值稍有增加，但膜的崩溃压力则明显降低，这是因为油能溶解非极性的侧链，侧链越长，分子就越易脱离油-水界面而进入油相。

对于多肽和尼龙等含酰胺基的线形高分子，膜表面上的酰胺基会形成分子间或分子内氢键而使得表面黏度一般很大，而且易胶凝。

共聚往往能改善高分子的展开性能，且共聚物的表面膜的 π-a 等的关系与纯高分子混合物（其比例和共聚物的一样）的往往不同，共聚物表面膜的 π-a 关系取决于共聚体中两种单体的比例，而与共聚体的分子量无关。例如，聚苯乙烯不能在水面展开，但苯乙烯和丙烯酸或醋酸乙烯酯的共聚物可以展开。材料的临界表面张力越大，表面自由能越高，血液在其表面就越易凝固。具有亲水相区和疏水相区表面的多相复合的高分子材料与血液接触时，亲水相区表面选择性地吸附白蛋白，疏水相区表面选择性地吸附 γ-球蛋白，形成组织化的蛋白质层，它对血小板的黏附和扩张有抑制作用。

有些高分子有可以电离的极性基，如聚丙烯酸、聚谷氨酸等。这类膜的性质与结构相似、与不能电离的高分子有几点不同：

① 电离的结果，使带同号电的基团互相排斥，故所形成膜要更扩张。

② 电离使膜更易溶解。

③ 表面压、表面电势和表面黏度皆与基底溶液的 pH、盐的种类和含量等有关，因为 pH 和盐的存在都会影响膜下面扩散双电层的结构和膜的电离度。π 低时，膜的扩张性随盐浓度的增加而减小；π 高时则正相反。这可能是因为盐的存在使膜下面的扩散双电层的电势减小，致使膜中链间斥力减小，膜的扩张性则降低。盐的浓度越大，这种效应也越显著。另外，对于能电离的膜，膜的溶解常不能忽略，尤其在 π 较高时，盐的浓度越高，膜就越难溶解；因此，高 π 时，盐的浓度越大，膜的可压缩性越小，可能与膜的溶解较少有关。以聚丙烯酸和聚甲基丙烯酸为例，当 pH＞3.5 时，聚丙烯酸膜即不稳定；对于聚甲基丙烯酸，膜不稳定时的 pH＞4.5。这是因为后者多一个甲基降低了溶度，故需较高的 pH 才能使膜因溶解而不稳定。根据这两种聚合酸的电离常数计算，聚丙烯酸在 pH＝3.5 时约有 5％的羧基电离，聚甲基丙烯酸在 pH＝4.5 时约有 12％的羧基电离。显然，蛋白质表面膜的许多性质也与膜的电离有关。

四、高分子膜的渗透性与透气性

1. 高分子膜的分类

如果在一个（流体）相内或两个（流体）相之间有一薄层凝聚相物质把（流体）相分隔开来成为两部分，那么这一薄层物质就是膜。相应地，高分子膜由两个表面和一个或多个凝聚相组成。

常见的高分子分为用于混合物分离的分离膜和具有催化功能的分离膜，起分隔作用的保护膜和用于药物定量释放的缓释膜等。若按被分离物质性质不同划分，可分为气体分离膜、液体分离膜、固体分离膜、离子分离膜、微生物分离膜等。若按被分离物的粒度的大小分为超细滤膜、超滤膜、微滤膜。按膜的形成方法可分为沉积膜、熔融拉伸膜、溶剂注膜、界面膜和动态形成膜。根据膜的性质还可划分为密度膜、相变形成膜、乳化膜和多孔膜。

2. 高分子膜的特性

一般地，膜具备下述两个特性。

① 膜不管薄到什么程度，至少必须具有两个界面。膜正是通过这两个界面分别与被膜分开于两侧的流体物质互相接触。

② 膜应具有选择透过性。膜可以是完全透过性的，也可以是半透过性的。膜是膜过程的核心，膜材料的化学性质和膜的结构对药物通过膜传递或分离过程的性能起着决定性的影响。

由于高分子材料密度低，具有相对"疏松"的结构。因此，高分子膜允许小分子能够或多或少地从中穿过，即它们是可以透过的。水蒸气等液体小分子或氧气等气体分子可从高聚物膜的一侧扩散到其浓度较低的另一侧，这种现象称为渗透或渗析。另外，若在低浓度高聚物膜的一侧施加足够高的压力（超过渗透压）则可使液体或气体分子向高浓度一侧扩散，这种现象称为反向渗透。

3. 聚合物的渗透性

根据聚合物的渗透性，高分子材料在药品包装，海水淡化，医学、药物的生理平衡释放等方面都获得了广泛的作用。膜的孔径以及膜对被分离物质分子的吸附、溶解和扩散能力也决定了其分离能力。

液体或气体分子透过聚合物时，先是溶解在聚合物内，然后再向低浓度处扩散，最后从薄膜的另一侧逸出。所以聚合物的渗透性和液体及气体在其中的溶解性有关。当溶解性不大时，透过量 q 可由 Fick 第一定律表示。

对膜面积为 A，渗透时间为 t，渗透系数为 P_g，膜两侧流体的分压 p_1，p_2 达到稳态时，设膜厚为 l，透过量 q 为

$$q = \frac{P_g t A (p_1 - p_2)}{l} \tag{2-25}$$

高聚物的结构和物理状态对渗透性影响甚大。一般而言，链的柔性增大时渗透性提高，结晶度越大，渗透性越小。因为一般气体是非极性的，当大分子链上引入极性基团时，会使气体的渗透性下降。表 2-7 列出常见聚合物对氮气、氧气、二氧化碳和水蒸气的渗透系数。

表 2-7 常见聚合物对氮气、氧气、二氧化碳和水蒸气的渗透系数 P_g

高聚物名称	渗透系数/[kg/(mPa·s)]			
	水蒸气	氧 气	二氧化碳	氮 气
聚 4-甲基戊烯	4.1×10^{-15}	2.6×10^{-16}	9.7×10^{-16}	5.9×10^{-17}
聚丙烯	3.1×10^{-16}	2.5×10^{-17}	1.4×10^{-16}	4.2×10^{-18}
聚氯乙烯	1.2×10^{-15}	4.5×10^{-19}	1.7×10^{-18}	1.4×10^{-20}
聚偏二氯乙烯	1.8×10^{-17}	5.1×10^{-22}	1.4×10^{-21}	5.9×10^{-23}
聚碳酸酯	8.1×10^{-15}	1.8×10^{-17}	1.5×10^{-16}	2.8×10^{-18}
聚己内酰胺	$(4.1 \sim 41)^{①} \times 10^{-16}$	1.0×10^{-19}	1.8×10^{-18}	1.7×10^{-21}

① 取决于相对湿度。

4. 聚合物的透气性

气体分子渗透通过高聚物膜称为透气性，因用途不同有时需要高聚物膜材料的气密性好，有的场合则要求高聚物膜材料的透气性好。高聚物膜材料的渗透性和透气性的大小均与其高分子材料的结构有关，影响聚合物渗透性的因素较多，可以通过各种方法来调节聚合物渗透性。

在聚合物作为药物传递系统的组件时，渗透性的大小直接影响药物释放速率，渗透性大，释放速率快，渗透性小，释药速率小；如乙烯-醋酸乙烯共聚物受 T_g 及结晶度的影响，材料的 T_g 降低，释药速率快，结晶度增大，释药速率减慢。增塑剂在胶乳包衣过程中所起的作用是软化胶乳粒子并降低高分子材料的 T_g，使包衣过程在较低的温度下进行。一般认为，胶乳粒子在最低成膜温度以上时，粒子相互接近形成最紧密的填充状态，当残留在空隙中的水分蒸发时，胶乳粒子在增塑剂的作用下变形，形成黏着的薄膜。

膜材料的化学与物理结构决定其吸附和渗透性等，并影响药物分散及释放；同时会受到环境的干扰。如丙烯酸树脂类高分子化合物的溶解性与所处环境的 pH 值有关，此类高分子形成的控释膜其透过性与扩散介质的 pH 值有关。一般地，高聚物极性增强，透气性减小；

柔顺性增加，透性增大；结晶性增强，透气性减小。分子的对称性则有利于提高气密性，例如，丁基橡胶分子链中对称的甲基其气密性是各种聚烯烃橡胶中最好的，适于药品包装容器密封用胶塞、汽车内胎或无内胎轮胎的密封层。

为了解决聚氯乙烯（PVC）材料的透氧气性能差的问题，人们通过氯乙烯单体与烯基硅氧烷单体共聚的方法，在 PVC 链上连接上硅氧烷链段，由此 PVC 加工的膜材料具有高的透氧性，可用作贮血袋。

第四节　高分子材料的物理力学性能

一、高分子材料的物理性能

1. 电性能

绝大多数高分子材料是电的绝缘体，这种绝缘性能是因高聚物的化学结构、织态结构和形态所决定，并与材料中各种杂质以及添加剂的性质有关。高聚物的电性能是指高聚物在外加电压或电场作用下的行为及其表现出来的各种物理现象。品种繁多的高聚物在电学性质上包含着极其宽广的性能指标范围，它们的介电常数从略大于 1 到 10^3 或更高，电阻率的范围超过 20 个数量级，耐压可达 100 万伏以上。高聚物的介电性能是指聚合的在电场中的极化行为和承受电压的能力。介电常数（ε）、介电损耗（$\tan\delta$）和介电强度（E）是描述聚合物介电性能的 3 个重要指标。

（1）介电常数和介电损耗

ε 表征聚合物在静电场（直流电场）中可极化的程度，可极化程度越大，ε 值越大。$\tan\delta$ 描述聚合物在交变电场中，由于偶极子交变极化取向，为克服阻力使其发热所消耗的电能。产生介电现象的原因是分子极化。在外电场作用下，分子中电荷分布的变化称为极化。分子极化包括电子极化、原子极化及取向极化。电子极化及原子极化又称为变形极化或诱导极化，所需时间很短，为 $10^{-15} \sim 10^{-11}$ s 左右。由永久偶极所产生的取向极化与温度有关。取向极化所产生的偶极矩与热力学温度成反比。取向极化所需时间在 10^{-9} s 以上。此外，尚存在界面极化。界面极化是由于电荷在非均匀介质分界面上集聚而产生的。界面极化所需时间为几分之一秒至几分钟乃至几个小时。材料的介电常数是以上几种因素所产生介电常数分量的总和。影响介电常数与介电损耗的因素可从三个方面来看。

① 分子结构。由于介电常数的大小取决于介质的极化情况，分子的极性越强，极化程度越大，ε 越大。极性分子中的极性基团处于侧基位置比处在主链上的更利于取向极化，ε 较高。分子的结构对称性对 ε 也有很大影响，一般对称性越高，ε 越小，对同一高聚物来说，全同结构聚合物高，间同结构聚合物低，而无规结构介于两者之间。支化则使分子间的相互作用减弱，而使 ε 升高。交联增加了极性基团活动取向的困难，因而降低了 ε，如酚醛塑料，虽然极性很大，但 ε 却不太高。决定高聚物介电损耗大小的内在原因：一个是高分子极性大小和极性基团的密度；另一个是极性基团的可动性。高聚物分子极性越大，则介电损耗越大，非极性高聚物的 $\tan\delta$ 一般在 10^{-2} 数量级。通常，偶极矩较大的高聚物，ε 和 $\tan\delta$ 也都较大，因此，支化、交联、结晶和取向对介电损耗也有影响。

② 超分子结构。结晶与拉伸使分子整齐排列从而也降低极性基团的活动性而使 ε 减小。增塑剂可减弱分子链的相互作用力，促进链段运动，因此对于极性聚合物来说，增塑剂的使用将增大 ε 数值。对于聚合物和增塑剂都是极性的情况，介电损耗的强度随增塑剂组成变化

将出现一个极小值；对于只有聚合物是极性的情况，增塑剂用量增加介电损耗减小；对于只有增塑剂是极性的情况，增塑剂用量增加将使介电损耗增大；同时，在上述三种情况中，介电损耗的峰值都随增塑剂含量增加而移向低温。导电的杂质或极性的杂质（特别是微量的水分）存在，将大大增加聚合物的漏导电流和极化率，从而使介电损耗增大。

③ 电场与温度。电场频率增大，偶极取向发生滞后现象，极性聚合物的 ε 呈减小趋势；但对于非极性聚合物，由于其偶极矩为零，其与频率关系不大。由于极性基团的运动在玻璃态时比较困难，从而增加分子间的相互作用，同一聚合物在玻璃态时，要小于高弹态的 ε，可见温度对 ε 有影响，而且在一定温度范围内，ε 随温度升高而增大，但温度对非极性聚合物的 ε 几乎没有影响。一般在聚合物玻璃转换区介电常数和介电损耗最大。这种运动具有依时性，而且消耗能量，导致分子间作用力变化的温度变化和交变电场频率（属时间因素）的变化必然影响取向过程，从而使聚合物在不同温度和频率下有着不同的 ε 和 $\tan\delta$，并呈现一定的规律。对同一高聚物，当外加电场的电压增大时，一方面有更多的偶极按电场的方向取向，使极化程度增加，另一方面流过高聚物电流的大小与电压成正比。这两方面导致高聚物介电损耗增大。

（2）介电强度

E 的定义是击穿电压与绝缘体即聚合物材料厚度的比值，也就是材料能长期承受的最大场强。当电场强度超过某一临界值时，电介质就丧失其绝缘性能，这称为电击穿。发生电击穿的电压称为击穿电压。击穿电压与击穿处介质厚度之比称为击穿电场强度，简称介电强度。介电强度是击穿材料使之从介电状态突变成导电状态的最低电场强度。

介电强度的上限是由聚合物结构内共价键电离能所决定的。在场强达到某一临界值时，原子的电荷发生位移使原子间的化学键破坏，电离产生的大量价电子直接参加导电，导致材料的电击穿。高聚物中杂质电离产生的离子和自由电子与高分子碰撞，激发出更多的电子，以致电流急剧上升，最终导致高聚物材料的电击穿，称为纯电击穿或固有击穿。这种击穿过程极为迅速，击穿电压与温度无关。

在强电场下，因温度上升导致聚合物的热破坏而引起的击穿叫热击穿。这时，击穿电压要比固有击穿电压小。在实际应用中，材料的击穿可能是多种形式共同作用的结果。所以提高化学键能，减少易发生热解和氧化的结构，减少聚合物中催化剂残渣等杂质是提高击穿强度的根本途径。

（3）静电现象

聚合物与其他材料接触或摩擦，或它们自身相互接触和摩擦时，在其表面上，有过量的电荷集聚，这一现象称为静电现象。一般介电常数大的聚合物带正电，小的带负电。静电现象在聚合物的加工和使用过程中普遍存在，而且由于普通聚合物电导率低，一旦带有静电就难以消除，静电的累积有时可使电压高达几千伏以上。

静电的积聚会给高聚物加工和使用带来种种问题。会影响人身或设备安全，由摩擦静电引起的火花放电是火灾、爆炸的危险隐患。当然，在某些领域，人们可有效地利用聚合物材料的静电积累现象。如粉末涂料的静电喷涂，衣料及地毯的静电植绒，化学过程中的静电分离与混合以及静电干粉包衣等。

消除静电可通过体积传导、表面传导等不同途径来达到，其中以表面传导为主。目前工业上广泛采用的抗静电剂都是用来提高聚合物的表面导电性。抗静电剂一般都具有表面活性的功能，常增加聚合物的吸湿性而提高表面导电性，从而消除静电现象。借助聚乙二醇

（PEG）的吸湿性，可以通过共混或共聚制造抗静电的聚对苯二甲酸乙二醇（PET）的纤维以及膜材料等。

（4）聚合物驻极体和热释电流

将聚合物薄膜夹在两个电极当中，加热到薄膜成型温度。施加每厘米数千伏的电场，使聚合物极化、取向，再冷却至室温，而后撤去电场。这时由于聚合物的极化和取向单元被冻结，因而极化偶矩可长期保留。这种具有被冻结的寿命很长的非平衡偶极矩的电介质称为驻极体。如聚偏氟乙烯、涤纶树脂、PP、PC 等聚合物超薄薄膜驻极体已广泛用于电容器传声隔膜及计算机储存器等方面。

若加热驻极体以激发其分子运动，极化电荷将被释放出来，产生退极化电流，称为热释电流（TSC）。热释电流的峰值对应的温度取决于聚合物偶极取向机理，因此可用以研究聚合物的分子运动。就分子机理而言。聚合物驻极体和热释电流现象与聚合物的强迫高弹性现象（即屈服形变）是极为相似的。这是同一本质的两种表现形式。

2. 光性能

与高分子材料光学行为有关的行业范围很广，从透光性能要求不高的药品包装，到对光学性能有较高要求的照明和显示，以及有苛刻要求的光学仪器等应用领域。材料的光学性能包括光折射、透光度、光反射、光传导等。

（1）光折射

当光由一种介质进入另一种介质时，由于光在两种介质中的传播速度不同而产生折射现象。通常用折光率描述材料的光学性能，高聚物的折光率是由其分子的电子结构因辐射的光频电场作用发生形变的程度所决定。高聚物的折光率一般都在 1.5 左右。

结构上各向同性的材料，如无应力的非晶态高聚物，在光学上也是各向同性的，因此只有一个折光率。结晶的和其他各向异性的材料，折光率沿不同的主轴方向有不同的数值，该材料被称为双折射的。如非晶态高聚物因分子取向而产生双折射。因此，双折射是研究形变微观机理的有效方法。在高分子材料中，由应力感生的双折射可应用于光弹性应力分析。

（2）透光度

透光度与材料本体及其表面的光学均匀性都有关系。大多数高聚物不吸收可见光谱范围内的辐射，对于非晶高聚物只要不含杂质和疵痕时都是透明的，如 PMMA（有机玻璃）、聚苯乙烯等。它们对可见光的透过程度达 92％以上。

导致透光度下降的原因，除光的反射和吸收外，主要是材料内部对光的散射，而散射是由结构的不均匀性造成的。例如高分子材料表面或内部的疵痕、裂纹、杂质、填料、结晶等，都使透明度降低。这种降低与光所经的路程（物体厚度）有关，厚度越大，透光度越小。

"光泽"是材料表面的光学性能。越平滑的表面，越光泽。从 0°～90°的入射角，反射光强与入射光强之比称为直接反射系数，它用以表示表面光泽程度。

（3）光反射和光传导

对透明材料，当光垂直射入时，透过光强与入射光强之比为 $T=1-(n-1)^2(n+1)^{-2}$。大多数高聚物的折光率 $n \approx 1.5$，即 $T \approx 92\%$，反射光约占 8％。在不同入射角时，反射率也不太高。由于硅酸盐有很高的远红外反射系数 (R) $(R>85\%$，$\lambda=5000\sim25000nm)$，因而是理想的光阻隔材料。如含 5％（质量分数）蒙脱土的尼龙 6、PP、PET 纤维其远红外反射系数 R 大于 75％。

光线在高聚物内全反射，使其显得很明亮，使得光可以在高分子材料内进行传导。利用这一作用可制造光导管，这时若光从棒的一端射入，在弯曲处不会射出棒外，而全反射传播到棒的另一端。这种光导管可用于外科手术的局部照明。设光从高聚物射入空气的入射角为 α，若 $\sin\alpha \geqslant n^{-1}$，即发生内反射，即光线不能射入空气中而全部折回高聚物中。所以对大多数聚合物来说，α 最小为 $42°$ 左右。光线在高聚物内全反射时还可能发生进一步的效应——选择性或非选择性光吸收，结果分别造成生色或变灰(变黑)。

二、高分子材料的力学性能

任何高聚物包括药用高分子在内，作为材料时必须具有所需要的力学强度，用途不同所要求的力学性能也不一样，而力学性能与聚合物所处的力学状态有关。力学性能是高聚物一系列优异物理性能的基础。材料的力学性能是总括了材料受到机械作用时产生可逆或不可逆形变、抗破损的性能。

1. 力学性能的基本物理量及特点

（1）应力和应变

当材料受到外力作用而又不产生惯性移动时，其几何形状和尺寸会发生变化，这种变化称为应变或形变。材料宏观变形时，其内部分子及原子间发生相对位移，产生分子间及原子间对抗外力的附加内力，达到平衡时，附加内力与外力大小相等，方向相反。定义单位面积上的内力为应力，其值与外加的应力相等。对于各向同性材料，有三种基本类型。在切应力 σ 作用下材料发生偏斜，偏斜角 θ 的正切定义为切应变 $\gamma = \tan\theta$；在正应力（垂直于横截面的应力分量）的作用下，材料发生拉伸 ε 或压缩形变。

由于在流体静压力 p 下，无论固体、流体或黏弹体，它们的力学行为都只有微小差异，所以，在高聚物的力学性能研究中一般不采用本体压缩这种变形类型。

（2）弹性模量

弹性模量，常简称为模量，是单位应变所需应力的大小，是材料刚度的表征。模量的倒数称为柔量，是材料容易形变的一种表征。以拉伸模量又称为杨氏模量 E、剪切模量 G、体积模量亦称为本体模量 B 分别表示与上述三种形变相对应的模量，则

$$E = \sigma\varepsilon^{-1} \tag{2-26}$$

$$G = \sigma\gamma^{-1} \tag{2-27}$$

$$B = p(\Delta V/V_0)^{-1} \tag{2-28}$$

上述三种模量之间存在如下关系

$$G = \frac{E}{2(1+\nu)}, \quad B = \frac{E}{3(1-2\nu)} \tag{2-29}$$

式中，ν 为泊松比，定义为在拉伸形变中横向应变与纵向应变的比值。高聚物材料的杨氏模量 E 变化范围很宽，可由 $10^6\,\mathrm{dyn/cm^2}$（橡胶）变化到 $5 \times 10^{10}\,\mathrm{dyn/cm^2}$（硬塑料）（$1\mathrm{dyn} = 1\mathrm{gcm/s^2}$）。

（3）硬度

硬度是衡量材料表明抵抗机械压力的一种指标。硬度的大小与材料的抗张强度和弹性模量有关，所以有时用硬度作为抗张强度和弹性模量的一种近似估计。

测定硬度有多种方法，按加荷方式分动载法和静载法两种。前者是用弹性回跳法和冲击力把钢球压入试样。后者是以一定形状的硬质材料为压头，平稳地逐渐加荷将压头压入试样。因压头形状和计算方法的不同又分为布氏、洛氏和邵氏法等。

（4）强度

材料的强度就是材料抵抗外力破坏的能力，换句话说，当施加外力超过材料的承受能力时，材料将被破坏。材料力学强度包括抗张强度和抗冲击强度等。

a. 抗张强度。抗张强度亦称拉伸强度，是在规定的温度、湿度和加载速度下，在标准试样上沿轴向施加拉伸力直到试样被拉断为止。断裂前试样所承受的最大载荷 p 与试样截面（宽 b，厚 d）面积之比称为抗张强度。

$$\sigma_t = \frac{p}{bd} \qquad (2\text{-}30)$$

由于高聚物材料在整个拉伸过程中，应力与应变的关系并不是线性的，只有当形变很小时，高聚物材料才可视为胡克弹性体，因此拉伸模量（即杨氏模量）通常由拉伸初始阶段的应力与应变比例计算。

$$E = \frac{\Delta p / (bd)}{\Delta l / l_0} \qquad (2\text{-}31)$$

式中，l_0 为高聚物材料拉伸前原长；Δl 为受力后的伸长量。

同样，若向试样施加单向压缩载荷则可测定压缩强度。抗弯强度亦称挠曲强度，是在规定的条件下对标准试样施加静弯曲力矩，取直到试样折断为止的最大载荷 p。

b. 抗冲击强度。抗冲击强度亦简称抗冲强度或冲击强度，是衡量材料韧性的一种强度指标。通常定义为试样受冲击载荷而破裂时单位面积所吸收的能量（kJ/m^2），按式（2-32）计算。

$$\sigma_i = \frac{W}{bd} \qquad (2\text{-}32)$$

式中，W 为冲断式样所消耗的功。冲击强度的测试方法很多，如摆锤法、落重法、高速拉伸法等。不同方法常给出不同的冲击强度数值。

最常用的冲击试验是摆锤法。摆锤式试验仪，按试样的安放方式分为简支梁式和悬臂梁式两种，如图 2-9 所示。简支梁式亦称 Charpy 式，悬臂梁式亦称为 Izod 式。试样可用带缺口的和无缺口的两种。

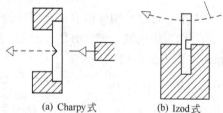

(a) Charpy式　　(b) Izod式

图 2-9　Charpy 式和 Izod 式摆锤冲击试验

2. 高分子材料的塑性和屈服

（1）力学屈服现象

在一定（温度、湿度以及拉伸速度）条件下，由于拉伸应力作用，各种高聚物固体材料都表现出图 2-10 所示的应力-应变曲线。其必要条件是在 T_g（非晶态聚合物）温度或 T_m（结晶聚合物）温度以下进行拉伸，所以此曲线又称为冷拉曲线。曲线开始的 oa 段几乎是一段直线，应力与应变成正比关系（服从胡克弹定律，应为普弹形变所贡献）。在 a 点的应力是保持正比关系的最大应力，称为比例极限，以 σ_p 表示。由这段直线的斜率可计算出试样的杨氏模量。这段线性区对应的应变 ε_p 一般只有百分之几。过 b 点之后，材料暂时出现屈服，b 点为屈服点。对应于 b 点的应力称为屈服应力（或屈服极限），以 σ_y 表示，它的定义是应力-应变曲线上第一次出现应变增加而应力不增加时的应力。过了屈服点之后，在应力基本不变的情况下产生较大的形变，当除去应力后，材料也不能恢复到原样，即材料屈服了。

一般而言，屈服应力是聚合物作为结构材料的使用的最大应力。屈服点之后，聚合物试样开始出现细颈（也有不出现细颈的情况）。此后的形变是细颈的逐渐扩大，直到 c 点，全部试样被拉成细颈。然后试样再度被均匀拉伸，应力提高，直到在 d 点拉断为止，相应于 d 点的应力 σ_b 称为断裂应力或称为拉伸强度，应变 ε_b 称为断裂伸长率。屈服前就出现断裂的玻璃态聚合物表现为脆性，相应的应力称为脆性应力或称为脆性强度，屈服之后才断裂的玻璃态聚合物表现为韧性。

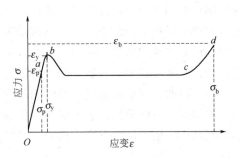

图 2-10　高聚物材料的一般拉伸应力-应变曲线

（2）屈服机理

非晶态聚合物在 T_g 之下，结晶聚合物在其熔点 T_m 之下，一般都有明显的拉伸屈服现象。屈服之后的形变可达百分之数百。在拉伸温度下，解除应力后，形变并不能回复，因此貌似塑性流动。但将温度提高到 T_g（非晶态聚合物）或 T_m（结晶聚合物）以上时，屈服形变可自动回复。所以屈服形变的本质是一种高弹形变。从分子机理而言，是大分子链构象改变的结果，对结晶聚合物还包括晶粒的取向、滑移，片晶的破裂、熔化及重结晶等过程。

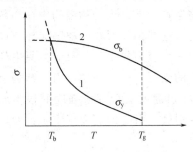

图 2-11　玻璃态聚合物屈服应力及断裂强度与温度的关系
1—屈服应力曲线；
2—断裂强度曲线

玻璃态聚合物，由于链段的运动被冻结，松弛时间很长，因此在一般应力条件下不发生高弹形变。但是链段运动的活化能与应力有关，外力使沿作用力方向链段运动的活化能减小，松弛时间变短。当应力超过屈服应力后，链段运动的松弛时间与外力作用的时间尺度达同一数量级，因而使本来冻结的链段发生运动，产生高弹形变。这就是说，增加外力和提高温度产生相似的效果。温度越低，所需的屈服应力越大，如图 2-11 曲线 1 所示。断裂应力 σ_b 也随温度下降而提高（曲线 2）。但二者随温度变化的快慢不同。当温度比 T_g 稍低时，屈服应力小于断裂应力，聚合物能表现屈服性能，但当温度比 T_g 低得多时，$\sigma_y > \sigma_b$，聚合物在屈服前就断裂了。两曲线相交时的临界温度 T_b 称为聚合物是脆化温度。T_b 之上聚合物是韧性的，T_b 之下聚合物是脆性的。脆化温度是塑料使用的下限温度。

从图 2-10 可见，在屈服点附近，应力有所下降（换算成真应力后也大致如此），即曲线的斜率为负值，这种现象称为应变软化现象。这可能是由于在较大应变下，大分子物理交联点发生了重新组合而形成较利于形变的超分子结构。有人曾提出了热软化理论，然而对此目前尚无十分确切的解释。

屈服形变后形成的细颈处，模量增大，因而才能使细颈稳定发展。这种现象称为应变硬化。其原因是大分子链或晶粒的取向。冷拉时细颈的形成是局部剪切形变的一种表现形式。局部应变即不均匀应变的产生有两种原因。第一种是纯几何的原因，如试样截面积的某种波动造成局部应力集中。第二种是应变软化及由大分子取向而造成的应变硬化。屈服现象的另一种原因是银纹化。银纹又常称为微裂纹。许多聚合物，如聚甲基丙烯酸甲酯（PMMA）、聚苯乙烯塑料（PS）等，在存放与使用过程中由于应力及环境（如蒸汽、溶剂、温度等）

的影响，使制品出现许多发亮的条纹，这种条纹称为银纹，这种现象称为银纹化。一般仅张应力才产生银纹。银纹也是一种局部形变。产生银纹的直接原因也是由于结构的不均性或缺陷引起的应力集中所致。在银纹内，大分子链沿应力方向高度取向。银纹可进一步发展成裂缝，所以它常常是聚合物破裂的先导。

聚合物的力学屈服也是一种松弛过程，受温度、时间等因素的影响。同一种聚合物可因不同的温度、时间条件而表现脆性（无屈服现象）或韧性（有屈服现象）。温度提高时，松弛时间减小，屈服应力下降，达到 T_g 时屈服应力下降为零。应变速率的影响则正好与温度相反。

3. 高分子材料的断裂和强度

（1）理论强度与实际强度

高聚物的损伤断裂是一个复杂的多层次多阶段过程，从微观层次的分子链间的缠结链段的重排、滑移、取向、解缠及断链，到观察层次的银纹引发、生长及断裂，直到微裂纹的产生、扩散、串接，最终导致材料的整体破坏。简单地说，产生高聚物材料的断裂有三种可能性：化学键破坏；分子间或晶粒群体间的滑脱；范德华力或氢键的破坏。将聚合物材料按结构完全均匀的理想情况计算而得到的理论强度要比聚合物的实际强度高出几十倍乃至上百倍。至于弹性模量，实际值与理论值是比较接近的。

聚合物实际强度远低于理论强度的原因在于结构的不完全均匀性。聚合物结构中存在各种大小不一的缺陷，如裂缝、晶体缺陷或材料结构不均匀处。这些预先存在的缺陷会导致局部应力比外加的标称应力更高，这种局部应力增大的现象，称为应力集中。如果应力集中到少数化学键上，会使这些键断裂，产生裂缝，最后导致材料的破裂。这就是说，由于结构上存在缺陷，会造成材料破坏时各个击破的局面。这就是实际强度远低于理论强度的根本原因。材料表面或内部存在的微裂缝是材料破裂的关键因素。裂缝所引起的应力集中，类似于椭圆形孔隙所引起的应力集中。

对于聚合物材料，裂缝尖端会产生明显的黏弹形变。裂缝扩展还应包括这种黏弹功在内。这种黏弹功来源于屈服形变，它常比表面能大许多。所以聚合物的破坏过程具有明显的松弛性质。

（2）抗张强度和抗冲击强度

前面已经提到，聚合物的破坏过程具有松弛的特点，所以聚合物的抗张强度除与聚合物本身的结构、取向情况、结晶度、添加填料、增塑剂等有关外，尚与载荷速率及温度等外界条件有关。冲击破坏是塑料构件及制品常见的破坏形式。抗冲击性能在很大程度上取决于试样缺口的特性。例如在有钝缺口的试验中，PVC 的抗冲击强度大于 ABS（ABS 为丙烯腈、丁二烯和苯乙烯三种单体的三元共聚物）。但对试样带有尖锐缺口的情况，ABS 的抗冲击强度大于 PVC。温度对抗冲击强度也有明显的影响。其他因素，如分子量、添加剂以及加工条件均对材料的抗冲击性能有显著影响。所以在比较各种聚合物材料的抗冲击强度时，要充分予以考虑。

因此在进行高分子化学品设计时，应首先了解其要求的力学性能，然后选择适当的聚合物，包括其正常使用温度下的力学状态。

（3）影响高聚物强度的因素

① 温度、应变速率和应力状态对强度的影响。高聚物的实际强度与其断裂行为的特征密切相关，高聚物的断裂特点是脆性和韧性的各种结合。随着条件的变化，给定的高聚物材

料可以发生韧性或脆性断裂。高聚物材料在外力的作用下屈服、塑性流动和冷拉伸过程都需要一定的时间使链段再取向，而较大地增加形变速率或较大幅度地降温，链段在试验时间内将来不及再取向，从而导致断链和脆性断裂。同样，在高速应变或低温下，内部分子活动受阻，则高聚物呈现低的冲击强度和脆性断裂。于是，在低应变速率下材料表现为韧性而能够进行冷拉伸，而在高应变速率下将以脆性状态断裂。应力状态是影响高聚物脆性-韧性转移的又一因素，施加流体静压力，可以使脆性固体表现为韧性。一般，当应力状态由压缩改变为简单剪切、拉伸或冲击时，热塑性高聚物材料的韧性依次减小、脆性增大。动态负荷下，高聚物可在 $10^6 \sim 10^7$ 周期后破裂。另外，长期维持静态负荷下，由于蠕变，高聚物也可以在低应力值断裂。

② 高聚物的基本结构参数对强度的影响。高聚物的弹性模量依赖于结构因素。凡属分子量较大、柔顺性较小、极性较强、取向度较高、结晶度较高和交联密度较大的高聚物，弹性模量的数值均较大。高聚物的其他力学性能与弹性模量之间有相互对应的关系。弹性模量较大的聚合物，抗冲击强度就较小，但硬度、挠曲强度、抗压强度均较大。需要强调的是，抗冲击性是高聚物材料使用性能的重要方面，提高分子链的柔顺性可以改善高聚物的抗冲击性。冲击力是一种快速作用力，往往使分子链来不及作出构象调整，即链段来不及作松弛运动以分散应力，从而出现脆性破坏。只有高聚物处于高弹态或分子链柔顺性大者，才具有较好的抗冲击性。通过使用增塑剂、增韧剂或共混改性可以改善高聚物材料的抗冲击性。从高聚物本身的结构来看有以下几方面。

a. 链节结构的影响。刚性是柔顺性的反面，例如 PS 侧基的苯环体积大极性强，不利于大分子链节转动，妨碍了链段运动，所以 PS 制品较硬且脆，受力达到屈服点附近时即出现脆性破坏。一般地说，分子链间的作用力小、取代基体积小、极性弱的大分子链，其柔顺性较好，此类高聚物在较小外力下便产生高弹形变，因此较软、屈服强度低、弹性模量小、拉伸强度低、伸长率大；而分子链间作用较大、刚性也较大；具有环状结构如苯环等以及稠环基团如邻苯二甲酰亚胺等的聚合物柔顺性较差、刚性较大。为了提高弹性模量和强度，可以在分子链中引入这些极性基团或环状结构，但需注意，极性基团过密，僵硬性太大，会造成加工成型的困难，还会带来脆性，反而限制了聚合物的使用范围。

b. 分子量及其分布。分子量对屈服强度的直接影响不明显，但它影响材料的脆性强度。在一定范围内，伸长或冲击强度随高聚物分子量的增大而增大。这是因为当分子量较小时，材料的破坏主要是由于外力作用下大分子间发生滑动所致，分子量越大分子间越不容易发生滑动，能经受的外力也就越大。当分子量增大到某一范围以上，外力达到足以使大分子主链价键断裂时仍不足以使大分子滑动时，聚合物的破坏便发生于主价键上，强度便不再随分子量的增大而增大了。分子量分布对机械强度也有影响，若分布很宽，低分子量的分子含量达 $10\% \sim 15\%$，强度会明显下降。其原因是低分子量的分子起着内增塑作用，促使分子链之间易于发生滑动。

c. 交联的影响。酚醛树脂、脲醛树脂等是体型的网状结构，这种高度交联的结构，使材料形变困难、抗弯强度和弹性模量很高，但脆性较大，在形变很小时就断裂。线形高聚物通过化学变化使大分子间形成适当的交联键，可以阻止大分子在外力作用时的互相滑动，从而增大拉伸强度和弹性。

硫化胶的性质与交联密度有关，一般交联剂用量低于 5%（质量分数），若用量太大、交联密度太高，则成为硬橡胶而呈现热塑料的力学性能，脆性大大增加。通过交联提高强度的方法在涂料和黏合剂的使用中也得到广泛应用，在涂料中加入适量的交联剂（固化剂）可以显著提高涂膜的综合性能，在黏合剂中加大适量交联剂可大大提高剪切黏结接强度，现在交联剂在许多涂料或黏合剂的配方中是必不可少的重要组分。

d. 结晶及取向的影响。结晶聚合物的强度比相应的无定形聚合物的强度高，其原因是晶格限制了链的运动，不过结晶度的提高也会导致冲击强度降低。聚合物取向是提高分子链或链段沿着一定方向占优势排列的现象，聚合物发生分子取向时，沿取向方向的机械强度有所提高，与取向方向垂直的方向上聚合物的强度会有下降，而且脆性强度比屈服强度更为各向异性。

高聚物强度除了受以上因素影响外，还受材料中的"缺陷"（或裂缝）的左右。强度的统计理论分析表明，在材料体内一大堆的"缺陷"中总有最致命的一个以初期的缝隙或裂缝的形式产生断裂的起点，故实际断裂不是由于应力平均分布于材料而引起，而在缺陷区域内可产生大大超出平均应力值的应力，这样的应力集中在薄弱地区只需较小的外力便可开始局部地断裂并扩大到整体。这是实际强度低于理论值的原因所在。这些"缺陷"来自于宏观上的裂纹、缺口、杂质、空穴等，微观上的是高聚物结构的不均匀性。

三、高分子材料的黏弹性

高聚物力学性能的最大特点是高弹性和黏弹性。高聚物受力和能量的作用时，表现出强烈依赖于温度和时间等因素的影响，所以它们的力学性能变化较大。

1. 高弹性

处于高弹态的高聚物表现出高弹性能。高弹性是高分子材料极重要的性能。以高弹性为主要特征的材料橡胶，是一类极其重要的高分子材料。高聚物在高弹态都能表现一定程度的高弹性，但并非都可作橡胶使用。作为橡胶材料必须具备一定的结构要求。

（1）高弹形变的本质

高分子链在自然状态下处于无规线团状态时，构象数最大，因此熵最大。在拉伸应力作用下，拉伸变形是由于高分子链被伸展的结果，链伸展引起链构象数减少，熵值下降；热运动可使高分子链恢复到熵值最大、构象数最多的卷曲状态，因而产生弹性回复力，这就是弹性形变的本质，也是高弹形变的本质。也就是说，高聚物具有弹性的必要条件是要有柔性链，但是，柔性好的链容易引起链间滑动而造成黏性流动。所以提高采用分子链间的适当交联点间链段有足够的活动性以产生高弹性。交联点间链段太短时，柔性降低，弹性下降直至消失。与此同时，弹性模量增大，橡胶硬度增加。橡胶材料单向拉伸时，随着拉力的增大，变形量不断增加，但是变形量达到一定程度后，相同的伸长将使拉力急剧地增大，如图 2-12所示。在高弹形变不太大（拉伸比$\lambda = l/l_0 < 1.5$）的状态下，弹性形变符合胡克定律。

（2）高弹性的特点

轻度交联的高聚物在玻璃化转变温度以上，具有典型的高弹性，具有如下的主要特点。

① 弹性模量小、形变大。一般材料，如铜、钢等，形变量最大为1%左右，而橡胶的高弹形变很大，可拉伸5～10倍。橡胶的弹性模量则只有一般固体物质的万分之一左右。

② 弹性模量与热力学温度成正比，而一般固体的模

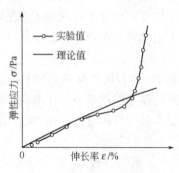

图 2-12　橡胶拉伸曲线示意图

量随温度的提高而下降。

③ 形变时有热效应，伸长时放热，回缩时吸热。

④ 在一定条件下，高弹形变表现明显的松弛现象。

上述特点是由高弹形变的本质所决定的。

2. 黏弹性

高聚物材料既有弹性又有黏性，其形变和应力，或其柔量和模量都是时间的函数；温度提高会加速黏弹过程，即使过程的松弛时间减少。因此它的力学行为强烈地依赖于时间和温度。高聚物受力后产生的宏观变形，可通过调整内部分子链构象来实现，而高分子链构象的改变需要时间，这就是高聚物材料黏弹性特别突出的原因。根据应力和应变与时间的关系可将高聚物材料的黏弹性分为静态和动态两种。

（1）静态黏弹性

静态黏弹性是指在固定的应力（或应变）下形变（或应力）随时间延长而发展的性质，典型的表现是蠕变和应力松弛。在一定温度、一定应力作用下，材料的形变随时间的延长而增加的现象称为蠕变。对线形聚合物，形变可无限发展且不能完全回复，保留一定的永久形变。对交联聚合物，形变可达一平衡值。高聚物材料的蠕变在常温下会产生，而金属材料一般要在高温下才产生。例如，架空的 PVC 电线套管的缓慢变弯等就属于蠕变现象。应力松弛是高聚物产生一定变形后，在保持变形量不变的条件下，应力随时间的发展而逐渐衰减的现象，松弛现象是热运动对聚合物分子取向的影响。当机械应力作用在聚合物上时，引起大分子链构象的改变，体系熵减小，自由焓增大。若维持形变状态不变，由于链的热运动，使分子构象的改变逐渐减小，从而产生应力松弛，过剩的自由焓以热能的形式耗散。蠕变过程的本质也完全一样，是同一个问题的另一种表现形式。例如，连接管道的法兰盘中的硬橡胶制密封垫片，经过使用一段时间后，由于发生应力松弛而失去密封能力——产生泄漏。

（2）动态黏弹性

高聚物承受交变应力（即应力也是时间的函数）过程中，可能会出现变形速度赶不上应力变化速度的滞后现象，这种应力和应变间出现的相位差就是动态黏弹性。此动态力学性质指的是在应力周期性变化作用下高聚物的力学行为。

形变及形变的回复要克服大分子内及分子间的相互作用力，因而需要一定的时间去完成。同时克服阻力，就使一部分弹性能以热能的形式消耗掉，这就是内耗产生的原因。例如，高聚物的阻尼作用，就是利用高聚物的动态力学松弛过程来完成的，阻尼作用源于高分子链运动、内摩擦力以及分子链间物理键的破坏与再生。当高聚物与振动物体相接触时，必然吸收一定量的振动能量，使之变成热能，结果使振动受到阻尼的作用，于是振动和噪声被消除。

就高聚物熔体流体而言，其主要特点有黏度大，流动性差；属假塑性流体，黏度随剪切速率的增加而下降；聚合物熔体流动时伴有高弹形变，即表现弹性行为。聚合物熔体流动并非大分子链之间简单的相对滑移，而是各链段分段运动的总结果。在外力作用下，大分子链不可避免地要顺外力作用的方向伸展，因而伴随一定量的高弹形变。弹性效应还会造成非稳态流动。许多聚合物在切应力为 2×10^5 Pa 左右出现不稳定现象，这时挤压出来的聚合物形状有巨大的畸变，呈波浪状、鲨鱼皮状或竹节状等，这称为熔体破裂。有时虽没有巨大畸变，但是从细微结构观察，表面是崎岖不平、不光滑的。高聚物挤出成型时，还有模口胀大现象，这是由于外力消失后，高弹形变的回缩而造成的。高聚物熔体黏度随分子量的增大而提高，分子量分布亦有很大影响。在重均分子量相同时，分布宽，则黏度下降，非牛顿性下降；此外，大分子链的柔性及分子间作用力对黏度都有显著影响。分子链刚性较大、分子间作用力较强的高聚物，黏度一般也较大。

四、高分子材料的成型加工性能

热塑性高聚物的成型加工的基本步骤有：首先，设法将固体高聚物转变为可流动的状态，使其表现出可塑性。一般的方法是通过加热熔融或配制成溶液、乳液或糊。这些与高聚物的热行为（物理性质）与分子间相互混溶的行为（物理化学性质）相关。然后，使流动态物料具有一定的形状，可采用的方法是流动充满模具型腔，熔融压层黏结，流延成薄膜，流经喷丝头喷丝等，这一步通常是在加热加压下进行的，它涉及高聚物分子在流动过程中的流变性质，又要考虑高温下高聚物的降解、分解及其后效等化学性质。最后，固定制品形状，可采用冷却固化，如热塑性塑料的成型与熔融纺丝；交联变定，如热固性塑料的成型与橡胶的硫化；去溶剂，既凝固化，如流延薄膜与溶液纺丝以及经过拉伸取向、退火、淬火等后处理而达到稳定制品形状符合使用性能，这类方法利用的是高聚物在物理与化学的因素影响下所发生的物理性质、物化性质与化学性质的变化。

1. 高聚物的可挤压性

高聚物在加工过程中常受到挤压作用，例如高聚物在挤出机和注塑机料筒中、压延机辊筒间以及在模具中都受到挤压作用。可挤压性是指高聚物通过挤压作用形变时获得形状和保持形状的能力。研究聚合物的挤出性质能对制品的材料和加工工艺作出正确的选择和控制。通常条件下高聚物在固体状态不能通过挤压而成型，只有当高聚物处于黏流态时才能通过挤压获得宏观而有用的形变。挤压过程中，高聚物熔体主要受到剪切作用，故可挤压性主要取决于熔体的剪切黏度和拉伸黏度。大多数高聚物熔体的黏度随剪切速率增大而降低。

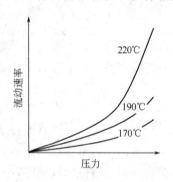

图 2-13 聚丙烯在不同
温度下的流动速率示意图

如果挤压过程材料的黏度很低，虽然材料有良好的流动性，但其保持形状的能力较差；相反，熔体的剪切黏度很高时则会造成流动和成型的困难。材料的挤压性质还与加工设备的结构有关。挤压过程高聚物熔体的流动速率随压力增大而增加，在定压下，温度升高流动加快（图 2-13）。流动速率的测量可以决定加工时所需的压力和设备的几何尺寸，材料的挤压性质与聚合物的流变性（剪应力或剪切速率对黏度的关系），熔融指数和流动速率密切有关。

通常采用熔融指数评价热塑性高聚物特别是聚烯烃的挤压性，它是在熔融指数测定仪中测定的，这种仪器只测定给定剪应力下聚合物的流动度（简称流度 ϕ，即黏度的倒数 $\phi=1/\eta$），用定温下 10min 内高聚物从出料孔挤出的质量（g）来表示，其数值就称为熔体流动指数（Melt Flow Index），通常称为熔融指数，简写为 [MI] 或 [MFI]。熔融指数测定仪具有结构简单，方法简便的优点。但在荷重 2.16kg（重锤与柱塞的质量）和出料孔直径为 2.095mm 的条件下，熔体中的剪切速率 γ 值仅约在 $10^{-2}\sim10s^{-1}$ 范围，属于低剪切速率下的流动，远比注射或挤出成型加工中通常的剪切速率（$10^2\sim10^4s^{-1}$）要低，因此通常测定的 [MI] 不能说明注射或挤出成型时高聚物的实际流动性能。但用 [MI] 能方便地表示高聚物流动性的高低，对于成型加工中材料的选择和适用性有参考的实用价值。

充填高聚物的流变特性，颗粒不仅增加体系的黏度，也影响起流变行为的剪切速率依赖性，而且这种影响对于片状颗粒表现得更为明显。一般而言，对于具有相同体积分数的片状和粒状颗粒充填的高聚物熔体，前者具有更高的黏度，且在低频区表现为更显著的剪切变稀行为；片状颗粒填充体系的流变特性对其微观结构的发展具有明显的依赖性，这是由于颗粒的不规则形状造成颗粒之间的表面接触和相互作用程度的增加所致。

2. 聚合物的可模塑性

可模塑性是指材料在温度和压力作用下形变和在模具中模制成型的能力。具有可模塑性的材料可通过注射、模压和挤出等成型方法制成各种形状的模塑制品。

可模塑性主要取决于材料的流变性、热性质和其他物理力学性质等，在热固性聚合物的情况下还与聚合物的化学反应性有关。对于过高的温度，虽然熔体的流动性大，易于成型，但会引起分解，制品收缩率大；温度过低时熔体黏度大，流动困难，成型性差；且因弹性发展，明显地使制品形状稳定性差。适当增加压力，通常能改善聚合物的流动性，但过高的压力将引起溢料（熔体充满模腔后溢至模具分型面之间）和增大制品内应力；压力过低时则造成缺料（制品成型不全）。所以图 2-14 中四条线所构成的面积（有交叉线的部分）才是模塑的最佳区城。模塑条件不仅影响聚合物的可模塑性，且对制品的力学性能、外观、收缩以及制品中的结晶和取向等都有广泛影响。聚合物的热性能（如热导率 λ，热焓 ΔH、比热容 C_p 等）影响它加热与冷却的过程，从而影响熔体的流动性和硬化速度，因此也会影响聚合物制品的性质（如结晶、内应力、收缩、畸变等）。模具的结构尺寸也影响聚合物的模塑性，不良的模具结构甚至会使成型失败。高聚物分子量和配方中各种添加剂成分和用量对模塑材料流动性和加工条件有影响，另外，成型模具浇口和模腔形状与尺寸对材料流动性和模塑条件也有影响。

3. 聚合物的可纺性

可纺性是指聚合物材料通过加工形成连续的固态纤维的能力。它主要取决于材料的流变性质，熔体黏度、熔体强度以及熔体的热稳定性和化学稳定性等。作为纺丝材料，首先要求熔体从喷丝板毛细孔流出后能形成稳定细流。细流的稳定性通常与由熔体从喷丝板的流出速度 v，熔体的黏度 η 和表面张力有关。增大纺丝速度（相应于熔体细流直径减小）有利于提高细流的稳定性；高聚物的熔体黏度较大（通常约 10^4 Pa·s），表面张力较小（一般约 10^4 Pa·s），这是高聚物具有可纺性的重要条件。纺丝过程由于拉伸和冷却的作用都使纺丝熔体黏度增大，也有利于增大纺丝细流的稳定性。但随纺丝速度增大，熔体细流受到的拉应力增大，拉伸形变增大，如果熔体的强度低将出现细流断裂。所以具有可纺性的高聚物还必须有较高的熔体强度。纺丝细流的熔体强度与纺丝时拉伸速度的稳定性和材料的凝聚能密度有关。不稳定的拉伸速度容易造成纺丝细流断裂。当材料的凝聚能较小时也容易出现凝聚性断裂。对一定聚合物，熔体强度随熔体黏度增大而增加。

作为纺丝材料还要求在纺丝条件下，高聚物有良好的热和化学稳定性，因为聚合物在高温下要停留较长的时间并要经受在设备和毛细孔中流动时的剪切作用。

4. 聚合物的可延性

可延性表示无定形或半结晶固体聚合物在一个方向上受到压延或拉伸变形的能力。材料的这种性质为生产长径比（长度对直径，有时是长度对厚度）很大的产品提供了可能，利用聚合物的可延性，可通过压延或拉伸工艺生产薄膜、片材和纤维。但工业生产上仍以拉伸法用得最多。线形聚合物的可延性来自于大分子的长链结构和柔性。当固体材料在 $T_g \sim T_m$

（或 T_f）温度区间受到大于屈服强度的拉力作用时，就产生宏观的塑性延伸形变。在形变过程中在拉伸的同时变细或变薄、变窄。

高聚物延伸过程的应力-应变关系如图 2-14 所示，直线 oa 线段说明材料初期的形变为普弹形变，杨氏模量高，延伸形变值很小。ab 处的弯曲说明材料抵抗形变的能力开始降低，出现形变加速的倾向，并由普弹形变转变为高弹形变。b 点称为屈服点，对应于 b 点的应力称为屈服应力 δ_y。从 b 点开始，近水平的曲线说明在屈服应力作用下，通过键段的逐渐形变和位移，聚合物逐渐延伸应变增大。在 δ_y 的持续作用下，材料形变的性质也逐渐由弹性形变发展为以大分子链的解缠和滑移为主的塑性形变。由于材料在拉伸时发热（外力所作的功转化为分子运动的能量，使材料出现宏观的放热效应），温度升高，以至形变明显加速，并出现形变的"细颈"现象。这种因形变引起发热，使材料变软形变加速的作用称为"应变软化"。所谓"细颈"，就是材料在拉应力作用下截面形状突然变细的一个很短的区域（图2-15）。出现"细颈"以前材料基本是未拉伸的，"细颈"部分的材料则是拉伸的。

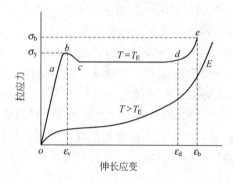

图 2-14 高聚物延伸过程典型的应力-应变图

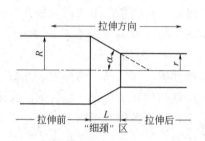

图 2-15 高聚物拉伸时的"细颈"现象

"细颈"斜边与中心线间的夹角 α 称为细颈角，它与材料拉伸前后的直径有如下关系。

$$\tan\alpha = \frac{R-r}{L} \tag{2-33}$$

"细颈"的出现说明在屈服应力下聚合物中结构单元（链段、大分子和微晶）因拉伸而开始取向。"细颈"区后（图 2-14 中 cd 线段）的材料在恒定应力下被拉长的倍数称为自然拉伸比 Λ。显然 Λ 越大聚合物的延伸程度越高，结构单元的取向程度也越高。随着取向程度的提高，大分子间作用力增大，引起聚合物黏度升高，使聚合物表现出"硬化"倾向，形变也趋于稳定而不再发展。取向过程的这种现象称为"应力硬化"，它使材料的杨氏模量增加，抵抗形变的能力增大，引起形变的应力也就相应地升高。当应力达到 e 点，材料因不能承受应力的作用而破坏，这时的应力 δ_b 称为抗张强度或极限强度。形变的最大值 ε_b 称为断裂伸长率。显然 e 点的强度和模量较取向程度较低的 c 点要高得多。所以在一定温度下，材料在连续拉伸中拉细不会无限地进行下去，拉应力势必转移到模量较低的低取向部分，使那部分材料进一步取向，从而可获得全长范围都均匀拉伸的制品。这是聚合物通过拉伸能够生产纺丝纤维和拉幅薄膜等制品的原因。聚合物通过拉伸作用可以产生力学各向异性，从而可根据需要使材料在某一特定方向（即取向方向）具有比别的方向更高的强度。

聚合物的可延性取决于材料产生塑性形变的能力和应变硬化作用。形变能力与固体聚合物所处的温度有关，在 $T_g \sim T_m$（或 T_f）温度区间聚合物分子在一定拉应力作用下能产生塑性流动，以满足拉伸过程材料截面尺寸减小的要求。对半结晶聚合物拉伸在稍低于 T_m 以下的温度进行，非晶聚合物则在接近 T_g 的温度下进行。适当地升高温度，材料的可延伸性能进一步提高，拉伸比可以更大，甚至一些延伸性较差的聚合物也能进行拉伸。通常把在室温至 T_g 附近的拉伸称为"冷拉伸"，在 T_g 以上的温度下的拉伸称为"热拉伸"。当拉伸过程聚合物发生"应力硬化"后，它将限制聚合物分子的流动，从而导致拉伸比的进一步提高。

药用包装贮运高分子材料的成型加工方法与一般常用高分子材料的成型加工方法相同，但是对高聚物结构与品质的要求不同，对加工过程与工艺技术的要求不同，药用包装贮运高分子材料及其成型加工必须符合 GMP 的基本要求。

作为药用辅料以及新型给药系统用高聚物和高分子材料使用时，由于药物的耐热稳定性较低，不可在聚合物熔融的高温下加工；在药物辅料中仅是借助高分子溶液实现与药物的混合加工；高分子药物通常是以溶液、溶胶以及固体复合物等剂型存在。也就是说，在这类情况下的药用高聚物和材料的加工条件必须与药物的物化性质匹配。

第五节　高分子材料的生物化学性能

在药用高分子材料对人体无毒害性的前提下，提高高聚物的（离子化）极性、亲水性以及生物可降解性都有利于改善高聚物材料的生物相容性，同时提高药物的生物利用度；一些高聚物独特的立体空间与化学结构表现出生物化学性能，它们能够捕获病毒并使之失活，或通过高分子力化学作用消灭病毒；纳米技术改善了高聚物在生物体内的扩散与分布，实现靶向、缓控释给药。从药用高分子的性能要求来说，除了它的化学，物理和力学性能外，还要求它的生物相容性，就是它们与体液或血液以及体内组织细胞接触后，不导致不良变化，例如人体中毒、致癌、凝血等疾病。

一、高分子材料的毒性

药用高分子材料有无毒性是由高分子自身结构、合成高分子的单体、反应过程生成产物以及合成和加工助剂所决定的。一般来说，高分子材料的毒性是从其中析出物质毒性的整体体现，也有的是高分子的结构所引起的。

1. 单体

高聚物材料的毒性通常来自于残留的单体，若氯乙烯单体在血液中积存，将生成有致癌和诱变危险的代谢物。若空气中溶有氯乙烯单体，人可以通过呼吸而进入血液中。偶尔从口服制剂、食物以及水中带入痕量的氯乙烯单体，一般不会进入血液中积存。但是，单体有毒并不意味聚合物有毒，如聚氯乙烯，其粉末进入动物体的消化系统后仍以原来的不变形式随粪便排出，并且，对动物的全身状态和行为没有产生影响，没有产生形态学变化，也不引起中毒症状。

药用高分子聚丙烯酸和丙烯酸树脂的单体丙烯酸也是有一定毒性的，尽管小白鼠的半数致死量为 $830mg/kg$、大白鼠的为 $1250mg/kg$，但是，对小白鼠的亚急性中毒试验发现丙烯酸具有累积性能，并对条件反射影响明显；慢性中毒试验的组织学检查发现，丙烯酸会导致动物的胃、肠、肝以及肾的退行性变化；研究还发现丙烯酸具有胚胎中毒作用和畸胎形成作用。因此，作为药用高分子辅料使用的聚丙烯酸和丙烯酸树脂时，要求其中单体残留不超过 0.1%。

2. 高分子结构

高聚物的毒性因化学结构、分子量大小以及聚集态结构的不同而有差异。聚乙烯醇对动物体的毒性非常小，且聚乙烯醇内服时可能渗入血液循环，而后经由肾脏排出。它因进入量而可能积存在肾小球和肾小管中，并引起特殊变化，所以，聚乙烯醇主要用作膜剂、贴剂等外用制剂。尽管聚维酮是良好的药用高分子辅料，用量不多时，显然是安全的；但是，过多的摄入可能引发恶性肿瘤。聚 1,3-双（对羧基苯氧基）丙烷-癸二酸［P(CPP-SA)，CPP/SA＝55/45］等聚酸酐在体外的细胞毒性极低，无致畸和致突变；将 P(CPP-SA) 分别植入大鼠、兔和猴颅内、皮下或骨组织内，在植入部位周围只有极轻微的局部炎症反应，无严重致炎、致热、致突变和致畸等病变，动物无行为异常、无全身和神经系统毒性，并且聚酸酐是可生物降解的合成高分子材料，降解表现为独特的表面溶蚀特性，降解产物在体内无长期积累和不良反应。

分子量≤50000 的物质能很快从肠道吸入，如果将 3.5%～4.5% 的分子量大于 80000 的本品溶液注入人体超过 1L 时，它会滞留在脾和肝的网状内皮组织细胞内。分子量为 50000～60000 的本品可随尿排出。分子量为 1000000 的聚维酮，具有明显的抗原性质；分子量为 40000 的则没有抗原性质。

纤维素是耗量较大的药用高聚物之一，用作为固体制剂（片剂、散剂、胶囊剂）和口服混悬剂等的辅料，但不得用作注射剂或吸入剂辅料。因微晶纤维素的结晶在体内不会被破坏，所以，其进入循环系统和呼吸系统可致肉芽。

3. 合成和加工助剂

由单体聚合成高聚物的反应通常是在催化剂存在下进行的，若催化剂及其分解物残留在合成的高聚物中，将是有害的。这也就是为什么制备或生产药用高分子必须进行分离纯化的根本原因，不然所制备或生产高聚物是不能作为药用高分子辅料和包装材料使用的。包装材料的加工过程需要添加稳定剂等各种助剂，要求助剂是耐迁移的，并且无毒、符合卫生要求。如包装用聚丙烯加工稳定剂用酚类抗氧剂 1010、二月桂基硫代二丙酸酯和亚磷酸酯类抗氧剂 Igonox168 等，这样的制品在 80℃下，甚至在 100℃下使用时都不会有助剂析出，因而可用作药品包装材料。

二、高分子材料的生物相容性

1. 免疫原性和抗原性

现代基因工程的手段使得人们能够大量获取所需包括酶、细胞因子等一些具有特殊功能的蛋白质和多肽药物，但是，这类天然或重组的蛋白质类药物易引起机体的免疫反应，也就是说它们与生物的相容性不好。采用聚乙二醇（Polyethylene Glycol，PEG）修饰的蛋白质（也称蛋白质的 PEG 化），包括 PEG 与蛋白质和多肽药物的物理结合物和化学修饰物，将减弱或消除此类蛋白质药物的免疫原性、抗原性和毒性，从而大幅度提高此类蛋白质药物的生物相容性，并增加此类药物的溶解度和稳定性等。

2. 血液相容性

磺酸根离子和聚氧乙烯复合修饰的聚氨酯（PU-g-PEO-SO$_3$Na）不仅可以有效地阻止血小板黏附及活化，还可以有效地阻断内外源凝血途径，具有较好的血液相容性。其中，—SO$_3^-$具有"类肝素"生物活性。

3. 生物代谢与可降解性

合成生物降解材料聚 α-羟基酯是已被美国食品和药品监督管理局（FDA）批准使用的，较常见的包括聚乙交酯（PGA）、聚丙交酯（PLA）和聚丙交乙交酯（PLGA）等的聚 α-羟基酯以及聚 1,3 双（对羧基苯氧基）丙烷-癸二酸等聚酸酐。这些材料的突出优点是具有相对良好的生物相容性及可变的物化性能，可以通过简单的水解而降解，其产物经人体新陈代谢排出体外。如聚甘醇酸酯用作无过敏反应、能为肌体吸收的缝线。

4. 生物惰性与组织相容性

丙烯酸以及丙烯酸酯类高聚物因具有生物惰性——非生物降解性、组织相容性好、无三致（致癌、致畸、致突变）、无毒、易灭菌消毒等特性，已广泛用于口服药制剂的胞衣膜和缓释材料。

高聚物分子量对其生物相容性有一定的影响，但是较小。通常分子量小一些的与生物的相容性高，且有利于分子扩散与药物的释放。淀粉、胶原、大分子多肽、透明质酸、甲壳素、壳聚糖和糖胺聚糖等天然生物降解材料，它们与生物细胞相容性好，异体免疫性反应较弱，无毒副作用，它们中的大多数在体内能降解为葡萄糖、氨基酸等为人体所必需的基本物质。由它们得到的药物缓释、靶向控释骨架材料显示出一定的优越性，壳聚糖-海藻酸盐是胰岛素等肽类药物良好的控释材料。由木醋杆菌发酵合成的纤维素——醋菌纤维（又称 Ax 纤维），属于 I 型纤维素，其特性为超纯（99%～100%纤维）、超细（宽度 30～100nm、厚度 3～8nm 的丝带）、超强（高杨氏模量）、高吸水保水率（1∶50 以上）和高化学衍生活性。醋菌纤维已广泛用作伤科敷料，如人工皮肤、纱布、绷带和"创可贴"等，还用于缓释药物载体，显示出良好的生物体组织相容性。大分子多肽为弱阴离子高聚物，能够在血液循环中保留较长时间。

三、高分子材料的生物化学活性

聚氧乙烯-聚氧丙烯共聚物（Poloxamer）由于聚氧乙烯链的相对亲水性和聚氧丙烯链的相对亲油性，使其具有表面活性，属于非离子型表面活性剂。Poloxamer 中的聚氧乙烯链段分子量比例可在 10%～80%的范围内变动。随着聚氧乙烯部分的增加，Poloxamer 水溶性逐渐增大。分子量 12000 的共聚物，其中氧乙烯链节数 196、氧丙烯链节数 67，对吞噬细胞具有刺激作用，能够刺激表皮生长因子（EGF）的产生。纳米球疏水性的表面材料（聚苯乙烯、聚乙交酯丙交酯、聚甲基丙烯酸树脂等）能强烈吸附 Poloxamer 分子中的聚氧丙烯链。吸附后 Poloxamer 的聚氧乙烯链伸展于纳米球表面，其空间位阻很大，阻止了纳米球的聚集，从而增加了纳米球的稳定性。高聚物微球在进入人体后往往易被白细胞所吞噬，这是人体清除体内异物的一种机制。吞噬过程为微球表面先被调理素（体内的某些蛋白可覆盖在细菌或异物的表面以利于细胞的吞噬，称之为调理素）吸附，进而在调理素的介导下激活白细胞，与之结合，直至被吞噬。吞噬作用会导致血液中或病灶处的微球被清除，甚至会引起炎症反应。用 Poloxamer 处理 4 种聚合物微球发现，微球注入体内后，Poloxamer 能抑制免疫球蛋白 IgG 的调理作用和血浆蛋白的吸附，微球可避免被白细胞或单核细胞吞噬，进而降低由此引起的炎症反应。微球在血液中的停留时间也大大延长，提高了疗效。

天然的直链多糖和纤维素等没有生物活性，而带有支链的大多数天然多糖，如香菇多糖和云芝多糖等，则具有强烈的抗肿瘤活性。支化的天然多糖结晶度很低，几乎是无定形天然高聚物，在体液中有良好的溶解性，并可能由此具有体内组织细胞相容性。为了破坏结晶结构或/和提高多糖类高聚物的水溶性，通常采取结构基团修饰的方法，如乙酰化、羧甲基化、磷酸化、硫酸化、棕榈酰化、磺酰化、硬脂酰化、碘化和氨化等，在多糖分子支链的修饰中也有应用。乙酰基能使得多糖链的伸展发生变化，导致多糖羟基暴露，增加在水中的溶解度，再结合硫酸化就可获得具有生物活性的高聚物。如以低乙酰基取代度低于 0.5 的纤维素衍生物为原料进行硫酸化修饰，然后脱乙酰基，可得到高硫酸取代度且取代基分布均匀、抗 HIV 活性更高的硫酸化纤维素。

凝结多糖等生物多糖，它本身不具有生化活性，经硫酸化修饰后，能获得抗病毒活性和其他生物化学活性，硫酸根赋予硫酸化多糖的抗病毒活性在一定程度上源于其聚阴离子特性。一方面，硫酸根聚阴离子具有强负电荷，能与病毒分子结合而阻断病毒对细胞的吸附，从而抑制病毒的反向转录（RT）。另一方面，硫酸根聚阴离子与受体细胞表面的正电荷分子结合，干扰病毒对受体细胞的吸附，消除病毒引起的细胞病变。尽管硫酸根与硫酸多糖的抗病毒活性密切相关，但并不是硫酸根越多活性越强，分子中硫酸根过多会产生抗凝血等副作用。一般认为，平均每单位糖残基含 1.5～2.0 个硫酸根为最佳，抗 HIV 活性最强的硫酸化香菇多糖组分为每个葡萄糖单元含 1.7 个硫酸根。

若以羧基取代肝素中硫酸基，则肝素的抗 HIV 活性降低。这说明硫酸化多糖的抗病毒活性并不简单地依赖于负电荷密度，除了硫酸根的多负离子特性外，引入硫酸基后所引起的多糖立体结构的变化也是硫酸化多糖产生生物学活性的重要原因。多糖糖单位上的羟基被硫酸基取代后，糖环构象可能扭曲或转变，且硫酸基间的排斥作用导致卷曲构象呈伸展和刚性状态。

有研究表明，硫酸化多糖的抗病毒活性与糖链空间结构有关，多糖硫酸化后，糖链柔性降低，因而表现出抗病毒活性。对于分子量较大的多糖，硫酸化后，由于分子量过大而限制了产物抗病毒活性的发挥，一般硫酸化多糖分子量在 5000～6000 最佳。而具有 β-1,3-D-葡聚糖结构的真菌多糖（Cinerean）经过长时间的超声处理后，分子量从 25 万降至 5 万左右，空间结构与具有免疫调节活性的裂褶多糖相似。

纳米粒子药物具有靶向、缓释、高效、低毒且可以实现口服、静脉注射及敷贴等多种给药途径；纳米粒药物重要的特性在于纳米粒子能够穿过组织间隙并被细胞吸收、可通过人体最小的毛细血管、甚至可通过血脑屏障等，但要求构成纳米粒子骨架的高聚物必须是无毒的和可生物降解的，这样的纳米粒子以及药物就具有良好的血液及体内组织细胞相容性。如载药的聚酸酐纳米粒，在消化系统内就能携带质粒 DNA（Plasmid DNA）进入循环系统，当淀粉制备成小于 $1\mu m$ 的纳米粒时，静脉注射可被人体的网状内皮系统（肝、脾）迅速消除，具有被动靶向的优良特性。

四、高分子材料的生物可降解性与代谢

20 世纪 70 年代初期 Yolls 等研究了聚乳酸（PLA）微胶囊，由此开始了药物载体用生物降解型高分子材料及其释放体系的研究。

尽管原则上高分子材料都是可以生物降解的，但是对大多数合成聚合物不受生物酶的作用。某些高分子材料，由于质地柔软易受蛀虫的侵蚀，合成高分子材料一般具有极好的耐微生物侵蚀性。软质聚氯乙烯制品因含有大量增塑剂会遭受微生物的侵蚀。某些来源于动物、植物的天然高分子材料，如酪蛋白纤维素以及含有天然油的涂料醇酸树脂等，亦会受细菌和霉菌的侵蚀。自然界用以使聚合物降解为小分子的一般机理是化学的机理。活有机体能产生

与生物聚合物作用的酶。不论对于酶-生物聚合物或对于聚合物的作用位置，这作用一般是专一的，这样就能保证生成特定的分解产物。就天然聚合物而言，聚合物的生物降解是每个人都熟悉的。有生命的有机体不仅能合成生物聚合物，诸如蛋白质、核酸、多糖（包括纤维素），而且也能使它们降解。许多天然和人工合成的材料都可被用来作为药物载体材料，这类材料通常是可降解的，因为载体材料往往只起辅助作用，最终还是希望它能降解并被人体排泄掉。

1. 生物降解的方式

一般来说，天然和合成高聚物可与活有机体发生化学的或机械的作用。高聚物生物降解的化学方式指在高等有机生命（例如人）的消化道中或受微生物的作用时聚合物的分解，通常在高聚物降解的化学方式中都有酶参加。

自然界已经存在分解某些天然聚合物（如蛋白质）的高等有机生命。所采用的分解过程是高度专一的，对于不同化学性质的物质不起作用。而微生物如细菌和霉则不同，虽然它们一般对基质的降解也是非常专一的，但其中有许多可以适应基质。尽管许多微生物能产生各种不同的酶，但微生物通常只专门与某一基质反应，因而只生产一种或几种酶。如果基质变了，经过数周或数月后微生物开始生产新的能与该新基质反应的酶。微生物这种适应新基质的能力当然对合成聚合物的生物降解问题是非常重要的。现在一般认为，有许多微生物是可以和合成聚合物作用的。一般来说合成聚合物是可以生物降解的，但是微生物适应人造新的聚合物需要时间，有的可能要几十年、上百年，甚至更长。

聚合物生物降解的机械方式指的是某些哺乳动物（例如啮齿类）和昆虫的侵袭。对于由天然聚合物如木材和羊毛组成的材料，动物的侵袭是一个严重问题。在许多情况下，侵袭聚合物的理由也包括这些哺乳动物或昆虫的营养需要（例如白蚁消化木头，霉菌吃羊毛）。另一方面，合成聚合物（例如聚乙烯或聚苯乙烯）受侵袭的原因则不在于营养。动物咬啮或咀嚼由合成聚合物做的物品是因为聚合物材料的物理性质适合这些动物的天然需要。

2. 天然高聚物的酶降解

酶主要是具有或多或少的复杂化学结构且分子量差别极大（从 10^3 到 10^6）的蛋白质。它们有亲水基团（—COOH、—OH、—NH$_2$），一般溶于含水体系中。高浓度的一价金属盐和低浓度的多价金属离子常可使其沉淀。酶的催化活性通常和一特殊的分子构象有关。因 pH 的变化、无机盐的加入或温度的升高引起构象改变从而导致"变性"，即失去其催化活性。为了具有催化活性，某些酶需要同时有辅酶（启动器）存在，另一些酶则需要加入一种激活的无机离子。在某些情况下已发现这些配合物可形成络合物。辅酶一般起着一特定基团的给体或受体的作用。

酶常按其作用方式加以分类。例如，水解酶是催化酯、醚或酰胺（肽）键的水解的酶。使蛋白质水解的酶称为蛋白水解酶，而使多糖（碳水化合物）水解的酶称为糖酶。表 2-8 汇集了一些典型的酶及作为其基质的聚合物。如糖酶是熟知的对淀粉和肝糖活泼的酶。它们使直链淀粉和淀粉黏胶质（淀粉和肝糖，植物和动物的碳水化合物的两种储存形式的成分）水解。淀粉酶以内切-α-淀粉酶或外切-β-淀粉酶的方式起作用。α-淀粉酶无规地与直链淀粉链反应，最终产物为 α-麦芽糖（一种双糖）和葡萄糖。α-淀粉酶不能和 α-麦芽糖反应。β-淀粉酶也只水解（1-4）键，但它只攻击直链淀粉的非还原端而一个接一个地除去麦芽糖分子。因为不论 α-或 β-淀粉酶都不能攻击（1-6）键，所以淀粉黏胶质水解的最终产物含有带有原（1-6）键的支化糊精。

表 2-8　典型的酶及作为其基质的聚合物

酶的种类与名称		来源	天然高聚物名称
糖酶	淀粉酶	细菌、麦芽、胰腺	直链淀粉
	磷酸化酶	细菌、酵母、动物	直链淀粉、淀粉黏胶质
	化纤素酶	细菌、真菌	纤维素
	溶解醇素	生体分泌物、卵蛋白	细胞壁中的多糖
蛋白酶	胃蛋白酶	胃黏膜	蛋白质
	胰蛋白酶	胰腺	蛋白质
	羧基肽酶	细菌、胰腺	蛋白质
酯酶	核糖核酸酶	细菌、植物、脾、胰腺	核糖核酸（RNA）
	去氧核糖核酸酶	细菌、胰腺	去氧核糖核酸（DNA）
	磷酸二酯酶	蛇毒液、肠黏液、白细胞	核酸（RNA，DNA）

在较高级的生物有机体内，蛋白酶在含蛋白质的食物消化过程中起作用。此外，它们也在有机体死亡后的腐烂过程中起着重要作用。它们是由生物有机体或微生物中的某些器官产生的。蛋白质是由多达 20 种不同的 L-α-氨基酸组成的共聚物，这些氨基酸具有 $H_2N-CNR-COOH$ 的结构并以肽键相连。分子量约小于 10^4 的共聚物称为多肽，具有更高分子量的则称为蛋白质。胃蛋白酶和胰凝乳蛋白酶无规地与肽键反应，而胰蛋白酶仅和精氨酸与赖氨酸的羧基反应。羧酸肽酶专门与链端的自由羧基反应并使末端氨基酸分裂出来。蛋白质的酶致水解在测定蛋白质中氨基酸的顺序时是一个极为有用的方法。一般来说，蛋白酶对变性蛋白质比天然蛋白质更为活泼。已经知道有许多微生物过程可使蛋白质水解生成的氨基酸进一步分解。如丙氨酸发酵产生丙酸、乙酸、CO_2、NH_3，精氨酸被分解为乌氨酸、CO_2 和 NH_3；谷氨酸分解为乙酸、CO_2、NH_3 和 H_2，甘氨酸分解为乙酸、CO_2 和 NH_3。

脱氧核糖核酸 DNA 链有高至几亿的分子量，而核糖核酸 RNA 链的分子量约 $2\times10^4\sim2\times10^5$。与聚核苷糖（核酸）中的核苷酸之间的键反应的酯酶主要可分为三类：核糖核酸酵素（RNases），脱氧核糖核酸酵素（DNases），磷酸二酯酶。这些酶可催化聚核苷酸分解为核苷酸，而后者可继续被核苷酸酶催化分解为核苷和磷酸。通常，磷酸二酯酶的作用类似于核酸外切酶，即它们从聚核苷酸的链端攻击并分裂出单核苷酸。RNases 和 DNases 是核酸内切酶，即它们只攻击位于聚核苷酸链内部的磷酸酯键。

3. 合成聚合物的微生物降解

地球上分布着为数众多的微生物如霉、细菌、放线菌，它们在适宜的条件下，微生物的生长与任何生物体在其死亡后的分解作用同时发生。真菌（例如霉菌）一般需要氧，在 pH 为 4.5～5.0 之间增殖，可在高达 45℃ 的很广的温度范围内生长。放线菌一般是需气的并在 pH 为 5.0～7.0 之间生长，对温度是嗜中的，即可在很广的温度范围内生长。细菌可以是需气的或厌气的并在 pH 为 5.0～7.0 之间生长，对温度也是嗜中的。有些微生物是嗜热的，即它们在较高的温度（40～70℃）下增殖，最适生长速率在温度为 50～55℃ 或甚至高到 50～70℃。通常，在固体琼脂培养基中用生长试验来研究合成聚合物的微生物降解性。试验真菌和/或试验细菌一起移植到聚合物材料上（聚合物材料有薄膜，颗粒或粉状）。

聚乙烯和聚氯乙烯极少受或不受微生物的侵袭，仅其中低分子量添加剂（在 PVC 情况下，即为大豆油增塑剂）是真正可微生物降解的。即在聚合物样品上发现的微生物的生长常常是由于微生物与增塑剂、稳定剂等的作用而不是与大分子本身的作用。在商品聚乙烯中的低分子量聚合物可为微生物侵袭，而高分子链则不可以。淀粉充填并加有光敏剂的聚乙烯，经过初期的光降解后，当聚乙烯分子量降至 5000 左右时，易被生物侵蚀，具有生物降解性，淀粉起到提高这种侵蚀速度的作用。

由于许多微生物能产生水解酶（催化水解的酶），有人假设主链上含有可水解基团的聚合物特别易受微生物的侵袭。事实上，只有脂肪族聚酯、聚醚、聚氨基甲酸酯及聚酰胺对普遍存在的微生物才具有非常普遍的敏感性。如果引入侧基，或将原有侧基用另外的基团取代，通常会导致惰性。对于可生物降解的天然聚合物的改性也是如此。纤维素的酰化或天然橡胶的硫化使这些聚合物变得难以受微生物侵袭。

可生物降解的脂肪族聚酯类高分子由于其分子量可控制在相当宽的范围内而受到重视。主要有聚乙交酯（PGA）、聚乳酸（PLA）、聚 ε-己内酯（PCL）等。不同的聚酯降解速率不同，而同种聚酯亦会由于构型的不同而具有不同的降解速率，例如 P(l-LA) 具有结晶性，降解要慢于非晶态的 P(dl-LA)；相反，结晶性的 PGA 却具有相当快的降解速率，因此通过共聚改变材料的结晶性可有效地调节材料的降解速率。P(l-LA)/PGA 在 GA 单元含量 25%～75% 时处于非晶状态，尤其在含量为 50% 时，具有最快的降解速率。P(dl-LA)/PGA 在 GA 单元含量 0%～70% 时处于非晶状态，同样显示了对生物降解性能的改善。聚己内酯具有优良的药物通透性，但由于结晶性较强，降解非常缓慢。因此可通过共聚改善 PCL 的降解性能。如 PCL/PLA、PCL/PGA 共聚物等。聚乳酸的降解机理（聚丙交酯）先通过水解、酶解使分子链断裂成低聚物，再通过微生物或动植物体代谢作用成为水和二氧化碳。很有意思的是某些容易降解的共聚酰胺是一个 α-氨基酸和 ε-氨基己酸的有规交替共聚物，其中氨基酸是甘氨酸、丝氨酸等。相应的均聚物为聚酰胺-2 和聚酰胺-6 却是相当耐生物降解的。

关于高分子量合成聚合物的生物降解性，非常值得注意的是微生物适应新的营养来源的能力。例如，已发现当使铜绿假单胞菌和高聚物尼龙 6 接触 56 天后可开始增殖。把这些细菌移植到以前未接触过的聚酰胺上，结果它们立即在这新基质上生长。从氧活化过的淤泥中选出的假单胞菌、黄单膜菌和其他细菌的某些菌株能分解水溶性的聚乙烯醇（PVA），大约需要 12 天生物降解才能进行，此后若加入新的聚合物材料则微生物反应可立即开始。如果超过 6 天不加入 PVA，细菌开始失去分解 PVA 的能力，但可以重新适应。

原则上合成聚合物是可被微生物侵袭的，但是除了少数几个特殊场合外，没有任何微生物是已经能容易地和合成塑料反应的（尽管有许多微生物可以适应）。对于最终导致对营养物质全部转化的微生物的增殖，适当的生长条件是最重要的。粉碎（增加比表面）常常会加快微生物的生长速率。此外，和生物聚合物不同，合成聚合物似乎更为普遍地仅在链端受到攻击。但在聚乙烯醇和聚 ε-己内酯中观察到的非常高的降解速率似乎表明这两个聚合物是例外情况。由于大多数合成大分子优先在链端反应，会使分解速率非常小，因为链端经常会埋藏于聚合物基质之中因而与之反应的酶不能或只是极慢地接近它。如果聚合物是无规地受到攻击，即如果酶是按"内切"而不是按"外切"起作用的话，可以预料其物理性质变化的速率会大得多。

生物降解性通常非常受支化和链长的影响。这是因为酶对于构型和化学结构的特殊作用。对多糖类的酶分解，其中某些酶不能攻击带有支链的重复单元，而另一些则仅和多糖链的末端基本单元反应。从噬油的假单胞菌属（*Pseudomonas oleovorans*）得到的一种酶制剂对稍长链的烃的酶氧化作用仅发生于链端，因此，许多合成聚合物不能被微生物通常所产生的酶进行侧位（即在远离链端的位置）的攻击，这就是许多聚合物对微生物的侵袭有高度抵抗能力的原因。

思 考 题

1. 试比较高分子热运动与小分子的异同点。

2. 根据高分子材料的形变等力学性质随温度变化的特征，非晶态高聚物因在不同的温度区域而呈现哪几种力学状态？

3. 试讨论非晶、结晶高聚物的温度-形变曲线的各种情况，交联高聚物的温度-形变曲线又会如何？

4. 什么是高聚物的黏弹性？高聚物弹性形变的本质是什么？

5. 简述高聚物的结晶过程。

6. 什么叫溶解？高分子的溶解过程如何？

7. 什么是溶度参数？高聚物的溶度参数是怎样测定的？根据热力学原理解释非极性高聚物为什么能够溶解在与其溶度参数相近的溶剂中。

8. 聚苯乙烯是弱极性的高聚物，根据 Hildebrand 溶度公式以及混合溶剂的溶度参数 δ 计算式，利用表 2-2 和表 2-3 中的溶度参数值，为聚苯乙烯选择、配制合适的溶剂。

9. 幂律流体的假塑性流动特性如何？

10. 聚电解质溶液的 $[\eta]$ 受哪些因素影响？

11. 什么是凝胶？非化学交联的高分子凝胶的结构与特性如何？

12. 药物中哪些剂型的结构可以用 Macosko 等提出的形成颗粒聚集网络模型描述？并请分析。

13. 高分子在固体表面的吸附形态主要有哪几类？

14. 高分子膜的结构与特性如何？

15. 试述高聚物静电现象的利与弊。

16. 在 25℃ 时，聚苯乙烯的弹性模量为 $3.38 \times 10^9\,\text{N/m}^2$，泊松比为 0.35，问其剪切模量和体积模量各是多少？

17. 试分析造成工作材料理论强度与实际强度差异的原因。

18. 什么是高聚物的可挤压性和可模塑性？

19. 高分子材料的毒性与哪些因素有关？

20. 从高分子材料结构出发并结合已学的药学理论知识，探讨工作材料的生物相容性和生物化学性质。

第三章 高分子材料在药物
制剂中的应用原理

高分子结构的多层次决定了其对药物的作用具有多项性，一些高分子材料在分子与颗粒尺寸、电荷密度、疏水性、生物相容性、生物降解性、增加智能官能团方面呈现出理想的特殊性能。它不仅影响药物的混合、分散和成型加工特性以及药物的释放方式与速率和药物的生物利用度（药效、毒性）等，而且能够保证药物存贮质量的稳定。在现代缓控释制剂中，高分子常作为缓释、控释的骨架材料、微囊材料、膜材料以及胞衣材料，通过扩散控制药物的释放，用以延缓、控制药物在胃肠道内的释药速率，使药物在体内保持较长的有效治疗浓度，达到较好的治疗效果。

第一节 高分子与药物构成的复合结构

在高聚物复合材料中可以存在异质异相（如不同高聚物形成接枝或嵌段共聚物类的大分子复合物，或不同高聚物组成的共混物、充填复合物及互穿网络）；或同质异相（如半晶晶高聚物，或自增强复合物），或异质同相（如异质同晶）；因此，通过控制复合材料中不同质的组成和不同相的结构可以制得具有不同性能的复合材料。用这种方法将使药用高分子材料达到精细化、功能化和智能化，药物制剂新剂型也依赖于药用高分子的变化。药剂可以简单地从形态上来区分为固体制剂、半固体制剂和液体制剂三大类。可是每一类都因药物与包括高聚物在内的所用辅料不同，或同一配方因加工工艺的差异，而具有不同的复合结构，药物或以无定形微粒、或微晶或分子状态等形式分散于复合结构体系中。固体制剂和半固体制剂中药物与高聚物构成的复合结构主要有粒子分散结构、膜与微囊结构、凝胶与溶液结构。凝胶与溶液结构在第二章第二节中已有介绍，这里主要介绍粒子分散结构以及膜与微囊结构。

一、粒子分散结构

就固体以及半固体制剂而言，连续相是高聚物基体，分散相是药物粒子以及高聚物粒子。图 3-1(a) 所示是药物粒子分散在聚合物基材中的复合结构，高聚物为连续相，如速释型和缓释型固体分散体制剂。图 3-1(b) 所示是药物粒子和高聚物粒子分散在同一或另一聚合物基材中的复合结构，如传统的淀粉基可崩解固体片剂，这种剂型中通常分散有淀粉和微晶纤维素颗粒，还有固体分散体等缓释制剂，当用聚丙烯酸树脂等与 PEG 的共混物时，PEG 通常是以结晶或部分结晶的粒子分散在连续相的聚丙烯酸中。图 3-1(c) 所示为药物粒子包裹在聚合物囊中。图 3-1(d) 是药物粒子分散在聚合物凝胶网络中的复合结构示意图，这类药物通常是疏水性的，如聚氧乙烯-聚氧丙烯共聚物的水凝胶制成的毛果芸香碱（匹鲁卡品）滴眼剂等缓释给药系统。

药物粒子可以是无定形微粒或结晶，也可以是分子状态附着于某固体粒子或胶体粒子表面而形成的粒子；高聚物粒子可以构成连续相中同质异相或异质异相。

对含有结晶高聚物的共混复合体系来说，当晶态-非晶态高聚物共混时可能出现：

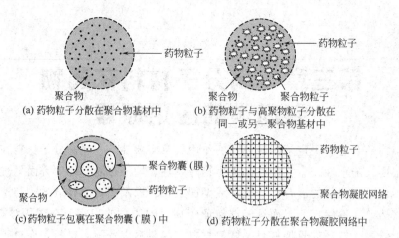

(a) 药物粒子分散在聚合物基材中   (b) 药物粒子与高聚物粒子分散在同一或另一聚合物基材中

(c)药物粒子包裹在聚合物囊(膜)中   (d) 药物粒子分散在聚合物凝胶网络中

图 3-1 固体及半固体制剂中药物与高分子的复合结构

① 晶粒分散在非晶介质中；

② 球晶分散在非晶态介质中；

③ 非晶态分散在球晶中；

④ 非晶态形成较大区域分散在球晶中。

当两种结晶高聚物共混时，所得到多相复合体系的织构可能出现：

① 两种晶粒分别分散在非晶区中；

② 一种球晶和另一种晶粒分散在非晶区中；

③ 两者分别生成两种球晶；

④ 两者共同生成混合型的球晶。

对无定形高聚物的共混而言，当两者溶解度参数或表面张力相差很大时，高聚物共混体系为不相溶的两相结构。对溶解度参数或表面张力相差很大的高聚物，当两者形成接枝或嵌段共聚物时，由于在大分子中两种不同高聚物链段之间的相互作用，致使接枝或嵌段共聚物表现特有的胶体行为而出现大分子内的微相分离。

(a) 药物沉积或溶解于微凝胶粒子中   (b) 药物粒子悬浮于高分子溶液中   (c)内含药物的高聚物胶束或乳胶溶液   (d) 药物溶解于高分子溶液中

图 3-2 液体制剂中药物与高分子构成的复合结构

对于液体制剂，分散相可以是不溶性药物颗粒，或者是载药的高聚物微凝胶粒子、高聚物胶束以及乳胶粒；连续相一般是水或高分子水溶液等。图 3-2(a) 是微凝胶制剂的复合结构示意图，微凝胶是经过交联而得到的一类直径不超过 1μm 的球形凝胶，具有良好的流动性，但不溶解，药物溶解或沉积于微凝胶的囊中，形成多相复合体系。图 3-2(b) 描述的是固液两相体系，其连续相由高分子溶液构成，如一些混悬制剂的结构。图 3-2(c) 表示的是分散在水等溶剂或高分子溶液中的内含药物的高聚物胶束或乳胶溶液，如胰岛素聚酯纳米粒的胶体溶液。图 3-2(d) 是药物溶解于高分子溶液形成的均相结构，其中药物多数是与高分子形成氢键而溶解，或是药物与高分子链上的官能团成盐而溶解。乳胶粒子是分散在水中的有机单体因表面活性剂的存在而形成乳液或微乳液，然后经聚合获得的。聚合物胶束是由合成的具有双亲（亲水和疏水）性质的接枝或嵌段共聚物在水中溶解后自发形成的，共聚物在形成胶束的同时完成对药物的增溶和包裹，胶束的外壳是由共聚物中亲水性链段构成的，胶束壳内壁或胶束内核是疏水性的，可以附载不同性质的药物，还是生物大分子的特殊载体。

二、包衣膜与微胶囊结构

固体制剂的包衣片或颗粒，它的内部是常规的片剂或颗粒剂，外层是经包衣工艺覆盖一层或几层由高聚物制成的薄膜，由此就可以制得释药速率稳定的膜控释制剂。

高聚物的分子结构和膜的孔径决定药物的释放过程与速度，如甲壳素和壳聚糖制备药物控释膜，酸性药物的透过性好于碱性药物，小分子量药物透过性易于大分子量的药物。包衣膜是多孔的，也可以是致密和非水溶性的（包衣后经过激光打孔），它通常是由高聚物的共混物或共聚物构成的多相复合结构，用于缓释、渗透泵给药装置和脉冲给药装置等，其结构可参见图 3-1(c)。

微胶囊是一类具有一定通透性的球状小囊体，外层为半透膜，内核为液体或固体药物，见图 3-1(c) 和图 3-2(c)。高聚物微胶囊药物释放体系可分为贮库（Reservoir）和骨架（Matrix）两种结构，贮库结构的药物集中在内层，其外层是高分子膜材料；骨架结构中的药物均匀分散在微胶囊内，药物可以呈单分散，也可以呈一定聚集态结构分散在高聚物基体中。

三、给药装置

现代药剂的个性化、功能化和智能化使得其结构不再是单一的分散结构、膜结构或凝胶结构，而是在一个给药系统装置结构，或者说是由多种结构组合而成的。如由包衣层与崩解剂控制的脉冲给药装置，在普通片芯中加入崩解剂、溶胀剂或泡腾剂，见图 3-3。

另外，为了提高透皮吸收速度和效率的微针，以及为了吞咽困难的特殊人群而开发的 3D 打印药物。

将传统液体制剂和现代固体缓释制剂的优点结合而成的缓释混悬剂，先是药物与离子交换树脂以离子键结合，形成固体分散剂结构的药物树脂，将药物树脂进一步包衣，再分散在液体介质中即得。还有用于复方药的双层膜结构的缓控释片剂，它由内层和外层组成，两层均含有药物，通过调节复方药物在内外层

▬	高分子材料衣层
▫	药物颗粒
▦	崩解剂或溶胀剂

图 3-3 包衣膜与崩解剂构成
的脉冲给药装置

的比例及外层阻滞剂量达到控制药物释放的目的，其结构也可参见图 3-2(c)。这种结构能够有效避免两药起始释药量过高引起不良反应，可使起始阶段的释药量降低，使中后期的释药量增加，以较长时间维持药效。

第二节 高分子对药物的作用

在药物加工过程中，药物在高分子溶液或浆料中，会因高分子表面与界面的吸附和扩散等性质而在高分子链、膜、微凝胶（微粒）的表面沉积、分散。药物因此被黏结定位以保证量的精确等，或用于液体药物的固化（粉末化）与封装，或其结晶受到干扰（导致分散均

匀、粒径减小）而有利于生物利用度的提高。

在药物对生物机体施加作用的过程中，药物要从其寄宿体（药剂）中的通过高聚物凝胶网孔以及高聚物膜扩散至体液和/或血液中；然后，穿过一层或多层生物膜进入预期的作用部位。同时，高聚物与生物膜的表面相互吸附亲和，从而有利于改善药物的生物亲和性。

一、高分子链对药物的作用

1. 吸附分散作用

高分子的长链结构使其具有高的比表面积和大大高于小分子的吸附能力，这样可以使药物处于高度分散状态而不易聚集或附聚。因此，长链高分子能将药物微粒均匀分散或以分子溶解在整个高聚物基材中，实现对药物进行黏合或包裹，从而改善颗粒的流动性和可压缩成型性，并对药物释放过程与释放速度进行控制，同时，能防止小分子药物的损耗及其对生产环境的污染。

中药制剂过程中，利用蛋白质或聚丙烯酰胺等含有酰胺基的线形高聚物与含有羟基等胶体杂质能够形成氢键缔合且自身的分子间或分子内也能形成氢键的特性，使中药提取液中含有的树脂、黏液质等胶体杂质表面黏度迅速增高并胶凝化而沉积。另外，蛋白质分子的电荷因与含有酚羟基的鞣质酸接触而减少，导致水溶性下降而沉积。从而达到除去胶体杂质的目的。同样，可以用于发酵提取液的精制。

对于无定形高聚物因自身氢键，或与药物分子间形成氢键，或与药物分子间络合以及体系黏度增大的作用，可能使药物的结晶受到抑制，由此制得的药剂中的药物的将以微晶或无定形粉末形式与高聚物共沉积，可实现结晶微纳米化，甚至会改变药物的晶型。这种微纳米化技术可通过高聚物与药物的构成混合溶液浓缩干燥操作实现，可避免传统超微粉碎操作引起的粉尘飞扬以及机械剪切带来的热致变性等污染环境和产品质量下降的风险。但是，结晶性高聚物，通常对药物的结晶几乎无抑制作用，也就是说结晶性药物不能与结晶性高聚物形成共沉淀，不会影响药物的晶型。

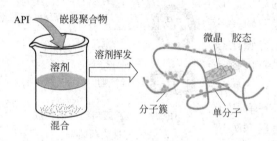

图 3-4 药物在高分子链上的
吸附分散（溶剂挥发法）

一些带有羟基、氨基以及羧基和酯基等的高分子链具有与药物分子之间能够形成氢键缔合、p-π 共轭、成盐、络合的性质，从而可将药物"固定"，达到增溶、溶解或分散作用。比如，通过熔剂法或熔融法使药物活性成分（API）以分子、分子簇、纳米和微米级无定形（胶态）或结晶等状态均匀分散在高分子链上的固体分散体，如图 3-4 所示。可溶性高聚物能够使沉积或包裹于其中的一般疏水性或弱亲水性药物的表面具有良好的可湿性，这样药物的生物亲和性将显著提高，并改善药物的释放速度。另外，离子交换树脂吸附药物制备的口服控释混悬剂，在人体内通过离子交换而将药物释放。

在液体制剂中，采用最多的是蛋白质、酶类、纤维素类溶液、淀粉浆、胶浆、右旋糖酐、聚维酮和聚乙烯醇等水溶性高聚物。

由阿拉伯胶、淀粉、纤维素以及聚维酮等水溶性高聚物在水中分散而制成的胶浆或溶液，具有黏性和黏膜表面的覆盖性能，这些特性是高分子水凝胶渗透性等的体现，这类胶浆或溶液能够控制药物的释放、减少或降低药物的刺激性并提高某些药物的稳定性，很多胶浆剂和胶体溶液制剂就是用它们配制的。在有些溶胶制剂的制备与应用中需加入一定量和一定浓度的高分子溶液，这是由于足够量的高分子链被吸附在溶胶粒子的表面上，阻碍了胶体粒子的聚集，可以提高溶胶体的稳定性。由于高聚物单位质量的极限吸附量比相似条件下同类小分子的要大得多，因而具有抗聚集沉降功能，所以通常添加高聚物作为混悬制剂的助悬剂，但是，聚丙烯酸（钠）等离子型高聚物有时会引起絮凝作用。

乳剂、微乳、高聚物胶束、微粒和微凝胶制剂，均要用高聚物及其溶液作乳化剂，这种乳化剂可以在分散的油滴周围形成多分子膜。其中，聚乙二醇（PEG）是一种无毒、亲水、非免疫原性的高聚物，常被用作为各种微粒体的立体保护剂，图 3-5 所示为藤黄酸/PEG 微乳的光学显微照片（×400）。

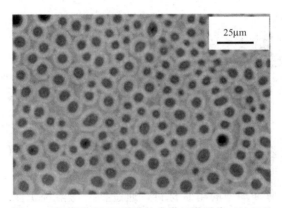

图 3-5　藤黄酸/PEG 微乳的光学显微照片（×400）

吸附在溶胶粒子表面上的高分子链阻碍胶体粒子的聚集，能够提高溶胶体的稳定性。当高分子（如蛋白质、明胶、阿拉伯胶等）被吸附在油滴界面时，并不能有效地降低界面张力，但却能形成坚固的多分子膜，像在油滴周围包了一层衣，能有效地阻碍油滴的合并。另外，高分子溶液还可以增加连续相的黏度，也有利于提高乳剂的稳定性。聚氧乙烯类或羟丙基纤维素等表面活性剂在口服制剂中还能够增加胃液的黏度，阻滞药物向黏膜吸收面上扩散，从而使吸收速度随黏度的增加而减少，可以实现药物缓释。

一些带有性能各异的侧链基团（—COOH、—COOR 和—NR$_2$ 等）使得高分子链具有 pH 敏感性和温度敏感性等，同种高聚物因共聚单体的量、交联剂和增塑剂种类的不同而有更精细的差异。由于体内酶、抗体或体液都会引起 pH 的变化，使得 pH 敏感的聚合物溶蚀速度改变，从而调节分散于聚合物基材中的药物的释放速度。另外，高聚物的生物可降解性在药物的缓控释系统中也是非常重要的，否则药物仅能依靠扩散控制释放；由于生物降解材料制成的微胶囊以及纳米粒等材料在生物体内可降解成小分子化合物，并为机体所代谢，因此，在这类制剂中药物的释放速度还可通过控制材料的降解速率来控制。

2. 分离纯化作用

高分子对药物的作用不仅在药物制剂中，还可以延伸到原料药的分离、提纯过程。大孔树脂、阴离子交换树脂和阳离子交换树脂是药物分离纯化常用的功能高分子材料，尤其是生物药物的分离纯化更是离不开这类高分子。离子交换树脂常用于无机盐尤其是重金属离子的去除。

就中药注射剂的配制而言，一般都要进行除去中药提取液中含有的树脂、黏液质等胶体杂质的工序，利用蛋白质或聚丙烯酰胺等含酰胺基的线形高聚物与含有羟基等胶体杂质能够形成氢键缔合且自身的分子间或分子内也能形成氢键的特性，可以添加蛋白质或聚丙烯酰胺等高聚物，使胶体杂质表面黏度迅速增高并胶凝沉积。另外，蛋白质分子的电荷因与含有酚羟基的鞣质酸接触而减少，导致水溶性下降而沉积，从而达到除去胶体杂质的目的。

3. 崩解作用

在传统剂型中所用的高分子材料仅仅是药物的被动载体，主要作为片剂和一般固体制剂的辅料，这些辅料在药剂中起黏合、稀释、崩解、润滑等作用。

就崩解而言，高分子的亲水性、吸湿膨胀破坏原固体制剂结构或材料的毛细管吸水变硬而刚直以撑开原固体制剂结构，从而实现崩解（图 3-6）。中药和天然药物的浸膏剂常用干燥淀粉作为其稀释剂，这是利用淀粉的高吸水性，从而便于制备干燥粉状品。

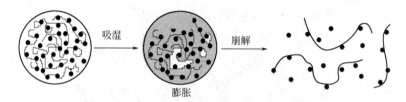

图 3-6　固体片剂崩解过程示意图

二、高分子膜对药物的作用

高分子膜在现代药剂的缓控释给药系统发挥重要作用，不仅是简单的包衣和微囊结构材料，而且是渗透泵和脉冲剂型的组装材料，通过扩散与溶蚀机制实现药物的释放过程与速率的调控。纳米尺度的载体药物通过人体组织内的膜透过与阻隔富集，实现被动靶向输送。

利用膜材料对药物的物理包覆作用实现均匀化固定，从而提高药物的稳定性；利用高聚物膜表面的透过性和渗透性，调整药物的释放速度，从而提高药物的生物利用度和药效。包衣用高聚物材料因亲水性的下降或疏水性的增强，可增加推迟药物释放的时间。

包裹在药物颗粒、微丸或片芯表面的高分子膜，通常由高分子乳胶粒子或高分子溶液形成连续的包衣膜。包衣工作温度要求在 T_g 以上，并且在包衣结束后，包衣膜尚须在一定温度下经过凝固时间后才能形成稳定的薄膜。这类膜对药物具有控释作用，称为药物控释膜，膜的透过性客观上决定膜控释药的速度。图 3-7 是常见透皮给药系统的基本结构（剖面示意图），其中膜为微孔或渗透性能。

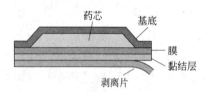

图 3-7　常见透皮给药系统剖面示意图

控释膜的透过性主要是指控释膜对药物的通运能力，一般用药物对控释膜的透过系数来表示。膜材料、增塑剂、制孔剂、释放介质、包衣溶剂等均对控制药物释放膜的透过性有影响。控释膜的抗张强度、抗冲击强度、弹性模量、黏弹性、成膜材料的 T_g 等力学性质对控释膜的透过性也是有影响的，适度增加张力对提高膜的透过性是有利的。

乙基纤维素（以下简称 EC）与醋酸纤维素（以下简称 CA）相比，在相同的成膜条件下，EC 控释膜对药物的透过性较小，仅为 CA 控释膜透过性的 1/10。这可能与高分子材料的分子形状以及成膜机制有关。丙烯酸树脂类高分子化合物的溶解性与所处环境的 pH 值有关。

增塑剂对控释膜透过性的影响可因增塑剂种类与用量的不同而有所差异。对于由 EC 形成的控释膜而言，通透性随着增塑剂的增加而减小。8%～30%增塑剂的介入，使 EC 控释膜的透过性变小，并且随着增塑剂用量的增加，EC 控释膜的透过性逐渐减小。当增塑剂的用量超过一定标准后，透过性减小的趋势变得不明显，即增塑剂对 EC 膜通透性的影响具有饱和性。采用三乙酸甘油酯和三种不同分子量的聚乙烯醇为增塑剂制备 CA 控释膜，在 37℃时，CA 控释膜对水分的透过性随着增塑剂的增加而减小，但增塑剂的量超过某一限度时，控释膜的透过性反而随增塑剂的增加而增加。较低的增塑剂浓度将使增塑剂与成膜材料之间的作用增强，降低了成膜材料分子的流动性，引起反塑作用。当实验温度超过控释膜高分子材料的玻璃化转变温度时，增塑剂的反塑作用则消失。

在控释膜的制备过程中，可加入尿素、甘露醇、甘油等水溶性的小分子物质或水溶性较好的高分子物质作为致孔剂。如，羟丙甲纤维素（HPMC），可以增加控释膜的透过性。这对于调节膜控制剂的释药速率具有重要意义。已有研究表明含有 HPMC 的 EC 控释膜，当实验温度超出最低成膜温度时，HPMC 有再度成膜的趋势，这一趋势将影响药物的释放过程。

包衣溶剂的组成决定控释膜的成膜过程，因此会对膜的结构产生影响。利用乙醇-水-EC 三相包衣溶液包衣制膜控释制剂时，由于水的介入，使得 EC 在乙醇中的溶液分散过程发生了极大的改变。因水的蒸发速率与乙醇不同，导致成膜过程中聚合物溶液发生相分离，从而在控释膜中形成许多孔洞，控释膜的孔隙率随乙醇量的增加而减小。

在现代药剂学中除了必需使用高聚物作赋形剂外，还用高聚物作为缓控释药物传递系统的组件、骨架材料、微囊材料、膜材料以及胞衣材料等，用这类材料加工制成的药剂在人体内就可以允许药物按照预定的速率释放。其中，控释给药系统是一类能够控制和计量给药速度，并能够保持药物时效的新剂型，药物以零级速度释放，从而保证体内药物的最佳需要量。如高聚物基缓控释药物的皮下植入剂与口服剂对释放速率的要求不相同，前者通常希望达到一年以上，后者则希望设计为 12h 左右。

在口服缓释制剂中，利用高分子囊和膜装置将药物库存并降低药物的传递速率，或者利用高分子链与药物分子之间形成共价键将药物高分子化，以延缓药物在体内的释放速度。高分子化药物与原药结构性质不相同，能够运转到作用部位与受体结合，呈现出最大药效而将毒副作用降至最低限度，高分子化药物通常是无生物活性的，进入人体后借助人体内的酶或体液的作用降解，再释放出母体药物。口服控释制剂中的渗透泵制剂、生物黏附剂、包衣控释片和乙基纤维素固体分散体制剂等，大多是靠膜控制药物的释放过程与速度。

因丙烯酸酯树脂和羟丙甲纤维素等高聚物不能被胃酸和胃蛋白酶分解而用于肽和蛋白质类药物的包覆，由此推出了口服胰岛素以及干扰素等生物药物的新剂型，解决了肽和蛋白质类药物必须频繁注射给药的问题。

三、高分子微粒与凝胶对药物的作用

1. 高分子纳米粒对药物的作用

由高分子构成的纳米粒（Nanoparticles）、纳米球（Nanospheres）、纳米胶囊（Nanocapsules）、（纳米）胶束（Micelles）统称为高分子纳米粒（MNPs），其粒径为 1～1000nm。

纳米粒表面的亲水性和亲脂性将影响纳米粒与调理蛋白吸附结合力的大小，从而影响对其吞噬的快慢。增加其表面亲脂性，将增大其与调理蛋白的结合力；增加其表面的亲水性将

有利于降低其与调理蛋白的结合强度，从而延长其在体内循环时间。

与微粒相比，NPs 的优越性在于：

① 能够直接通过毛细血管壁（最小毛细血管的直径是 $0.4\mu m$），可作为口服制剂、注射制剂和透皮吸收制剂，尤其作为静脉注射制剂，可加快药物在体内的扩散，提高疗效；

② 较小的尺寸使其在体内具有靶向分布的特点，表面性质的不同在体内的分布有差异。如果通过一定的化学或生物方法在纳粒表面修饰上靶向基团，则可以把药物运送到特定的组织细胞内进行释放，而在其他部位不释放，即实现主动靶向。

纳米控释系统可以大大提高药物的生物利用度，减少毒副作用，如果能直接到达病变细胞内释放，则不会损害好的细胞，达到更好的治疗效果。因此，可借助高分子形成纳米粒子（球或囊）的工艺技术把药物和生物活性物质通过溶解、包裹作用载于纳米粒子的内部，或者通过吸附、附着作用位于纳米粒表面，可有效地控制药物以最适的释放速率和给药量在特定的部位释放。

2. 水凝胶对药物的作用

水凝胶是亲水性聚合物通过化学键、氢键、范德华力或物理缠结形成的交联网络，不溶于水但在水中能够吸收大量的水而溶胀，同时保持固态形状。因此，水凝胶能够保护药物不受环境影响（如 pH 值、酶等破坏），高聚物的水凝胶以及在生命体内能够形成水凝胶的高聚物，不仅能够实现对亲水性药物的控释，而且能够对亲油性药物进行控制释放。

比如葡聚糖凝胶等大孔树脂吸附小分子药物，除去发酵液中的各种大分子。如，葡聚糖（右旋糖酐）和环氧氯丙烷互相交联而成的葡聚糖凝胶，由于带有大量羟基，因此有很大的亲水性，加入水后即显著膨胀；又因为其醚键化学活性低，使得它具有较高的稳定性，而成为一种不溶于水、盐、碱、弱酸等溶液的耐热聚合物；但是强酸能使糖苷键水解、氧化剂的存在则又会引起解聚。葡聚糖的这些特性，使得它在药物的分离、提纯、分析以及临床应用上得到很大发展。

另外，功能水凝胶能够通过环境微弱的变化刺激改变结构，通常是体积膨胀或收缩，从而控制药物释放的进行或停止，具有开/关性能。

第三节　药物经过聚合物的传质与释放

一、药物经过聚合物的传质过程

一般地，沉积固着于高聚物基体中的固态药物，借助亲水性高聚物从生命体中吸收的体液而溶解于高聚物基体中。溶解的药物从高聚物基体中扩散至高聚物基体的表面层，然后借助层析作用，由高聚物基体的表面层进入并溶解于高聚物基体与生命体液的构成的界面层。最后通过界面层扩散至生命体液中。

（一）分散传质过程

用高分子材料为辅料制备的各种药物固体缓控释制剂，一般分为骨架型和储库型两种。在骨架型装置中药物通常是溶解或分散在聚合物骨架内；在储库型装置中，由聚合物膜形成储库，药物直接储存在储库内或分散在储库内的聚合物骨架中。药物通过聚合物膜或聚合物骨架进行释放是药物分子通过聚合物骨架或膜的扩散过程，主要有以下几个步骤：

① 药物溶出并进入周围的聚合物或孔隙；

② 由于浓度梯度，药物分子扩散通过聚合物屏障，达到聚合物表面；

③ 药物从聚合物上解吸附；

④ 药物扩散进入体液或介质。

药物经聚合物的扩散速率直接决定着制剂的药物控制释放性能，因此得到了大量的研究，并建立了相应的扩散模型。

（二）分散传质模型

由药物经聚合物的扩散过程可知，制约药物扩散速率的因素主要有：药物在聚合物基质内外的浓度差、聚合物的孔隙大小和数量及其分布、聚合物与药物分子间的相互作用、药物在体液或介质中的溶解度、药物分子的大小、聚合物的聚集形态及其在介质中的溶胀等因素。对于药物溶解在溶剂中后扩散出来的过程，通常采用 Fick 扩散定律描述，也称 Case Ⅰ扩散，溶剂的扩散速率随扩散路径的延长而减小；但当高分子材料对溶剂的吸附量只与时间成正比而与扩散路径长短无关时，体系的药物扩散则不遵从 Fick 扩散定律，人们称之为 Case Ⅱ 扩散或 Non-Fickian 扩散。

1. Fick 扩散

药物通过聚合物的扩散，可用 Fick 第一定律来描述

$$J = -D \frac{dC}{dx} \tag{3-1}$$

式中，J 为溶质流量，$mol/(cm^2 \cdot s)$；C 为溶质浓度，mol/cm^3；x 为垂直于有效扩散面积的位移，cm；D 为溶质扩散系数，cm^2/s；负号表示扩散方向，即药物分子扩散向浓度降低的方向进行。

在通常情况下，D 被看作常量，但实际上扩散系数是可人为控制的参数，通过调节聚合物的结构、药物浓度、温度、溶剂性质等可以改变 D 值，此外药物的化学性质不同，D 值也不同。

Fick 第一定律给出稳态扩散的药物流量，在非稳态流动时，可用 Fick 第二定律来描述，即

$$\frac{\partial C}{\partial t} = D \frac{\partial^2 C}{\partial x^2} \tag{3-2}$$

式(3-2) 表示在扩散场中的任一固定体积单位中，药物浓度在一固定方向（x）的改变。

（1）药物通过聚合物薄膜的扩散

在药剂学的实际应用中，药物通过薄膜的扩散常见的有胶囊壁扩散和聚合物包衣层扩散。对于薄膜体系，药物与聚合物之间的亲和力、聚合物的聚集态结构对药物的扩散性能影响甚为显著。对结晶聚合物来讲，晶区内分子链排列紧密，链间孔隙极小，大多数药物分子很难穿透，扩散分子主要从非晶区扩散。晶区分子所占的百分比越大，药物分子的扩散运动越慢。如果聚合物无孔隙，药物分子的扩散自然更为困难，需要移动聚合物链才能使药物分子通过。对于无孔隙的固体聚合物薄膜来说，由于聚合物两侧的浓度差很大，在很长的时间内，其差值几乎是常数，如果 J 和 D 为常数，将式(3-2) 在膜厚度为 h 的范围内积分，可得式(3-3)

$$J = \frac{DK}{h} \Delta C \tag{3-3}$$

式中，ΔC 为薄膜两侧的溶质浓度差，mg/cm^3；K 为溶质分配系数；$\dfrac{DK}{h}$ 为溶质渗透系数

（P，cm/s），常用它来评价药物通过聚合物的渗透性能。由式（3-3）可知，D、K 值越大，则 P 值越大，故选择聚合物时，应注意药物与聚合物在热力学上的相容性，否则药物很难通过聚合物薄膜扩散。此外，式（3-3）中，ΔC、D、K 和 h 皆为常数，说明药物通过聚合物薄膜的释放是零级释放，K 的计算见式（3-4）。

$$K = \frac{溶质在聚合物薄膜中的浓度}{溶质在溶出介质中的浓度} \tag{3-4}$$

（2）药物通过聚合物骨架（Matrix）的扩散

Fick 扩散模型仅适用于描述疏水性骨架药物释放，对于分散于疏水性骨架中的药物扩散，根据质量平衡原理，Higuchi 作了如下的数学处理，其原理见图 3-8。

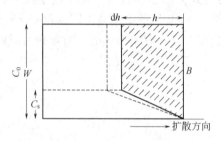

图 3-8　药物由骨架扩散的示意图

W—药物总量；C_s—药物在聚合物骨架中的溶解度；

h—药物分子扩散路径；B—漏槽

根据图 3-8，前沿扩散路径移动 dh，则扩散的药物量改变 dM，则有

$$dM = C_0 dh - \frac{C_s}{2} dh = \left(C_0 - \frac{C_s}{2}\right) dh \tag{3-5}$$

式中，M 为单位面积扩散出的药物量，mg/cm^2；C_0 为单位体积聚合物骨架中药物总量，mg/cm^3；C_s 为药物在聚合物骨架中的饱和溶解度，mg/cm^3；h 为药物分子扩散路径，cm。

根据 Fick 定律

$$dM = \frac{DC_s}{h} dt \tag{3-6}$$

合并式（3-5）和式（3-6），得

$$h\,dh = \frac{DC_s}{C_0 - \frac{1}{2}C_s} dt \tag{3-7}$$

由式（3-6）和式（3-7）得

$$M = \left[C_s D (2C_0 - C_s) t\right]^{\frac{1}{2}} \tag{3-8}$$

一般情况下，$C_0 \gg C_s$，故

$$M = (2C_s D C_0 t)^{\frac{1}{2}} \tag{3-9}$$

上式说明药物由聚合物骨架的释放量与 $t^{\frac{1}{2}}$ 呈线性关系。

对多孔道的疏水性骨架的药物扩散，可用 Higuchi 建立的方程来表达

$$M = \left[C_a D_a \frac{\varepsilon}{\tau} (2C_0 - \varepsilon C_a) t\right]^{\frac{1}{2}} \tag{3-10}$$

式中，C_a 为药物在释放介质中的溶解度，mg/cm^3；D_a 为药物在释放介质中的扩散系数，cm^2/s；t 为任意时间，s；ε 为骨架的孔隙率；τ 为曲折因子；M 为单位面积扩散的药物量，mg/cm^2；C_0 为药物在骨架内单位体积的药量，mg/cm^3。

由式（3-10）可见，孔隙率越大，释放越快；曲折因子越大，分子扩散路径越长，M 越小。

对于亲水性骨架来说，式（3-10）不太适用，亲水性骨架中由于水的进入，骨架膨化，药物则由饱和溶液通过凝胶层扩散。有关亲水性骨架的释放，最近的研究引入了非 Fick 扩散的机理。

2. 非 Fick 扩散

非 Fick 扩散（Non-Fickian 扩散）主要发生在玻璃态的亲水聚合物体系，通常是水凝胶。在 T_g 以下，聚合物链的运动能力限制水分子的快速渗透进入聚合物，Non-Fickian 扩散有两种情况：一种是 Case Ⅱ 扩散，溶剂的扩散速率远快于聚合物的松弛速率，即 $R_{diff} \gg R_{relax}$；另一种是反常扩散，溶剂扩散速率与聚合物的松弛速率相近。

Case Ⅱ 扩散，溶剂具有很高的活性，特点如下。

① 溶胀区内溶剂的浓度迅速增加，导致溶剂从溶胀区急速进入聚合物内区；

② 溶胀区内溶剂浓度随着溶剂的渗透很快到常数；

③ 溶剂渗透速率近乎于常数，扩散距离与时间呈正比；

④ Fickian 浓度曲线上存在一诱导时间，促进溶剂向玻璃态聚合物内部扩散。

Case Ⅱ 扩散体系，扩散量与时间呈正比，即：

$$M_t = kt \tag{3-11}$$

Case Ⅱ 扩散的扩散机理和模型得到了大量的研究，但不同水凝胶体系有着各自的特点，还没有形成较通用的模型。反常扩散则处于 Fick 扩散和 Case Ⅱ 扩散之间，即

$$M_t = kt^n \tag{3-12}$$

式中，$0.5 < n < 1$。对亲水性的聚合物骨架（主要是水凝胶），水的渗入对溶质通过聚合物的扩散机制则产生很大的影响，由于水对聚合物链的溶剂化作用，聚合物-水界面可出现一个膨胀层，此时大分子链的松弛可影响药物的扩散释放。如图 3-9 所示。

比如，将一个未溶胀的玻璃态水凝胶聚合物放于水介质中，首先水分子渗入聚合物骨架中，玻璃态聚合物开始溶胀，溶胀部分的聚合物由于玻璃化转变温度的降低（如果 T_g 低于溶胀介质温度时），转变成高弹态，未溶胀部分仍为玻璃态，这种溶胀行为具有两个界面：一个是处于玻璃态与高弹态之间的界面，称为溶胀界面，其以速率 v 向玻璃态区移动；另一个是处于膨胀的高弹态与溶胀介质（即溶剂）之间的界面，它向外移动，从平面几何角度而言，玻璃态区限制溶胀

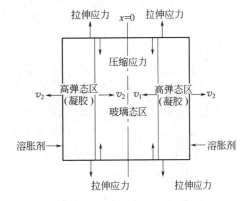

图 3-9　水凝胶骨架在水介质中的
溶胀和溶解过程

只能朝一个方向进行，即向内溶胀，这种限制在玻璃态区内产生了一个压缩应力而在高弹态区产生了拉伸张力，一旦这两个界面会合，玻璃态区将完全消失，聚合物将转变成高弹态，此时溶胀限制因素消失，溶胀则向三维方向进行。

载有药物的玻璃态聚合物与水溶液相接触时，由于溶胀作用，分散于聚合物中的药物开始向外扩散出来，因此药物的释放同时有两个速度控制过程：水扩散进入聚合物过程和链的松弛过程。随着聚合物骨架的继续溶胀，药物不断扩散出来，药物释放的总速率由聚合物网络的溶胀总速率所控制，即药物释放速度与时间的关系决定于水的扩散速率及大分子链松弛速率。

水凝胶药物控制释放体系，药物扩散与聚合物松弛时间的相对重要性可用德博拉数（Deborah Number，De）来表示，De 定义为特性松弛时间（τ）与溶剂的特性扩散时间（θ）的比值。

$$De = \frac{\tau}{\theta} \tag{3-13}$$

$$\theta = \frac{L^2}{D_w} \tag{3-14}$$

式中，L 为控释装置的特性长度；D_w 为水的扩散系数。当 $De \ll 1$，说明松弛过程快于扩散，则药物转运符合 Fick 定律，这种情况出现于：T_g 以上，凝胶呈黏弹态，而且药物的扩散系数是浓度的函数。当 $De \approx 1$，松弛与扩散双重作用导致一种复杂的转运行为，则称之为非 Fick 转运。非 Fick 扩散（Non-Fickian 扩散）主要发生在玻璃态的亲水聚合物体系，通常是水凝胶。药物从这些聚合物的释放是不符合 Fick 定律的，这方面的情况已有很多的研究报道，但其具体应用还处于萌芽阶段。

(三) 扩散系数

当药物由剂型内向外扩散释放时，由于药物浓度差的关系，药物分子的热运动将朝着浓度降低的方向进行，由 Fick 第一定律，扩散系数定义为扩散物质经基质某一部位的扩散速率与该处的浓度梯度的比值。由 Stokes-Einstein 扩散方程，扩散系数为

$$D = \frac{kT}{6\pi\gamma\eta} \tag{3-15}$$

式中，D 为扩散系数，cm^2/s；η 为黏度，$Pa \cdot s$（$1dyn \cdot s/cm^2 = 0.1Pa \cdot s$）；$k$ 为玻耳兹曼常数，$1.380663 \times 10^{-23} J/K$；$T$ 为热力学温度，K；γ 为扩散分子的半径，cm。

式(3-15) 描述由 $\frac{kT}{\eta}$ 所产生的分子运动，且受扩散物质性质的制约。这一方程不能在多相环境中直接应用，因为可能存在限制扩散的屏障。

实际上，扩散系数不是常数，药物分子的大小、极性、药物在聚合物中的溶解度和聚合物的结构、温度等因素对扩散系数有很大的影响。

药物通过多孔聚合物时，药物通过聚合物的速率与聚合物多孔网络的曲折度、孔隙的大小、孔隙的分布、药物在孔隙壁上的吸附性质等有关。扩散系数（D）表示如下。

$$D = D_a \frac{\varepsilon K_p K_\tau}{\tau} \tag{3-16}$$

式中，D_a 为药物在液体介质（或充满水的孔隙）中的扩散系数，cm^2/s；ε 为孔隙率；τ 为曲折因子；K_p 为药物在聚合物-介质（水）之间的分配系数；K_τ 为限制性系数（与药物分子半径或聚合物平均孔径有关）。而药物通过无孔隙聚合物时，大分子链之间的距离是影响通过速率的重要因素。

式(3-16) 中各参数测定的一般方法如下：D_a 是在实验条件下药物在纯水中的扩散系数，可按一般物理化学实验法或查表求得，事实上这也是一种假设的条件，因孔道中的药物浓度不断变化，准确测定是相当困难的；ε 可用水银孔隙仪测定；τ 一般为 3，但随多孔网络的无序性增加而增加；K_p 可用在已知浓度的药物溶液中浸泡聚合物的传统方法来测定；限制性系数 K_τ，其平均孔径用水银孔隙仪测定（药物的分子半径可查阅文献或用近似法测定）。

药物通过无孔聚合物的扩散过程是在大分子链的间隙进行的（其大小约在 $1 \sim 10nm$），任何导致扩散屏障增加的形态改变，都会引起有效扩散面积的相应减少以及大分子流动性的下降。对药物扩散系数的控制可以通过控制交联度、支化度、结晶度、大分子晶粒大小及添

加助剂来实现。根据聚合物的溶胀、凝胶和弹性体的性能不同，扩散系数的表征方式也不同，适应体系也不同。许多研究者对此进行了研究，有一些综述性文献较好地总结了各模型体系，可以进行参考。

药物经聚合物体系的扩散是一个复杂的过程，依赖于药物性质、聚合物、溶剂体系。聚合物的阻碍作用、体系内的流体动力学相互作用、热力学及扩散环境因素等都需要考虑。尽管大量的研究工作集中于药物扩散模型的建立上，但目前各种物理模型的应用都存在着局限性，应用到具体的药物-聚合物体系中时需要注意。

二、复合结构药剂的释药特性

药物释放机制涉及：①通过孔的扩散；②聚合物的降解性；③从包衣、微胶囊、高聚物微凝胶、聚合物胶束与微乳胶粒等的膜表面释放（图 3-10）。其中，控释、缓释给药机制又可分五类：扩散、溶解、渗透、离子交换和高分子挂接。

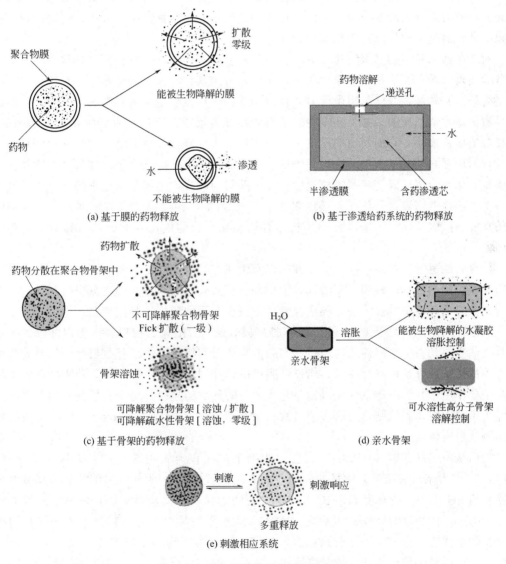

图 3-10 药物经膜和骨架的释放模式

对于无孔膜，药物的释放过程包括在核与膜之间药物分配的连续过程、溶液中的药物通过膜的扩散以及药物进入水溶液体系的再分配。而微孔膜是致密的亲水膜，因此，在药物的释放扩散阶段由溶解的药物通过液体填充的孔隙非连续传递，而不是通过聚集的大分子链段之间形成的空间连续传递，在膜传递能够进行之前就必须在核与膜孔中的液体之间存在药物的分配。

能够形成水凝胶结构的膜，药物主要的扩散途径是这些膨胀高聚物中的水，膜的透过性受到水溶液连续相中的扩散剂的溶解度的显著影响，扩散剂被认为是无孔膜和有孔膜之间的介质。

对任一药物的释放速率可用模型 $M_1/M_\infty = kt^n$ 表示，其中 n 为释药指数；M_1/M_∞ 为药物的释放百分数；t 为时间；k 为释药装置结构和几何特性常数。若 $n=0.5$，为 Higuchi 释药模型；$n=1$ 为零级释药模型。

药物粒子分散在高聚物连续相的固体药剂，若高聚物是水溶性的，药物与生物体的亲和性高并具有对生物膜的黏附性，从而加快释药速度；若高聚物是疏水性的，药物的释放速度受阻，药物通过扩散控制达到缓释的效果。

对于由药物粒子和高聚物粒子分散在高聚物基材中的药剂，其释药特性很大程度上在于分散的高聚物粒子。从材料的角度来看，作为崩解剂其自身应该是两相或多相结构，或吸湿后变为硬区和软区，或链结构由硬段和软段构成，这样就会造成吸湿膨胀应力的不均衡，从而导致固体片剂的崩解。如果高聚物粒子是微晶纤维素或交联的羟甲纤维素等崩解剂的话，则释药速度将加快，它们利用的是毛细管作用或溶胀性质使片剂崩解。如口腔速释片中的速崩片，所用辅料就是水不溶的微晶纤维素以及低取代羟丙基纤维素等。如果高聚物粒子是吸水而凝胶化的，将减缓药物的释放速度。如果药物与高聚物之间是靠化学键结合的，则药物从一个可溶性的高聚物释放的关键因素在于药物-高聚物连接键的水解断裂速度，高聚物链上的功能基团的变化将可能改变高聚物键合药物在生物体内位置的分布，具备主动靶向的特性。

控释膜的透过性和渗透性、力学性质以及组成控释膜的高分子材料的 T_g 等理化性质直接影响膜控制剂的释药机制，多数控释膜中均含有致孔剂或水溶性的高分子材料，这些物质在含水的释放环境中将被溶解，导致控释膜中微小孔洞的形成，膜控释制剂中的药物就从这些孔洞中释放出来。对于微孔结构的 EC 控释膜以及丙烯酸树脂控释膜，膜内外渗透压是药物释放的主要动力，水溶性药物通过此类膜的释放过程符合渗透泵释放机制。但是药物通过控释膜的扩散过程是始终存在的，当控释膜中的致孔剂达到一定数量后，药物的透膜扩散机制起重要作用，并与渗透泵释放机制一起成为药物释放的途径。对于膜控制型给药系统，药物经皮渗透由限速膜控制，药物渗透过程符合零级动力学模型，即 $n=1$，渗透速率与膜厚度的倒数呈线性关系。

羟丙基甲基纤维素（HPMC）在药物制剂上多用作薄膜包衣材料、缓释骨架材料等，HPMC 可作为亲水凝胶骨架材料的使用，具有缓释效果良好的特点，且在生理范围内其物理性质与 pH 无关。高黏度 HPMC 对难溶性药物的释放有显著影响，且随黏度的增大而变慢，但对水溶性药物的释放影响不大。HPMC 亲水凝胶骨架中药物释放取决于药物的扩散与骨架的渗透性，对于难溶性药物而言，骨架的溶蚀为药物释放的主要机制。减少 HPMC 用量，骨架中被水填充的孔道数量将增加，且孔道的弯曲率减少，药物扩散的综合机制（部分通过溶胀的骨架，部分通过充满水的通道）可使 n 值减小。在地西泮片剂中 HPMC 的用量

$83.3\%\sim95.2\%$，$n=0.82$，在阿司匹林的片剂中 HPMC 的用量 $33\%\sim44\%$，$n=0.5\sim0.7$。

药物通过无孔聚合物的扩散过程是在大分子链的间隙进行的（其大小约在 $1\sim10nm$），任何导致扩散屏障增加的形态改变，都会引起有效扩散面积的相应减少以及大分子流动性的下降。对药物扩散系数的控制可以通过控制交联度、支化度、结晶度、大分子晶粒大小及添加助剂来实现。药物经聚合物体系的扩散是一个复杂的过程，依赖于药物性质、聚合物、溶剂体系。聚合物的阻碍作用、体系内的流体动力学相互作用、热力学及环境扩散因素等都需要考虑。

药物包衣与微胶囊剂以及高聚物微凝胶、聚合物胶束与微乳胶粒等纳米药物剂型中药物释放机制不仅与包裹的高分子材料有关，而且还与包衣和微胶囊材料的性能有关，纳米粒还具有靶向给药的特性。无论是用包衣膜还是用微胶囊与纳米粒的药剂，其大多数结构都可视为由高聚物膜包覆药物内核的形式。其中的药物一般是通过溶解扩散过程由高分子基体以及包衣、微囊或纳米粒自身的孔洞两种途径来释放，聚合物的生物降解将减小扩散阻力。

微囊（Microcapsule）是利用天然或合成的高分子材料为载体，将固体或液体药物包裹成药库型微型小囊；微球（Microsphere）是使药物溶解或分散在高分子载体材料中，形成骨架型微小球状实体的固体骨架物。微囊与微球的直径大小是以微米（μm）计的囊或球，若以纳米（nm）计的称纳米囊（Nanocapsule）和纳米球（Nanosphere）。人们通常将微囊与微球统称为微粒，将纳米囊与纳米球统称为纳米粒（Nanoparticle）。聚合物胶束（Polymeric micelles）是有目标地合成水溶性嵌段共聚物或接枝共聚物，使之同时具有亲水性基团和疏水性基团，在水中溶解后自发形成高分子胶束，完成对药物的增溶和包裹。微凝胶（Microgel）是近几年正在研究的一类新型药物载体，它是交联的聚合物粒子溶胀在一种良性溶剂环境中，其粒子直径为 $1nm\sim1\mu m$。微凝胶具有微海绵一样的特性，即可以使溶剂分子进入其孔状结构中的空隙而发生溶胀，而且微小的环境变化诸如温度、pH、电场等能引起微凝胶可逆地溶胀与收缩，其体积变化可高达一千倍。微凝胶的这种刺激响应性也常被研究人员喻为"智能性"。所以微凝胶具有各种潜在应用前景，如药物控释、选择性吸收、化学记忆和人造肌肉等。

因此，改变膜材料的亲水性、生物黏附性及其孔径大小，就可实现药物的缓控释。通常在作为体内植入剂的控制药物释放装置中，要求所用高分子膜材料在有效给药期间应该是既不溶解的也不被生物所降解的。聚合物的生物降解被人体代谢或吸收，将促进药物在体液中的溶解释放。

高聚物微凝胶、聚合物胶束与微乳胶粒等纳米粒还因体积小，而不易被网状内皮细胞吸收及肝排除、肾排泄，相应延长药物在血液中的循环时间，大多数具有靶向性，如图 3-11 所示。但是，目前对纳米粒在生物体内的释药过程尚不完全清楚，有待于进一步研究。

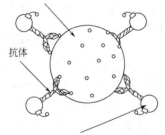

图 3-11 智能纳米给药作用过程示意图

第四节 高分子辅料在药物制剂中的应用

药物制剂按分散系统分为固体类剂型，如散剂、丸剂、片剂等；胶体溶液类剂型，如胶浆剂、涂膜剂、微凝胶剂等；微粒剂型，如脂质体、微球剂、微囊剂、毫微粒剂、纳米粒剂等；混悬液类剂型，如合剂、洗剂、混悬剂等；乳剂类剂型，如乳剂、静脉乳剂、部分搽剂等；真溶液类剂型，如芳香水剂、糖浆剂、溶液剂、甘油剂及注射剂等；气体类剂型，如气雾剂、吸入剂、喷雾剂；还有中药等天然药物浸膏剂。这些剂型的加工与应用过程几乎都离不开高聚物，尤其是固体类剂型和胶体溶液类剂型更是如此。

一、充填材料

片剂、胶囊剂等口服固体制剂，尤其是片剂，是医疗中应用最为广泛的制剂。由于大多数药物是小分子，它们或是固体结晶粉末或是液体，因此，固体制剂的生产过程中都需要加入赋形剂，以方便加工。固体结晶粉末有可能制成各种形状的片剂，但是，它或是不适合于高速机械的冲压成型加工；需要制成流动性好、容易冲模的粒子或粉末，然后，加压成片；在加工过程中，还能防止小分子药物的损耗及其对生产环境的污染。

片剂要求药片的质量均一，包装、运输及储存过程中不易破裂，而且口服后药片又容易崩解使药物释放出来，因此需采用高分子材料来控制药物的可压缩性、硬度、吸潮性、脆性、润滑性、稳定性及在体内的溶解速度。高分子材料在这类制剂中作为充填材料的应用主要是用作稀释剂、润滑剂、吸收剂作用。

许多药物疏水性太强，很难被水润湿，加工片剂时，需要加入少量的润湿剂，增加药物的分散性，使片面光滑美观，无缺陷。常被用作润湿剂的高分子材料有聚乙二醇、聚山梨醇酯、环氧乙烷和环氧丙烷共聚物、聚乙二醇油酸酯等。

如果主药的剂量很小（小于0.1g）时，不易压制成片或装囊，在制剂制备时就需加入稀释剂，增加片重和体积。如果原料药含有油类或其他液体时，需预先加入吸收剂，使其成为固态，再加入其他辅料进行制片。用作稀释剂和吸收剂的材料有微晶纤维素、粉状纤维素、糊精、淀粉、预胶化淀粉、乳糖等，所用的稀释剂也可同时起到黏合剂的作用。

液体制剂或半固体制剂中常需加入高分子材料，作为共溶剂、脂性溶剂、助悬剂、凝胶剂、乳化剂、分散剂、增溶剂、皮肤保护剂等，属于这类的高分子材料有纤维素的酯及醚类、卡波姆、泊洛沙姆、聚乙二醇、聚维酮等。

二、黏合性与黏附材料

为了解决原料药粉压缩性差，自身难成片的问题，通常需要加入具有黏合性能的高分子材料，即黏合剂。作为黏合剂的高分子材料有淀粉、预胶化淀粉、羧甲基纤维素钠、微晶纤维素、乙基纤维素、甲基纤维素、羟丙甲基纤维素、西黄蓍胶、琼脂、葡聚糖、聚维酮、海藻酸、卡波姆、糊精、瓜尔胶等。一般是采用高分子材料的水或醇水溶液或分散液与药粉混合均匀，使药粉团聚，易于压片。黏合剂的用量要限制在较低范围，防止过黏阻止药片崩解。

另外，具有生物黏附作用的高分子材料用于生物黏附片的制备，应用于口腔、鼻腔、眼眶、阴道及胃肠道的特定区段，通过黏膜输送药物，用于局部或全身治疗。能够很好黏附于生物膜上的聚合物通常是阴离子型聚电解质，尤其是带有羧基、羟基的水不溶性的聚合物能呈现出较好的生物黏附性。这类高分子材料有纤维素醚类（羟丙基纤维素、甲基纤维素、羧甲基纤维素钠），海藻酸钠，卡波姆、透明质酸、聚天冬氨酸、聚谷氨酸、聚乙烯醇及其共聚物、聚维酮及其共聚物、瓜耳胶、羧甲基纤维素钠及聚异丁烯共聚物等。

三、崩解性材料

崩解剂的作用是克服因压缩而产生的黏结力，促进片剂在胃肠道中迅速崩解或溶解，使药物及时被吸收。崩解剂应具有亲水性且性质稳定，遇水迅速膨胀的特点。这类材料有交联羧甲基纤维素钠、微晶纤维素、海藻酸、明胶、交联聚维酮、羧甲基淀粉钠、淀粉、预胶化淀粉等。崩解剂是通过高分子材料的毛细管作用吸水或在水中溶胀，促使片剂崩解。如微晶纤维素，虽然自身不能在水中溶解，但可经毛细血管作用将水吸入药片中，使药片碎裂。而明胶是通过其在水中的溶胀作用使药片崩解。

四、（包衣）膜材料

高分子材料良好的成膜性质在药物制剂中得到了应用，主要用于膜剂和包衣片剂的辅料，极大地促进了这类药物制剂的发展。

1. 膜剂中应用的高分子材料

膜剂是指药物溶解或混悬于适宜高分子成膜材料中加工制成的 1mm 以下厚度的薄膜状制剂，用于内服或外用。

膜剂成膜材料的选择需要考虑成膜的抗拉强度、柔软性、吸湿性和水溶性，可选择天然和合成的高分子。天然高分子成膜材料有明胶、阿拉伯胶、虫胶、琼脂、海藻酸及其盐、玉米醇溶蛋白（Zein）、淀粉、糊精及白天胶等，这类天然材料用于膜剂中需要加入防腐剂，防止微生物的滋长；合成或半合成的成膜材料有纤维素衍生物、卡波姆、乙烯-醋酸乙烯酯共聚物、聚乙烯乙醛二乙胺乙酯、聚乙烯胺类、聚维酮、聚乙烯氨基缩醛衍生物、聚乙烯醇等，其中聚乙烯醇以其良好的性质，被认为是最好的成膜材料，得到了大量的应用。

2. 包衣材料

片剂包衣是指在片芯之外包上一层比较稳定的高分子衣料。对药片起到防止水分、空气、潮气的浸入，掩盖片芯药物特有气味的外溢等作用。与糖衣相比具有生产周期短、效率高、片重增加小（一般增加 2%～5%）、包衣过程可实行自动化、对崩解的影响小等特点。近年来已广泛应用于片剂、丸剂、颗粒剂、胶囊剂等剂型中，以提高制剂质量，拓宽医疗用途。

根据高分子衣料的性质，可制成胃溶、肠溶及缓释、控释制剂。胃溶衣片是指在胃液中溶解或崩解的片剂。肠溶衣片是指在胃中保持完整而在肠道内崩解或溶解的包衣片剂。采用肠溶衣的主要目的是：①保护遇胃液能起化学反应、变质失效的药物；②避免药物对胃黏膜产生的较强刺激性；③使药物在肠道内起作用，在进入肠道前不被胃液破坏或稀释；④促进药物在肠道吸收或在肠道保持较长的时间以延长其作用。

由于高分子材料分子结构、分子量大小等不同，对其成膜性能、溶解性和稳定性都有一定影响。如果单一材料不能满足包衣要求时，可使用两种或两种以上的薄膜衣材料，以达到较好的包衣效果。

常用的包衣材料有以下几类。

① 纤维素衍生物。这是最常用的包衣材料，工艺比较成熟，常用的有：

a. 羟丙甲纤维素（HPMC）。是目前应用较广泛、效果较好的一种包衣材料，其特点是成膜性能好，膜透明坚韧，包衣时没有黏结现象。本品既可溶于有机溶剂或混合溶剂，也能溶于水，衣膜在热、光、空气及一定的湿度下很稳定，不与其他添加剂发生反应。如果片芯中含有适量微晶纤维素，可以增强膜与片面之间的黏着力，形成的膜更加光滑牢固。目前常用薄膜衣材料商品名为欧巴代（Opadry），就属于含有 HPMC 的包衣制品。欧巴代有多种类型，如肠溶、胃溶、中药防潮及最后抛光等多种类型。包衣操作简便，可用水或乙醇为溶剂，胃溶型用量一般为片芯重的 $2\%\sim3\%$，肠溶型一般为片芯重的 $6\%\sim10\%$。

b. 羟丙基纤维素（HPC）。其溶解性与 HPMC 相似，可溶于胃肠液中，其最大的缺点是在干燥过程中产生较强的黏性，故常与其他薄膜衣材料混合使用。

c. 乙基纤维素（EC）。具有良好的成膜性，常与水溶性聚合物合用，如与 HPMC 等共用，可调节衣膜的通透性，改善药物的扩散速度。在绝大多数环境下十分稳定，可避免包衣时有机溶剂蒸气的损害，近年来得到广泛应用。

d. 醋酸纤维素酞酸酯（CAP）。为白色纤维状粉末，不溶于水和乙醇，但能溶于丙酮或乙醇与丙酮的混合液中。包衣后的片剂不溶于酸性溶液中，而能溶解于 pH $5.8\sim6.0$ 的缓冲液中，胰酶能促进其消化，这些是 CAP 作为肠溶衣材料的优点。因为在小肠上端十二指肠附近的肠液往往不是碱性而是接近中性或偏酸性，加之在胰酶的作用下，可以保证片剂在肠内崩解，很少有排片现象。但 CAP 具有吸湿性，其包衣片贮藏在高温和潮湿的空气中易于水解而影响片剂质量，因此，本品常与其他增塑剂或疏水性辅料如苯二甲酸二乙酯、虫胶或十八醇等配合应用，除能增加包衣的韧性外，并能增强包衣层的抗透湿性。

此外还有羟乙基纤维素（HEC）、羧甲基纤维素钠（CMC-Na）、甲基纤维素（MC）、羟丙甲纤维素酞酸酯（HPMCP，肠溶材料）等，都可用作薄膜衣材料，它们虽都可溶于水，但成膜性均不如 HPMC。

② 聚乙二醇（PEG）。本品可溶于水及胃肠液，分子量在 $4000\sim6000$ 时可成膜，包衣时用其 $25\%\sim50\%$ 的乙醇溶液，形成的衣层可掩盖药物的不良臭味，但耐热性差，温度高时易熔融，常与其他薄膜衣材料混合使用。

③ 聚维酮（PVP）。性质稳定，无毒、能溶于水、醇及其他有机溶剂，形成的膜比较坚固，但有较强的吸湿性，通常是 5% PVP 溶液与 2% PEG-6000 及 5% 的甘油单醋酸酯合用。

④ 丙烯酸树脂类。这是一类由甲基丙烯酸酯、丙烯酸酯和甲基丙烯酸等单体按不同比例共聚而成的一大类聚合物。主要用作片剂、微丸剂、硬胶囊剂等的薄膜包衣材料，目前这类材料有肠溶、胃溶等多种型号，是目前较理想的薄膜衣材料。

⑤ 其他薄膜衣材料。聚乙烯缩乙醛二乙胺醋酸酯（Polyvinyl Acetal Diethylamio Acetate，AEA），不溶于水，可溶于乙醇、丙酮和人工胃液中。作为胃溶型膜衣材料具有良好的防潮性能，包衣时一般用 $5\%\sim7\%$ 的乙醇溶液，如与 HPMC 等配合使用，效果更好。

玉米醇溶蛋白（Zein）为天然高分子材料，不溶于水，可用其 $5\%\sim15\%$ 的乙醇或异丙醇溶液包衣。因受胃肠道中酶的作用而分解，故需与其他高分子材料混合应用。

高分子薄膜包衣虽然成本略高于或等于糖衣的原料投资成本，但缩短了工时，减低耗能，而且减少了裂片、吸潮等质量问题造成的损失，综合考虑，薄膜包衣比糖衣节省了开支。随着我国包衣辅料的改进和提高，辅料的价格将会下降，使薄膜包衣成本降低。另外，新型包衣辅料的开发和包衣技术的发展，将赋予薄膜包衣更好的性能，如靶向、控制药物释放等功能。

五、保湿性材料

保湿性材料分为两类。一类是疏水性的油类，如二甲基硅油、凡士林等，常用来制备保护性乳膏防止皮肤水分的蒸发。另一类是亲水性的物质，能够吸收较大量的水，用来制备凝胶剂、软膏及霜剂，保证制剂呈半固体状态并含有大量的水分。

用来制备凝胶剂的主要是水溶性基质，有天然产物琼脂、黄原胶、海藻酸、果胶等；纤维素类的衍生物，如甲基纤维素、羧甲基纤维素、羟乙基纤维素等；合成的聚合物有卡波姆、聚丙烯酸水凝胶、泊洛沙姆等。

软膏剂及霜剂中的水性保湿材料有羊毛脂、胆固醇、低分子量聚乙二醇（平均分子量在200～700之间）、聚氧乙烯山梨醇等。

六、环境响应和缓控释性材料

（一）环境响应性高分子材料

环境响应性高分子材料是指对环境条件如温度、酸碱性、光、电等的变化，其聚集态结构发生相应变化的材料；在药物制剂中普遍应用的环境应答性高分子材料主要是高分子水凝胶。根据环境变化的类型不同，环境敏感水凝胶又分为如下几种类型：温敏水凝胶、pH敏水凝胶、盐敏水凝胶、光敏水凝胶、电场响应水凝胶、形状记忆水凝胶；这些功能水凝胶广泛用于人造肌肉、酶和细胞固定化、生物分离和药物控制释放领域。

阴离子水凝胶平衡溶胀度随pH增大而增大；阳离子型则随pH增大而降低，在pK_a附近，平衡溶胀度发生突变，突变的pH范围取决于聚合物的结构以及聚合物与溶剂的相互作用。例如，交联壳聚糖-聚醚半互穿网络水凝胶，在平衡溶胀状态下，该pH响应性凝胶在pH<6的酸性介质中明显溶胀，具有较大的平衡水含量，而在pH=7的介质中溶胀度很小。这是由于酸性介质中，凝胶网络内氨基质子化，导致氨基与聚醚的氧之间氢键解离，凝胶明显溶胀。

聚N-烷基系列凝胶具有低温溶胀、高温收缩的性质，这是由于N原子上的孤对电子与水分子形成了氢键，低温下这种氢键较稳定，形成了以交联网为骨架的水凝胶，高温时氢键断裂致使体积突然收缩。温敏水凝胶聚N-异丙基丙烯酰胺在37℃时会突然收缩。高聚物骨架中的亲水或疏水组分的改变，或通过共聚，改变交联密度、溶胀介质、离子强度和组成等的变化，都可以使突变温度上升或下降。另外，烷基侧链的大小、构型和柔性也影响突变温度。当凝胶处于较低温度时，溶胀状态为热力学稳定状态，总水含量中结合水含量较低，游离水含量较高；温度升高，凝胶体积收缩，大分子链间相互作用使收缩态得以稳定，此时凝胶中全部为结合水，而不含游离水。

将pH敏单体和温敏单体通过接枝和嵌段共聚合成的共聚物或用互穿网络技术合成的互穿网络水凝胶，则具有温度及pH双重敏感性。通过这样两种单体接枝或嵌段共聚得到的共聚物中，各共聚物链都独立地具有各自不同的刺激-响应的敏感性。如N,N-二异丙基丙烯酰胺、N,N-二甲基丙烯酰胺和油酸三元共聚物水凝胶。

1. 温度敏感性水凝胶

温度敏感性水凝胶是其体积能随温度变化的高分子凝胶，分为热胀温度敏感型和热缩温度敏感型水凝胶。一般温敏水凝胶的结构中聚合物链上都存在亲水和疏水基团的平衡，其温敏的原因是由于聚合物的亲水亲油平衡值。

热胀温度敏感型水凝胶指水凝胶的体积在某一温度附近随温度升高而突然增加，这一温度叫做"较高临界溶解温度"——UCST（Upper Critical Solution Temperature）。在UCST以上大分子链亲水性增加，因水合而伸展，使水凝胶在UCST以上突然体积膨胀；热缩温度敏感型水凝胶则是随温度升高，大分子链疏水性增强发生卷曲，使水凝胶体积急剧下降，体积发生突变的温度叫"较低临界溶解温度"——LCST（Lower Critical Solution Temper-

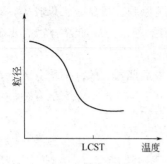

图 3-12 热缩温度敏感型水凝胶的
凝胶粒径随温度变化的示意图

ature）。因此，这种水凝胶也叫反向温度敏感型水凝胶。温度敏感型水凝胶随环境温度的变化而发生可逆性体积变化的性质被应用于药物控制释放系统，主要是热缩温度敏感型水凝胶。这种水凝胶在 LCST 以上能突然收缩的性质（如图 3-12 所示），在药物，尤其是蛋白质类药物控制释放中具有很大的应用价值。

（1）共价交联型温敏型水凝胶

共价交联型温敏型水凝胶主要有 N-取代丙烯酰胺类聚合物，这类聚合物的 LCST 在 25～32℃，与人体体温较接近，如聚 N-异丙基丙烯酰胺（PNIAAm）、聚 N,N-二乙基丙烯酰胺（PDEAAm）及聚 N-异丙基丙烯酰胺与聚乙二醇的接枝共聚物、N-异丙基丙烯酰胺与丙烯酸丁酯的共聚物等。这类水凝胶被用来制备眼用水凝胶制剂及蛋白质、多肽类药物的控制释放制剂。

尽管温敏型水凝胶用于药物控制释放得到了十几年的研究，但至今还只作为商品，还没有应用到临床治疗上。原因可能是温敏控释需要体温的调节，方法是病变部位的温度升高或外部进行温度调控，这就限制了这种制剂的应用。另外合成温敏型水凝胶所用的乙烯基单体和交联剂具有很高的毒性、致癌性或致畸作用，因此凝胶的纯化是一问题。尽管纯净的凝胶是无毒的，但丙烯酰胺类聚合物对血小板有刺激性，而且人们对 PNIAAm 的体内代谢还不清楚，这就增加了其获得 FDA 批准作为药用辅料的难度。

（2）热可逆型水凝胶（Thermally Reversible Gels，TGR）

有些聚合物水溶液在室温下呈自由流动的液态而在体温下呈凝胶态，即形成热可逆性水凝胶（TGR）。这一体系能够较容易地对特定的组织部位注射给药，在体内环境下很快形成凝胶。而且这种给药系统的制备较简单，只需将药物与聚合物水溶液进行简单地混合。

这类可逆凝胶有聚异丙基丙烯酰胺与离子型聚合物（如聚丙烯酸）的接枝或嵌段共聚物、聚环氧乙烷（PEO）与聚环氧丙烷（PPO）嵌段共聚物及其衍生物、PEG 与聚乳酸（PLA）的嵌段共聚物等。其中最广泛应用的是 PEO-PPO 嵌段共聚物的 TGR 给药系统。

PEO-PPO 嵌段共聚物是已被批准用于药用辅料的高分子，商品名叫普流罗尼（Pluronic）或泊洛沙姆（Poloxamer），依据其结构和浓度，这类聚合物存在两个临界相转变温度，即溶液-凝胶转变温度（相当于 LCST）和凝胶-溶液转变温度，在这两个温度之间其水溶液呈现凝胶状态。这两个温度也叫做昙点。利用这类共聚物水溶液低温溶液状态混合药物，尤其是生物类药物，注入体内形成凝胶，从而实现控制药物释放同时保护药物活性的功能。相关性质在第五章中给予介绍。

近年来，基于温敏性、可生物降解性和无毒的考虑，人们开发了聚乙二醇（PEG）与聚 L-乳酸（PLLA）及其共聚物（如乳酸与乙醇酸共聚物，PLGA）的嵌段共聚物，如 PEG-PLLA-PEG 及 PEG-PLGA-PEG 三嵌段共聚物。PEG-PLLA-PEG 在较高温度（45℃左右）时在水中形成溶液，可以装载药物或生物活性分子，皮下注射以后，很快降至体温，这时此聚合物形成凝胶，可作为一个可持续释放的药物载体。而 PEG-PLGA-PEG 则是在较低、较高温度下在水中形成溶液，而在中等温度下（30～70℃）形成凝胶。这类嵌段共聚物的溶液-凝胶的相转变温度与浓度、嵌段组成有关。PEG-PLLA-PEG 的溶液-凝胶的相转变温度随浓度的升高而增大，随 PLLA 段分子量的增大而下降；而 PEG-PLGA-PEG 形成凝胶的温度区间随浓度增大而增大。此外，PEG-g-PLGA、PLGA-g-PEG 接枝共聚物及 PEG 与聚己内酯（PCL）嵌段共聚物的水溶液也都具有溶液-凝胶的可逆变化。

（3）新型"智能"共聚物

泊洛沙姆作为一种表面活性剂，在药物制剂中的使用安全性得到了肯定。但作为 TGR 型凝胶控制药物释放，需要较高浓度的泊洛沙姆才能够在体温下形成凝胶，如 F127，形成凝胶的浓度至少是 16%。而高浓度的聚合物溶液作为药物传递体系的弊病在于会改变制剂的渗透度、凝胶机理及引起眼部应用的不适，如视觉模糊和结痂等。为了解决这一问题，研究者们把泊洛沙姆与聚丙烯酸共价结合，开发了智能化的泊洛沙姆——聚丙烯酸接枝共聚物 [PEO-PPO-PEO-g-poly（acrylic acid）]，商品名为 Smart Hydrogel™。

Smart Hydrogel™ 的最显著的特点就是在较低的聚合物浓度下（1%～5%），在体温、pH=7 时能够形成凝胶，而且形成的凝胶具有黏弹性和生物黏附性，对视觉无障碍。此外，Smart Hydrogel™ 还能够把疏水性药物溶解到水介质中，可作为这类药物的有效传递体。较高浓度的 Smart Hydrogel™ 热凝胶的药物控制释放符合零级释放，无突释现象。Smart Hydrogel™ 的独特性能及其无毒副作用，使其作为新型药物载体具有很好的应用前景。

2. pH 敏感水凝胶

pH 敏感水凝胶是指聚合物的溶胀与收缩随着环境的 pH、离子强度的变化而发生变化。这类凝胶大分子网络中具有可解离成离子的基团，其网络结构和电荷密度随介质 pH 的变化而变化，并对凝胶的渗透压产生影响；同时因为网络中添加了离子，离子强度的变化也引起体积变化。离子型水凝胶由于其结构中功能基团的解离作用，使其具有特殊的溶胀性质离子型水凝胶。因其结构中离子型基团（如—COOH、—SO₃H 或—NH₂）的解离作用增加了聚合物的亲水性，导致其有较强的吸水性。同时解离程度的增加，使网络中高分子链上存在大量具有相同电荷的解离基团，它们之间的静电斥力导致高分子链进一步的伸展并与水分子充分接触。

一般来说，具有 pH 响应性的水凝胶都是含有酸性或碱性侧基的大分子网络，即聚电解质水凝胶。随着介质 pH 值、离子强度的改变，酸、碱基团发生电离，导致网络内大分子链段间氢键的解离，引起不连续的溶胀体积变化。形成碱性敏感水凝胶（阴离子型水凝胶）的大分子的分子链侧链上含有在碱性介质中能够解离的基团，如羧基，常用的是丙烯酸（AA）类聚合物；酸性敏感水凝胶（阳离子型水凝胶）则是由含有碱性基团的大分子形成的，常用的是含有氨基的聚合物，如 N,N-二甲胺基甲基丙烯酸乙酯（DMAEM）。表 3-1 列举了一些在 pH 敏感水凝胶中常见的功能团。

表 3-1　常用于 pH 敏感水凝胶的功能团

阴离子	阳离子	
—COO—	—NH₃⁺	—NRH₂⁺
—OPO₃—	—NR₂H⁺	—NR₃⁺

pH 敏感水凝胶常用来制备口服药物控制释放制剂，定位于胃或小肠部位释放药物。阳离子型水凝胶，如甲基丙烯酸甲酯（MMA）与 DMAEM 共聚物形成的水凝胶在中性环境下不释放药物，在 pH3～5 下零级释放药物，用于胃部环境给药系统。而 PAA 或聚甲基丙烯酸（PMA）形成的水凝胶则在中性至碱性环境下释放药物，而在酸性介质下不释放，因此用于小肠部位给药系统。如用芳香偶氮类化合物交联的 PAA 作为结肠给药系统，在胃里有

很少的药物释放，但到肠内则由于羧基的离子化使水凝胶膨胀，使药物释放，而且这种水凝胶的偶氮键只有在结肠部位才能够被微生物降解，导致药物快速释放。

以甲基丙烯酸羟乙基酯和甲基丙烯酸或马来酸酐合成的 pH 敏感水凝胶用于茶碱（Theophylline）、苯丙醇胺和盐酸氧烯洛尔（Oxprenolol Hydrochloride）的控制释放。用聚乙二醇和聚甲基丙烯酸-二乙氨乙酯制得的接枝阳离子型水凝胶显示出非常强的 pH 敏感性，pH 较高时溶胀比高达 25 倍。可用于 $7\text{-}\beta$ 羟丙基茶碱、维生素 B_{12}、荧光黄异硫氰酸盐-葡聚糖（分子量分别为 4400、9400）的释放。阳离子聚胺共聚物凝胶可释放咖啡因，当 pH 值降低时，聚合物中的氨基离子化，导致凝胶膨胀释放咖啡因。

合成 pH 敏感水凝胶的局限性是不能生物降解，只适用于口服给药，不适于植入、注射给药，其应用受到了限制。因此，可生物降解的水凝胶的开发受到了重视，集中于多肽、蛋白质及多糖类水凝胶的开发。

3. 葡萄糖敏感水凝胶

由于胰岛素给药对时间和给药量有严格的要求，因此，自调节性的胰岛素给药系统的开发成为挑战性的问题。这种给药系统需要具有胰岛素敏感性和自动开-关的功能，为满足这种需要，一些葡萄糖敏感性的胰岛素控制释放水凝胶体系被开发出来。

（1）固定葡萄糖氧化酶的 pH 敏感膜体系

前已述及，把葡萄糖氧化酶和胰岛素包埋在聚（HEMA-*co*-DMAEMA）水凝胶中，当体系所处的环境葡萄糖浓度升高时，葡萄糖扩散到凝胶中与葡萄糖氧化酶（GOD）发生反应生成葡萄糖酸，从而引起水凝胶的溶胀，结果加快了胰岛素的释放。介质中的葡萄糖浓度越大，溶胀度越大，胰岛素的释放就越快。

固定有 GOD 的聚丙烯酸接枝的多孔纤维素膜内包有胰岛素，当葡萄糖浓度低时，离子化的聚丙烯酸链间静电排斥作用呈扩张态，膜孔隙降低，抑制胰岛素释放；当环境葡萄糖浓度高时，GOD 与葡萄糖反应，产生的葡萄糖酸使聚丙烯酸离子化程度下降，链缠结收缩，使膜孔增大，促进胰岛素释放。

含有 GOD 的聚丙烯酰胺膜与含有尼古丁酰胺基团的氧化还原高分子膜组成的复合膜，当环境葡萄糖浓度升高时，GOD 氧化葡萄糖生成葡萄糖酸和过氧化氢，过氧化氢进一步氧化尼古丁酰胺使之带有正电荷，增大了膜的亲水性，溶胀度增大，胰岛素释放量增大。

（2）刀豆球蛋白固定化体系

利用葡萄糖与葡萄糖基胰岛素对刀豆球蛋白（ConA）的竞争性结合的特性，人们设计了刀豆球蛋白固定葡萄糖胰岛素的微囊体系，如图 3-13 所示，囊材采用聚甲基丙烯酸羟乙酯或尼龙。当

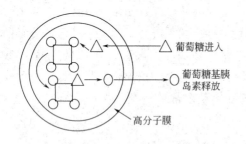

图 3-13 刀豆球蛋白固定化
胰岛素自调节释放体系示意图
（Jeong S Y et al. J Contro Rel，
1984，1：57，67；1985，2：143）

环境介质中的葡萄糖浓度增大时，葡萄糖扩散进入囊内，置换出与刀豆球蛋白结合的葡萄糖基胰岛素，葡萄糖基胰岛素经囊膜扩散到环境中，发挥胰岛素的功能，使血糖浓度降低。环境胰岛素浓度下降，阻碍葡萄糖进入囊内，停止葡萄糖基胰岛素的释放。

（3）可逆的溶液-凝胶转变的水凝胶体系

近年来人们开发出一种含有葡萄糖单元的聚合物，利用 Con A 与葡萄糖之间的较强的

相互作用形成聚合物的非共价交联结构，如图 3-14 所示。当环境葡萄糖浓度增大时，游离的葡萄糖与 Con A 结合，破坏了聚合物间的物理交联结构。有研究证明溶液相中的胰岛素释放速度远远大于凝胶相，通过聚合物随环境葡萄糖浓度的溶液-凝胶变化，控制胰岛素的释放速度。

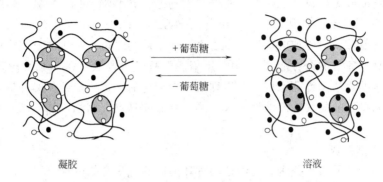

图 3-14　葡萄糖敏感性水凝胶的溶液-凝胶相转变

● 自由葡萄糖；　○ 聚合物键合的葡萄糖；　◎ Con A

（Obaidat A A，et al. Pharm Res，1996，13：989；Polym Prepr，1996，37：143；Biomaterial，1997，18：801）

这种葡萄糖敏感的溶液-凝胶相转变聚合物体系有聚丙烯酸葡萄糖氧乙基酯-Con A 复合物及多糖-Con A 凝胶等。

另外，人们发现带有苯硼酸侧基的聚合物（如聚维酮与乙烯基苯硼酸共聚物）通过苯硼酸与聚乙烯醇（PVA）的复合形成的凝胶具有葡萄糖（Glucose）敏感性。图 3-15 是聚 3-取代苯硼酸甲基丙烯酰胺与 PVA 的复合凝胶的葡萄糖应答机理。环境中的葡萄糖浓度增加，促进葡萄糖六元环取代 PVA，使大分子链间的聚集变得疏松，这一过程是可逆的，因此可用来控制胰岛素的释放。

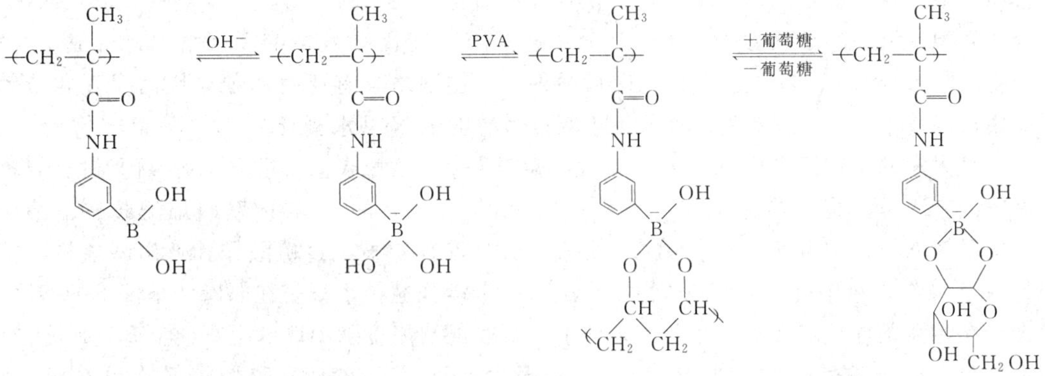

图 3-15　聚 3-取代苯硼酸甲基丙烯酰胺与 PVA 的复合凝胶的葡萄糖应答机理

目前，人们合成出了多种带苯硼酸基团的聚合物，并采用小分子量的分子代替 PVA，来形成葡萄糖应答凝胶体系。

上述葡萄糖敏感的胰岛素控制释放体系具有智能性和较大的应用前景，但还存在一些问题需要解决，如这些水凝胶体系对环境葡萄糖浓度的变化的响应较慢，尤其是不能很快回复到原始状态，而临床应用需要水凝胶体系长时间保持对葡萄糖的快速敏感性；另外，刀豆球蛋白的应用容易引起免疫反应，因此，控制胰岛素智能释放的葡萄糖敏感给药系统的临床上的成功开发应用还有待于新型、生物相容性的聚合物体系的开发。

4. 电信号敏感水凝胶

对电信号敏感的水凝胶通常是由聚电解质制备的，在外加电场作用下产生膨胀或收缩，电信号的敏感性与水凝胶是否与电极接触及体系是否存在电解质有关。电场驱动的药物释放体系可根据电场的开关，自动地控制药物释放的通断。载胰岛素的 PMMA 凝胶对胰岛素的释放受电场开-关的控制。2-丙烯酰胺-2-甲基丙磺酸与甲基丙烯酸正丁酯共聚物凝胶，包载带正电荷的依酚氯铵，当外加电场后，带正电荷的溶质与水电解产生的氢离子进行交换，实现药物释放，具有完全的开-关控制作用。用聚乙烯噁唑啉与聚甲基丙烯酸通过氢键形成凝胶，制成胰岛素的骨架型给药系统，在生理盐水中通电后，近阴极处，两种聚合物氢键复合被破坏，使近阴极处的凝胶表面的聚合物水溶，释放胰岛素。当施于体系脉冲电场时，胰岛素脉冲释放。

5. 双重敏感水凝胶

通过共聚、互穿网络等技术，可以把两种环境敏感性聚合物的性能组合，开发出各种对两种环境因素都敏感的双重敏感水凝胶，用于药物的智能释放。

（1）pH、温度敏感水凝胶

用 pH 敏感性聚合物的单体与温敏性聚合物单体共聚，可获得温度、pH 敏感水凝胶，如用丙烯酸（AAC）或二甲基丙烯酸胺基乙酯（AE-MA）与 N-异丙基丙烯酰胺（NIP-AM）共聚来制备 pH、温度敏感水凝胶。含有 AAC 组分的水凝胶在酸性条件下处于收缩状态，而在碱性条件下为溶胀状态，利用这个特点，可把对胃有刺激作用的药物如吲哚美辛包埋在 pH、温度敏感水凝胶中，在胃液中（pH=1.4），只有少量药物释放，但在肠液中（pH=7.4），药物很快释放。因此减少了药物的副作用而又达到了治疗目的。

互穿聚合物网络（IPN）技术用于制备双重敏感性水凝胶。IPN 有两种：一种是全互穿聚合物网络（Full-IPN），是两种聚合物单体同时在体系中分别聚合并分别形成交联，两种聚合物网络互相交织互穿但无交联，只是存在次价键作用；另一种是在聚合物（A）的单体聚合体系中混入另一种高分子（B），B 分子链贯穿于聚合物 A 的交联网络中，构成半互穿聚合物网络（Semi-IPN）。这种 IPN 中，两种聚合物网络具有相对的独立性而又互相依赖，因此用这种技术可以制得具有温度及 pH 双重敏感的 IPN 型水凝胶。

武汉大学的卓仁禧等用 IPN 技术合成了温度及 pH 敏感聚丙烯酸/聚 N-异丙基丙烯酰胺水凝胶。方法是将聚丙烯酸凝胶，浸入 5%（质量分数）的 N-异丙基丙烯酰胺水溶液中，加入交联剂 N,N′-亚甲基双丙烯酰胺，浸泡 36h，滴加引发剂过硫酸铵和亚硫酸氢钠溶液，密封后于 16℃水浴中反应 24h，产物用水洗涤、干燥。这种水凝胶在弱碱性条件下的溶胀率远大于在酸性条件下溶胀率，在酸性条件下，凝胶的溶胀度随温度的上升而上升，属于热胀型水凝胶。在弱碱性条件，当温度在聚 N-异丙基丙烯酰胺水凝胶的较低临界溶解温度（LCST，32℃）以下时，其溶胀率随温度的上升而上升，当温度达到 UCST 时，其溶胀率突然急剧下降，并随着温度的上升而下降。可见，水凝胶结构、组分的调控，可获得特殊环境敏感性的材料。

（2）热、光敏感水凝胶

以热响应性异丙基丙烯酰胺（NIAAm）和光敏性分子合成的凝胶具有热、光敏感性能。如以含少量无色三苯基甲烷氢氧化物或无色氰化物与无色二-(N,N-二甲基酰替苯胺)-4-乙烯基苯基甲烷衍生物，丙烯酰胺和 N,N-亚甲基-双丙烯酰胺共聚可得光热刺激响应聚合物凝胶，在有紫外线辐照与无辐照时凝胶可起不连续的溶胀-收缩开关功能。

如用 IPAAm 和叶绿酸的网络组成凝胶，它可响应可见光产生相转变，此时因光照引起高分子温度上升，呈现凝胶体积收缩的相转变，而未光照时凝胶体积在 32℃ 时随温度连续变化。

(3) 磁性、热敏水凝胶

在温敏性聚合物水凝胶的聚合体系中加入磁性粒子（Fe_3O_4），形成的复合水凝胶具则有磁性、热敏感性。如在 Fe_3O_4 磁流体存在下，进行苯乙烯（ST）与 N-异丙基丙烯酰胺（IPAAm）共聚，合成出 Fe_3O_4/P(ST-IPAAm) 微球，该微球具有磁分离特性和热敏特性，在蛋白质吸附、分离、酶固定化及药物释放中有应用价值。

(4) pH、离子刺激响应水凝胶

复旦大学的李文俊等以壳聚糖（CS）以及聚丙烯酸（PAA）为原料，制成了壳聚糖和聚丙烯酸的 Semi-IPN 水凝胶。方法是在 CS 和 PAA 的乙酸混合溶液中加入戊二醛，通过壳聚糖分子链上的氨基与戊二醛反应，形成互穿有 PAA 的 CS 交联网络。这种水凝胶对 pH 的变化非常敏感，对离子也显示出特殊的刺激响应性。在 pH<2 的强酸条件下强烈溶胀，随着 pH 值的上升，溶胀度迅速下降，在一个很宽的 pH 值（3<pH<8）区域内，溶胀度都小于 100%，当 pH>8 时，溶胀度又重新开始上升。在 pH=11 附近，溶胀度达到最大值，继续增加 pH 值，由于渗透压的关系，溶胀度又开始下降。在相同金属离子价态和离子强度条件下，溶胀度基本处于同一水平，在一价、二价和三价盐溶液中呈跳跃式增加。

6. 其他敏感水凝胶

除上述较广应用的环境敏感水凝胶外，人们还开发出其他特殊敏感性的水凝胶，如压敏性、特殊离子敏感性、抗原敏感性及凝血酶敏感性水凝胶。

由于增大压力可以提高温敏水凝胶的 LCST，因此，一般温敏性水凝胶都具有压力敏感性，在 LCST 附近，压力增大，水凝胶的膨胀度增大。

人们发现个别水凝胶对某些离子具有敏感性，如 PNIAAm 的 LCST 随 Cl^- 浓度的增大而下降，在其 LCST 以下温度时，凝胶在某一 NaCl 浓度下突然收缩，而且这一临界 NaCl 浓度随温度的升高而降低。此外，阳离子水凝胶聚二烯丙基二甲基氯化铵对碘化钠也具有敏感性。

人们还制备了对抗体敏感的水凝胶，是在形成半互穿网络水凝胶的两种大分子链上分别键合上抗原和相对应的抗体，抗原和抗体的结合使两种大分子链交联密度增大，当环境中的抗体浓度增大时，游离的抗体与分子链上的抗原结合，使交联网络扩张。如图 3-16 所示。

环境敏感水凝胶的发展，为智能型药物释放提供了前景。环境敏感水凝胶的敏感性、生物相容性、生物降解性等性能还有待于提高。

(二) 缓控释性材料

更安全、有效的药物治疗，应是按治疗所要求的作用时间将所需量的药物尽可能向作用部位输送。为此要研究药物在体内的动态，利用各种技术来控制药物的体内行为，从而保证获得最高的治疗效果、最小的毒副反应，这就是给药系统（Drug Delivery System，DDS）的研究目的。缓控释制剂是 DDS 中的一个部分，并越来越多地应用于常规的治疗中。按零级动力学释药的缓控释制剂则可长时间将血药浓度保持在有效浓度范围内，并且减少或避免毒副作用。

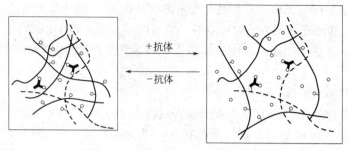

图 3-16　抗原-抗体型半互穿网络水凝胶对游离抗体的敏感性示意图

键合抗体；　　键合抗原；　自由抗体

制备缓释和控释制剂，需要使用适当辅料（赋形剂、附加剂），使制剂中药物的释放速率和释放量达到医疗要求，确保药物以一定速度输送到病患部位并在组织中或体液中维持一定浓度，获得预期疗效，减小药物的毒副作用。

缓释、控释制剂中起缓释、控释作用的辅料多为高分子化合物，利用高分子聚集态结构特点和溶解、溶胀及降解性质，通过溶出、扩散、溶蚀、降解、渗透、离子交换作用、高分子挂接，达到药物的缓释、控释目的。

控释材料亦多为高分子材料，就材料而言，它与缓释材料有许多相同之处，但它们与药物结合或混合的方式或制备工艺不同，可表现出不同控速释药的特性。不同给药途径所要求的控释制剂的形式不同，所需控释材料的种类特性也有所不同。

1. 骨架型缓控释材料

（1）水溶性或凝胶骨架

药物释放机理是通过水膨化层的扩散、高分子链的松弛等作用。常用的骨架控释材料是羟丙甲纤维素（HPMC），常用的有 K4M 和 K15M。HPMC 遇水形成凝胶，并逐渐溶解。通过调节 HPMC 的用量和规格来调节释放速度。此外还有甲基纤维素、羟乙基纤维素、羧甲基纤维素、羟丙甲纤维素（HPMC）、海藻酸钠、聚维酮（PVP）、卡波姆、壳多糖、胶原、聚羟乙基甲基丙烯酸酯、聚羟丙基乙基甲基丙烯酸酯、聚乙烯醇/甲基丙烯酸酯共聚物等。骨架材料的分子量越大，药物释放速率越快。

（2）可溶蚀或可生物降解骨架

可溶蚀的骨架是不溶但可溶蚀（Erodible）的蜡质材料，常用的有巴西棕榈蜡、氢化植物油、硬脂醇、单硬脂酸甘油酯、聚乙二醇、聚乙二醇单硬脂酸酯、甘油酸酯等。通过孔道扩散与蚀解控制释放，有时需加入附加剂，如 PVP、聚乙烯月桂醇醚等。可生物降解或生物溶蚀骨架是由可生物降解或生物溶蚀性高分子材料形成的，主要有聚乳酸、聚乙醇酸/聚乳酸共聚物、乳酸与芳香羟基酸共聚物（如对羟基苯甲酸、对羟基苯乙酸、对羟基苯丙酸或苦杏仁酸等）、聚己内酯、聚氨基酸（聚谷氨酸、谷氨酸/亮氨酸共聚物）、壳聚糖、聚氰基丙烯酸酯、聚原酸酯等，是通过高分子链的断裂控制药物释放，如阿片受体拮抗剂纳曲酮的乙酸/乙醇酸共聚物小球植入剂。

（3）不溶性骨架

通过骨架材料内的孔道控制药物释放，在胃肠中不崩解，释药后从粪便排出。这类材料有乙基纤维素、尼龙、聚烷基氰基丙烯酸酯、聚甲基丙烯酸酯、聚乙烯、乙烯/醋酸乙烯共聚物、聚氯乙烯、聚脲、硅橡胶等。

2. 膜型缓、控释材料

（1）微孔膜包衣材料

是胃肠道内不溶解的高分子材料如醋酸纤维素、乙基纤维素、乙烯/醋酸乙烯共聚物、聚丙烯酸树脂等，与致孔剂〔水溶性物质如 PEG、PVP、PVA、十二烷基硫酸钠（SDS）、糖和盐等〕合用形成衣膜，通过致孔剂在胃肠液中溶解形成微孔或通道，来控制药物释放。需要衣膜材料具有一定的强度和耐胃肠液侵蚀性质，使衣膜在胃肠道内不被破坏，最后由肠道排出。

（2）肠溶膜包衣材料

亦为一类包衣阻滞材料，在缓释制剂中，主要利用其溶解特性产生缓释作用。常用的有醋酸纤维素酞酸酯（CAP）、丙烯酸树脂 L、S 型，此外，较新的羟丙甲纤维素酞酸酯（HPMCP）和醋酸羟丙甲纤维素琥珀酸酯（HPMCAS），性能优于 CAP。

3. 具有渗透作用的高分子渗透膜

这是一类采用水不溶性高分子材料通过不同方法制备出的微孔膜，具有一定大小的孔隙和孔隙率，也叫半透膜，具有渗透性，渗透性大小可用它们的水蒸气透过性表征。以下是按厚 $25\mu m$ 的膜，每 24h 水蒸气的透过量（$g/100cm^2$）的大小顺序列出的高分子渗透膜：聚乙烯醇（0.155）、聚氨酯（0.046～0.155）、乙基纤维素（0.12）、醋酸纤维素（0.06～0.12）、醋酸纤维素丁酸酯（0.078）、流延法制的聚氯乙烯（0.016～0.031）、挤出法制的聚氯乙烯（0.009～0.016）、聚碳酸酯（0.012）、聚氟乙烯（0.005）、乙烯/醋酸乙烯共聚物（03002～0.005）、聚酯（0.003）、聚乙烯涂层的赛璐玢（＞0.002）、聚偏二氯乙烯（0.002）、聚乙烯（0.001）、乙烯/丙烯共聚物（0.001）、聚丙烯（0.001）、硬质聚氯乙烯（0.001）。这类高分子渗透膜用来制备渗透泵片，比骨架型缓释制剂更为优越。

4. 离子交换树脂

此类高分子载体用于离子药物的控制释放，离子交换树脂是交联的聚电解质，分子链上带有大量离子基团，不溶于水。离子交换树脂分为阳离子和阴离子交换树脂，离子型药物结合在带有相反电荷的离子交换树脂上，通过与释放介质中的离子进行交换，释放出药物。目前药用的有波拉克林交换树脂（即二乙烯苯/甲基丙烯酸钾共聚物，英文名 Polacrilinpotassium，商品名 Ambefiite IRP）、羧甲基葡萄糖等。

5. 高分子挂接

高分子挂接是指采用本身无或有弱的药理活性的聚合物，通过在体内可解离的基团或短链键合上药物分子，形成高分子前药。这种高分子前药在体内通过降解作用，释放出药物分子，达到控制药物释放的目的。如苯乙烯-马来酸-马来酸酐共聚物与抗肿瘤蛋白结合后，形成高效高分子抗肿瘤剂，增强了蛋白的活性。由于高分子链上具有较多的键联点而显示出它的优点：①高分子载体上可以连接大量药物分子，从而产生缓释效应；②高分子载体上可同时连接药物和导向基团，容易实现"自动寻"的功能；③尽管大多数高分子载体本身是非活性的，但可以应用生物活性高分子作载体，将高分子的活性与小分子药物的活性配合起来；④高分子前药有其独特的转运特征，可以在细胞内释放药物。

高分子前药也存在其独特的缺点：①难以通过生物膜屏障进行转运，难以透过细胞膜进入细胞；②如果高分子载体分子量大于肾的阈值，就难以透过肾滤过从血流中排出。

在高分子前药上接上对病灶部位或细胞具有靶向识别作用的基团或链节，设计出的靶向高分子前药，能够使药物在病灶部位或细胞内解离、释放，更好地提高疗效，降低毒副作用。靶向药物应选用水溶性和非免疫原性的高分子，释药后易排出体外，如葡聚糖、聚氨基酸、聚谷氨酸、聚天冬氨酸、聚赖氨酸、聚 N-2-羟丙基甲基丙烯酰胺（HPMA）等。

具有靶向识别功能的基团或链节可以是肿瘤单克隆抗体、肽链、多糖等，如连有对苯二胺氮介的聚谷氨酸，当在其羧基上结合免疫球蛋白 Ig，则对淋巴癌细胞具有专一性。肝细胞膜上的受体专一性地识别半乳糖残基，因此，在高分子前药上接上半乳糖胺或岩藻酸胺则对肝细胞具有导向性。肝细胞溶菌酶对-Gly-Phe-Leu-Gly-或-Gly-Gly-氨基酸链的裂解速度最快，因此，高分子载体可通过这种短肽链连接，在肝脏部位快速裂解而使药物在肝脏定位释放。

七、纳米材料

药用纳米材料通常是指具有 1000nm 以下结构尺寸的材料，纳米控释系统主要用于毒副作用大，生物半衰期短，易被生物酶降解的药物的传递。

目前，用来制备药物纳米粒的聚合物有多种，主要有以下类型。

① 生物降解的疏水性聚合物，如聚乳酸 [Poly（lactic acid），Polylactide，PLA]、聚 α-氰基丙烯酸酯（Polyalkylcyanoacrylate，PACA）、丙交酯与乙交酯共聚物（PLGA）、聚己内酯（Polycyanolactide，PCL）、聚 3-羟丁酸酯 [Poly（3-hydroxybutyrate，PHB）]、聚酸酐、聚氨基酸、聚原酸酯等；

② 天然及半合成高分子材料，有白蛋白、明胶、酪蛋白、纤维素及其衍生物、壳聚糖、透明质酸、海藻酸钠、淀粉、聚氨基酸等；

③ 聚丙烯酸及其酯类聚合物，有聚甲基丙烯酸甲酯、聚甲基丙烯酸、聚甲基丙烯酸羟乙酯、聚甲基丙烯酸-2-二甲基氨乙酯等；

④ 水性聚合物，如聚乙烯醇、聚维酮、聚丙烯酰胺等；

⑤ 两亲性聚合物，如 PLA/PEG、PCL/PEG、PLGA/PEG、聚氨基酸/PEG 等两亲性嵌段共聚物及 PEG-g-PACA 、PEG-g-PNIAAm 接枝共聚物，烷基化壳聚糖等。

微凝胶也常被称为 μ-凝胶（包括微凝胶和纳米凝胶），其分子结构介于支链大分子和宏观网络聚合物之间，一个微凝胶颗粒即为一个大分子，这个大分子链被限定在一定区域内进行分子内交联而形成网状结构。在微凝胶颗粒之间不存在化学键，这是它与大网络聚合物在结构上的根本区别。微凝胶具有的最显著的特点是可逆溶胀性、快速的刺激响应性、体积相转变是连续的、水分散体具有一定的假塑性。Tanaka 研究表明微凝胶溶胀和消溶胀的速度与微粒的半径成反比。吴奇等研究发现微凝胶的体积相转变是连续的，大凝胶的所谓的非连续体积变化是由内部不均匀收缩导致的内部应力同剪切模量之间的相互作用引起的。

高聚物基纳米凝胶载药可通过包括在药和纳米凝胶聚合物基体之间的非共价键作用在内的自积聚机制来实现，例如静电作用、氢键形成和疏水作用等；也可通过混有药物的单体聚合反应合成纳米凝胶将药物固着包裹；或用合成的可在体内断裂的高聚物偶联药物（Conjugate）形成纳米凝胶。

凝胶的结构决定了其具有触变性、溶胀性、脱水收缩性和透过性，这些性质使凝胶在药物制剂及药物在生物体内传递过程中呈现智能化。

图 3-17 为三种不同结构的凝胶的溶胀过程曲线，其中 PVA Hydrogel 和 PVA/Dex Hydrogel的溶胀平衡所需时间为 5h，且溶胀率远远低于 Dex/PVA BHMs Hydrogel，Dex/PVA BHMs Hydrogel 在 3h 内达到溶胀平衡，体现了微凝胶优良响应性的优点，整体表现

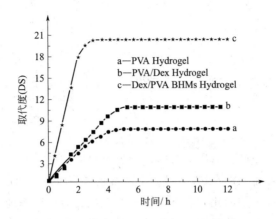

图 3-17　三种不同结构的凝胶的溶胀过程曲线

出快速响应性，微凝胶和大凝胶的溶胀行为协同作用体现了最高的溶胀率，其溶胀性能得以很大的改进。

八、压敏胶材料

聚异丁烯、聚丙烯酸酯和硅橡胶（聚硅氧烷）是三种最常用的压敏胶（PSAs），大量用于局部和系统的药物传递。尽管这三种聚合物在化学性质上和分子结构上有很大的不同，但都适用于透皮吸收制剂（TDDs）或皮肤治疗及其他与皮肤接触的应用领域。因为这些聚合物具有生物惰性，对皮肤的非敏感、非刺激性，且不引起系统的毒性。

1. 聚异丁烯（PIB）

聚异丁烯是一种弹性聚合物，是异丁烯的均聚物，如下式所示。

$$n\underset{CH_3}{\overset{CH_3}{C}}\!\!=\!\!CH_2 \xrightarrow{\text{引发聚合}} \left[\underset{CH_3}{\overset{CH_3}{C}}\!-\!CH_2\right]_n$$

异丁烯　　　　　　　　　　　聚异丁烯

PIB 的玻璃化转变温度较低（$T_g \approx -62℃$），具有高的柔性和持久的黏性。PIB 压敏胶是高、低分子量的 PIB 的混合物。低分子量的聚合物在压敏胶中起到增黏和改善柔软性的作用，高分子量的 PIB 用于增加 PSAs 的内聚力和剥离强度。

由于市售的 PIB 聚合物产品并不能直接作为黏合剂使用，因此 TDDs 贴剂的生产或制备经常需自己配制 PIB 型 PSAs。首先，把一定配比的高和低分子量的 PIB 混合，获得适应的黏合力与内聚力。然后，与胶黏剂、增塑剂、填充剂、石蜡、油及其他的添加物混合，以获得所希望的黏结性和黏度。胶黏剂包括低分子量的聚异丁烯，松香脂，C—H 树脂及聚萜烯；许多类型的增塑剂可以应用，如矿物油、邻苯二甲酸二乙酯（酞酸二乙酯）、酞酸二辛酯或其他的酞酸酯类和己二酸酯及柠檬酸酯，如乙酰基柠檬酸三丁酯；填充剂包括气相白炭黑、硅胶、黏土、微晶蜡及微晶纤维素等。因为稳定性好，PIB 通常不需加稳定剂。需要时，可加抗氧剂或稳定剂来稳定端基。

2. 硅橡胶

硅橡胶压敏胶是聚二甲基硅氧烷和硅树脂的缩聚产物，如下式所示。

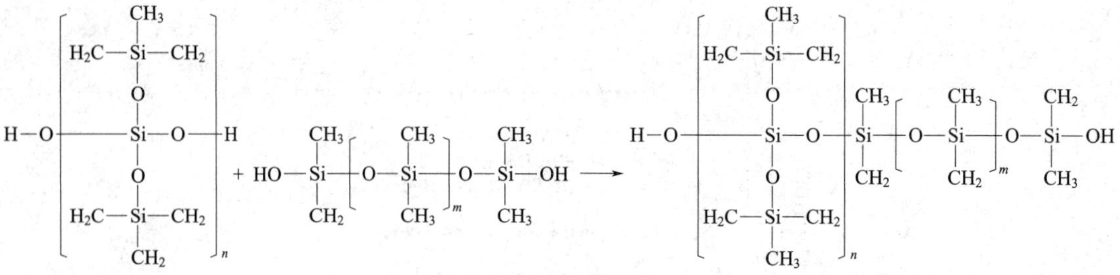

硅树脂　　　　　　聚二甲氧基硅烷　　　　　　　　　　硅橡胶压敏胶

硅树脂是一种高度支化的、具有多官能度的聚有机硅氧烷，与聚二甲基硅氧烷反应形成交联结构。缩聚反应是在非极性溶剂（如二甲苯或己烷）中进行的，导致网状的聚合物体系。硅树脂与聚二甲基硅氧烷的比例影响压敏胶的性能。聚二甲基硅氧烷含量的增加，能够提高压敏胶的柔软性和黏性；硅树脂的增加使黏性降低，但强度、稳定性和耐冷流性提高。另外控制黏结性的重要因素是聚二甲基硅氧烷及硅树脂中的硅烷醇（Si—OH）官能团的含量。

聚二甲基硅氧烷的—Si—O—Si—型主链及规则排列的侧基（—CH$_3$）结构使其具有较低的玻璃化转变温度 T_g（$-126℃$）和较高的柔性，且分子链间具有较大的空隙，因此，对水蒸气和药物分子的渗透性较好。

商业硅胶黏合剂有两种类型的产品：常规型（含有剩余的硅烷醇）和氨基相容型（把反应性硅烷醇端基封住）。为增加黏结强度，常用硅纤维作增强剂，混入硅胶中。水溶性添加剂如乙二醇、甘油和聚乙二醇则用于控制硅胶 PSAs 的吸水性，以促进药物释放。控制药物释放的另一方法是调节硅胶的交联度，交联度的增大将促进内聚力，同时也降低黏性、黏附性和药物释放速率。

3. 丙烯酸酯类压敏胶

丙烯酸酯类压敏胶是丙烯酸酯、丙烯酸和其他功能性单体的自由基引发聚合反应的产物。聚合过程可在溶剂也可在水介质中进行，采用不同单体进行共聚能够获得不同结构的酯基悬挂在主链上，如下式所示。

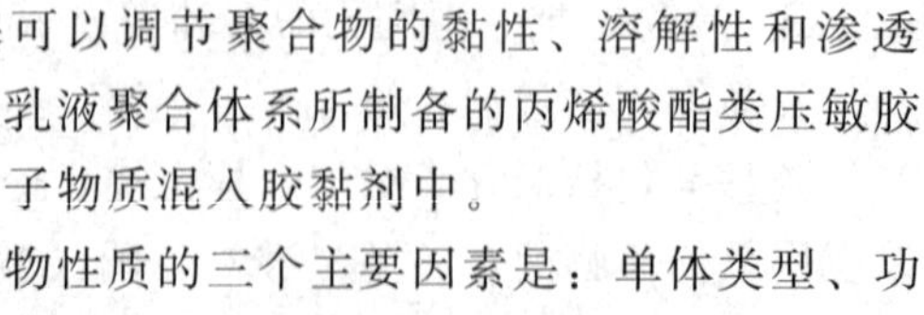

$$n H_2C=CH-\underset{\overset{\|}{O}}{C}-OR \longrightarrow$$

丙烯酸酯　　　　　　　　　　聚丙烯酸酯

R=H、乙基、丁基、2-乙基-己酯、辛酯

分子链上悬挂的酯基可以调节聚合物的黏性、溶解性和渗透性。与 PIB 及硅胶不同，无论是有机溶剂体系还是乳液聚合体系所制备的丙烯酸酯类压敏胶可以直接用于黏合剂，不需预混合，这可避免低分子物质混入胶黏剂中。

决定丙烯酸酯类聚合物性质的三个主要因素是：单体类型、功能基团的交联和分子量。

单体有基础单体和改性单体，基础单体能提供柔性和黏性，许多烷基丙烯酸酯和甲基丙烯酸酯，尤其是那些带有 $4\sim17$ 个碳原子和 T_g 转变温度在 $-50\sim-70℃$ 的丙烯酸酯可用于制备 PSAs。侧链长度的增加会增加聚合物的柔性和黏性，但实际上由于经济价值的原因，只有四种丙烯酸类单体常被应用，它们是丙烯酸-2-乙基己酯、丙烯酸丁酯、丙烯酸乙酯和丙烯酸辛酯。常使用的改性单体是醋酸乙烯酯、丙烯酸甲酯、甲基丙烯酸甲酯和乙酯，丙烯酸、甲基丙烯酸、丙烯腈及氨官能基单体。此外，为改善丙烯酸类聚合物的溶解性和渗透性，常加入水溶性或者亲水性单体，如乙烯基吡咯烷酮，2-羟乙基丙烯酸酯和2-烷氧基丙烯酸酯等。

丙烯酸类压敏胶的交联能够增加抗蠕变、抗剪切和抗冷流性能。有两种交联方法，第一种方法是在PSAs的生产过程中交联，采用少量的带有多个不饱和官能团的丙烯酸酯或甲基丙烯酸酯与丙烯酸酯单体共聚可得到轻度交联的网状聚合物。这种交联通常导致高黏度的聚合物溶液，加工较困难。第二种方法是较普遍应用的，可用于贴剂生产中。方法是在聚合过程中，把带有官能团的单体导入到聚合物侧链上，然后通过涂层和干燥过程中侧基的交联反应而制备交联的丙烯酸酯类聚合物。

分子量和分子量分布对丙烯酸类PSAs的黏结性影响较大。低分子量的聚合物黏性大，但机械强度差，在通常的PSAs中很少应用。增加分子量能够提高聚合物的机械强度。高分子量的丙烯酸酯类的PSAs与低分子量的相比，能够负载较高的药物量，而且更能耐受促透剂。具有低、高分子量最优化分布的丙烯酸酯类PSAs呈现出黏性、黏附性和内聚力的平衡性质。丙烯酸酯类共聚物的分子量可通过调节聚合模式和聚合条件来控制（反应温度，时间等）。如调节单体、溶剂、引发剂等的加入方式、加入时间、加入量等。

4. 水凝胶型压敏胶

传统的三种压敏胶都是疏水性的聚合物，烘干后含水量小于0.1%。最近发展起来的亲水性水凝胶压敏胶含水量高，可与多种药物结合，表现出很好的药物相容性，并具有很高的经皮传递速率，因此不需要使用促透剂。

目前水凝胶压敏胶主要是聚乙二醇（PEG）、聚维酮（PVP）的均聚物、共聚物或者共混物。高分子量的聚维酮（PVP）和低聚合度的聚乙二醇（PEG）通过氢键交联制备的水凝胶，平衡含水量为8%～11%，具有吸收皮肤中水分的能力。PVP-PEG水凝胶的形成有两个步骤，首先是PEG的端羟基与PVP上的羰基间形成氢键，氢键键接的短PEG链使长的PVP链间形成交联结构；然后是交联聚合物在剩余的PEG中的逐渐溶解。所制得的水凝胶具有大量的自由体积，呈现较好的弹性、黏性和药物扩散性质。

另一类交联的PVP基水凝胶是以乙烯基吡咯烷酮为单体，多乙烯基的不饱和化合物作为交联剂，甘油和水作增塑剂，通过紫外引发固化制备的。这种方法形成的凝胶是透明的、清洁的经皮释放胶黏剂（揭去时不在皮肤上残留），形成的压敏胶能够吸收大量的水但又不产生相分离，不损失黏结性。

5. 亲水性的压敏胶

甲基丙烯酸二甲氨基乙酯，甲基丙烯酸和甲基丙烯酸酯的各种比例的阳离子或阴离子共聚物，用乙酰柠檬酸三丁酯增塑，用丁二酸交联后，形成具有压敏性质的亲水黏合剂。丁二酸与聚合物的氨基官能团间的离子化交联提供了较好的黏结强度。这些PSAs是非水溶的，但在水中溶胀且具有水蒸气透过性。通过水洗而很容易地从皮肤上除去，而且在TDDs应用中能够几天内耐间断时间的冲洗。这一PSAs体系的水溶性还可通过水溶或亲水增塑剂来改性，如PEG、甘油、三乙醇胺或者柠檬酸三乙酯等。

亲水性的丙烯酸类PSAs是通过丙烯酸类单体与亲水单体共聚合的方法制备的。由羧酸羟烷基酯单体和水溶性大分子组成的共聚物已被开发出来用作药用黏合剂。如：乙氧基或者丙氧基化甲基丙烯酸羟烷基酯与水溶性大分子单体或链端带有可聚合基团的聚合物的共聚物。

具有不同化学结构的丙烯酸类接枝聚合物 PSAs 也被开发出来，这类聚合物是由带有端甲基丙烯酸酯的聚苯乙烯大单体聚合而得到的，具有好的黏性、耐促透剂性或促进药物渗透等性能。因这类接枝聚合物的主链与支链不相容，接枝链微区分散于连续的聚合物基质中形成相分离结构，能够起到药物促透作用。当这一聚合物体系与脂肪酸酯化合后，能够调解聚合物的流动性和黏结强度间的平衡。

在聚合物骨架上，通过大分子反应可把大分子链接枝到丙烯酸类聚合物骨架上，如具有不同溶解度参数的聚合物：PIB、PEO、聚醋酸乙烯、聚维酮、多糖等已被接枝到丙烯酸类聚合物上，这些聚合物与许多的皮肤促透剂有相容性。

最近开发的另一类亲水 PSAs 是水性聚氨酯（PV）。聚氨酯是小分子二醇，聚合物二醇和二异氰酸酯的共聚物。目前，T_g 低于 $-30℃$ 的水性 PU 已经被用于药物领域。这些聚合物具有高的吸水性和水汽渗透性、较好的黏附性和内聚力的平衡性质。能够较容易地通过控制 PU 的交联密度来调节黏附性与内聚力的平衡。吸水性是通过控制聚合物二醇中的 PEG 含量来实现的。这类水性聚氨酯胶黏剂在 TDDs 系统具有较好的应用前景。

另有报道，PEO 接枝的硅橡胶在促进亲水药物的渗透性和溶解性方面具有潜在的应用前景。

6. 传统压敏胶的共混或共聚改性

许多专利文献报道有多种特殊聚合物能够促进特殊药物的传递。如丙烯酸-2-乙基己酯和乙烯基吡咯烷酮的共聚物被用于 TDDs 系统中，能够负载较高浓度的雌二醇而且无药物结晶存在。这两种单体的反应活性不同，其共聚物具有嵌段共聚物的性质，即具有明显的乙烯基吡咯烷酮和丙烯酸乙基己酯微区存在。研究表明用这类共聚物制备的雌二醇的 TDD 系统，雌二醇从基质中的释放速率与基质中药物浓度无关。

在传统的 PSAs 中，简单地混入其他聚合物或组分，也能够改善 PSAs 的性能，获得适于 TDDs 体系的黏结剂。如硅胶 PSAs 与 PVP 的简单混合能够防止几种药物的结晶，这一技术已经用于氯苯布洛芬（Flurbiprofen）的 TDDs 系统。此外，用混入单酸甘油酯的丙烯酸类 PSAs 制备的 TDDs 骨架，当用于硝酸异山梨醇酯（Isosorbide Dinitrate）的透皮释放时，不仅可以增加皮肤的黏合性和药物的释放速率，而且在撤去之后，对皮肤无任何伤害，也不引起任何的疼痛。据报道，加入黏土也可以促进 PSAs 的黏结性而且不影响药物的传递。

可见，TDDs 系统用的压敏胶材料品种的逐渐增多和性能的日益改善对药物经皮吸收制剂的发展具有很大的促进作用。

固体制剂、半固体制剂以及液体制剂的包装用高聚物材料，主要靠的是高聚物的阻隔性以及化学性质稳定和安全无毒性，要求具有耐水耐腐蚀、耐热性好、机械强度高，其中大多数液体制剂用包装材料还要求可热压灭菌。如固体制剂中的片剂采用塑料瓶包装，散剂和冲剂用塑料膜（袋）包装，软膏剂等半固体制剂以软质和半硬质塑料片或管（袋）包装；液体制剂可以用无毒软质聚氯乙烯包装膜制输液袋、塑料安瓿和塑料瓶包装，它们所用的塑料主要是聚丙烯、聚碳酸酯、聚对苯二甲酸二醇酯以及聚氯乙烯。另外，输液瓶和冻干制剂瓶口的密封要用橡胶塞和塑料隔离膜，由于橡胶可压缩形变的高回弹性能够实现紧密封，其柔软性便于穿刺，如天然橡胶、有机硅橡胶和氯丁橡胶等；塑料隔离膜对电解质无通透性，耐热并具有一定的力学强度，如双拉伸涤纶膜以及聚丙烯膜。中药浸膏剂吸湿性强，一般的塑料包装材料有透湿透气性，故不能较好地长期保持干燥度和防止空气的影响。冲剂吸湿性强，若用塑料包装材料应选用质地较厚的塑料薄膜袋分装，结合铝塑包装则较佳。

无论是制剂还是包装材料，在选用高分子时，需要注意药物与高聚物的分子结构及它们的化学性质，应避免导致药物变性分解的化学反应出现。

思　考　题

1. 在固体制剂和半固体制剂中，药物与高聚物构成的复合结构主要有哪些？
2. 除了本章中所介绍的给药装置外，你还知道的给药装置有哪些？并用图表示。
3. 试述高分子链对药物的吸附与分散作用原理。
4. 试比较微晶纤维素与聚维酮的崩解作用。
5. 试分析高分子膜在缓控释药物制剂中的作用。
6. 试分析高分子凝胶在缓控释药物制剂中的作用。
7. 简述药物分子通过聚合物扩散的步骤。
8. 药物分子经聚合物的扩散传质过程，在何种情况下遵循 Fick 扩散定律？
9. 试用图解药物经骨架的释放模式。
10. 温度敏感性水凝胶中的高分子结构特征如何？

第四章　药用天然高分子材料

药用天然高分子材料已用作为药物制剂的各种辅料，不同药物剂型和制剂对天然高分子材料的要求不尽相同。随着现代制剂工业的发展，药物新剂型、新制剂的不断出现，对辅料的性能要求也随之提高，一些经过物理、化学或生物加工的改（变）性天然高分子材料应运而生。

第一节　概　　述

一、药用天然高分子材料的定义

狭义的药用天然高分子材料是来自植物、动物和藻类，经提取、分离和改（变）性加工等制备的可供药物制剂作辅料使用的高分子化合物，它们包括淀粉、纤维素、阿拉伯胶、甲壳素、海藻酸、透明质酸、明胶以及白蛋白（如人血清白蛋白、玉米蛋白、鸡蛋白等）等，属于生物高分子。本章所述药用天然高分子材料还包括其衍生物，其中天然高分子的衍生物属于半合成高分子。

在改（变）性加工处理过程中，天然高分子通过物理结构破坏、分子切断、重排、氧化或在分子中引入取代基，形成性质发生变化、加强或具有新的性质的药用天然高分子衍生物。例如，淀粉的改性产物羧甲基淀粉、淀粉磷酸酯等；纤维素的改性产物微晶纤维素、羧甲基纤维素、邻苯二甲酸醋酸纤维素、甲基纤维素、乙基纤维素、羟丙基纤维素、羟丙基甲基纤维素、丁酸醋酸纤维素、琥珀酸醋酸纤维素等。

二、药用天然高分子材料的分类

1. 按照其化学组成和结构单元分类

可作为辅料的药用天然高分子材料有多糖类、蛋白质类和其他类。

① 多糖类。多糖是由多个单糖分子脱水、缩合通过苷键连接而成的一类高分子聚合体。它是自然界中分子结构复杂且庞大的糖类物质，可以被人体及生物所代谢利用或分解。

从其分子组成单元-糖基的种类看，它们有的是由一种糖基聚合而成的均多糖（Homosaccharide），如纤维素、淀粉、甲壳素等；有的则含有两种或两种以上的糖基称杂多糖（Heterosaccharide），如阿拉伯胶、果胶、海藻酸等。从多糖形成的聚合糖链形状分析，有的是直链结构（如纤维素），有的既具直链结构又具支链结构（如淀粉、阿拉伯胶）。一般均多糖为中性化合物，杂多糖表现为酸性，故杂多糖又称酸性多糖。

② 蛋白质类。主要是用动物原料制取的一类 L-氨基酸共聚物，明胶以及白蛋白等属于此类。

③ 其他类。无特定组成单元的药用天然高分子的统称。

2. 依据原料的来源分类

从原料的来源分为植物源、动物源和藻类等微生物源的药用天然高分子材料。从其加工制备方法来看，药用天然高分子材料包括天然高分子、生物发酵或酶催化合成的高分子和天然高分子衍生物三大类。生物发酵制备的生物高分子有黄原胶、右旋糖酐等，但不包括聚谷氨酸等以生物原料合成的聚合物。淀粉和纤维素的衍生物在医药工业应用较为广泛，包括羧甲基淀粉、羟丙基淀粉、淀粉硫酸酯、羧甲基纤维素、邻苯二甲酸醋酸纤维素、甲基纤维素、乙基纤维素、羟丙基纤维素、丁酸醋酸纤维素和琥珀酸醋酸纤维素等。

三、药用天然高分子材料的特点

药用天然高分子及其衍生物结构和性能各异。它们有的溶于水，有的难溶或不溶于水；有的在药物制剂作辅料时供外用，有的可供口服；有的口服后可被消化吸收（如淀粉），有的则在人体内不能生物降解（如纤维素）；有的具有生物活性或靶向性（如白蛋白）。但绝大多数药用天然高分子材料及其衍生物具有无毒、应用安全、性能稳定、成膜性好、与生物的相容性好和价格低廉等优点和特点，是药物制剂加工时选用的一类重要辅料。

作为药用辅料，天然药用高分子及其衍生物不仅用于传统的药物剂型中，而且可用于缓控释制剂（CRP、CRDDS）、纳米药物制剂、靶向给药系统（TDS）和透皮治疗系统（TTS）等新型现代剂型和给（输）药系统。

以药用淀粉纳米载体为例，淀粉具有其他人工合成材料所不具备的许多优点，如有良好的生物相容性；可生物降解，降解速率可调节；无毒、无免疫原性；材料来源广，成本低；与药物之间无相互影响。淀粉在水中可膨胀而具有凝胶的特性，这也有利于其应用于人体。当淀粉制备成小于1000nm的纳米粒时，静脉注射可被人体的网状内皮系统（肝、脾）迅速消除，因此具有被动靶向的优良特性。可用作治疗细菌感染及溶酶体疾病，目前也多用于大分子多肽蛋白类药物的载体。除此之外，还有淀粉微球商品（Spherex）出售。淀粉微球的种类有中性微球和离子微球两类，中性微球主要包括丙烯酰化淀粉微球、丙烯酯化淀粉微球、磁性淀粉微球；离子微球主要包括阳离子淀粉微球、阴离子淀粉微球。

第二节 均多糖及其衍生物

一、淀粉及其衍生物

(一) 淀粉

1. 淀粉的结构与性质

(1) 淀粉的结构

淀粉是由一薄层蛋白包着的颗粒状存在于植物中的，颗粒内除含有80％～90％的支链淀粉（Amylopectin）外，还含有10％～20％的直链淀粉（Amylose）。支链淀粉称糖淀粉，直链淀粉又称胶淀粉。二者的结构单元均为D-吡喃型葡萄糖基。直链淀粉是葡萄糖基之间以α-1,4-苷键连接的线形多聚物，平均聚合度为800～3000，分子量1.28×10^5～4.8×10^5。在直链淀粉分子的多聚糖链中，每个葡萄糖单元中含有2个仲醇羟基和4个伯醇羟基，处于糖链首端（又称非还原端）的单元有3个仲醇羟基和1个伯醇羟基，而末端单元含有2个仲醇羟基、1个伯醇羟基和1个半缩醛羟基（即内缩醛羟基），其化学结构简式如下。

由于分子内氢键作用，直链淀粉形成链卷曲的右手螺旋形空间结构，约 6 个葡萄糖形成一个螺旋，见图 4-1。

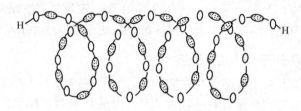

图 4-1　直链淀粉的右手螺旋形空间结构

⬭ 葡萄糖单位；◯ α-1,4-苷键

支链淀粉的分子量较大，根据淀粉来源及分支程度的不同，平均分子量范围在 $1\times 10^7 \sim 5\times 10^8$，相当于聚合度为 5 万~250 万。支链淀粉分子的形状尤如树枝状，小分支较多，估计至少在数十个及以上。各葡萄糖基单位之间以 α-1,4-苷键连接构成它的主链，在主链分枝处又通过 α-1,6-苷键形成支链，分枝点的 α-1,6-糖苷键占总糖苷键的 4%~5%。一般认为每隔 15 个单元，就有一个 α-1,6-苷键接出的分支。其化学结构简式如下。

α-1,6-苷键

淀粉的分子量及分子量分布主要与其来源有关，谷物淀粉的低分子量部分含量较高，超过 40%，其次为豆类、薯类淀粉，小于 30%；而高分子量部分，以薯类所占的比例最大。其次，为豆类、谷类淀粉；谷物中的玉米淀粉的中等分子量所占比例较小；荸荠淀粉的直链淀粉含量约 29%，荸荠淀粉中直链淀粉分子量比玉米链淀粉大；豆类淀粉的直链淀粉含量大于 30%，其分子量也比玉米直链淀粉大。

从玉米、木薯、马铃薯、绿豆、豌豆、荸荠、芭蕉芋等淀粉样品的分子量测定中发现，同一品种淀粉的重均分子量基本相同。各种淀粉的重均分子量由大到小依次为：马铃薯＞木薯＞甘薯＞葛根＞竹芋＞藕粉＞豌豆＞绿豆＞眉豆＞荸荠＞红豆＞玉米＞小麦淀粉；研究结果还表明，淀粉分子量分布不均匀，分散度多介于 5~10 之间，有相当数量在 10~15 之间，个别的分散度高达 19.84 及 15.14，样品分散度由大到小的排列为：块茎淀粉＞谷类淀粉＞豆类淀粉≈块根淀粉；其次，同一品种的淀粉，不同产地的样品，其分散度差别很大。淀粉分子量分布的不均匀性，以及同种淀粉不同样品间分散度的差异性，是自然形成的，无法控制，与合成有机高分子不一样。

根据偏振光测定淀粉颗粒发生的现象来看，淀粉粒内部构造与球晶体相似，它是由许多环层构成的，层内的针形微晶体（又称微晶囊）排列成放射状，每一个微晶束，则是由长短不同的直链淀粉分子或支链淀粉的分枝互相平行排列。并由氢键联系起来，形成大致有规则的束状体，另外，淀粉粒又和一般球晶体不同，它具有弹性变形现象。因此，可以推想到，有一部分分子链是以无定形的方式把微晶束联系起来。这样一来，同一个直链分子或支链分子的分支，就可能参加到不同的微晶束里面，而一个微晶束也可能由不同淀粉的分支部分来构成。微晶束本身大小的不同，同时在淀粉粒的每一个环层中微晶束的排列密度也不一样。因此，可以说淀粉粒具有一种局部结晶的网状结构，其中起骨架作用的是巨大的支链分子，直链分子则可能有一部分单独包含在淀粉粒中，但也有一部分分布在支链分子当中，与支链的分支混合构成微晶束（见图4-2）。淀粉粒中的结晶区约为淀粉粒体积的25%～50%，其余为无定形区。结晶区和无定形区并没有明显的界限，变化是渐进的。

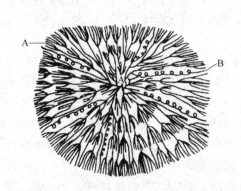

图4-2　淀粉粒的超大分子结构模型

A—直链淀粉；B—支链淀粉

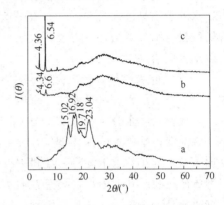

图4-3　淀粉与凝沉物的XRD谱图

a—原淀粉；b—φ（正戊醇）=4%；c—φ（正戊醇）=9.6%

图4-3是马铃薯淀粉a与在正戊醇的作用下从该淀粉的水溶液中沉淀出的淀粉复合物b、c的X射线衍射谱图。a在2θ为15.02°、16.92°、19.7°、23.04°处出现了锐衍射峰，且总体呈漫射峰状，因此，原淀粉中是由结晶态和无定形态构成的。但b、c样品在2θ为4.36°和6.6°附近都出现了锐衍射峰，而且c比b更强而锐，这是沉淀物中的直链淀粉-正戊醇络合结晶且因醇量的加大而增加，但是，不见原淀粉的结晶衍射峰，仅留下原淀粉的漫射峰（2θ为30°左右），即淀粉中的结晶结构因在水中溶解而破坏。

（2）淀粉的性质

① 一般物性

a. 形态与物性常数。玉米淀粉为白色结晶性粉末，显微镜下观察其颗粒呈球状或多角形，平均粒径大小为 $10\sim15\mu m$，堆密度 $0.462g/cm^3$，实密度 $0.658g/cm^3$，比表面积 $0.5\sim0.72m^2/g$，水化容量1.8，吸水后体积增加78%。流动性不良，流动速度为 $10.8\sim11.7g/s$。淀粉在干燥处且不受热时，性质稳定。

b. 淀粉的溶解性、含水量与氢键作用力。淀粉的表面由于其葡萄糖单元的羟基排列于内侧，故其呈微弱的亲水性并能分散于水，2%的水混合液 pH 为5.5～6.5，与水的接触角为80.5°～85.0°；从溶解性看，淀粉不溶于水、乙醇和乙醚等，但有一定的吸湿性，在常温常压下，淀粉有一定的平衡水分，一般规定商业淀粉的含水量如表4-1所示。尽管淀粉含有如此高的水分，但却不显示潮湿而呈干燥的粉末状，这主要是因为淀粉分子中葡萄糖单元存在的众多醇羟基与水分子相互作用形成氢键的缘故。

不同淀粉的含水量存在差别，是由于淀粉分子中羟基自行缔合及与水分子缔合程度不同所致。例如，玉米淀粉分子中的羟基与羟基自行缔合的程度比马铃薯淀粉分子大，淀粉剩余

表 4-1 商业淀粉的含水量

淀粉品种	含水量/%	
	国内	国际
玉米淀粉	14	15
马铃薯淀粉	18	21
木薯淀粉	15	18

的能够与水分子形成缔合氢键的游离羟基数目相对减少，因而其含水量低。因此，可以认为玉米淀粉分子小，位阻小，易于自行缔合。此外，玉米淀粉颗粒小，紧密，分子所含脂肪较多，水分子不易进入内部，也导致玉米淀粉的含水量低。而马铃薯淀粉分子中支链淀粉存在的磷酸根与水分子结合能力大，且较牢固，分子中糖基羟基间自行缔合能力减弱，故其含水量较玉米淀粉高。

c. 淀粉的吸湿与解吸。淀粉中含水量受空气湿度和温度变化而改变，阴雨天，空气中相对湿度高，淀粉含水量增加；干燥天气，淀粉含水量则减少。在一定的相对湿度和温度条件下，淀粉吸收水分与释放水分达到平衡，此时淀粉所含的水分称平衡水分。在常温常压下，谷类淀粉平衡水分为 $10\% \sim 15\%$，薯类为 $17\% \sim 18\%$。用作稀释剂和崩解剂的淀粉，宜用平衡水分小的玉米淀粉。淀粉中存在的水，分为自由水和结合水两种状态。自由水保留在物体团粒间或孔隙内，仍具有普通水的性质，随环境湿度的变化而变化。这种水与吸附它的物质只是表面接触，它具有生理活性，可被微生物利用。结合水不再具有普通水性质，温度低于 $-25℃$ 也不会结冰，不能被微生物利用。排除这部分水，就有可能改变物质的物理性质，在测定水分的过程中，这部分水有可能被排除。

d. 淀粉的水化、膨胀、糊化。淀粉颗粒中的淀粉分子有的处于有序态（晶态），有的处于无序态（非晶态），它们构成淀粉颗粒的结晶相和无定形相。无定形相是亲水的，进入水中就吸水，先是有限的可以膨胀，而后是整个颗粒膨胀。干淀粉浸入水中时伴随着放热现象，放出的热称为水化热（或浸没热，单位 J/g），水化热量随淀粉原有的水分含量而定，原始水量越低，水化热越高。但当含水量高达 $16\% \sim 21\%$ 时，水化热为 0。因此，干淀粉颗粒暴露于水蒸气或液态水中，在 $0 \sim 40℃$ 下吸水产生有限的可逆膨胀，继续加热，则淀粉微晶融化，失去晶体结构对偏光呈现的双折射现象和 X 衍射图。融化温度取决于水分含量。对于低水分样品，融化温度可以超过 $100℃$，在过量水中，融化伴随着水化，逐渐形成淀粉溶胀、糊化。

在 $60 \sim 80℃$，淀粉颗粒是处于无序状态的螺旋结构的直链淀粉分子，伸展成线形，脱离支链淀粉构成有序的树枝状立体网络，而分离了直链淀粉的支链淀粉，则以溶胀颗粒的形式留在水中。离心分离二者，将溶胀淀粉粒置水中继续加热，可形成稳定的黏稠胶体溶液，它冷却后仍不变化，将此溶液脱水、干燥、粉碎，制得的这种支链淀粉仍易溶解在冷水中并分散成胶体；而分离出来的直链淀粉分散液经同法干燥处理，在热水中也不复再溶。若把温度升高至 $140 \sim 150℃$ 则冷却时先形成凝胶，然后又慢慢结晶。

若不实施直链淀粉与支链淀粉的分离，在过量水中，淀粉加热至 $60 \sim 80℃$ 时，则颗粒可逆地吸水膨胀，至某一温度时，整个颗粒突然大量膨化、破裂，晶体结构消失，最终变成黏稠的糊，虽停止搅拌，也都会很快下沉，这种现象称为淀粉的糊化，发生糊化所需的温度称为糊化温度。糊化温度因品种而异，玉米淀粉、马铃薯淀粉和小麦淀粉的糊化温度范围较窄，玉米淀粉 $62 \sim 72℃$，马铃薯淀粉 $56 \sim 66℃$。糊化的本质是水分子进入淀粉粒中，结晶相和无定形相的淀粉分子之间的氢键断裂，破坏了缔合状态，分散在水中称为亲水性的胶体溶液。直链淀粉占有比例大时，糊化困难，甚至置高压锅内长时间处理也不溶解；支链淀粉占有比例大时，较易使淀粉粒破裂。

其他影响糊化的因素有搅拌时间、搅拌速度、酸碱度和添加的化合物等。

e. 淀粉的回生（老化、凝沉）。淀粉糊或淀粉稀溶液在低温静置一定时间，会变成不透明的凝胶或析出沉淀，这种现象称为回生或老化，形成的淀粉称为回生淀粉（或 β-淀粉）。回生的本质是糊化的淀粉在温度降低时分子运动速度减慢，直链淀粉分子和支链淀粉分子的分枝趋于平行排列，互相靠拢，彼此以氢键结合，重新组成混合的微晶束（三维网状结构），它们与水的亲和力降低，故易从水溶液中分离，浓度低时析出沉淀，浓度高时，由于氢键作用，糊化淀粉分子又自动排列成序，构成致密的三维网状结构，便形成凝胶体。回生可视为糊化的逆转，但回生后不可能使淀粉又彻底复原成生淀粉的结构状态。回生的适宜温度在 $0 \sim 4\,^{\circ}\mathrm{C}$，含水量在 $30\% \sim 60\%$ 的淀粉溶液易回生。其他影响回生的因素有淀粉分子组成（直链淀粉的含量）、分子大小（链长）、冷却速度、pH 和各种无机离子及添加剂等。

② 水解反应。存在于淀粉分子中糖基之间的连接键——苷键，可以在酸或酶的催化下裂解，形成相应的水解产物，呈现多糖具备的水解性质。

a. 酸催化水解。淀粉与水加热即可引起分子的裂解；与无机酸共热时，可催化开裂所有苷键（α-1,4，α-1,6）；水解是大分子逐步降解为小分子的过程，经历淀粉→糊精→低聚糖→麦芽糖→葡萄糖，最终水解物是葡萄糖。糊精是淀粉低度水解的产物，是大分子低聚糖的碳水化合物，有分子大小之分，所用酸一般为稀硝酸，因氯离子影响药物制剂氯化物杂质测定所以不用盐酸。

b. 酶催化水解。淀粉在淀粉水解酶的催化下，可以进行选择性水解反应。淀粉水解酶是催化水解淀粉的一类酶的总称，主要包括 α-淀粉酶、β-淀粉酶、葡萄糖淀粉酶和脱支酶。α-淀粉酶（属内切酶）作用于淀粉时，从淀粉内部以随机方式选择性开裂 α-1,4 苷键，得到麦芽糖、带有 α-1,6 苷键的糊精（称极限糊精）和葡萄糖等水解产物；β-淀粉酶是一种外切型淀粉酶，它作用于淀粉时从非还原性末端依次切开相隔的 α-1,4 苷键，水解产物全为麦芽糖；葡萄糖淀粉酶对淀粉的水解作用与 β-淀粉酶相似，也是从淀粉的非还原端开始，依次水解 α-1,4 苷键，使葡萄糖单元以单个形式剥脱。此外，该酶的专一性较差，还能水解 α-1,6 苷键，故水解终产物只有葡萄糖；而脱支酶是水解 α-1,6 苷键的酶。几种淀粉水解酶的特性见表 4-2。

表 4-2　几种淀粉水解酶的特性

种类	类型	作用部位	水解产物
α-淀粉酶	内切型酶	链内部 α-1,4 苷键	麦芽糖、葡萄糖、带有 α-1,6 苷键的称极限淀粉
β-淀粉酶	外切型酶	链非还原端 α-1,4 苷键	麦芽糖
葡萄糖淀粉酶	外切型酶	链非还原端 α-1,4 苷键（主）α-1,6 苷键（少）	β-葡萄糖
脱支酶	内切型酶	支链淀粉 α-1,6 苷键	—

③ 显色。淀粉和糊精分子都具有螺旋结构，每 6 个葡萄糖基组成的螺旋内径与 $I_2 \cdot I^-$ 复合物的直径大小匹配，当其与碘试液作用时，$I_2 \cdot I^-$ 进入螺旋通道，形成有色包结物。螺旋结构长，包结的 $I_2 \cdot I^-$ 多，颜色加深，故直链淀粉与 $KI \cdot I_2$ 作用呈蓝色，支链淀粉呈紫

红色，糊精则呈紫、红色。加热显色溶液，螺旋圈伸展成线性，颜色褪去，冷却后螺旋结构恢复，颜色重现。

淀粉的性质不仅与它的化学结构有关，更多的使用性能与其分子量及分子量分布有关。分子量的大小与分布直接影响淀粉的黏度、流变特性、渗透压、凝沉性和糊化性能等物理化学性质，影响着淀粉的深加工及用途。支链多的薯类淀粉的增稠或胶黏性能好，而要加工降解类变性淀粉则选用直链淀粉为宜，豆类淀粉的直链淀粉含量大于 30％，凝胶性因直链淀粉分子的增大而增强，凝沉性极强。用作稀释剂、填充剂和崩解剂的淀粉，宜用平衡水分小的玉米淀粉和小麦淀粉。

2. 淀粉的来源、加工与物理改性

（1）淀粉的来源

淀粉是植物经光合作用生成的多聚葡萄糖的天然高分子化合物，广泛存在于绿色植物的须根和种子中，根据植物种类、部位、含量不同，各以特有形状的淀粉粒而存在。在玉米、麦和米中，约含淀粉 75％以上，马铃薯、甘薯和许多豆类中淀粉含量也很多。淀粉按其来源可分为谷类淀粉（有玉米淀粉、小麦淀粉、稻米淀粉等）、薯类淀粉（有木薯淀粉、马铃薯淀粉、甘薯淀粉等）、豆类淀粉（有绿豆淀粉、豌豆淀粉、红豆淀粉、眉豆淀粉等）以及果蔬类淀粉（藕淀粉、荸荠淀粉等）等。淀粉是食品，也是食品工业、纺织工业、电子工业、机械制造工业、化学工业和医药工业的原辅材料，药用淀粉主要以谷物淀粉中的玉米淀粉为主，我国药用淀粉年产量在万吨以上。尽管出现了大量化学合成的高分子辅料，但淀粉目前仍然是主要的药用辅料，因为它具有无毒无味、价格低廉、来源广泛、供应十分稳定等许多独特优点，迄今为止仍不失为最基本的药用辅料之一。

（2）淀粉的加工制备

制备药用淀粉首先应选取具有工业化生产价值的原料，再根据淀粉在原料中的存在形式，拟定合理的工艺路线。

含淀粉的农产品很多，但并不是都适用于大规模工业化生产。作为规模生产淀粉的原料必须满足以下条件：①淀粉含量高、产量大、副产品利用率高；②原料易加工、贮藏和销售；③价廉；④不与人争口粮。欧美国家主要以玉米、木薯、高粱为原料；日本主要是利用玉米或甘薯为原料生产淀粉，我国主要以玉米、马铃薯、木薯、甘薯为原料生产淀粉。

淀粉在植物体中是和蛋白质、脂肪、纤维素、无机盐及其他物质连在一起共存的，要得到满足药用级的高质量淀粉，必须选取合理的分离纯化工艺，尽可能地除去与淀粉共存的蛋白质、脂肪、纤维素、无机盐等杂质。

药用淀粉以玉米淀粉为主。现将我国玉米淀粉生产工艺简介如下。

① 工艺流程。玉米淀粉的生产主要是物理过程，有干法和湿法两种工艺。一般获得纯净的玉米淀粉多采用湿法工艺生产，操作上采取封闭式流程，其特点是新鲜水用量少，干物质损耗低，污染少。玉米淀粉的湿法封闭式生产工艺流程如图 4-4 所示。

② 操作过程。湿法加工传统的方法是用亚硫酸浸泡玉米，这是由于亚硫酸能迅速钝化玉米粒生理活动，加速籽粒膨胀，促进乳酸菌繁殖产酸，防止腐败霉变，实现淀粉与蛋白及其他组分的有效分离，但所得淀粉中蛋白质偏高。其工艺过程有以下几部分。

a. 原料预处理。将玉米置振动筛，风力吸尘、筛出石块、泥土等大小机械杂质，再经电磁分离机除铁片、金属碎片，水洗除黄曲霉菌、灰分、无机盐等杂质，得初步净化的湿玉米。

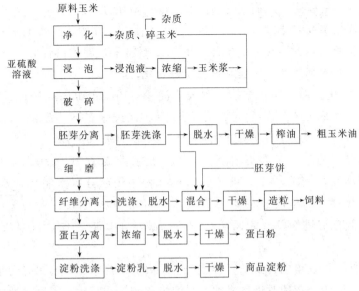

图 4-4　玉米淀粉湿法封闭式生产工艺流程图

b. 浸泡。置湿玉米于浸泡罐中，按 0.2%～0.3% 的亚硫酸：干玉米＝1.2～1.4：1（质量比）的投料比加入亚硫酸水溶液，在 48～55℃ 下浸泡 40～50h，使玉米软化并除去可溶性杂质矿物质、蛋白质和糖等。

c. 破碎与胚芽分离。将浸泡软化后的湿玉米用脱胚机破碎，经一次和二次旋流分离器分去胚芽（供榨玉米油），得淀粉混悬液浆料。

d. 细研磨。取经一次旋流分离器分离出胚芽后的稀浆料，过压力曲筛，筛下物为粗淀粉乳，筛上物用冲击磨（针磨）进行细磨，使与纤维素连接的淀粉最大限度地游离出，得细磨浆料（粗淀粉乳）。

e. 纤维素分离、洗涤、干燥。细磨后的浆料进纤维洗涤槽，经压力曲筛筛分，筛上物为纤维素（经螺旋挤压机脱水后进纤维饲料工序），筛下物为粗淀粉乳。合并 c、d 所得粗淀粉乳，进入淀粉分离工序。

f. 分离、脱水、干燥。将粗淀粉乳经除砂器、回转过滤器，进入分离麸质（含蛋白质）和淀粉的主分离机、旋风分离器，除去蛋白质，得含水 60%、含蛋白低于 0.35% 的精淀粉乳，经卧式刮刀离心机脱水，气流干燥机干燥，粉碎过筛可得含水量 ≤13% 的淀粉。

药用淀粉的质量应符合中国药典（2015 年版）。

玉米淀粉为白色晶性粉末，无臭，如生产时蛋白质分离不充分则易变质，有臭气和酸味。改进的工艺是添加表面活性剂，如用 0.0625% 的十二烷基硫酸钠与亚硫酸复配使用可使淀粉中的蛋白质含量为 0.32%（表 4-3）。

表 4-3　0.25% 的亚硫酸加不同浓度的十二烷基硫酸钠作浸泡液
对淀粉蛋白质含量的影响

十二烷基硫酸钠/%	0	0.0625	0.125	0.25
淀粉蛋白质含量/%	0.47	0.32	0.29	0.28

（3）淀粉的物理结构改性与胶化淀粉

① 淀粉的糊化与 α 化淀粉。目前，药用淀粉的物理结构改性几乎都是借助淀粉的亲水

性实现其聚集态结构的变化,从而获得新的和更好的应用性能。

利用淀粉在糊化温度时分散在水中,最终变成黏稠的淀粉糊这一特性,将新鲜制备的糊化淀粉浆脱水干燥处理,可得易分散于冷水的无定形粉末,即可溶性 α-淀粉。α-淀粉是糊化后的淀粉,速溶淀粉制品制造原理就是使淀粉 α 化。

② 淀粉的预胶化与部分 α 化淀粉。预胶化淀粉(Pregelatinized Starch)又称部分 α 化淀粉、可压性淀粉,它是淀粉经物理或化学改性,有水存在下,淀粉粒全部或部分破坏的产物,X 射线衍射图谱显示,原淀粉的结晶峰明显消失(见图 4-3)。药用级部分预胶化淀粉,有两种制备方法:一种是在符合 GMP 要求的设备中,投入药用淀粉,加水混匀,控制反应釜温度在 35℃ 以下,破坏淀粉粒结构,经部分脱水制得含水量降至 10%～14% 即得;另一种制法是将淀粉的水混悬液(42%)加热至 62～72℃,使淀粉粒破坏,间或加入少量凝胶化促进剂以及表面活性剂,以减少干燥时黏结,混悬液经鼓形干燥器干燥,粉碎即得。

控制生产条件,可以得到含游离直链淀粉、游离支链淀粉和非游离态的预胶化淀粉。

预胶化淀粉是淀粉经物理改性制成的,与淀粉比较,它只改变了物理性质,而原有的化学结构无变化,内含直链淀粉和支链淀粉。它既具天然淀粉的特点,又有其特殊的优异性能。国外预胶化淀粉商品如 Starch RX 1500(美国 Colorcon 公司)中含有 5% 的游离态直链淀粉,15% 的游离态支链淀粉,80% 的非游离态淀粉,这 3 种不同物理状态的淀粉配合,形成其特殊的性能。

预胶化淀粉是一种中等粗至细的白色或类白色粉末,有不同等级,外观粗细不一,在偏光显微镜下检查其颗粒,有少部分或极少部分呈双折射现象,其外部形状依据制法不同呈片状或边缘不整的凝聚体粒状。扫描电镜观察,预胶化淀粉的表面形态不规则,并呈现裂隙、凹隙等,此种结构有利于粉末压片时颗粒的相互啮合。预胶化淀粉含水量一般为 10%～13%,但对湿敏感的药物,并无明显的影响。

预胶化淀粉不溶于有机溶剂,微溶以至可溶于冷水,冷水中可溶物为 10%～20%,它的 10% 水混悬液 pH4.5～7.0。国产预胶化淀粉,休止角为 36.56°。松密度为 0.50～0.60g/mL,粒度分布:无大于 80 目者、大于 120 目者占 5%,95% 通过 120 目。预胶化淀粉的吸湿性与淀粉相似,25℃、相对湿度为 65% 时,平衡吸湿量为 13%,由于其具有保湿作用,与易吸水变质的药物配伍比较稳定。

预胶化淀粉的安全性很高,无毒副作用,至今尚未曾发现其有任何作用的报道。其作为药用辅料的美国药典和英国药典规格见表 4-4。

表 4-4 预胶化淀粉的药典规格

检查项目	美国药典 (NF)	英国药典 (BP)	检查项目	美国药典 (NF)	英国药典 (BP)
鉴别	+	+	二氧化硫含量/%	≤0.008	
pH	4.5～7.0	5.5～8.0	微生物限量		
	(10%浆状物)	(20%分散液)	沙门氏菌	阴性	
干燥失重/%	≤14	≤15	大肠埃希菌	阴性	阴性
炽灼残渣含量/%	≤0.5	—	蛋白质含量/%	—	0.3～0.5
镁盐含量/%	≤0.002	—	硫酸灰分/%	—	≤0.5
氧化物	+	+			

（4）淀粉的水解与糊精

如前所述，淀粉水解是大分子逐步降解为小分子的过程，这个过程的中间产物总称为糊精，糊精分子有大小之分，根据它们遇碘-碘化钾溶液产生的颜色不同，分为蓝糊精、红糊精和无色糊精等，其分子量由 $4.5 \times 10^3 \sim 8.5 \times 10^4$ 不等，在药制剂中应用的糊精有白糊精和黄糊精。

糊精的制法是在干燥状态下将淀粉水解，其过程有四步：酸化、预干燥、糊精化及冷却。生产时，加热温度不得过高，酸在淀粉中的分布应保证均匀，一般用 $0.05\% \sim 0.15\%$ 硝酸喷雾，由于淀粉原料一般含水量在 $10\% \sim 18\%$，故需预干燥，在此过程要保持加热温度均匀（用蒸汽夹层或油夹层加热），并可在容器上方吹热风以加速除去挥发物及水分。淀粉转化成糊精可因用酸量、加热温度及淀粉含水量等不同，而得不同黏度的产品。

糊精为白色、淡黄色粉末。堆密度为 $0.80g/cm^3$，实密度为 $0.91g/cm^3$，熔点 178℃（并伴随分解），含水量 5%（质量比）。不溶于乙醇（95℃）、乙醚，缓缓溶于水，国内习惯上称高黏度糊精的，其水溶物约为 80%。糊精易溶于热水，水溶液煮沸变稀，呈胶浆状，放冷黏度增加，显触变性，主要原因是糊精中含有生产时残留的微量无机酸；在干燥态或制成胶浆后黏度缓缓下降。本品应放置在阴凉，干燥处密闭保存。

3. 淀粉及聚集态结构变化的淀粉在药物制剂中的应用

淀粉及聚集态结构变化的淀粉在药物制剂中，主要用作片剂的稀释剂、崩解剂、黏合剂、助流剂，崩解剂用量在 $3\% \sim 15\%$，黏合剂用量在 $5\% \sim 25\%$。淀粉虽安全无毒，但作为药用则不得检出大肠埃希菌、活螨，1g 淀粉含霉菌应在 100 个以下，杂菌不得多于 1000 个。

（1）淀粉

淀粉的表面由于其葡萄糖单元的羟基排列于内侧，故其呈微弱的亲水性并能分散于水，与水的接触角为 $80.5° \sim 85.0°$，淀粉不溶于水、乙醇和乙醚等，但吸湿性很强，在常温常压下，淀粉有一定的平衡水分，谷类淀粉为 $10\% \sim 12\%$，薯类淀粉为 $17\% \sim 18\%$。淀粉的性质稳定，但可压缩性差，难以成型，常与适量的糖粉或糊精混合使用以加强黏合并使硬度增加。淀粉是由直链与支链构成的聚集体，直链淀粉分散于支链网孔中，支链遇水膨胀以及直链脱离促进淀粉崩解发生。借助其非均相结构受力的不平衡性，以及其在片剂中形成的毛细吸水作用和本身吸水膨胀作用而具备崩解剂的功能，并且适合于不溶性和微溶性药物的片剂。吾国强等在"药片崩解剂羧甲基淀粉的合成"的研究中得出崩解性能与膨胀率并无一定的关系，膨胀率在一定的范围内对提高材料的崩解性能是有益的，过高非但不使材料崩解能力增加反使下降，因此，吸湿膨胀只是引起片剂崩解的因素之一。对易水溶性药物的崩解作用差，可溶性药物遇水溶解产生浓度差，使片剂外面的水不易通过溶液层面透入片剂内部致使内部淀粉无法吸水膨胀，也就是说，淀粉作为崩解剂对易水溶性药物是不合适的。

制备中药干浸膏成分的中药制剂（如片剂、胶囊剂、散剂、冲剂、丸剂和颗粒剂等）时，为了解决难以干燥的问题，加入淀粉吸水辅料，可较好地解决稠膏的干燥问题。

（2）预胶化淀粉

预胶化淀粉是美国药典、英国药典、日本药局外规（药局方外医药品成品规格）都已收载的药用辅料，我国于 1989 年批准使用。与天然淀粉和微晶纤维素相比，它具有以下特征：①流动性好（无论干湿），并有黏合作用，可增加片剂硬度，减少脆碎度；②可压性好，弹性复原率小，适用于全粉末压片；③具自我润滑作用，减少片剂从模圈顶出的力量；④良好的崩解性质。

作为一种新型药用辅料，在药物制剂领域有多方面用途。

① 预胶化淀粉由于其中游离态支链淀粉润湿后的巨大溶胀作用和非游离态部分的变形复原作用、淀粉变形复原的双重作用，因此具有良好的黏合性、可压性、促进崩解和溶出性能，且其崩解作用不受崩解液 pH 的影响；

② 改善药物溶出作用，有利于生物利用度的提高；

③ 改善成粒性能，加水后有适度黏着性，故适于流化床制粒，高速搅拌制粒，并有利于粒度均匀，成粒容易。目前主要用作片剂的黏合剂（湿法制粒应用浓度 5%～10%，直接压片 5%～20%）、崩解剂（5%～10%），片剂及胶囊剂的稀释剂（5%～75%）和色素的展延剂等。

近年来的研究表明，应用预胶化淀粉解决片剂生产中的崩解度、溶出度、裂片、碎片、粘冲等问题，可消除传统辅料（如淀粉、糊精、糖粉等）对片剂的这些影响，提高产品的质量。加之预胶化淀粉价格比微晶纤维素低，辅料用量少，可降低药物制剂生产成本，是一种新型的具有使用价值的辅料。值得注意的是，采用预胶化淀粉作为直接压片的干燥黏合剂，应尽量不用或少用（用量不可超过 0.5%）硬脂酸镁为润滑剂，以免产生软化效应，影响片剂的硬度。

利用生物酶降解淀粉获得的预胶化淀粉，这种预胶化淀粉由马铃薯淀粉经过沉淀、过滤、乙醇洗脱和酶降解而获得，其优点是容易压片，各种理化性质的药物以不同比例与之混合，在较长的时间内以零级速率恒定释放。加入水溶性高的辅料可以增加预胶化淀粉片的释药率。

此外，国外已出现的 δ-淀粉，是将淀粉加水用高压力物理改性制备的一种变性淀粉，它可使淀粉溶解度，压制品的溶解度、崩解度、结合性和硬度等都大大改善。

α-淀粉是全预胶化淀粉的一种，在药剂学中只作黏合剂用。

（3）糊精

糊精在药剂学中可作为片剂或胶囊剂的稀释剂，片剂的黏合剂，也可作为口服液体制剂或混悬剂的增黏剂。但黏度大、难以制粒并有特殊气味，且制成的片剂释放性能差，对主药含量测定有干扰。

（4）可溶性淀粉

可溶性淀粉在 2015 年版《中华人民共和国药典》中收载，主要用作稀释剂、崩解剂、稳定剂、填充剂和无糖药物赋形剂等。

可溶性淀粉（Soluble Starch）是一种白色或类白色粉末，无臭无味，溶解于沸水，不溶于冷水和乙醇，一般用大米、玉米、小米、土豆的淀粉都可制成可溶性淀粉。可溶性淀粉无还原物质，化学性质稳定；吸附力强；流动性好；吸湿性小，水化力较强；热水溶液较澄清，不会显浑浊；耐热性强，不易褐变；并具有很好的乳化作用和增稠效果。本品几乎没有甜度或不甜，且没有糊精的缺点，适合制备片剂、冲剂，特别适宜于制备含化片，所制备的冲剂口感好；也是蔗糖的理想替代品，可用于生产低糖无糖型制剂。另外，可溶性淀粉的滑动性好，使药物装入胶囊中容易进行。除此之外，可溶性淀粉还是一种用途广泛的食品添加剂。

可溶性淀粉又称为酸变性淀粉，一般以淀粉为原料在酸性条件下水解制得。已有干燥氯化氢气体或少量稀盐酸的干法降解技术生产可溶性淀粉。

（二）淀粉的衍生物

1. 淀粉衍生物的结构、性质与制备

淀粉链结构上的醇羟基除了使之具有亲水性外，还能够使之与一般醇类（如甲醇，乙醇）一样能进行酯化或醚化反应，并得到相应衍生物。用于药物制剂的淀粉衍生物主要有：羧甲基淀粉钠（Sodium Carboxymethylstarch，CMS-Na）、羟乙基淀粉、羟丙基淀粉以及交联淀粉等。

（1）羧甲基淀粉钠

羧甲基淀粉钠又称乙醇酸钠淀粉，为聚 α -葡萄糖的羧甲基醚，羧甲基淀粉钠含钠量应低于 10%，一般为 2.8%～4.5%，取代度为 0.5，其结构式如下。

羧甲基淀粉钠为白色至类白色自由流动的粉末，无臭、无味，松密度为 $0.75 g/cm^3$，镜检呈椭圆或球形颗粒，直径 $30～100 \mu m$。羧甲基淀粉钠常温下能分散于水，形成凝胶。在醇中溶解度约 2%，不溶于其他有机溶剂。羧甲基淀粉钠对碱及弱酸稳定，对较强的酸不稳定。1% 的水溶液 pH6.7～7.1。羧甲基淀粉钠具有较强的吸水性及吸水膨胀性，一般含水量在 10% 以下，25℃ 及相对湿度为 70% 时的平衡吸湿量为 25%，在水中体积能膨胀 300 倍。市售品有不同的黏度等级。2% 的混悬液 pH5.5～7.5 时黏度最大而稳定；pH 低于 2 时，析出沉淀；pH 高于 10 时，黏度下降。

羧甲基淀粉钠是由淀粉在碱存在下与一氯乙酸作用而制得，按反应物料状态及所采用的反应介质可分为干法、水溶液法及有机溶剂法。以水溶液法合成羧甲基淀粉为例：70g 高直链淀粉悬浮于 170mL 蒸馏水中，于 50℃ 保温搅拌。加入 235mL 的 1.45mol/L NaOH 水溶液于 50℃ 下 20min 糊化凝胶，再加 55mL 的 10mol/L NaOH 水溶液以使淀粉更多地活化为醇钠。然后，45.5g 一氯乙酸（用尽可能少的水溶解）加入并于 50℃ 下搅拌反应 1h。反应结束加乙酸中和，再缓慢加丙酮，过滤并重新加丙酮悬浮，产物 CMS-Na 胶浆用纯丙酮干燥。室温过夜自然挥干，然后过筛得粒径不超过 $300 \mu m$ 的颗粒。所得产物中在 2，3，6 位羧甲基化度是不相同的，从高到低依次为 2 位，6 位，3 位，三者的比约为 3：1.5：1。

另一水溶液法实验室的合成交联的羧甲基淀粉为在配备有恒温水浴锅、搅拌器、温度计和冷凝器的 250mL 三颈烧瓶内，将 30g 马铃薯淀粉分散于 120mL 的蒸馏水中，加入适量氢氧化钠作催化剂，待搅拌分散均匀后，加入 4.8mL 环氧氯丙烷，30～40℃ 下交联反应 10～16h，反应毕，中和、过滤，每次用蒸馏水 100mL 洗涤三次，80℃ 烘干，粉碎，得交联淀粉。在上述同样装置中，将前面所制交联淀粉分散于 120mL 的 85% 乙醇中，待搅拌分散均匀，加入 4.5g 氢氧化钠，40℃ 下碱化 1.0h，再加入 5.0g 氯乙酸，50～55℃ 下反应 4～8h。反应毕、中和、过滤，每次用 85% 乙醇 100mL 洗涤三次，80℃ 烘干，粉碎，过 240 目筛得白色粉末产品。合成反应方程式如下。

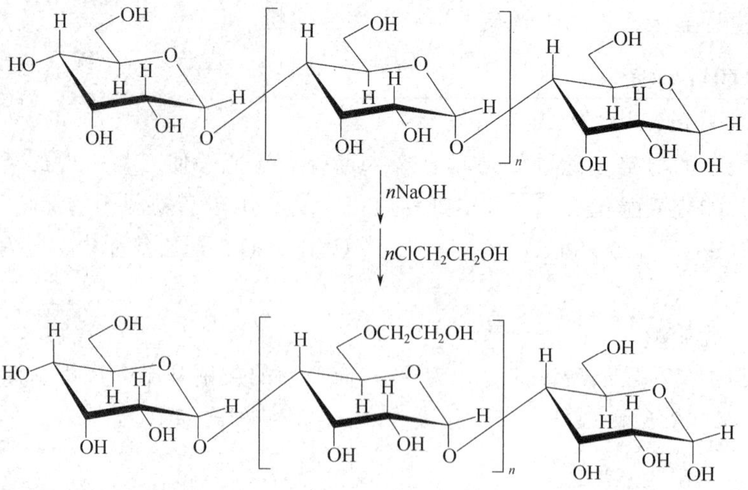

$$\downarrow n\text{NaOH}$$

$$\downarrow n\text{ClCH}_2\text{CH}_2\text{OH}$$

（2）交联淀粉与淀粉微粒

从淀粉原料到淀粉微粒，主要是靠交联剂的介入。交联剂一般是小分子化合物，能被生物体所接受。常用的交联剂有：环氧氯丙烷、偏磷酸盐、乙二酸盐、丙烯酰类化合物等。由此得到醚化的交联淀粉、酯化交联淀粉、非离子型交联淀粉和离子型交联淀粉等，因颗粒度的大小不同而有微球、纳米粒。

因为环氧氯丙烷与淀粉的交联反应是在碱性条件，其中主要反应如下。

$$2\text{St—OH} + \text{ClCH}_2\text{—CH—CH}_2 \xrightarrow{\text{NaOH}} \text{St—O—CH}_2\text{—CH—CH}_2\text{—O—St} + \text{HCl}$$

$$\text{NaOH} + \text{HCl} = \text{NaCl} + \text{H}_2\text{O}$$

现有的合成淀粉微球的方法主要有：①先在淀粉链上引入一个不饱和的侧链，然后将此侧链交联聚合；②直接采用交联剂与淀粉链上的羟基反应交联成球。这两种方法都是在W/O型的反相乳液中进行的。更多的可见第五章中的有关内容。

（3）羟乙基淀粉

羟乙基淀粉的制备方法有淀粉与环氧乙烷的碱催化反应法和淀粉与氯乙醇反应法。按照制备的工艺条件不同，可以制得不同取代度的羟乙基淀粉。低取代度的羟乙基淀粉的颗粒与原淀粉十分相似；羟乙基淀粉的糊化温度，随着取代度的增高而降低。

羟乙基淀粉的糊液黏度稳定。透明性好，黏胶力强；其醚键对酸、碱、热和氧化剂作用的稳定性好。

（4）羟丙基淀粉

羟丙基淀粉的制备方法与羟乙基淀粉的相似，有淀粉与环氧丙烷的碱催化反应法和淀粉与氯丙醇反应法。

羟丙基淀粉是一种白色或淡白色且无特殊气味的粉末。不溶于冷水，可在加热条件下糊化成黏稠、具有一定透明性的胶体，稳定性好。对酸、碱稳定，糊化温度低于原淀粉，冷热黏度变化较原淀粉稳定。与食盐、蔗糖等混用对黏度无影响。

2. 淀粉衍生物在药物制剂中的应用

（1）羧甲基淀粉钠

羧甲基淀粉钠为无毒安全的口服辅料，其吸水膨胀系数高达 200～300，具有良好的可压性，可作为片剂的赋形剂、崩解剂和微胶囊。常用于直接压制片剂，可改善片剂的成型（形）性，增加片剂的硬度而不影响其崩解性，用量一般为 $4\% \sim 8\%$；羧甲淀粉钠可导致片剂的速崩，还可加快药物的溶出，是速崩制剂优良的崩解剂。药物流动性好可直接压片，若流动性不好，可采用湿法制粒工艺。孔隙率和强溶胀性是其作为崩解剂的重要基础，羧甲基淀粉钠广泛用作片剂和胶囊剂的崩解剂。当含量约为 7.6% 时，能获得最短的崩解时间，此时，片剂孔径分布是最合理的细孔结构。这种细孔结构的总孔隙容积达到饱和，它所产生的压力能导致最有效的崩解。溶胀过程成为主要的崩解机制，但当崩解剂含量超过 8% 时，片剂内部毛细管变粗，水分的快速渗透反而隔离了周围细孔结构区，使其中的空气不能及时逸出，阻止水分进入细孔区。0.2% 羧甲基淀粉钠与 1% 淀粉混合制蜜丸，淀粉的加入可改善蜜丸的溶散性能，从而提高药效。崩解剂能加速药物固体制剂的崩解，促进固体制剂中主成分的溶出，最终提高制剂中有效成分的生物利用度。但含羧甲基淀粉钠的片剂在高温高湿中贮存，会增加崩解时限和降低溶出度。

有人用 $CaHPO_4 \cdot 2H_2O$ 为稀释剂，苋菜红为示踪剂，用羧甲基淀粉钠、玉蜀黍淀粉、海藻酸钠和微晶纤维素等为崩解剂作了比较研究，直接压片制成的片剂的崩解和溶出性能如下：崩解时间，羧甲基淀粉钠＜海藻酸钠＜玉米淀粉＜微晶纤维素，溶出 50% 的时间也以羧甲基淀粉钠最短。

（2）交联淀粉

交联淀粉的颗粒形状仍与原淀粉相同，但其交联化学键的强度远大于原淀粉分子中的氢键，它增强颗粒结构的强度，抑制颗粒膨胀、破裂和黏度下降，使交联淀粉具有较高的冷冻稳定性和冻融稳定性。交联使淀粉的膜强度提高，膨胀度、热水溶解度降低，随着交联度的提高，这种影响增大。交联淀粉能耐酸、碱和剪切力，冻融稳定性好，可广泛用作食品工业的增稠剂。

（3）羟乙基淀粉（HES）

羟乙基淀粉在药制剂工业的用途有：

① 用作冷冻时血红细胞的保护剂。常用的血浆增量剂是分子量 4 万和 7 万的右旋糖酐，它有充分的血压保持能力和血浆增量作用，但它对生物体有很强的异物性质，并且还发现有在脏器内沉着等副作用。一般属生物体的碳水化合物具有与糖原类似结构的支链淀粉，其异物的性质很弱，但它在生物体内被淀粉酶迅速分解掉，故不能体现出有效的血压保持能力。经羟乙基化后，对淀粉酶有了抵抗性。

羟乙基淀粉可防止红血球细胞在冷冻和融解过程中发生溶血现象，比甘油和三甲基亚砜效果好。可保护细胞表面，易于洗除。

羟乙基淀粉的取代度愈高就愈难受血中淀粉酶的影响，就愈有血浆增量作用的持久性。但为了体外排泄，还需有适当的取代度。若提高特性黏度，会促进血沉，引起尿中排泄率的降低。若降低特性黏度，维持血压或保持血液量的效果便会变差。目前，实际使用产品：摩尔取代度 $0.5 \sim 0.8$，特性黏度 $0.1 \sim 0.3 dL/g$，平均分子量 5 万～30 万。

② 与二甲基亚砜复配是骨髓的良好冷冻保护剂。

（4）羟丙基淀粉（HPS）

羟丙基淀粉在药制剂工业的用途：羟丙基淀粉可作片剂的崩解剂、用于植物胶囊的加工。另外，羟丙基淀粉还可作血浆增量剂。

二、纤维素及其衍生物

(一) 纤维素

1. 纤维素的化学结构与性质

(1) 纤维素的化学结构

纤维素 (Cellulose) 大分子的结构单元是 D-吡喃式葡萄糖基 (即失水葡萄糖)。每个纤维素分子是由 $M_r/162=n$ 个葡萄糖基构成，其分子式为 $(C_6H_{10}O_5)_n$。式中，n 为葡萄糖基数目，称为聚合度，n 的数值为几百至几千乃至一万以上，随纤维素的来源、制备方法和测定方法而异。纤维素分子为极长链线形多糖高分子化合物，它与直链淀粉相似，没有分枝。

纤维素大分子的 D-葡萄糖基间互以 β-1,4-苷键连接，其证明是纤维素水解过程中会先形成一些中间产物，如纤维素四糖、纤维素三糖和纤维素二糖等，这些水解中间产物相邻的两个葡萄糖基是以 β-1,4-苷键结合而成的，其结构简式如下。

纤维素分子处于两个末端的葡萄糖基性质不同，其处于多聚糖链右侧末端的葡萄糖基第一位碳原子存在一个半缩醛羟基，具有潜在的还原性，当其葡萄糖基环状结构变成开链式时，此羟基即转变为醛基而具有还原性，可与斐林试剂或碘液作用被氧化成羧基；而处于糖链左侧末端的葡萄糖基 4 位多一个仲醇羟基，不具有还原性。所以，对整个纤维素分子来说，一端具有还原性的隐形醛基，另一端没有，故整个大分子具有极性并呈现出方向性。

(2) 纤维素的性质

① 化学反应性。纤维素分子中每个葡萄糖单元均有 3 个醇羟基，其中在 C_2，C_3 有两个仲醇羟基，而在 C_6 有一个伯醇羟基。纤维素分子中存在的大量羟基对纤维素的性质有决定性的影响，它们可以发生氧化、醚化、酯化反应，分子间氢键缔合，吸水润胀，接枝共聚等。羟基的反应活性与其羟基类型有关。以酯化为例，伯醇羟基的反应速度最快。

② 氢键的作用。纤维素大分子中存在大量的羟基，它们可以在纤维素分子内或分子间形成缔合氢键，也可以与其他分子 (如溶剂水及其他极性物质) 形成氢键。由于纤维素的分子链聚合度很大，如果其所有的羟基都被包含在氢键中，则分子间的氢键作用力非常大。可能大大超过 C—O—C 的主要价键力。

一般来说，纤维素中结晶区内的羟基都已经形成氢键，而在无定形区，则有少量没有形成氢键的游离羟基，所以水分子可以进入无定形区，与分子链上的游离羟基形成氢键，即在分子链间形成水桥，发生膨化作用。当分子中纤维素氢键破裂和重新生成时，对纤维素物料的性质如吸湿性、溶解度以及反应能力等都有影响。

干燥的纤维素物料，如未经预先处理，在乙酰化时反应速率极慢，且不完全。若预先润胀处理，使氢键破裂，游离出羟基，则乙酰化速率加快，可达到高度的乙酰化。同样，对于纤维素物料，设法将其分子间的氢键断开，则吸湿性和溶解度都会增加。

③ 吸湿与解吸。如前所述，在纤维素的无定形区，链分子中的羟基只是部分的形成氢键，还有部分是游离的，这部分游离的羟基，易与极性水分子形成氢键缔合，产生吸湿 (水) 作用。纤维素吸水后干燥的失水过程，称为解吸。

纤维素吸水后，再干燥的失水量，与环境的相对湿度有关，纤维素在经历不同湿度的环境后，其平衡含水量的变化，存在滞后现象，见图 4-5。即吸附时的吸着量低于解吸时的吸着量。其理由是：干燥纤维素的吸附是发生在无定形区氢键被破坏的过程，由于受内部应力的阻力作用，部分氢键脱开，但仍保留部分氢键，因而新游离出的羟基（吸着中心）相对于解吸来说是较少的，当吸湿平衡的纤维素脱水产生收缩时，无定形区的羟基部分地重新形成氢键，但由于纤维素凝胶结构的内部阻力作用，被吸着的水不易挥发，氢键不可能完全复原，重新形成的氢键较少，即吸着中心较多，故而吸湿量也较多。氢键破裂，生成游离羟基数量多，

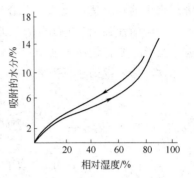

图 4-5 某种纤维素的脱水
吸附滞后现象

其吸湿性增加，市售粉状纤维素在相对湿度为 70％时，其平衡含水量在 8％～12％。根据对 X 射线衍射图的研究表明，纤维素吸水后和再经干燥，二者的 X 射线衍射图没有改变，说明结晶区没有吸着水分子，水的吸着只发生在无定形区，结晶区的氢并没有破坏，链分子的有序排列也没有改变，纤维素的吸水量是随其无定形区所占的比例的增加而增加，实际上，经碱处理过的纤维素的吸湿性比之天然纤维素为大，而后者又低于再生纤维素。

④ 溶胀性。纤维素在碱液中能产生溶胀，这一点在纤维素衍生物的合成上有很大的意义。纤维素的有限溶胀可分为结晶区间溶胀（液体只进到结晶区间的无定形区，其 X 射线衍射图不发生变化）和结晶区内溶胀（此时纤维素原来的 X 射线衍射图谱改变，而出现新的 X 射线衍射图谱）。水有一定的极性，能进入纤维素的无定形区发生结晶区间的溶胀，稀碱液（1％～6％NaOH）的作用也类似于水，但浓碱液（12.5％～19％NaOH）在 20℃能与纤维素形成碱纤维素，具有稳定的结晶格子，所以也只能发生有限溶胀。纤维素溶胀能力的大小取决于碱金属离子水化度，碱金属离子的水化度又随离子半径而变化，离子半径越小，其水化度越大，如氢氧化钠的溶胀能力大于氢氧化钾；纤维素的溶胀是放热反应，温度降低，溶胀作用增加；对同一种碱液并在同一温度下，纤维素的溶胀随其浓度而增加，至某一浓度，溶胀程度达最高值。

⑤ 降解

a. 热降解。纤维素原料在受热条件下，可发生水解和氧化降解反应。随加热温度改变形成降解程度不同的产物。在 20～150℃，只进行纤维素的解吸（脱水蒸气，CO_2、CO 等吸着物）；150～240℃产生葡萄糖基脱水；240～400℃则断裂纤维素分子中的苷键（C—O—C）和 C—C 键，产生新的化合物（如焦油等）和低分子挥发性化合物；≥400℃，则纤维素结构的残余部分进行芳构化，逐渐形成石墨结构，即石墨化。

b. 机械降解。纤维素原料经磨碎、压碎或强烈压缩时，受机械作用，纤维素可发生降解，结果聚合度下降。受机械降解的机械降解纤维素，除纤维素大分子中的键断裂外，还发生天然纤维素结晶结构以及纤维素大分子间氢键的破坏，因此比受氧化、水解或热降解的纤维素具有更大的反应能力和较高的碱溶解度。

⑥ 水解性

a. 酸水解。与淀粉（特别是直链淀粉）分子中苷键（α-1,4-苷键）在酸性条件下水解相比，纤维素分子中苷键要稳定得多。后者需要在浓酸（常用浓硫酸或浓盐酸）催化或较高温

度条件下，才能与水作用，形成相应的降解产物。这说明吡喃葡萄糖基间形成的 β-1,4-苷键在水中的水解速度比 α-1,4-苷键小得多。其机理可能是纤维素分子构象（见图 4-6）中，前一个吡喃葡萄糖基的 1 位氧（具孤对电子）与后一个吡喃葡萄糖基 4 位羟基氢形成分子内氢键缔合，使苷键原子处于相对封闭状态，结果在水解时氢质子不易接近苷键氧原子，需要破坏这部分氢键即在更为激烈的条件才能使纤维素的 β-1,4-苷键开裂。

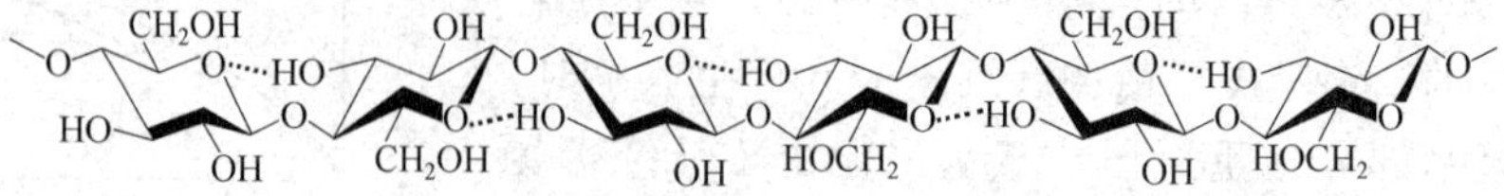

图 4-6　纤维素的分子构象及分子链内氢键形成示意图

b. 碱水解。纤维素对碱在一般情况下是比较稳定的，但在高温下，也会产生碱性水解。

2. 纤维素的来源与物理改性

（1）纤维素的来源

纤维素是植物纤维的主要组分之一，广泛存在于自然界中，占植物界碳含量的 50% 以上。全世界年生成量约 1000 亿吨。目前，工业化制备纤维素的植物纤维原料种类繁多，可分为木材纤维原料，非木材纤维原料（如籽毛纤维原料棉花、棉短绒）和半木材纤维原料。药用纤维素的主要原料来自棉纤维，少数来自木材。棉纤维含纤维素 91% 以上，木材含纤维素较低，约在 40% 以上。棉纤维附着在棉籽表面，长度较短的纤维称为棉绒，摘下的棉绒供化学工业加工生产纤维素、纤维素酯与醚等。研究表明，不论是棉花或木材所含的纤维素，其天然状态具有近乎相同的平均聚合度（约 10000），经受蒸煮或漂白过程，纤维素的聚合度会显著下降。经过处理的纤维素，n 为 1000～10000，随纤维素的来源、制备方法而异。

（2）纤维素的物理结构改性

① 纤维素的物理结构改性与粉状纤维素。将植物纤维材料纤维浆，用 17.5% NaOH（或 24% KOH）溶液在 20℃处理，不溶解的部分（α-纤维素）中包括纤维浆中的纤维素与抗碱的半纤维素，用转鼓式干燥器制成片状，再经机械粉碎即得粉状纤维素（Powdered Cellulose），又称纤维素絮（Cellulose Flocs）。粉状纤维素呈白色，无臭，无味，具有纤维素的通性，不同细度的粉末的流动性和堆密度不同。国外有多种商品规格，其大小从 35～300μm 不等，或呈粒状。在相对湿度为 60% 时，平衡吸湿量大都在 10% 以下，特细的规格，吸湿量较大。粉状纤维素具有一定的可压性，最大压紧压力约为 50MPa。流动性较差。粉状纤维素的聚合度约为 500，分子量约为 2.43×10^5，不含木质素、鞣酸和树脂等杂质。

粉状纤维素（Powdered Cellulose）美国、英国、欧洲药典及日本药局方已收载。

② 纤维素的物理结构改性与微晶纤维素。

a. 来源与制法。植物纤维是由千百万微细纤维（Microfibril）所组成，在高倍电子显微镜下可见微细纤维存在两种不同结构区域，一是结晶区，另一是无定形区。将结晶度高的纤维经强酸水解除去其中的无定形部分，所得聚合度约为 220，分子量约为 36000 的结晶性纤维即为微晶纤维素（Microcrystalline Cellulose，MCC）。其结构式同纤维素，但其在水中的分散性、结晶度和纯度等与机械纤维素不同。目前，国内外商业微晶纤维素的制法如下：将细纤维所制得的 α-纤维素，用 2.5mol/L 盐酸在 105℃煮沸 15min，除去无定形部分，过滤，结晶，用水洗及氨水洗，再经剧烈搅拌分散，喷雾干燥形成粉末状微晶纤维素。

国外市场上还有 RC 型微晶纤维素，称为胶态纤维素（Colloidal Cellulose）或可分散纤维素（Dispersible Cellulose），这种微晶纤维素是用羧甲基纤维素钠包被细小的微晶纤维素粒子，再经机械磨碎、干燥等工艺制成。当 RC 型微晶纤维素投入水中后，羧甲基纤维素钠会先膨胀、溶解，释放出的微晶纤维素粒子凝聚体的内部作用力被破坏，使得微晶纤维素粒子在水中形成胶体分散体的网状结构。以水解后 α-纤维素作为原料，用机械磨碎法破坏天然存在的聚集体，使其成为微细的结晶，为了防止干燥时的再凝聚，常与亲水性分散剂（如含 8.5%～11% 的羧甲基纤维素钠）一起磨碎，然后干燥制成。

b. 种类与性能。不同的原料和不同的加工工艺，制得的微晶纤维素具有不同的性质和性能，形成了国内外市场上各种商品牌号的微晶纤维素。常见的牌号有 Avicel（美国）、KC-W 和 RC-N（日本）、Solka-Flok（意大利）等。而同一牌号又分为不同的型号，如 FMC 公司（美国）生产的商品 Avicel 有 PH 型、TQ 型和 RC 型之分。各国生产的微晶纤维素在标准规格上有一定的差异，如日本药局方（第 13 版）收载的微晶纤维素称 Crystalline Cellulose，如将其混悬于水中，用匀化机（8000r/min）匀化，能保持混悬液在 3h 内不分离，呈不透明乳膏剂，而市售的一般微晶纤维素在同样情况下可分离出上清液及沉淀。这种微晶纤维素广泛用于固体制剂以改善粉体的性能，国外市场上称为 PH 型微晶纤维素，Aicel 公司根据其粒度大小分为 PH-101、PH-102 和 PH-103 等。其中 PH-101 最常用，其粉体学性质：平均粒径为 $50\mu m$，松密度为 $0.32g/cm^3$，实密度为 $0.45g/cm^3$，比表面积为 $1.18m^2/g$，熔点为 $260\sim270℃$（焦化）。Avice PH 还有一些新的型号，其对于片剂的成形性、崩解性都具有不同程度的提高。PH 型 PH-102 具有与 PH-101 同样的成形性、崩解性，由于平均粒径增大为 $100\mu m$，流动性得到改善。因此，微晶纤维素是其系列产品的总称。型号和种类繁多的微晶纤维素给药用辅料的选用提供了多样性。中国药典（2015 年版）四部已收载，并规定微晶纤维素的聚合度不得过 350，灼烧残渣不得超过 0.1%，重金属含量不得过 $10\mu g/g$，pH 值应为 5.0～7.5 等。

微晶纤维素为高度多孔性颗粒或粉末，呈白色，无臭，无味，易流动。不溶于水、稀酸、氢氧化钠液和大多数有机溶剂。具有压缩成型作用、黏合作用和崩解作用。

a. 可压性。微晶纤维素具有高度变形性，已被压制成有一定形状和坚实程度的压缩物，及具可压性。一般以压制的片剂的硬度衡量可压性。同一种原料在同一种压力下，黏度越小，接触面积越大，可压性越大，片剂的硬度也越高。

b. 吸附性。作为多孔性微细粉末，微晶纤维素具有较大的比表面积，且比表面积随无定形区含量的增高而增大，它可以吸附其他物质如水、油和药物等。一般来说，微晶纤维素可吸收 2～3 倍量的水，1.2～1.4 倍量的油，对药物也有较大的容纳性。微晶纤维素吸水可膨胀，使成型的片剂崩解（散）。微晶纤维素具有潮解性，其含水量一般很低，其在相对湿度为 60% 时，平衡吸湿量约为 6%（质量比）。

c. 分散性。微晶纤维素在水中经强力搅拌或匀质器予以作用，易于分散生成奶油般凝胶体。胶态微晶纤维素因含有亲水性分散剂，在水中能形成稳定的悬浮液，呈白色、不透明的"奶油"或凝胶状。当固含量为 7% 时，是一种可浇铸的"奶油"，固含量达 15% 时为成型胶。它是触变形的、稳定的胶体，能常年放置及经受高温杀菌或深度冷冻处理，并能在固体表面生成不溶解的薄膜或涂层。

d. 反应性能。与纤维素相似，微晶纤维素不溶于稀酸、有机溶剂和油类，但在稀碱液中少部分溶解，大部膨化。但与一般纤维素溶解浆相比，尽管微晶纤维素有较高的结晶度，却在羧甲基化、乙酰化、酯化过程中表现出较高的反应性能，这对于制备化学改性的纤维素衍生物极为有利，可使生产中原材料消耗下降，反应条件温和，经济效益提高。

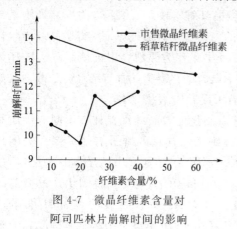

图 4-7　微晶纤维素含量对
阿司匹林片崩解时间的影响

另外，在中国药典（2015 年版）四部中还收载有粉状纤维素，但没有对粉状纤维素的结晶度及含量作出规定，规定灼烧残渣不得超过 0.3%，重金属含量不得过 $10\mu g/g$。这种粉状纤维素由木浆粉碎或进一步降解处理生产的，主要作为稀释剂或充填剂使用。

事实上，除了木浆制备的纤维素外，稻草秸秆经过预处理剥离木质素和半纤维素后制得的微晶纤维素也是性能优异的药用辅料。由 SO_3/NH_3 联合微热爆预处理稻草秸秆制备的稻草秸秆微晶纤维素疏松多孔和比表面积大。利用其制得的片剂崩解时间短，崩解速度快，其崩解性能优于市售微晶纤维素；如图 4-7 所示。可见，稻草秸秆微晶纤维素在含量相对较低时能够达到较快的崩解速率，而且阿司匹林片的崩解速率随纤维素含量增加先变快后变慢，而市售微晶纤维素不具有这种趋势。

3. 纤维素及物理改性纤维素在药物制剂中的应用

纤维素主要是经过物理或化学改性形成纤维素衍生物后供药物制剂和其他工业作辅料用。可用作片剂的稀释剂，硬胶囊或散剂的填充剂。在软胶囊剂中可用作降低油性悬浮性内容物的稳定剂，以减轻其沉降作用。也可作口服混悬剂的助悬剂。用作片剂干性黏合剂的浓度为 5%～20%，崩解剂浓度为 5%～15%，助流剂浓度为 1%～2%。

微晶纤维素是 America Viscose 公司在 20 世纪 50 年代后期研制的药用辅料。它具有高度变形性（赋形）、黏合和吸水润胀等作用，可用作直接压片的黏合剂、崩解剂和填充剂，丸剂的赋形剂，硬胶囊或散剂的填充剂。微晶纤维素能牢固地吸附药物及其他物料，并起球化作用，故不需经过传统的造粒过程，即可直接压片，简化工艺流程，提高生产效率。同时，微晶纤维素制成的药物片剂既不易吸潮又能在水中或胃中迅速崩解，因而大量的用作制备各种片剂的赋形剂和崩解剂。利用微晶纤维素粉末在水中能形成稳定分散体的特点，可用作制备药物膏剂或混悬剂等剂型的赋形剂和稳定剂。在软胶囊剂中可用作降低油性悬浮性内容物的稳定剂，以减轻其沉降作用。

微晶纤维素 PH 型广泛用作口服片剂及胶囊剂的稀释剂和吸附剂，常用浓度为 20%～90%，适用于湿性制粒及直接压片；用作崩解剂时的浓度为 5%～15%，用作抗黏附剂的浓度为 5%～20%。微晶纤维素 RC 型作为胶体分散系主要用于干糖浆、混悬剂，有时也作为水包油乳剂和乳膏的稳定剂。

微晶纤维素的另一方面重要应用是用作药物制剂的缓释材料，其缓释作用可能在于缓释剂的制备过程中，药物进入微晶纤维素的多孔结构，与微晶纤维素分子羟基形成分子间氢键或被微晶纤维素分子氢键所包含，干燥成型后药物分子被固定。当所制得的制剂与介质溶液（水或胃液或肠液）接触时，由于水在载体辅料微晶纤维素的毛细血管系统内扩散引起润胀，微晶纤维素与药物分子间形成的氢键被破坏，使药物缓慢释放出来。

微晶纤维素作为一种新型多功能天然高分子材料，其研究日趋活跃，近年来有不少有关其应用的新的报道。如美国学者使用流化床凝聚作用，以微晶纤维素及预胶化淀粉为填充剂和崩解剂，直接挤压成具有优良生理有效性的对乙酰氨基酚片。微晶纤维素与水不溶性药物混合，可直接挤压出缓慢释放药物的球形药丸。国外市场上近年来推出微晶纤维素球形颗粒，为具有高圆度和机械强度的球形细粒剂，可作为包衣型缓释制剂、苦味掩盖制剂的核芯，已广泛用于缓释微丸包衣。本品与蔗糖球形颗粒相比，颗粒之间的粘连作用较小，便于药物包衣。

（二）纤维素衍生物

全世界每年天然生产的纤维素有 5 千亿吨以上，被工业部门利用的约有 10 亿吨，其中约有 2% 被制成各种酯（约 3/4）和醚（1/4），在历史上，无机酸酯-硝酸纤维素是最早被合成的酯，第一个被应用于生命科学领域的是有机酸酯-醋酸纤维素。纤维素的结构改造一般是按葡萄糖单体中三个羟基的化学反应特性（酯化、醚化、交联和接枝）来分类。在药剂学领域中被应用的纤维素衍生物主要有醋酸纤维素、醋酸纤维素酞酸酯、羧甲基纤维素酯、甲基纤维素、羟丙基甲基纤维素，羟丙基甲基纤维素酞酸酯和醋酸羟丙基甲基纤维素琥珀酸酯等，这些化学改性的纤维素不仅能大大改善药物剂型的加工，而且显著影响药物传递过程。相关衍生物的结构通式（R≠H）如下。

纤维素衍生物的性能受以下因素的影响。

① 取代基团的性质。纤维素衍生物的性质相当程度上取决于取代基团的极性。如非离子型醚类衍生物乙基纤维素疏水的基团占优势，则几乎不溶解于水，如果引进较强极性基团（如羧基，羟基）则大大增加亲水性。

② 被取代羟基的比例。纤维素酯和醚类化合物一般以取代度（Degree of Substitute，DS）来表征，DS 是指被取代羟基数的平均值。

纤维素的衍生物的取代反应常以反应度（Degree of Reaction，DR）或摩尔取代度（Molar Substitution，MS）来表示，DR 或 MS 是指平均的每个葡萄糖单体与环氧烃反应的物质的量（mol），此数值可超过 3。在工业生产上，有时也以取代基在单体上的取代百分数来表示。

根据取代基及其立体位阻的不同，其取代度、摩尔取代度或取代百分数有不同反应限制，如甲基纤维素 DS 可高达 1.8，而乙基纤维素 DS 只能高到 1.2～1.4。

③ 在重复单元中及聚合物链中取代基的均匀度。在工业规模生产上，由于反应分子内及分子间氢键作用，反应试剂进入大分子内部进行反应受到一定的限制，如甲基纤维素的醚化反应，择优在第 6 位碳的羟基进行反应，在第 2 位碳原子的仲羟基表现出更高的反应性，结果在脱水葡萄糖单元内及聚合物的链上产生了不均匀的分布，所有反应产物中包括了未反应、全反应及部分反应产物。工业上进行碱化的过程中，由于反应不够均匀，甲基纤维素的DS 为 1.2 是必要的，保证了产物的必要水溶解度，而实验室溶液法制备过程中，由于反应均匀，DS 只要达到 0.6 就可以达到要求。

纤维素羟烃基衍生物的取代物的均匀性更为复杂。如果反应剂环氧丙烷（或环氧乙烷）

与葡萄糖单体上的羟基起反应，其可能与单体原有的羟基起反应，或者在已增长的侧链羟丙基（或羟乙基）上起反应，羟丙基反应产物是仲醇，而羟乙基反应产物是伯醇，二种端基醇的反应速度不同，取代分布的均匀性不同。

④ 链平均长度及衍生物的分子量分布。侧链长及分子量分布对修饰后的纤维素的性能有显著的影响，虽然各国药典对取代基的含量有一定的要求范围，但实际上在符合药典规定范围内的含量差异也显著影响药物的释放性能。亲水基团羟丙基含量和多分散性指数对药物释放有强烈的影响（图 4-8）。

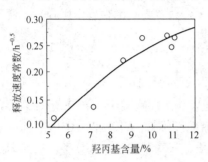

图 4-8　不同羟丙基含量的 HPMC 2208 制成的萘普生缓释骨架片的释放速度常数的影响

纤维素衍生物因含有羟基，可能与一些带有功能基化合物反应，通过共价键结合使其结构稳定化或不溶化，如与甲醛、乙醛、乙二醛、戊二醛反应形成缩醛或半缩醛；与甲氧基化合物形成醚或亚甲基化合物；与环氧化烃类形成聚醚；也可以不用添加交联剂而通过 pH 和温度的改变进行分子内交联（如交联 CMC-Na）。近年来，有很多报道，将纤维素骨架与具有特殊性能的合成聚合物化合形成支链纤维素或纤维素接枝化合物，视其共聚条件的不同，其交联的长度可以不相同，其最常用的单体为丙烯酸及乙烯类化合物，其反应顺序：丙烯酸乙酯＞甲基丙烯酸甲酯＞丙烯腈＞丙烯酰胺＞苯乙烯。

在生命科学及药学文献中已有这类接枝化合物的报道，如聚丙烯酸或聚甲基丙烯酸的纤维素接枝共聚物能使蛋白质凝结并形成钙盐，使某些部位血管栓塞。有研究表明，可以在纤维素微球的表面原位用不同的醚化剂、酯化剂或交联剂进行化学反应，以改变微球的表面电荷、Zeta 电位及疏水性，以利于巨噬细胞的吞噬作用。

纤维素衍生物很少单独使用，一般是与其他聚合物、增塑剂或不同物料（填料、润滑剂）混合使用。亲水性纤维素衍生物膨化后即具有黏附性，可黏附于生物组织、黏膜等处，利用此种性质可将制剂黏附在药物易于吸收的部位。纤维素衍生物可用作生物或黏膜黏着剂。生物黏附（bioadhesion）的机理有静电、吸附润湿、互穿和断裂等。

1. 醋酸纤维素

（1）结构与性质

醋酸纤维素（Cellulose Acetate，CA）是部分乙酰化的纤维素，其含乙酸基（CH_3CO）29.0%～44.8%[●]（质量比），即每个结构单元约有 1.5～3.0 个羟基被乙酰化。醋酸纤维素混杂的游离醋酸不得超过 0.1%。

纤维素经醋酸酯化后，分子结构中多了乙酰基，只保留少量羟基，降低了结构的规整性，因此，性质也起了变化，其耐热性提高，不易燃烧，吸湿性变小，电绝缘性提高。根据取代基的含量不同，其在有机溶剂中的溶解度差异很大，不同类型的醋酸纤维素在药剂学常用的有机溶剂中的溶解度见表 4-5。

[●] 此值（%）系按下式计算而得：$\dfrac{M_{CH_3CO} \times DS}{M_{C_6H_{10}O_5} - M_H \times DS + M_{CH_3CO} \times DS} \times 100$，式中 M_{CH_3CO}、$M_{C_6H_{10}O_5}$ 和 M_H 分别为各自的基团量或原子量，DS 为取代度。

表 4-5 醋酸纤维素在有机溶剂中的溶解度

有机溶剂	三醋酸纤维素	醋酸纤维素或二醋酸纤维素
二氯甲烷	溶	溶
二氯甲烷/甲烷(9:1)	溶	溶
二氯甲烷/异丙醇(9:1)	溶	溶
丙酮/甲醇(9:1)	不溶	溶
丙酮/乙醇(9:1)	不溶	溶
丙酮	不溶	溶
环己酮	不溶	溶

醋酸纤维素或二醋酸纤维素比三醋酸纤维素更易溶于有机溶剂,在制剂操作中(如片剂包薄膜衣),经常要用到共溶剂,溶剂的快速蒸发十分重要。醋酸纤维素的乙酰基含量下降,亲水性增加,水的渗透性增加,三醋酸纤维素含乙酰基量最大,熔点最高,因而限制它与增塑剂的配伍应用,并且也限制了水的渗透性。国产的二醋酸纤维素在 25℃、相对湿度 95% 时,吸水量约 10%,熔点在 260℃ 以上(同时分解)。

(2)制备方法

醋酸纤维素系将纯化的纤维素作为原料,以硫酸为催化剂,加过量的醋酐,使全部醋化成三醋酸纤维素,然后水解降低乙酰基含量,达到所需酯化度的醋酸纤维素由溶液中沉淀出来,经洗涤、干燥后,得固态产品,其酯化反应式如下。

$$2\left[C_6H_7O_2(OH)_3\right]_n + 3n(CH_3CO)_2O \xrightarrow{H_2SO_4} 2\left[C_6H_7O_2(OCOCH_3)_3\right]_n + 3nH_2O$$

(3)应用

醋酸纤维素和二醋酸纤维素常供药用,缓释和控释包衣材料多用后者。二醋酸纤维素的分子式为 $\left[C_6H_7O_2(OCOCH_2)_x(OH)_{x-3}\right]_n$,式中 n 为 200~400;x 为 2.28~2.49。缓释和控释制剂所用的二醋酸纤维素的平均分子量(M_{av})约为 50000,为白色疏松小粒、条状物或片状粉末,无毒,不溶于水、乙醇、碱溶液;溶于丙酮、氯仿、醋酸甲酯和二氧六环等有机溶剂,溶液有良好的成膜性能。与同样方法乙基纤维素膜相比更牢固和坚韧。

三醋酸纤维素具有生物相容性,对皮肤无致敏性,多年来用作肾渗析膜直接与血液接触,无生物活性且很安全,在生物 pH 范围内是稳定的,它可和几乎全部可供医用的辅料配伍,并能用辐射线或环氧乙烷灭菌,近年来,在经皮给药系统中用作微孔骨架材料或微孔膜材料,是透皮吸收制剂的载体。

其他醋酸取代基数量不同的醋酸纤维素作为控释制剂的骨架或渗透泵半渗透膜材应用已有多年历史。在国外醋酸纤维素水分散体(平均粒径 $0.2\mu m$)含固体成分 10%~30%,可用作肠溶包衣材料,其黏度为 50~100mPa·s。

2. 纤维醋法酯

(1)结构

纤维醋法酯(Cellacefate,Celllulose Acetate Phthalate,CAP),又称醋酸纤维素酞酸酯,是部分乙酰化的纤维素的酞酸酯,国产品名纤维醋法酯 Cellacefate,含乙酰基 17.0%~26.0%,含酞酰基($C_8H_5O_3$)30.0%~36.0%,含游离的酞酸不得超过 0.6%。醋酸纤维素酞酸酯是取代度约为 1 的醋酸纤维素,在稀释剂吡啶中同酞酸酐酯化而成的半酯。

(2)性质

醋酸纤维素酞酸酯为白色易流动有潮解性的粉末,有轻微的醋酸臭味,不溶于水

（0.8mg/mL）、乙醇、烃类及氯化烃类，可溶于丙酮与丁酮及醚醇混合液，不溶于酸性水溶液，故不被胃液破坏，但在 pH 为 6.0 以上的缓冲液中可溶解，15％浓度的丙酮溶液，黏度约为 50～90mPa·s（1cP＝1mPa·s）。在下列混合溶剂：丙酮/乙醇（1∶1）、丙酮/甲醇（1∶1）、丙酮/二氯甲烷（1∶3）、乙酸乙酯/异丙醇（1∶1）等中的溶解度可达 10％（质量比）以上。本品熔点为 192℃，玻璃化转变温度为 170℃，CAP 吸湿性不大，在 25℃，相对湿度 60％时的平衡吸湿量在 6％～7％，但保存时应避免过多地吸收水分，长期处于高温高湿条件下将发生缓慢水解，从而增加游离酸，并且改变黏度，经 40℃，相对湿度 75％放置30 天，游离酞酸可达 10.32％，60 天可达 17.32％，经 60℃，相对湿度 100％放置 20 天后，CAP 在肠液中已不溶解。

（3）应用

CAP 作为肠溶包衣材料，一般在其中加入酞酸二乙酯作增塑剂，由于使用时需加有机溶剂溶解，溶剂挥发污染环境，造成易燃易爆等不安全因素。国外已有 CAP 的肠溶包衣水分散体（Aqueous Enteric Coating Dispersion），并被收载于药典中。CAP 的水分散体与它的有机溶剂溶液相比，具有下列优点：粒度在 $0.2\mu m$ 左右的水分散体避免了有毒蒸气对工作人员的伤害作用；水分散体的合成过程无单体、抑制剂、引发剂或催化剂残留；包衣材料溶液的黏度比同浓度的有机溶剂溶液低得多，用通常的喷雾包衣设备在片面上分布快而均匀；包衣好的片剂有更好的抗胃酸及在小肠上端被吸收的作用；包衣好的片剂片面美观，特别是带有标识的片剂。CAP 的使用量是片芯重（质）量的 0.5％～0.9％。CAP 口服安全，毒性低，长期与其接触的工作人员未见皮肤反应，但对耳、黏膜及呼吸道有刺激性。

3. 醋酸纤维素丁酸酯

（1）结构与性质

醋酸纤维素丁酸酯（Cellulose Acetate Butyrate，CAB）也是部分乙酰化的纤维素的丁酸酯。CAB 与醋酸纤维素有相似的性质，但熔点比醋酸纤维素低，疏水性强，熔点的高低与乙酰基和丁酰基的比例有关。CAB 与很多增塑剂有较好的相容性。CAB 与三醋酸纤维素不同，可以溶解在丙酮中，吸湿性也较小。

（2）来源与制备

CAB 的制法与醋酸纤维素相似，其中部分乙酰基为丁酰基所代替。根据其乙酰化、丁酰化的程度，可形成多种产品规格。国内外都未收入药典，国外有商品，常用规格见表 4-6。

表 4-6　国外商品用醋酸纤维素丁酸酯的规格

型号	丁酰基含量/％	乙酰基含量/％	羟基含量/％	游离醋酸含量/％
CAB 171-15S	17.0	20.9	1.5	0.03
CAB 381-2	37.0	13.0	1.5	0.03
CAB 500-1	50.0	5.0	0.5	0.03

（3）应用

CAB 可作为三醋酸纤维素的代用品。在工业上，由于它的熔点较低，白色，光亮，熔后透明，早已用作心电图纸的表层涂料。其本身为无活性、在胃液中不溶解的成膜聚合物，所形成的半透膜仅能透过水分，不能透过离子或药物，故可在药物制剂中用作渗透泵片半透膜包衣材料。

4. 羧甲基纤维素钠及其他盐

（1）结构与性质

羧甲基纤维素钠（Carboxymethylcellulose Sodium，CMCNa）又称纤维素胶（Cellulose Gum），视所用纤维素原料不同，CMCNa 分子量在 9 万～70 万之间，其羧甲基取代度为 0.6～0.8。

羧甲基纤维素钠为白色纤维状或颗粒状粉末，无臭、无味，松密度为 0.75g/cm³，在 227～252℃间变棕色及焦化。易分散于水中成胶体溶液，不溶于乙醚、乙醇、丙酮等有机溶剂，水溶液对热不稳定。本品有吸湿性，在相对湿度为 80% 时，可吸附 50% 以上的水分，因此影响制成品质量。

羧甲基纤维素钠的重要性质有黏度、溶解度和分散度等，这些性质与它的分子量（或聚合度）、取代度和溶解介质的 pH 有密切关系。pH 低于 2 时产生沉淀，大于 10 时黏度迅速下降。CMCNa 在使用时，pKa 为 4.30，稀溶液的酸碱度对羧甲基纤维素的组成有影响，pH 为 7 时，有 90% 呈钠盐；pH 为 5 时，则大约 10% 呈钠盐；pH 为 6～8 时，其黏度趋向于最大；pH＝8.25 是它的等电点。由于纤维素是具有大量羟基的聚合物，在它的链之间，存在强大的氢键力，所以不能溶于水，部分羟基醚化后，降低了链间引力，打乱了晶态的有序结构，从而形成水溶性，并在水溶液中呈现不同的黏度。国外市售的 CMCNa 具有不同的规格，按其 1% 溶液计，高黏度者黏度为 1～2Pa·s，中黏度者黏度为 0.5～1Pa·s，低黏度者黏度为 50～100mPa·s。国外市售的 CMCNa 取代度也不一，取代度为 0.2～0.5 的溶于稀碱或分散于水中成黏稠液，取代度大于 0.5 的溶于水成黏状液，取代度增加到更大的数值（2 以上）时，虽然链间引力下降，由于取代基的疏水性，则需要非极性溶剂来溶解。药物制剂中应用最多的是取代度等于 0.7 的产品，在水中可溶，在有机溶剂中几乎不溶，如美国药典收载的 CMCNa 12 的取代度在 1.15～1.45 之间，其在水中可溶，对可溶性组分有更好的配伍相容性。CMCNa 干热灭菌为 160℃，1h，其水溶液可热压灭菌，但两种灭菌法都可使其分子量下降。CMCNa 的粒度对它的分散和溶解的难易有相当大的影响，粗粒产品分散性较好，但溶解时间较长，细粒产品溶胀及溶解速度较快。CMCNa 的黏度与分子量有关，市售产品分子量在 $9.0 \times 10^4 \sim 7.0 \times 10^5$ 之间，因此它的规格很混乱，美国药典规定 CMCNa 12 的 2% 的溶液的黏度允限，标签注明 0.1Pa·s 以下者，应≥80%；标签注明 0.1Pa·s 以上者，应≤120%。

交联羧甲基纤维素钠（Croscarmellose Sodium，CCNa）又称改性纤维素胶（Modified Cellulose Gum），商品名 Ac-Di-Sol（美国 FMC 公司），是 CMCNa 的交联聚合物，一般有 2 种规格：A 型 pH 为 5.0～7.0，取代度为 0.60～0.85，氯化钠及乙醇酸钠总量低于 0.5%，沉降容积为 10.0～30.0mL；B 型 pH 为 6.0～8.0，取代度为 0.63～0.95，氯化钠及乙醇酸钠总量低于 1.0%，沉降容积为 80.0mL 以下。交联羧甲基纤维素钠，虽然是钠盐，由于分子为交联结构，不溶于水，其粉末流动性好。交联羧甲基纤维素钠具有良好吸水溶胀性，故有助于片剂中药物溶出和崩解。

羧甲基纤维素钙，其取代度与 CMCNa 相近，但分子量较低，聚合度在 300±100，由于以钙盐形式存在，在水中不溶，能吸收数倍量的水而膨化。

（2）制备

CMCNa 的制备：将纤维素原料制成碱纤维素，然后放入醚化锅中，用乙醇作反应介质，加一氯乙酸在 35～40℃进行醚化，反应液用 70% 乙醇稀释，加盐酸中和至 pH 为 7～8，过滤，用70％乙醇洗涤，过滤，压干，干燥，粉碎即得，其一取代基化合物制备反应见下式。

$$\left[C_6H_7O_2(OH)_3\right]_n + 2nNaOH + nClCH_2COOH \xrightarrow{35\sim40℃}$$

$$\left[C_6H_7O_2(OH)_2CH_2COONa\right]_n + nNaCl + 2nH_2O + 2nOH^-$$

交联羧甲基纤维素钠的制法是以食品级的CMCNa为原料，控制一定pH和温度进行内交联而得。羧甲基纤维素钙（Carboxymethyl Cellulose Calcium）是在生成CMCNa后，用酸处理，除去NaCl和乙醇酸钠，洗去多余的游离酸，与适量的CaCO₃反应生成钙盐，然后研磨成粉末制成，共取代度约为1.0。

（3）应用

羧甲基纤维素钠在我国是最早开发应用的纤维素衍生物之一，作为药用辅料，常用为混悬剂的助悬剂，乳剂的稳定剂、增稠剂，凝胶剂、软膏和糊剂的基质（中等黏度，用4％～6％浓度），片剂的黏合剂、崩解剂，薄膜包衣材料，水溶性包囊材料，也可用作皮下或肌肉注射的混悬剂的助悬剂，以延长药效。但CMCNa不宜应用于静脉注射，因其易沉着于组织内，静脉注射在动物体内显示有过敏性。CMCNa无毒，LD_{50}（大鼠，口服29g/kg）不被胃肠道消化吸收，口服吸收肠内水分而膨化，使粪便容积增大，刺激肠壁，故美国药典USP收载作膨胀性通便药。在胃中微有中和胃酸作用，可作为黏膜溃疡保护剂。

交联羧甲基纤维素钠的特点是不溶于水而吸水性良好，故可作为片剂的崩解剂，加速药物溶出。

由于CMCNa口服易成糊状，老年人及小儿服用含CMCNa的固体制剂有堵塞的危险，且CMCNa作为片剂的崩解剂性能不好，因此又开发出羧甲基纤维素钙辅料。它能弥补CMCNa的上述不良作用，而且钙盐也适宜需限制钠盐摄取的患者应用。羧甲基纤维素钙可作为助悬剂、增稠剂，丸剂和片剂的崩解（1％～15％）、黏合剂（5％～15％）和分散剂。

5. 甲基纤维素

（1）结构与性质

甲基纤维素（Methyl Cellulose，MC）是纤维素的甲基醚，含甲氧基27.5％～31.5％，取代度1.5～2.2，聚合度n为50～1500不等，中国药典（2015年版）四部已收载。

甲基纤维素为白色或黄白色纤维状粉末或颗粒，无臭，无毒，相对密度1.26～1.31，熔点280～300℃，同时焦化，有良好的亲水性，在冷水中膨胀生成澄明及乳白色的黏稠胶体溶液，其1％溶液pH为5.5～8.0，不溶于热水、饱和盐溶液、醇、醚、丙酮、甲苯和氯仿，溶于冰醋酸或等量混合的醇和氯仿中。甲基纤维素在冷水中的溶解度与取代度有关，取代度为2时最易溶，甲基纤维素的水溶液与其他非纤维素衍生物胶质溶液相反，温度上升，初始黏度下降，再加热反易胶化，取代度高，胶化温度较低，如取代度为1.24，1.46，1.66，1.89者，凝胶化温度分别为65～75℃、61～65℃、56℃或55℃，煮沸时产生沉淀，放冷再溶解。因此配制其溶液时，应先用70℃热水混合至所需一半体积时，再加冷水混匀，可得澄明溶液。有电解质存在时，胶化温度下降，有乙醇或聚乙二醇存在时，胶化温度上升，加蔗糖及电解质至一定浓度时，可析出沉淀，故质量标准中，一般规定有NaCl等电解质的限量。甲基纤维素的聚合度在15～8000不等，黏度取决于聚合度，国际市场商品按黏度分有15mPa·s、25mPa·s、100mPa·s、400mPa·s、1500mPa·s、4000mPa·s、8000mPa·s等不同等级（商品名Metolose，Methocel，E461，Benecel及Celacol等）。美国药典规定它的标签指示黏度的允限：低于 100mPa·s 的黏度型号为 80%～120%，高于 100mPa·s 的黏度型号为 75%～140%。

甲基纤维素微有吸湿性，在 25℃及相对湿度为 80%时的平衡吸湿量为 23%。甲基纤维素溶液在室温时，在 pH2～12 范围内对碱及稀酸稳定。甲基纤维素易霉变，故经常用热压灭菌法灭菌，与常用的防腐剂有配伍禁忌。

（2）制备

甲基纤维素是以碱纤维素为原料，与氯甲烷进行醚化而得，反应产物经分离、洗涤和烘干、粉碎，最后得粉状成品，其合成反应式如下。

$$\left[C_6H_7O_2(OH)_3\right]_n + nx\,NaOH + nx\,CH_3Cl \longrightarrow$$
$$\left[C_6H_7O_2(OH)_{3-x}(OCH_3)_x\right]_n + nx\,NaCl + nx\,H_2O$$

（3）应用

甲基纤维素为安全、无毒、可供口服的药用辅料，在肠道内不被吸收，给大鼠注射可引发血管性肾炎及高血压，故不宜用于静脉注射。因它在肠内吸水膨化，软化大便，增加容积，增加肠蠕动且无局部刺激作用，美国药典及日本药局方收载其作为通便药（5%～30%）。

在药剂产品中，低或中等黏度的甲基纤维素可作为片剂的黏合剂（2%～6%），用于片剂包衣的浓度为 0.5%～5%，高黏度甲基纤维素可用于改进崩解（2%～10%）或作缓释制剂的骨架（一般浓度为 5%～75%）。高取代度、低黏度级的甲基纤维素可用其水性或有机溶剂溶液喷雾包片衣或包隔离层。其他可作为胃内滞留片的骨架材料和辅料、微囊的囊材（用量为 10～30g/L）、助悬剂、增稠剂、乳剂稳定剂、保护胶体，也可作隐形眼镜片的润湿剂及浸渍剂。0.5%～1%（质量/体积）的高取代、高黏度甲基纤维素可作滴眼液用；其 1%～5%浓度可用作乳膏或凝膏剂的基质。

6. 乙基纤维素

（1）结构与性质

乙基纤维素（Ethyl Cellulose，EC）是纤维素的乙基醚，取代度为 2.25～2.60，相当于乙氧基含量 44%～50%❶。本品已收入中国药典（2015 年版）四部。国外商品有中型号（Medium Type），含乙氧基 46.5%以下；标准型号（Standard Type），含乙氧基 46.5%以上。

乙基纤维素为白色至黄白色粉末及颗粒，相对密度 1.12，密度 1.12～1.15，松密度为 0.4g/cm³。无臭、无味，不溶于水、胃肠液、甘油和丙二醇，易溶于氯仿及甲苯，遇乙醇析出白色沉淀。化学性质稳定，耐碱、耐盐溶液。对酸性材料比纤维酯醚类敏感，在较高温度、阳光或紫外光下易氧化分解，宜贮藏在避光的密闭容器内，置于 7～32℃的干燥处，但与其他许多纤维素衍生物相比，EC 属于最稳定的。

药用乙基纤维素的玻璃化转变温度在 106～133℃不等，软化点很低，约为 152～162℃，这表明药典品的乙基纤维素中的氢键几乎不存在。药用乙基纤维素不易吸湿，置 25℃，相对湿度为 80%的空气中，平衡吸湿为 3.5%。浸于水中时，吸收水量极少，且极易蒸发。

由于乙基纤维素不溶于水、甘油和丙二醇；其乙氧基含量低于 46.5%，易溶于氯仿、乙酸

---

❶ 此数据（%）系按下式计算：$\dfrac{M_{C_2H_5O} \times DS}{M_{C_6H_{10}O_5} - M_{OH} \times DS + M_{C_2H_5O} \times DS} \times 100$，式中 $M_{C_2H_5O}$，$M_{C_6H_{10}O_5}$ 和 M_{OH} 分别为各基团量，DS 为取代度。

甲酯、四氢呋喃及芳烃及乙醇（95%）的混合物；其乙氧基含量在 46.5% 以上的易溶于氯仿、乙醇（95%）、乙酸乙酯、甲醇及甲苯。故其黏度的测定应在 5% 有机溶剂（如甲苯 8%-乙醇 20% 混合液）的溶液中 25℃ 下进行，聚合度不同，黏度不同。市售商品有 7mPa·s、10mPa·s、20mPa·s、45mPa·s 及 100mPa·s 等不同等级。乙基纤维素耐碱、耐盐溶液，有短时间的耐稀酸性。乙基纤维素在较高温度及受日光照射时易发生氧化降解，故宜在 7～32℃ 避光保存于干燥处。

取代度为 2.25～2.60 的乙基纤维素在乙醇、甲醇、丙酮和二氯乙烷等有机溶剂中溶解，但不溶于水、甘油和丙二醇。不同取代度的商业乙基纤维素的溶解性不一，见表 4-7。

表 4-7 不同取代度的商业乙基纤维素的溶解性

取代度	溶解性	取代度	溶解性
0.5	溶于 4%～8% NaOH 溶液	2.2～2.4	在非极性溶剂中的溶解度增加
0.8～1.3	分散于水	2.4～2.5	易溶于非极性溶剂
1.4～1.8	溶胀	2.5～3.0	只溶于非极性溶剂
1.8～2.2	增加在极性或非极性溶剂中的溶解度		

（2）制备

乙基纤维素是用乙基纤维素专用的棉绒，以高浓度、高温的氢氧化钠浸渍、膨化，其用碱量比一般纤维素醚制备时所用的碱量多，将此生成的碱纤维素压榨，除去过多的氢氧化钠，然后置高压反应釜内加入苯，必要时应追加氢氧化钠碎片，再与氯乙烷反应，将粗乙基纤维素加入结晶罐中，加入水，蒸去苯，析出乙基纤维素结晶，洗去多余的氢氧化钠及副产物氯化钠，洗净，滤过后脱水，烘干而得。它的醚化度可用氯乙醚的用量来控制，其合成反应式如下。

$$[C_6H_7O_2(OH_3)]_n + nx\,NaOH + nx\,C_2H_5Cl \longrightarrow$$
$$[C_6H_7O_2(OH)_{3-x}(OC_2H_5)_x]_n + nx\,NaCl + nx\,H_2O$$
$$x \text{ 约为 } 2.25～2.5$$

国际市场上乙基纤维素的商品有 Ethocel（Dow 公司产品）和 Aqualon（Aqualon 公司产品）的不同型号产品。国内四川庐州纤维素厂和上海市试剂二厂有类似型号产品。

（3）应用

乙基纤维素在国际市场上有很多新型号，供不同用途使用，制备控释膜时，可选用标准型 7、10 及 20 优级品；一般包衣时可选用下列不同型号：即中型号 5、15 或其混合物；制备微囊时可用标准型 45 或 100 优级品；片剂包衣时可用标准型 7、10 或 20 优级品；制粒时可用标准型号 10、20 或 45 优级品。

乙基纤维素也广泛地用于制备缓释制剂的骨架，其适用的特殊规格为标准型（含乙氧基 48.0%～49.5%），按颗粒粗细及黏度分有以下不同型号：

标准型 4 优级　　黏度 3～5.5mPa·s

标准型 7 优级*　　黏度 6～8mPa·s

标准型 10 优级*　　黏度 9～11mPa·s

标准型 20 优级　　黏度 18～22mPa·s

标准型 45 优级　　黏度 41～49mPa·s

标准型 100 优级*　　黏度 90～110mPa·s

其中带有 * 者国外产品有极细粉，其粒度在几微米范围，专供作直接压制缓释片的骨架材料，由于其表面积的显著增大，更能显示药物的缓解作用，以提高稳定性和改善黏度，型号名称分别为 Ethocel standard 7 FP premium，Ethocel standard 10FP premium 及 Ethocel standard 100 FP premium。在外用制剂上，细粉规格产品，能提高乙基纤维素的亲脂性和疏水性。

乙基纤维素是一种理想的水不溶性载体材料，适宜作为对水敏感的药物骨架、水不溶性载体、片剂的黏合剂、薄膜材料、微囊囊材和缓释包衣材料等。

制粒时可将其溶于乙醇，也可利用其热塑性，以挤出法或大片法制粒，调节乙基纤维素或水溶性黏合剂的用量，以改变药物的释放速度。乙基纤维素具有良好的成膜性，可将其溶于有机溶剂作为薄膜包衣材料，缓释片包衣常用浓度为 3%～10%，一般片剂包衣或制粒为 1%～3%，由于它的疏水性好，不溶于胃肠液，常与水溶性聚合物（如甲基纤维素、羟丙甲纤维素）共用，改变乙基纤维素和水溶性聚合物的比例，可以调节衣膜层的药物扩散速度。国外通用 30% 的乙基纤维素水分散体来进行薄膜包衣，水分散体的粒子大小在 0.05～0.3μm，黏度在 0.1Pa·s 以下，美国国家处方集（NF）第 19 版已收载。在乳膏剂、洗剂或凝膏剂中应用适当溶剂，乙基纤维素可作为增稠剂。乙基纤维素与很多增塑剂，如酞酸二乙酯、酞酸二丁酯、矿物油、植物油、十八醇等，有良好的相容性。

7. 羟乙基纤维素

（1）结构与性质

羟乙基纤维素（Hydroxyethyl Cellulose，HEC）是纤维素的部分羟乙基醚。

羟乙基纤维素为淡黄色到乳白色粉末，无臭，无味，具潮解性，其 1%（质量/体积）水溶液 pH 为 5.5～8.5，相对密度为 0.35～0.61，软化点为 134～140℃，205℃时分解。市售产品含水量应在 5% 以下，但由于本品具有潮解性，故贮藏条件不同，含水量不同。国外市售产品的黏度因厂家不同而异。

羟乙基纤维素溶于热水或冷水中，可形成澄明、均匀的溶液，但不溶于丙酮、乙醇等有机溶剂，在二醇类极性有机溶剂中能膨化或部分溶解。

本品的 2% 水溶液黏度一般在 2～20000mPa·s，国外市售有溶解型号、快速分散型号等不同黏度产品。

本品与 HPC、HPMC 不同点表现在：即使其水溶液加热，也不形成凝胶。与表面活性剂相容性良好。本品水溶液在 pH2～12 间黏度变化不大，但 pH5 以下可能有部分水解，增加溶液温度，黏度下降，但冷却后可恢复原状，本品溶液经冰冻、高温贮藏或煮沸不产生沉淀或胶凝现象。本品溶液易染菌，如长期贮藏应加防腐剂，与大多数水溶性抑菌剂相容性好，与酶蛋白、明胶、甲基纤维素、聚乙烯醇及淀粉等相容。

（2）制备

将纯净纤维素与氢氧化钠反应制成碱纤维素，然后与环氧乙烷反应而得醚化物。反应时应加挥发性的有机溶剂，以便热转移及利于搅拌，用不溶性的有机溶剂和水洗涤，除去反应生成的副产物，经干燥，粉碎成细粉，市售商品加有少量的防结块剂。

HEC 根据分子量的大小和取代基的多寡，有不同型号，其一取代物代表性反应式如下。

$$\left[C_6H_7O_2(OH)_3\right]_n + nNaOH + nCH_2CH_2 \underset{O}{\longrightarrow} \left[C_6H_7O_2(OH)_2(OCH_2CH_2OH)\right]_n + nNaOH$$

据日本局外规记载，式中的—OCH$_2$CH$_2$OH 含量在 30.0%～70.0%（相当于 0.67～1.56 摩尔取代度）。国际市场商品 Natrosol 250 标明其取代度为 2.5。羟乙基纤维素已收载入 NF、欧洲药典、美国药典，市场规格都标有不同黏度可供选择。

（3）应用

羟乙基纤维素主要用于眼科及局部外用。一般认为无毒，无刺激性，大鼠口服不经胃肠道吸收，但由于其合成过程中有较多量的乙二醇残余物，故目前不被批准供食品用，但FDA 已列为眼科制剂、口服糖浆和片剂、耳科及局部外用的辅料。本品在药剂学中用于眼科和外用制剂的增稠剂、片剂的黏合剂及薄膜包衣剂。

8. 羟丙基纤维素和低取代羟丙基纤维素

（1）结构与性质

羟丙基纤维素（Heprolose，Hydroxypropyl，HPC）是纤维素的部分的聚羟丙基醚，含羟丙基的量为 $53.4\% \sim 77.8\%$，分子量在 $5 \times 10^4 \sim 1.25 \times 10^6$ 不等，国外产品还含有 0.6% 的防结块剂（微粉二氧化硅）。

HPC 为灰白色，无臭，无味的粉末，具有热塑性，130℃软化，260～275℃焦化。相对密度为 1.2224（颗粒），松密度约为 $0.5g/cm^3$，其 1%（质量/体积）水溶液的 pH 为 5.0～8.5。19% 溶液的黏度不低于 $0.145Pa \cdot s$。溶于温度低于 40℃ 的水中，而不溶于 50℃ 以上的水中，但能在热水中溶胀，加热胶化，在 40～45℃ 时形成絮状膨化物，放冷可复原。可溶于多种极性有机溶剂，如甲醇（1:2）、乙醇、丙二醇、异丙醇（95%）、二甲基亚砜和二甲基甲酰胺，高黏度型号溶解性较差，加入共溶剂能显著地改变溶解能力。市售品根据研磨加工粒度不同有 20 目、60 目及 100 目等不同产品。

HPC 具有黏性，其黏度与聚合度有关。不同型号的 HPC 在 25℃ 时不同水溶液浓度的黏度不同，Aqualon 公司生产的 Klucel HF 为 1500～3000mPa·s（1%），MF 为 4000～6500mPa·s（2%），GF 为 150～400mPa·s（2%），GF 为 15～400mPa·s（5%），LF 为 75～150mPa·s（5%），EF 为 200～600mPa·s（1%）。

HPC 的平衡含湿量通常在 2%～5%，但在 23℃ 及相对湿度为 84% 时的平衡吸湿量为 12%。HPC 的干品虽有潮解性，但其粉末很稳定。HPC 水溶液在不良条件下，易受化学（低 pH）、生物及光降解而致黏度降低。HPC 不宜与高浓度溶质配伍，因溶质夺取溶剂中的水分，易产生沉淀，溶解后的 HPC 可与常用防腐剂产生配伍禁忌。

L-HPC（低取代羟丙基纤维素）相对密度为 1.46，实密度约为 0.57～0.65g/cm³，平均粒子大小不同等级不一，LH-11 为 50.6μm，LH-21 为 41.7μm，大粒子崩解性好，小于 1μm 的粒子有强结合性。本品的突出特点是在水和有机溶剂中不溶，但在水中可溶胀。其溶胀性随取代基的增加而提高，取代百分率为 1% 时，溶胀度为 500%，取代百分率为 15% 时，溶胀度为 720%，而淀粉的溶胀度只有 180%，微晶纤维素的溶胀度为 135%。L-HPC 粉末有很大的表面积和孔隙度，可加速吸湿速度，增加溶胀性，用作片剂辅料时，使片剂易于崩解。同时，它的粗糙结构与药粉和颗粒之间有较大的镶嵌作用，使黏结强度增加，从而提高片剂的硬度和光泽度。

（2）制备

HPC 是以碱纤维素为原料，在高温与高压条件下与环氧丙烷醚化而成。利用其不溶于温热水的特性，将副产物丙二醇洗去，但它在水中膨化，洗涤效率较低。在醚化作用时，羟丙基可以取代几乎所有的仲羟基，侧链上的伯羟基被取代后形成新的仲羟基，可以进一步与环氧丙烷反应，因此，侧链上有可能存在不止 1mol 的环氧丙烷。

HPC 根据分子量的大小和取代基的多寡，有不同型号，其一个取代基的化合物代表性的合成反应式如下。

$$\left[C_6H_7O_2(OH)_3\right]_n + nNaOH + nCH_3-\overset{\displaystyle CH-CH_2}{\underset{\displaystyle O}{\diagdown\diagup}} \longrightarrow \left[C_6H_7O_2(OH)_2OCH_2-\overset{\displaystyle CH-OH}{\underset{\displaystyle CH_3}{|}}\right]_n + nNaOH$$

国际市场上的商品有 Klucel（Aqualon 公司产品），目前，国内外应用很广泛的低取代羟丙基纤维素（Low Substituted Hydroxyl Cellulose，L-HPC），是含羟丙基取代基较低的 HPC，L-HPC 的取代基含量为 5%～16%，约相当摩尔取代度 MS＝0.1～0.39。中国药典（2015 年版）四部收载的品种规格，相当于低取代羟丙基纤维素。

（3）应用

HPC 口服无毒，小鼠口服 LD_{50}＞5g/kg、静脉注射 LD_{50} 大于 0.5g/kg、腹腔注射大于 25g/kg 时对皮肤一般无刺激、无致敏性，但是有个别报告用于雌二醇透皮贴片剂时出现过敏性接触性皮炎。与纯纤维素相似，口服后体内无代谢吸收。

HPC 在药物制剂中，广泛用作黏合剂和成粒剂的常用浓度为 20%～60%，薄膜包衣材料常用浓度 5% 乙醇溶液，加上硬脂酸或软脂酸可作增塑剂，高黏度型号能延缓片剂中药物的释放，故往往几种型号混合应用充当长效制剂的骨架。此外，还可作为微囊包封的膜材、胃内滞留片的骨架材料和辅料、混悬剂的增稠剂和保护胶体，也常用于透皮贴剂。

利用 HPC 具有良好的成膜性质，将本品 7%，NaOH8% 的黏胶液在 20%（NH₄）₂SO₄ 液中再生，可制得透明度好，厚薄均匀的有一定强度的低取代羟丙基纤维素薄膜，可作为药物载体与卡波姆配伍制成制剂接触黏膜，即吸收体液黏着在黏膜上。作为生物黏附片的黏附材料、黏附性软膏基质和口腔给药制剂口腔贴片的黏附基质等。

L-HPC 是一种较新型的片剂辅料，其大鼠口服 LD_{50} 为 15g/kg 可作为缓释片剂骨架；在作为崩解剂的同时，还可以提高片剂的硬度，其崩解后的颗粒也较细，因此有利于药物的溶出，L-HPC 的崩解性与胃液或肠液中的酸碱度没有很大的关系。

9. 羟丙基甲基纤维素

（1）结构、种类与性质

羟丙甲纤维素（Hypromellose，Hydroxypropyl Methyl Cellulose，HPMC）是纤维素的部分甲基和部分聚羟丙基醚，属于非离子型高分子化合物，实密度为 0.5～0.7g/cm³，熔点 190～220℃，焦化温度为 225～230℃，玻璃化转变温度为 170～180℃。美国药典（USP）收载的 4 种型号的 HPMC 的取代基含量列于表 4-8。

表 4-8 USP 收载的 4 种型号的 HPMC 的取代基含量

型号	—OCH₃/%	—OC₃H₆OH/%
1828	16.5～20.0	23.0～32.0
2208	19.0～24.0	4.0～12.0
2906	27.0～30.0	4.0～7.5
2910	28.0～30.0	7.0～12.0

HPMC 的国外商品有 Methocel（Dow 公司）和 Pharmacoat 信越（日）化学公司等，它的甲基取代度为 1.0～2.0，羟丙基平均摩尔取代度为 0.1～0.34，根据其成品中甲氧基含量和羟丙基含量的比例不同，可得到在性能上有所差别的各个品种，见表 4-8，其分子量在 10000～150000。在 HPMC 的末尾标上 4 位数即表示各种型号的标号，分别表示不同取代基的百分含量范围的中值，前两位数表示甲氧基含量，后两位数表示羟丙基含量。

HPMC 属于非离子型纤维素混合醚中的一个品种，与离子型甲基羧甲基纤维素混合醚等不同，它与重金属不起反应。由于羟丙基甲基纤维素中甲氧基含量和羟丙基含量的比例不同和黏度不同，就成为在性能上有差别的各个品种，例如高甲氧基含量和低羟丙基含量的品种，它的性能就接近于甲基纤维素，而低甲氧基含量和高羟丙基含量的品种，则它的性能就接近于羟丙基纤维素，但在各品种中，虽仅含有少量的羟丙基或少量的甲氧基，但在有机溶剂中的溶解性能或在水溶液中的絮凝温度，就出现很大的差别，现将羟丙基甲基纤维素的各种性能分述如下。

① HPMC 的溶解性能。HPMC 是一种经环氧丙烷改性的甲基纤维素，故它具有与甲基纤维素相类似的冷水溶解和热水不溶的特性。HPMC 在有机溶剂中的溶解性优于其水溶性，它能溶于甲醇和乙醇溶液中，也能溶于氯代烃如二氯甲烷、三氯甲烷以及丙酮异丙醇和双丙酮醇等有机溶剂中。在热水中的溶解性略有不同，2208 不溶于 85℃ 以上的热水，2906 不溶于 65℃ 以上的热水，2910 不溶于 60℃ 以上的热水。HPMC 不溶于乙醇、乙酸及氯仿，但溶于 10%～80% 的乙醇溶液或甲醇与二氯甲烷的混合液；某些型号溶于水、丙酮或二氯甲烷与异丙醇的混合液。

a. HPMC 水中溶解的性能。HPMC 由于改性后含有羟丙基，使它在热水中的凝胶化温度较甲基纤维素大大提高。例如 2% 甲氧基含量取代度 DS = 0.73，羟丙基含量 MS = 0.46 的羟丙基甲基纤维素水溶液黏度于 20℃ 时为 500cP（1cP = 10^{-3} Pa·s）的产品，它的凝胶温度可达到接近于 100%，而同样黏度的甲基纤维素，则仅为 55℃ 左右。其在水中的溶解情况，也大有改善，HPMC 溶于冷水成为黏性溶液，其 1% 水溶液 pH 为 5.8～8.0。经粉碎后的羟丙基甲基纤维素（粒径 0.2～0.5mm）在 20℃ 时 4% 水溶液黏度达 2000cP 的产品，可在室温下不经冷却而易溶于水中。

b. HPMC 在有机溶剂中的溶解性能。HPMC 在有机溶剂中的溶解情况，也较甲基纤维素良好。甲基纤维素需要在甲氧基取代度在 2.7 以下的产品才能溶解于醇溶液中，而含有羟丙基 MS = 1.5～1.8 和甲氧基 DS = 0.2～1.0，总取代度在 1.8 以上的高黏度羟丙基甲基纤维素，就能溶于无水甲醇和乙醇溶液中，且具有热塑性和水溶性。它也能溶于氯化烃类如三氯甲烷和三氯乙烷，以及丙酮，异丙醇和双丙酮醇等有机溶剂中。它在有机溶剂中的溶解性优于水溶性。

② HPMC 黏度的影响因素。HPMC 的标准黏度测定，同其他纤维素醚相同，都是于 20℃ 以 2% 的水溶液作为测定的标准。

同一产品的黏度，随着浓度增加而提高。同样浓度的不同分子量产品，分子量大的产品则黏度大。其黏度与温度的关系则与甲基纤维素相仿，当温度升高时，则黏度开始下降，但至一定温度时则黏度突然上升而发生凝胶化，低黏度产品的凝胶温度则较高黏度为高。它的凝胶点的高低，除与醚的黏度高低有关系外，还与醚中甲氧基与羟丙基的组成比例和总取代度的大小都有关系。HPMC 的胶化点视型号不同而异，它的水溶液加热时，最初黏度下降，然后随加热时间增加，黏度上升，形成白色混浊液而胶化，甲氧基取代度越小，胶化温度越高，如 2208 为 80℃，2906 为 65℃，2910 为 60℃，其在加热和冷却过程中，溶胶与凝胶可产生可逆变化。必须注意到羟丙基甲基纤维素也具有假塑性，它的溶液储存于室温下是稳定的，除酶降解可能性外，黏度无任何下降现象。

③ HPMC 的溶盐性。由于 HPMC 也是一种非离子型醚，它在水的介质中不离子化，它不像其他离子型的纤维素醚，如羧甲基纤维素，在溶液中要与重金属离子反应而析出。一般盐类如氯化物，溴化物，磷酸盐，硝酸盐等加入到它的水溶液中不会析出。但盐类的加

入，对它水溶液的絮凝温度有些影响，当盐浓度增高时，则凝胶温度降低，当盐浓度在絮凝点以下时，有提高溶液黏度的倾向，因此加入一定量的盐类，在应用上可较经济地达到增稠作用，所以在某些应用上，宁可用纤维素醚和盐的混合液，而不用较高浓度的醚溶液来达到增稠效果。

④ HPMC 的耐酸碱性。HPMC 酸和碱，一般来说还是稳定的，在酸碱度 pH2～12 范围内不受影响，它可耐一定量的淡酸，如甲酸、醋酸、柠檬酸、琥珀酸、磷酸、硼酸等，但浓酸有使其黏度降低的影响。碱类如苛性钠、苛性钾和酚酞（无色）等，对它也无影响，但能出现溶液的黏度稍有提高，以后有再缓慢下降的现象。

⑤ HPMC 的可混用性。HPMC 溶液可与水溶性高分子化合物相混用，而成为均匀透明的黏度更高的溶液，这些高分子化合物包括：聚乙二醇、聚醋酸乙烯、聚硅酮、聚甲基乙烯基硅氧烷和羟乙基纤维素以及甲基纤维素等。天然高分子化合物，如阿拉伯树胶、刺槐豆胶、刺梧桐胶、黄蓍胶等也都同它的溶液有良好的混用性。

HPMC 能与硬脂酸或棕榈酸的甘露醇酯或山梨醣醇等混用，也能与甘油、山梨糖醇和甘露醇等混用。这些化合物都可作为羟丙基甲基纤维素的增塑剂。

⑥ HPMC 的不溶解化。水溶性纤维素醚类，如羟丙基甲基纤维素，甲基纤维素，羟乙基纤维素，羟甲基纤维素以及其他的水溶性纤维素醚，都能与醛类进行表面交联，而使这些水溶性醚在溶液中析出，成为水中不溶解物。使 HPMC 不溶解化的醛类有甲醛、乙二醛、琥珀醛（丁二醛）、己二醛等，使用甲醛时特别要注意溶液的 pH 值，其中以乙二醛反应较快，因此在工业化生产中常用乙二醛为交联剂。这类交联剂在溶液中的用量为醚质量的 0.2%～10%，最好为 7%～10%，如用乙二醛以 3.3%～6% 最为适宜。一般处理温度在 0～30℃，时间为 1～120min，交联反应需要在酸性条件下进行，一般先将溶液加入无机强酸或有机羧酸来调整溶液的 pH 至约为 2～6，最好在 4～6 之间，然后加入醛类进行交联反应。所用的酸包括 HCl、H_2SO_4、H_3PO_4、甲酸、醋酸、羟基醋酸、琥珀酸或柠檬酸等，其中以甲酸或醋酸为宜，而以甲酸为最优。也可将酸和醛同时加入，使溶液在所需的 pH 值范围内进行交联反应。这反应常用于纤维素醚类制备工艺中的最后处理工序，使纤维素醚不溶解化后，便于用 20～25℃ 的水来洗涤净化。当产品使用时，可在产品的溶液中加入碱性物质来调整溶液的 pH 值偏碱性，产品就能很快溶于溶液中。

这方法也适用于纤维素醚溶液制成薄膜后来处理薄膜，使成为不溶性膜。

⑦ HPMC 的抗酶性。在理论上纤维素衍生物，如每个脱水葡萄糖基团上都有一个牢固结合的取代基团，对微生物的侵蚀是不易受到感染的，但事实上成品取代值超过 1 时，还会受到酶的降解，这就说明纤维素链上两个基团的取代度是不够均匀的，微生物能在接近未经取代为脱水葡糖基团上侵蚀而形成糖类，作为微生物的营养料来吸收。所以，若纤维素的醚化取代度增加，则纤维素醚的抗酶侵蚀能力也就增强。据报道，在控制条件下，所作酶的水解结果，羟丙基甲基纤维素的残余黏度为 13.2%，甲基纤维素为 7.3%，羟乙基纤维素为 1.7%，由此可见羟丙基甲基纤维素的抗酶性结合了它的良好分散性、增稠性和成膜性，可应用于水乳涂料等方面，一般不需要加入防腐剂，但为了溶液的长期储存或外界可能的污染，可加入防腐剂。防腐剂的选择，可按溶液最终的要求来决定，对纤维素醚类来说，发现醋酸苯汞和氟硅酸锰最为有效，但它们都有毒性，必须注意操作，其用量一般每升溶液中，可加入醋酸苯汞 1～5mg。

⑧ HPMC 膜的性能。HPMC 具有良好的成膜性，将它的水溶液或有机溶剂的溶液，涂

布于玻璃板上，经干燥后即成为无色、透明而坚韧的薄膜。它具有良好的耐湿性，在高湿度下，仍保持固体。如加入吸湿性增塑剂后，可增强它的伸长率和柔韧性，在改善柔曲性方面，以甘油和山梨醇等增塑剂最为适宜。一般溶液浓度为 2%～3%，增塑剂用量为纤维素醚的 10%～20%。如增塑剂含量过高则在高温度时会发生胶质脱水的收缩现象。加入增塑剂的膜的抗张强度，较未加增塑剂的小得多，它随着加入量的增加而减小，而加入增塑剂的膜的伸长率则较未加入的大得多，且随着加入量的增加而增大，至于膜的吸湿性也是随着增塑剂量的增加而增大。

⑨ HPMC 的吸湿性。HPMC 有一定的吸湿性，在 25℃ 及相对湿度 80% 时，平衡吸湿量约为 13%，HPMC 在干燥环境非常稳定，溶液在 pH 3.0～11.0 时也很稳定。HPMC 的黏度限度：0.1Pa·s 以下的产品为 80%～120%，0.1Pa·s 以上的产品为 75%～140%。

（2）制备

HPMC 的制法与甲基纤维素、乙基纤维素相似，系以棉绒为原料生产，生产过程主要包括棉绒碱处理、羟丙基化、甲基化等三步反应。通常用 50%NaOH 处理棉绒，得到纤维素钠，用环氧丙烷进行羟丙基化，而甲基化一般都用一氯甲烷。其合成反应式如下所示：

$$\left[C_6H_7O_2(OH)_3\right]_n + nxNaOH + nxCH_3Cl + nyC_3H_6O \longrightarrow$$

$$\left[C_6H_7O_2(OH)_{3-x-y}(OCH_3)_x(OC_3H_6OH)_y\right]_n$$

先将棉绒置 40～60℃ 的 40%～50% 的氢氧化钠溶液中浸渍，使其充分膨化，压榨去除过剩的氢氧化钠并除去水分，制得碱纤维素，置高压反应釜中，与氯甲烷、环氧丙烷同时醚化而得粗品，然后经 60～90℃ 热水反复洗净除去反应副产物氯化钠及甲醇等，过滤干燥，粉碎成细粉。利用 HPMC 在水中可溶而在温水中不溶的性质可将副产物较完全地分离而制得很纯的产品。

目前 HPMC 的生产方法根据操作程序的不同分为一步醚化法和分步醚化法两类，而这两种工艺又可选取不同的反应条件来进行。

① 一步醚化法

a. 粉末状棉绒与 50%NaOH 水溶液在 60℃ 时混合，在反应器压力为 2.26×10^6 MPa 下，连续通入组成为 52% 甲醚、43% 一氯甲烷与 5% 环氧丙烷混合气体，再次加入 50% 氢氧化钠溶液，并混合冷却。继续通入一氯甲烷，在 80℃ 条件下反应而成。羟丙基甲基纤维素的甲基取代度为 20.0%，羟丙基取代度为 25.4%，不溶物小于 0.05%。在反应中，一氯甲烷转化率为 53.8%，环氧丙烷的转化率为 42.6%。

b. 将 50% 氢氧化钠溶液喷洒在粉末状棉绒上，并加热到 85℃，加入环氧丙烷、一氯甲烷，继续加热，直到反应进行完全。羟丙基甲基纤维素的甲基取代度为 17.0%，羟丙基取代度为 24.8%。反应中甲基转化率 37.8%，环氧丙烷转化率 26.2%。

② 分步醚化法

a. 首先使粉末状棉绒与环氧丙烷在氮气中反应 3h，反应温度为 30～60℃。然后再用一氯甲烷处理 5h，反应温度在 35～80℃，得到羟丙基取代度为 23.5% 的羟丙基甲基纤维素。

b. 先使碱处理的粉末状棉绒与环氧丙烷在卤代烃存在下反应，然后再在氢氧化钠存在下，与一氯甲烷反应得到羟丙基甲基纤维素，环氧丙烷与一氯甲烷转化率分别为 42.6% 和 41.0%。

HPMC 的产业化生产技术路线通常有间歇法和连续法两种。间歇法是将棉绒经碱化处理后，再经压榨、粉碎、熟成等工序，而后在高压釜中与醚化剂发生醚化反应，单釜进料、单釜出料。连续法是棉绒在碱化处理过程中不进行压榨、粉碎、熟成，而是在一套连续设备中进行，并在高压管道反应器中进行醚化反应，连续进料，连续出料。根据不同的要求，可有不同黏度的各种牌号的品种供选用。

美国 Dow 公司是世界上 HPMC 生产能力最大的公司。它有 Midland 和 Plaquemine 两个生产厂，装置总生产能力为 2.5 万吨/年。日本油脂制备公司（Matsumoto Yushi Seiyaku）、信越化学（Shin Etsu Chemical）两个生产厂，装置总生产能力为 0.87 万吨/年。德国有 Dow（德国）公司、Hoest 公司，英国有 Courtaul 公司等生产厂，西欧的生产装置总能力约为 5.4 万吨/年。

国际市场或国内批准进口的商品型号与黏度见表 4-9。

表 4-9 市售甲基纤维素（Methocel）的型号与黏度（20℃，2％水溶液）

型号等级	黏度/mPa·s	型号等级	黏度/mPa·s
E3	3	K100-LV CR（控释用）	100
E5	5	K4M	4000
E6	6	K4M CR（控释用）	4000
E15-LV	15	K15M	15000
E50-LV	50	K15M CR（控释用）	15000
E4CR（控释用）	64000	K100M CR（控释用）	100000
E10MCR（控释用）	10000	F50	50
K100LV	100	F4M	4000

（3）应用

羟丙基甲基纤维素除具有其他纤维素醚类的增稠、分散、乳化、黏合、成膜、保持水分和提供保护胶体作用等性能外，其在有机溶剂中的溶解性较甲基纤维素，羟乙基纤维素和乙基羟乙基纤维素等优越，且在水溶液中的絮凝温度也较甲基纤维素高得多，因而在 20 世纪 60 年代后，在某些工业方面逐步采用羟丙基甲基纤维素，替代原来使用的纤维素醚来改进各种工业产品的质量。广泛应用于食品、医药、涂料、聚合反应、建筑材料、油田、纺织、日用陶瓷等工业部门及农业种子等行业。

在医药工业方面，HPMC 为无毒、安全的药用辅料，口服不吸收，不增加食物的热量，用于各种剂型中作为成膜剂、增稠剂、阻滞剂、缓释剂、乳化剂和悬浮剂等。而使各种剂型的药剂能更良好地分散均匀或坚韧不碎，或有缓释作用，或乳化稳定不分层等。用作薄膜包衣材料，视黏度等级不同，浓度在 2％～10％不等，低黏度级（一般用 E5 型号）高浓度作水性薄膜包衣溶液，高黏度级用有机溶剂溶液。用作片剂黏合剂时，用量 2％～5％。高黏度规格的产品可用于阻滞水溶性药物的释放。用作滴眼剂的增稠剂的浓度为 0.45％～1.0％，可用作局部用制剂，如凝膏或软膏剂的保护胶体、乳剂和混悬剂的稳定剂等，也可作塑性绷带的胶黏剂。制备 HPMC 水溶液时，如果某一规格的产品易于凝结，最好将 HPMC 先加入总体积 1/5～1/3 的热水（80～90℃）中，充分分散和水合，然后在冷却的条件下，不断搅拌，加冷水至全量。近年来，HPMC 用作基质、黏合剂、骨架材料、致孔道剂、成膜材料或包衣材料等、在缓释黏膜粘贴剂、控释小丸、缓释微囊、多种骨架缓释片、控释片、多层缓释片、多种包衣缓释制剂、眼用制剂和缓释栓剂等新剂型开发中得到了广泛的应用。

10. 羟丙甲纤维素酞酸酯

（1）结构与性质

羟丙甲纤维素酞酸酯（Hypromllose Phthalate，HPMCP）是 HPMC 的酞酸半酯。美国药典和日本药局方收载本品。不同规格的 HPMCP 含有甲氧基、羟丙氧基和羧苯甲酸基百分含量见表 4-10。

表 4-10　USP 两种型号的 HPMCP 的取代基含量　　　　　　单位：%

取 代 基	型 号	
	HPMCP 220824	HPMCP 200731
—OCH_3	$20\sim24$	$13\sim22$
—$OCH_2CHOHCH_3$	$6\sim10$	$5\sim9$
—$OCOC_6H_4COOH$	$21\sim27$	$27\sim35$

注：日本信越化学公司相应的 HPMCP 型号与上表美国药典的型号相对应的是 HP-50 相当于 HPMCP220824（分子量为 84000），HP-55 相当于 HPMCP 200731（分子量为 78000），HP-55S 也相当于 HPMCP200731，但分子量为 132000，信越产品 HP 后的标号，为该产品最适溶解 pH 值的 10 的倍数，S 为高分子量型号。

它的型号命名是在 HPMCP 后附上 6 位数的标号，分别表示不同取代基百分含量范围的中值，前两位数表示甲氧基，中间两位数表示羟丙基，后面两位数表示酞酰基。HPMCP 的分子量在 2 万～20 万。

HPMCP 为白色或米黄色的片状物或颗粒，无臭，微有酸味或异味，有潮解性，熔点 150℃，玻璃化转变温度在 133～137℃。

HPMCP 不溶于水、酸性溶液和己烷，但易溶于丙酮/甲醇、丙酮/乙醇或甲醇/氯甲烷的混合液（1∶1，质量比），在 pH 为 5.0～5.8 以上的缓冲液中能溶解。HPMCP 化学与物理性质稳定，与醋酸纤维素酞酸酯相比，在 50℃放置长时间，游离酞酸的含量很低，经 30 天，最大含量为 3.15%，而醋酸纤维素酞酸酯达 12.68%，在弱碱性溶液中（NaHCO₃ 1.5%溶液），经 70h，HPMCP 只检出酞酸 1.13%，而醋酸纤维素酞酸酯在同条件下，达到 3.45%。

在室温条件下，HPMCP 吸收水分 2%～5%，在 25℃和相对湿度为 80%时，平衡吸水量为 11%。膜透过性：HPMCP 220824 为 $246g/(m^2 \cdot d)$；HPMCP 200731 为 $213g/(m^2 \cdot d)$。HPMCP 的软化点为 200～210℃。HPMCP 220824 的抗拉强度为 $7.71kgf/m^2$（$1kgf/m^2 = 0.1MPa$），伸长率为 6.1%；HPMCP200731 的抗拉强度为 $7.9kgf/m^2$，伸长率为 5.6%。

（2）制备

HPMCP 是 HPMC 与酞酸在冰醋酸中，以无水醋酸钠为催化剂酯化而得。

（3）应用

HPMCP 是性能优良的新型薄膜包衣材料。因 HPMCP 无味，不溶于唾液，故可用作薄膜包衣以掩盖片剂或颗粒的异味或异臭。口服应用本品安全无毒，大鼠口服 $LD_{50} > 15g/kg$。用量大约是片重的 5%～10%，它不溶于胃液，但能在小肠上端快速膨化溶解，故是肠溶衣的良好材料，性能优于 CAP，常用浓度为 5%～10%，溶液可用二氯甲烷与乙醇（1∶1），或乙醇与水（0.8∶0.2）。应用时不必用增塑剂，如用少量可以提高衣层的柔软性，增塑剂有二醋酸甘油酯、三醋酸甘油酯、酞酸乙酯或丁酯、蓖麻油、聚乙二醇等。它也可用于制备缓释药物的颗粒，国外已有其水分散体在销售。

11. 醋酸羟丙基甲基纤维素琥珀酸酯

（1）结构

醋酸羟丙基甲基纤维素琥珀酸酯（Hydroxypropylmethyl Cellulose Acetate Succinate，

HPMCAS）是 HPMC 的醋酸和琥珀酸混合酯，是性能优异的肠溶包衣材料，日本已于 1989 年载入局外规（日本药局方外医药品成分规格），美国 FDA 也已批准使用。日本信越化学公司开发的 HPMCAS，商品名 Aqoat，平均分子量 2.5 万～7.4 万，它的主要型号及各取代基的百分含量见表 4-11。HPMCAS 是以 HPMC 为原料，与醋酐、无水琥珀酸酯化而得，产物经洗净、干燥并粉碎成粉状。

表 4-11 不同型号的 HPMCAS 各取代基的含量　　　单位：%

取代基	型号		
	AS-LF	AS-MF	AS-HF
—OCH₃	20.0～24.0	21.0～25.0	22.0～26.0
—OCH₂CH(OH)CH₃	5.0～9.9	5.0～9.0	6.0～10.0
—OCOCH₃	5.0～9.0	7.0～11.0	10.0～14.0
—OCOCH₂CH₂COOH	14.0～18.0	10.0～14.0	4.0～8.0

（2）性质

HPMCAS 为白色至黄白色平均粒径在 $10\mu m$ 以下的粉末，其标准型号平均粒径约 $5\mu m$，标示黏度为 3～5mPa·s，黏度限度为标示黏度的 80%～120%。无味，有醋酸异臭。HPMCAS 溶于氢氧化钠、碳酸钠试液，易溶于丙酮或二氯甲烷/乙醇混合液，不溶于水、乙醇和乙醚。HPMCAS 在 pH 为 5.5～7.1 缓冲液中，溶解时间大都在 10min 以内，最长不超过 30min。但表 4-11 中含乙酰基高的（>11%）并含琥珀酰基低的（<9.6%）的 HPMCAS 在 pH 为 5.5～7.1 的缓冲液中，溶解性不好。

HPMCAS 有吸湿性，它的平衡吸湿量在 25℃ 和相对湿度 82% 时，大约在 10% 以下。HPMCAS 的抗拉强度为 450～520kgf/cm²，伸长率为 5%～10%。

热重分析表明，在 200℃ 以前 HPMCAS 对热稳定，在 200℃ 以后，开始快速失重，比 HPMCP（152℃）和 CAP（124℃）有更大的热稳定性。HPMCAS 的稳定性较 CAP 和 HPMCP 优良，45℃ 放置 3 个月，取代基含量无变化，40℃ 及相对湿度 75% 放置 3 个月，有较多醚基分解，乙酸基和琥珀基含量略有下降（下降 0.1%～1.6%），故宜防潮贮藏。

（3）应用

HPMCAS 为 20 世纪 70 年代开发，20 世纪 80 年代才被工业发达国家有关部门批准应用的片剂肠溶包衣材料、缓释性包衣材料和薄膜包衣材料，其粒径在 $5\mu m$ 以下的也可作水分散体用于包衣。通过动物实验证明 HPMCAS 口服安全无毒。HPMCAS 的特殊优点是在小肠上部（十二指肠）溶解性好，对于增加药物的小肠吸收比现行的一些肠溶材料理想，是我国急待开发的辅料品种。

第三节　杂多糖及其衍生物

一、阿拉伯胶

1. 结构与性质

阿拉伯胶（Gum Arabic）是来源于豆科（Legurninose）的金合欢树属（*Acaciaspp*）的树干创伤分泌渗出物，经空气干燥后形成的泪滴大小不同的干固胶块。很多研究表明，阿拉伯胶主要由多糖组成。多糖中糖基种类包括 D-半乳糖、L-阿拉伯糖、L-鼠李糖和 D-葡萄糖醛酸，它们的摩尔比为 3：3：1：1。柱色谱纯化阿拉伯胶的实验发现，阿拉伯胶主要含有两种组分：高分子量的阿拉伯胶糖蛋白（Gumarabic Glycoprotein，GAGP）和分子量较低的多糖，其中，蛋白质含量仅约 2%（质量比），糖含量高达 85% 以上（表 4-12）。

表 4-12　阿拉伯胶的化学组成

成分	含量（质量比）/%	成分	含量（质量比）/%
阿拉伯糖	28.4	葡萄糖醛酸	19.3
鼠李糖	13.0	总糖量	98.2
半乳糖	37.5	蛋白质	2.0

（1）结构　阿拉伯胶中的多糖是以 1,3-糖苷键相连的聚半乳糖链为主链的高度分支结构。分支链侧链中的吡喃阿拉伯糖、吡喃鼠李糖和吡喃葡萄糖醛酸以 1,3-糖苷键、1,6-糖苷键与主链上的半乳糖基相连（图 4-9）。从组成阿拉伯胶多糖的糖基种类看，它属于酸性多糖。阿拉伯胶中的 GAG 是由十余种氨基酸和四种单糖构成的富含脯氨酸的糖蛋白。其中蛋白质部分含量较高的四种氨基酸羟脯氨酸、丝氨酸、脯氨酸和亮氨酸分别为 36.9%、19.4%、6.8% 和 8.8%；糖链中葡萄糖醛酸、鼠李糖、阿拉伯糖和半乳糖分别为 6.9%、8.2%、28.3% 和 36.3%（质量比）。GAGP 分子中侧链较多，这些侧链沿着主链缠绕形成一定的空间结构，描述这种结构的模型有"藤枝编花模型"（Wattle Blossom）（图 4-10）和绳状结构。

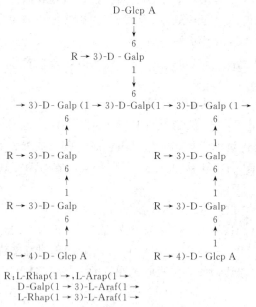

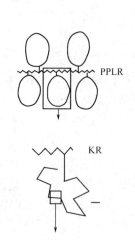

图 4-9　阿拉伯胶多糖的部分结构
D-Glcp A—D-吡喃葡萄糖醛酸；D-Galp—D-吡喃半乳糖；L-Rhap—L-吡喃鼠李糖；L-Arap—L-吡喃阿拉伯糖；L-Araf—L-呋喃阿拉伯糖

图 4-10　阿拉伯胶糖蛋白的
藤枝编花结构模型
PPLR—蛋白质多糖连接区；KR—扭结区

GAGP 由重复结构单位所组成，每个结构单位包括 4 个羟脯氨酸、2 个丝氨酸、苏氨酸、甘氨酸和组氨酸各一个，共约 10～12 个氨基酸残基形成的主链和约 40 个单糖基构成的侧链；蛋白质主链中，1/3 的氨基酸残基为羟脯氨酸，其中 12% 不发生苷化，64% 发生寡糖化，24% 发生多糖化；多糖侧链沿着蛋白质主链的长轴形成缠绕的绳状结构，从而最大程度地形成分子内氢键。构成多糖侧链的单糖残基主要是半乳糖、阿拉伯糖、鼠李糖和葡萄糖醛酸。根据电镜观察，GAGP 为杆状分子，长约 150nm，直径为 5nm，这是支持绳状结构的有力证据。此外，植物细胞壁上微孔的孔径一般在 3.5～5.5nm 之间。因此，绳状结构的 GAGP 易于从细胞内经过细胞壁分泌到植物体外，而藤枝编花结构模型却难以解释这种分泌现象。

（2）性质

① 分子量。阿拉伯胶为高分子化合物，分子量为 $2.0×10^5～3.0×10^5$，由于测定方法的不同和样品本身的不均一，已报道的平均分子量有很大的差异，数均分子量 $2.65×10^5～3.2×10^5$。将阿拉伯胶用蛋白酶处理后，则其重均分子量为 $1.8×10^5$。

② 形状。天然阿拉伯胶多为大小不一的泪珠状圆球颗粒，呈略透明的琥珀色；精制胶粉则为白色粉末或片状，相对密度 1.35～1.49，无色，可食。阿拉伯胶干粉非常稳定，可以长久贮存数十年也不发生形状的变化。

③ 溶解度。阿拉伯胶分子量虽大，但由于具有高度分枝状结构，而在水中溶解度却为多糖化合物之首，可达 50%。它具有高度的水溶性和较低的溶液黏度，易溶于冷热水，属于水溶性胶，其 50% 浓度的水溶液而仍具有流动性，但不溶于乙醇，能溶解于甘油或丙二醇（1∶20），不溶于其他有机溶剂。在 25℃时，阿拉伯胶含水量约为 13%～15%，相对湿度在 70% 以上时能吸收大量的水。

④ 黏度。由于阿拉伯胶大分子化学结构上有较多的支链而形成粗短的螺旋结构，因此它的水溶液具有一定的黏稠性和黏着性。阿拉伯胶 5% 水溶液的黏度低于 5mPa·s；25% 水溶液的黏度约 80～140mPa·s（25℃，2h 后 Brookfield 转子黏度计 RVF 型，转速 20r/min）。在常温下都有可能调制出 50% 浓度的胶液，阿拉伯胶是典型的"高浓低黏"型胶体。一般而言，喷雾干燥的产品比原始胶的黏度略低些。阿拉伯胶的特性黏度符合 Mark-Houwink 关系式

$$[\eta]=K'M_w^\alpha$$

式中，K' 为常数约 $1.3×10^{-2}$；M_w 为平均分子量；α 值约 0.54，属于线团柔性分子模型。阿拉伯胶溶液的黏度视材料来源而不同。介质 pH 及氯化钠通过影响其分子链上羧基的解离程度，从而影响溶液的黏度。

阿拉伯胶加酸可生成阿拉伯酸，后者水溶液的 pH 为 2.2～2.7，比阿拉伯胶有更高的黏度，但作为乳化剂远不及阿拉伯胶稳定。阿拉伯胶溶液的黏度视材料来源、pH 和盐量而不同。30%（质量/体积）的溶液 20℃时，黏度为 100mPa·s，pH 及氯化钠的浓度对阿拉伯胶溶液的浓度有显著的影响，见图 4-11。pH 及氯化钠离子影响阿拉伯胶分子链上的核酸的游离程度，从而影响它的黏度，如在 pH 2.5 以下（核酸处于非解离态）和 pH 10 以上（钠离子的增加，对羧酸起到屏蔽作用，分子呈折叠形）黏度显著下降。在 pH 2.5～10 时，由于解离型增加，带电基团的排斥作用和折叠形分子的展开，黏度增加。

⑤ 流变性。溶液浓度在 40% 以下仍呈牛顿型流体，具有牛顿型流体的特点，黏度不随剪切应变的改

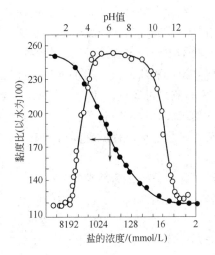

图 4-11　pH 值及盐浓度对阿拉伯胶水溶液黏度的影响

变而变化。只有当浓度高达40%以上时，溶液的特性才开始表现出假塑性流体特性。

⑥ 酸稳定性。阿拉伯胶分子中含有酸性基团，溶液的自然pH值也呈弱酸性，一般在pH4~5（25%浓度），5%水溶液的pH为4.5~5.0，在pH 2~10时稳定性良好，溶液易霉变，其溶液可用微波辐射灭菌。溶液的最大黏度约在pH 5.0~5.5附近，但在pH值在4~8范围内变化对其阿拉伯胶性状影响不大，具有酸环境较稳定的特性。当pH值低于3时，结构上酸基的离子状态趋于减少，从而使得溶解度下降，而黏度下降。

⑦ 乳化稳定性。阿拉伯胶结构上带有部分蛋白物质及结构外表的鼠李糖，具有良好的亲水亲油性，是非常好的天然水包油型乳化稳定剂。其乳化稳定性能随胶中鼠李糖含量和蛋白质含量（氮含量）的增加而增加。加入电解质，增强表面分子的活性，使界面分子更趋聚集从而增加阿拉伯胶的疏水性。

⑧ 热稳定性。一般性加热胶溶液不会引起胶的性质改变，但长时间高温加热会使得胶体分子降解，导致乳化性能下降。

⑨ 兼容性。阿拉伯胶能与大部分天然胶和淀粉相互兼容，在较低pH条件下，阿拉伯胶与明胶能形成聚凝软胶用来包裹油溶物质。

2. 来源与制备

（1）来源

阿拉伯胶来源于豆科的金合欢树属（*Acaciaspp*）的树干创伤分泌渗出物。迄今为止，发现的金合欢树种已多达1100种，大多遍布于非洲、大洋洲及南美洲等热带及亚热带地区，大多数金合欢树种都能在特定的条件下分泌一定量的胶，但商品化的阿拉伯胶则主要来源于非洲的金合欢树种，特别是苏丹，其产量占全球的70%。

阿拉伯胶的名称起源于该胶最早的贸易起源——阿拉伯。在国际上，无论是FAO/WHO的JECFA（粮食及农业组织/世界卫生组织食品添加剂联合专家委员会），还是欧洲及美国药典，都将应用于制药工业及食品的阿拉伯胶的来源定义为"来源于金合欢属的*Acacia sengel*（L）Willd或与其接近树种的树干渗出的干固胶状物"。由此可知，阿拉伯胶实际上是这类Acacia树胶的统称，因此也称Acacia Gum。

（2）制备

在树干将树皮切口、剥脱一块树皮，促使树木分泌树胶，数日后逐树人工采集在树干割口处干燥凝固的渗出物，集中收购，再经人工剔除异物（树皮、砂粒等）、按大小分级得原始胶。不同产地来源的阿拉伯胶有许多不同点，但最高质量的阿拉伯胶是半透明琥珀色无任何味道的椭球状胶，属手拣品（Hand Picked and Selected），简称HPS级。这些阿拉伯原胶（原始胶）再经过工业化的去杂，或者用机械粉碎加工成胶粉（Powder型）或加工成方便溶化的破碎胶（Kibble型）。制药工业用阿拉伯胶的精加工工艺为：原始胶粉碎，溶解后去杂，批号混合，过滤，漂白，杀菌，喷雾干燥，分装。

3. 应用

阿拉伯胶作为药剂辅料历史悠久，口服安全无毒，家兔口服LD_{50}为8g/kg，但由于含异种蛋白和多糖，故不宜作注射剂用附加剂。

① 黏合剂。10%~25%浓度水溶液（俗称阿拉伯胶浆），特点是黏附力强，可作丸剂、片剂等固体制剂的黏合剂，但使所制软材不易混合均匀，难以干燥，制成的颗粒坚硬，崩解时限和药物溶出速率慢，故常与淀粉浆混合使用，弥补其不足。

② 乳化剂。阿拉伯胶是一种表面活性剂，可供制造内服用的O/W型乳剂，其乳化作

用主要在于它形成界面膜的内聚力很大并具有弹性。因制成的乳剂干燥后常形成一层硬膜，故不宜作外用乳剂的乳化剂。阿拉伯胶的乳化作用极快，但分散度较小，常以阿拉伯胶与西黄蓍胶（15∶1）合用，增加乳剂的黏度和稳定性。

③ 微囊材料。阿拉伯胶是复凝聚法制备微囊的一种常用天然水溶性包囊材料。它具有高度的溶解性，优良的乳化能力和干燥性能，且具有溶液黏度低，成膜性好及成本低廉等特点。与明胶复配的囊材适宜喷雾干燥生产微胶囊。

④ 其他 用作助悬稳定剂、胶囊稳定剂、增稠剂、缓释剂和保护胶体。

二、甲壳素、壳聚糖及其衍生物

1. 结构与性质

（1）结构

甲壳素（Chitin）又名几丁质、甲壳质、壳多糖。是由 2-乙酰葡萄糖胺以 β-1-4 苷键连接而成的线形氨基多糖，广泛存在于节足动物（蜘蛛类、甲壳类）的翅膀或外壳及真菌和藻类的细胞壁中。动物甲壳素的分子量在 $1.0\times10^7\sim2.0\times10^7$，经提取后分子量在 $1.0\times10^6\sim1.2\times10^6$。在甲壳素分子中，由于乙酰氨基的存在，分子内氢键作用很强，形成类似纤维素的有序大分子结构，并以 α、β 和 γ 三种晶态存在。甲壳素是 N-乙酰-氨基葡萄糖以 β-1,4-苷键结合而成的一种氨基多糖，其基本结构是壳二糖（Chitobiose）单元，它的结构与纤维素类似，在纤维素的 2 位羟基上代入乙酰氨基（CH_3CONH-）构成 β-1,4 结合 N-乙酰-氨基葡萄糖聚合物。甲壳素的分子量在 $1.0\times10^6\sim2.0\times10^6$，经提取的分子量大幅度下降。甲壳素的结构式可表示如下。

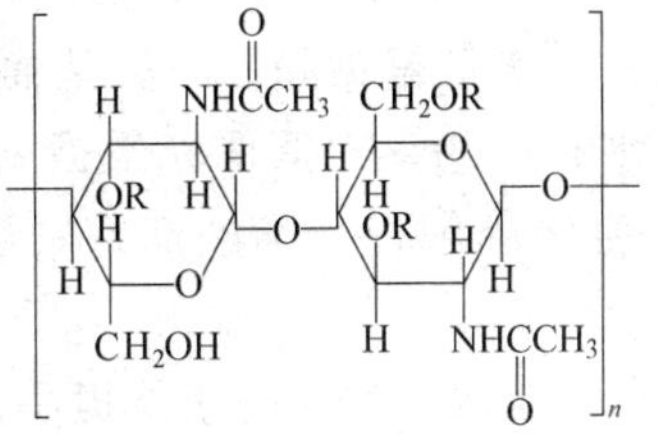

甲壳素经浓碱处理脱乙酰基即制得壳聚糖（Chitosan，CS），壳聚糖又称脱乙酰几丁质、甲壳胺、可溶性甲壳素、黏性甲壳素。其分子量在 $3.0\times10^5\sim6.0\times10^5$，是葡萄糖胺相互之间以 β-1-4 苷键连接而成的多聚线形碱性多糖，如图 4-12 所示。

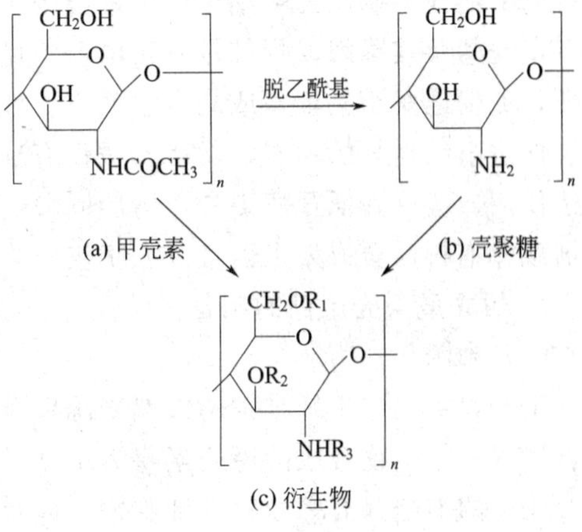

（2）性质

① 物理性能。甲壳素为白色无定形固体或半透明的片状物，约 270℃ 分解，不溶于水、稀酸、稀碱和乙醚、乙醇等有机溶剂，可溶于无水甲酸、浓无机酸（如 HCl，H_2SO_4，H_3PO_4）、含 8% 氯化锂的二甲乙酰胺以及氯代醋酸和某些有机溶剂组成的二元溶剂。这是由于甲壳素分子中有乙酰胺基存在，分子间形成很强的氢键所致。其溶于浓酸时伴随着降解发生，分子量由 $1.0\times10^7\sim2.0\times10^7$ 明显降至 $3\times10^6\sim7\times10^6$。吸水能力 > 50%，保湿

图 4-12　甲壳素、壳聚糖的
结构（$R_1\sim R_3\neq H$）

能力强。不同原料和不同制备方法所得产品的分子量、乙酰基值、溶解度、比旋度等有差异。甲壳素在水及有机溶剂中的这种难溶性质，限制了它的应用，一般须经化学改性成甲壳素衍生物供使用。

壳聚糖是含游离氨基的碱性多糖，为阳离子聚合物，呈白色固体或米黄色结晶性粉末或片状，约185℃分解，可溶于无机酸、有机酸及弱酸稀溶液成透明黏性胶体，在氯代醋酸与某些氯代烃组成的二元溶剂中能溶解或溶胀。脱乙酰度是壳聚糖的重要的性质之一，它表明在壳聚糖分子中自由氨基的量。因制备工艺条件不同，脱乙酰基程度由60%到100%不等。黏度和分子量也是壳聚糖的重要技术指标。一般来说，黏度越大，分子量越高。根据产品的黏度不同，可以将壳聚糖分为高黏度（>1000Pa·s）、中黏度（100～200Pa·s）和低黏度（25～50Pa·s）三种类型。影响壳聚糖黏度的因素很多，如脱乙酰度、分子量、溶液浓度及pH等。例如，它的1%水溶液黏度在0.1～1.0Pa·s不等。pH低时，壳聚糖从链状向球形变化，黏度变小。此外，壳聚糖游离氨基的邻位为羟基，有螯合二价金属离子的作用，并呈现各种颜色，与铜离子螯合作用最强，其次为锌、钴、铁和锰等，螯合作用是可逆的。

甲壳素和壳聚糖分子中含有—OH，—NH极性基团，具较好的吸湿性、保湿性。但壳聚糖吸湿性很强，仅次于甘油，比聚乙二醇、山梨醇高。将壳聚糖粉末置密闭器中，在常温、干燥条件下，至少3年内可保持质量稳定。但吸湿或水溶液不稳定，会产生分解，分解速度随温度的升高而加快。例如，壳聚糖50%溶液放置6个月后，平均分子量下降30%。壳聚糖粉末暴露于光线下，易分解，最敏感的是波长200～240nm的紫外线，分解速度随波长的增长而减小。

② 生物降解性。甲壳素分子中的苷键可以在甲壳素酶、溶菌酶、N-乙酰葡萄糖胺酶等多种酶的催化下水解生成一系列甲壳素低聚糖和乙酰氨基葡萄糖；壳聚糖则在甲壳胺酶、壳二糖酶催化下水解，生成相应的水解产物——低聚壳聚糖和葡萄糖胺。甲壳素/壳聚糖及其衍生物具有良好的生物相容性和生物降解性，降解产物一般对人体无毒副作用，体内不积蓄，无抗原免疫性。

③ 生物活性。脱乙酰度为30%和70%的甲壳素能提高宿主抗Sendai病毒及大肠杆菌感染能力。壳聚糖可抑制细菌、霉菌生长。甲壳素可选择性地凝聚白血病的L1210细胞，Ehrlich腹水癌C，对正常的红血球骨髓细胞无影响。壳聚糖能增强巨噬细胞的吞噬作用和水解酶的活性，刺激巨噬细胞产生淋巴因子，启动免疫系统，且不增加抗体的产生。

甲壳素及其降解产物都带有正电荷，可以从血清中分离出血小板因子-4增加血清中H_6水平，或促进血小板聚集或凝血素系统。作为止血剂有促进伤口愈合、抑制伤口愈合纤维增生、促进组织生长的功能，对烧、烫伤有独特疗效。壳聚糖为天然抗酸剂，具中和胃酸、抗溃疡作用，还可降低肾病患者血清胆固醇、尿素及肌酸水平。在医药、农药制剂开发中作缓释剂载体辅料，合成人工器官（人工皮肤、黏膜、腱、牙、骨）及骨固定棒材。

2. 甲壳素与壳聚糖的制备

（1）来源

甲壳素是仅次于纤维素的天然来源聚合物，是地球上数量最大的含氮有机化合物，据估计自然界每年生物合成的甲壳素将近100亿吨。其在自然界的分布极广，存在于低等植物菌类、藻类的细胞，高等植物的细胞壁，以及节肢动物（虾蟹）的甲壳，乌贼的骨架，昆虫的外壳、内脏衬里、筋腱及翅上的覆盖物等。上述不同生物所含的甲壳素的量差异较大，含量在20%～95%不等。动物的甲壳主要由壳多糖和碳酸钙所组成，在虾壳等软壳中含壳多糖

15％～30％和碳酸钙 34％～40％，蟹壳等硬壳中含壳多糖 15％～20％和碳酸钙 75％，一些霉菌的细胞壁也含有壳多糖。1811 年，法国科学家 H. Braconnot 从菌类中提取了一种类似纤维素的白色物质；当时只是把它当作一种新型纤维素，直到 1843 年，才由一位法国人发现该物质中含有氮，证明它不是纤维素。

（2）制备

① 甲壳素的制法。工业提取甲壳素，多以虾、蟹的甲壳为原料。例如，虾壳等软壳中含甲壳素 15％～30％和碳酸钙 34％～40％；蟹壳等硬壳中含甲壳素 15％～20％和碳酸钙 75％。甲壳中除含有甲壳素外，还有无机盐（碳酸钙和磷酸盐）、蛋白质和色素三类杂质共存。所有报道的以虾、蟹为原料提取甲壳素的方法，均是围绕通过化学处理分离三类杂质而进行的。一般步骤为：酸浸泡脱无机盐，稀碱浸泡或加热分解蛋白质，氧化脱去色素等。工艺过程为：将虾蟹壳的甲壳粉碎、洗净，加 40mL 10％ HCl 溶液浸泡（大约浸泡时间为 12～24h），不时搅拌至原料全部软化，不再有气泡为止，以除去其中 $CaCO_3$、$Ca_3(PO_4)_2$ 等矿物质成分。酸浸液过滤，软甲壳用水洗至中性，再浸泡于 10％NaOH 溶液中（按固液比约1：2），不断搅拌下煮沸 1h 左右，使蛋白质被碱液溶解、油脂皂化、色素破坏，过滤，水洗呈中性，得碱煮后的虾蟹壳提取物。将碱煮后的虾蟹壳浸于清水中，滴入 1％ $KMnO_4$ 酸性溶液，搅拌反应 1h，以氧化原料中的色素和一些未被碱除去的杂质，过滤，滤渣水洗至中性，加入清水浸泡，并滴入 10％草酸溶液，搅拌至固相物呈纯白为止，过滤，滤渣用水洗至无 $C_2O_4^{2-}$ 反应为止，沥干并在 70℃ 干燥，得到白色固体甲壳素。市场商品有粉末状、片状、颗粒状。

将甲壳素经酸控制水解并剪切，可制粒度小于 150μm 的微晶甲壳素，它的分子量较原甲壳素小，能在水中胶溶成稳定的凝胶状触变分散体。此种微晶甲壳素可作为药用辅料（黏合剂、分散剂）和食品添加剂。

② 微晶甲壳素的制法。微晶甲壳素的制法有以下几种：a. 将甲壳素粉加入 20℃的 65％ H_2SO_4 中，1h 后滤去杂质，用水稀释至 H_2SO_4 的浓度为 30％，析出悬浮，过滤并水洗至中性，干燥，得粒度小于 80μm 的微晶甲壳素；b. 将甲壳素粉置含磷酸的正丁醇溶液中，加热回流 2h，迅速将水解液置水中骤冷，放入掺合器中剪切长链，洗涤，冷冻干燥，得微晶甲壳素；c. 将甲壳素粉投入 2mol/L HCl 中煮沸 5min，过滤，水洗，干燥即得。

③ 壳聚糖的制法。将粉末状或片状甲壳素按固液比约为 1：3 浸泡于 45％NaOH 溶液中，在 70℃保温 12h 左右，并不断搅拌，脱除乙酰基〔脱乙酰是否完全，可采用下法检测：隔一定时间取样（固样），用水洗至中性后，浸入 20％HAC 溶液中，如能完全溶解，可停止保温〕。脱乙酰基完毕后，过滤，滤液回收，可用于配制稀碱溶液。滤渣则用大量水洗呈中性，沥干后，在 70℃ 干燥，即得白色壳聚糖。在脱乙酰化过程中，由于溶剂化作用，部分糖苷键会发生水解而导致分子量降低，为了避免大分子被破坏，可加硼氢化钠（1％）溶液或通氮等。

目前，壳聚糖已被中国药典（2015 年版）收录，相关质量标准见表 4-13。

3. 甲壳素/壳聚糖及其衍生物的应用

甲壳素和壳聚糖是 20 世纪 70 年代开始进行应用研究的药用辅料，口服安全无毒。壳聚糖的小鼠口服 $LD_{50}>10g/kg$，小鼠皮下 $LD_{50}>10g/kg$，腹腔 LD_{50} 为 5.2g/kg，无皮肤刺激和眼刺激，对人体有良好的相容性，目前已被公认为很有发展前途的天然高分子材料，各工业先进国家正在加快实用化进程。

表 4-13　壳聚糖的质量标准

检测项目	检测指标
性状	本品为类白色粉末，无臭，无味本品微溶于水，几乎不溶于乙醇
黏度	在 20℃时的动力黏度不得过标示量的 80%～120%
脱乙酰度	大于 70%
酸碱度	pH 值应为 6.5～8.5
蛋白质	含量不得过 0.2%
干燥失重	不得过 10%
炽灼残渣	不得过 1.0%
重金属	不得过百万分之十
砷盐	不得过百万分之一

甲壳素和壳聚糖及其衍生物由于其优异的性能，可作为药物制剂的多种辅料，文献中已报道：作片剂的填充剂（稀释剂）、黏合剂，改善药物的生物利用度及压片的流动性、崩解性和可压性；作植入剂的载体，在体内具有可降解性；作控释制剂的赋形剂和控释膜材料；微囊和微球的囊材；抗癌药物的复合物；薄膜包衣材料和透皮给药制剂的基质等。另外，由细菌纤维素和壳聚糖组成的敷料可用于各种开放性或闭合性感染创面和非感染性创面，可保护创面、吸收渗出液、为创面提供愈合环境。

（1）缓释制剂辅料

缓释制剂中控制药物释放的高分子载体至关重要，要求能使片子不崩解，能降解且具有很好的可降解性。利用甲壳素的多孔海绵状性质，作缓释剂的载体，将抗生素、蛋白质、生物碱或避孕药填入甲壳素的细小空穴中，可控制释药时间在 24h～2 个月，达到理想的治疗效果。例如，争光霉素副作用大，将其加入甲壳素粉，氯化锂和二甲基乙酰胺的混合物中，再将混合物通过挤出机挤入丙酮中，凝固后分离出颗粒，洗涤，干燥，即成为副作用小、能缓慢释放药物的制剂。壳聚糖遇酸膨胀成凝胶，形成凝胶后可以包裹药物，阻止水溶性药物释放，减轻药物对胃肠道的刺激。可以将壳聚糖与药物混匀，加入其他配料直接压片或制成颗粒，使药物在胃酸状态下缓慢释放。例如，用壳聚糖通过直接压片法和湿颗粒法制备双氯芬酸钠缓释片，比较两种缓释片与普通片的溶出度，表明壳聚糖的含量越高，缓释作用也显著；用壳聚糖制成消炎痛缓释颗粒，体外溶出实验结果表明，与粉剂相比，缓释颗粒的药物放在低 pH 介质中有较大的膨胀和形成凝胶层的能力，因而药物的释放是缓慢的。

（2）控释制剂辅料

将泼尼松龙包以甲壳素、壳聚糖膜，膜分为三种：单层膜由壳聚糖、泼尼松龙药物组成；双层膜由两层单层膜黏合而成，其中一层含泼尼松龙；甲壳素膜由一层甲壳素单层膜黏合在一层含药单层膜上制成。体外释放情况表明，泼尼松龙水单层膜的厚度增加而释药减少，甲壳素膜比对照的双层膜释药速度更慢，且符合零级动力学。说明甲壳素膜可以用于控释药物的制备。控释形式有微珠，微囊，膜及涂层药片等。

（3）崩解剂、赋形剂、黏合剂

利用甲壳素/壳聚糖及其衍生物本身较好的流动性、可压性和崩解性，将药物与其混匀，制成分散体，加入润滑剂后可直接压制阿司匹林片；用甲壳素作骨架材料，可制备水溶性药物（如普萘洛尔）和水难溶性药物（如吲哚美辛、盐酸罂粟碱）的亲水性凝胶骨架片；中药片剂是一种应用较多的剂型，但崩解慢，溶出差，生物利用度比较低，可加入一些崩解剂加以克服。甲壳素具有较好的崩解性能，用甲壳素为崩解剂制备乙肝宁片，并与以淀粉，羧甲钠淀粉及微晶纤维素为崩解剂的片剂比较其崩解时间和硬度，结果表明甲壳素的崩解性能优于其他的崩解剂。甲壳素作崩解剂的用量不宜过大，否则，崩解速度减缓，显现缓释性能。壳聚糖可作为粉末直接压片的赋形剂，本品的加入能改善淀粉、乳糖和甘露醇混合物的流动性和可压性。有报道在片剂中加入 50% 的壳聚糖直接压片，所得片剂具有很好的崩解性。

（4）载体骨架材料

壳聚糖作为载体骨架是其在药物转运系统中最常应用的领域。将聚合物与多肽类药物混合后直接压片，因蛋白酶必须首先进入聚合物的网状结构类才能对多肽类药物进行降解，此剂型对肽类也具一定保护作用，则应提高聚合物与药物间的黏弹性。可将聚合物用有机溶剂沉淀再干燥的方法提高黏附性。壳聚糖也可作为微囊的载体骨架，通过 W/O 乳胶的交联作用，将胰岛素混于聚合物内，所得微囊包封率接近 100%，且为零级释放，减少壳聚糖含量可使其释放加快。

（5）膜材料

壳聚糖作为包衣材料可使脂质体或微粒具有一定黏膜黏特性，且能同时保护药物免受霉降解。因其为阳离子黏附剂，不用加修饰。壳聚糖及其衍生物有良好的成膜性能，可选择不同的交联剂，经过改性，获得不同性能的分离膜。目前已开发出了渗析膜，超滤膜，反渗透膜，渗透汽化膜，运载膜。壳聚糖膜对玻璃的黏附性很强，干后难以取下。改用一定极性的塑料板制膜。壳聚糖醋酸溶液对塑料表面有一定的湿润能力，可铺展成膜。晾干后其黏附力降低，膜可以完整地取下。为了改善壳聚糖膜的性能，可以通过溶入甘油增加膜的韧性，添加明胶进行共混改性而增加膜的强度和光泽，添加淀粉进行共混改性能够增加膜的硬度，但透明度会因淀粉而降低。壳聚糖膜的稳定性是由壳聚糖的稳定性所决定的，随 pH 的降低而下降，在 pH 为 7.4 的缓冲溶液中，壳聚糖膜的降解速率因溶菌酶的加入而大幅度提高，见图 4-13。

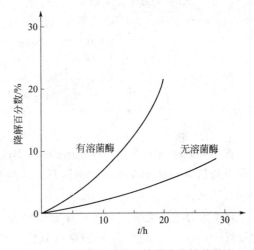

图 4-13 溶菌酶对壳聚糖膜稳定性的影响

（6）絮凝剂、澄清剂

在中药制剂的前处理过程中，以甲壳素代替乙醇进行中药提取液的澄清，由于甲壳素分子中的氨基带有正电荷，这类带正电荷的聚合物作为天然的阳离子型絮凝剂，可明显使带负性悬浮颗粒（如树胶，纤维素等）反应后凝聚，达到澄清的目的，具有广泛的应用价值。进行工艺沉淀时，应控制加入量和作用温度，一般甲壳素的加入量为 $200\sim800\mu g/g$，作用温度 $50\sim80℃$。单用甲壳素也可使中药提取液澄清，对药物分层无影响，稳定性好。但沉淀物的颗粒较小，且较松散，过滤仍存在一定困难，加入的明胶可使沉淀加速，若加热至 $80℃$ 沉淀则凝聚成不溶于水的块状物，有益于滤过和离心除去。另外中药提取液的稀溶液中加入甲壳素和明胶，其沉淀速度更快，甲壳素、明胶均可与提取液中的鞣质、蛋白质、蜡质及树胶等络合生成沉淀，二者联用，可使细小的絮状沉淀迅速交联，形成较大的絮状沉淀，起到事半功倍的效果，一般二者用量甲壳素：明胶为 2∶1。初滤时即可把沉淀除去，在浓缩后可进行两次澄清，结果良好，对药物的含量也无影响，传统的乙醇法则使药物总量损失一半以上。此外，甲壳素对无机盐（硫酸钙）的影响较乙醇要小的多，加用乙醇沉淀后硫酸钙的含量仅有未沉淀的 21.8%。而用絮凝方法，硫酸钙则保留了 98.38%。且乙醇价格高用量大，絮凝剂价格低用量少，但某些有效成分的含量低于醇提法，其原因尚待进一步探讨。

甲壳素吸附澄清法可能是利用甲壳素与药液中的蛋白质、果胶等发生分子间吸附架桥作用和对荷负电荷物质的中和作用，去除水提液中颗粒较大、具有沉淀趋势的悬浮颗粒，保留高分子多糖类，并利用它的亲水对疏水胶体的保护作用，最终达到澄清中药水提液，提高制剂稳定性。传统水提醇沉法可能因其去除了大量高分子化合物，使稳定性降低，导致易产生沉淀，口感不佳。甲壳素吸附澄清工艺能更多地保留水煎液中的溶解成分，并能最多地保留总固体物、总有机酸、总多糖等有效成分，且制备方便，工期短，成本低，成品口感佳。

三、透明质酸

1. 结构与性质

透明质酸（Hyaluronic Acid，HA）又名玻璃酸。是由 (1,4-)D-葡萄糖醛酸-β-1,3-D-N-乙酰葡萄糖胺的双糖重复单位连接构成的一种线形酸性黏多糖，它是一种黏弹性生物多聚糖，分子链的长度及分子量是不均一的，双糖单位数为 300～11000 对，平均分子量约为 $5.0 \times 10^5 \sim 8.0 \times 10^7$，医用级要求其分子量为 $10 \times 10^5 \sim 25 \times 10^5$，其结构式如下。

透明质酸钠（Sodium Hyaluronate，SH）又名玻璃酸钠。是透明质酸羧基与钠金属离子所成的盐。商品 HA 一般为钠盐形式。医用级分子量为 $10^6 \sim 2.5 \times 10^6$，化妆品级为 $5 \times 10^4 \sim 1.5 \times 10^6$。

HA 为白色、无臭、无味、无定形粉末，有吸湿性，不溶于有机溶剂，溶于水，水溶液比旋度为 $-70° \sim -80°$，具有较高的黏性。同时具有很好的润滑作用。下列因素会影响透明质酸的黏度，如 pH（低于或高于 7），或有透明质酸共存、引起分子中糖苷键水解，或有还原性物质（如焦性没食子酸、抗坏血酸或重金属离子）存在和光线（紫外线、电子束辐射）照射引起分子解聚等，均可造成黏度下降。

HA 不溶于常用的有机溶剂，有很好的亲水性，遇水能高度水化，具有高度的黏弹性和假塑性，黏度随分子量和质量分数呈指数上升，当 HA 的链缠绕在一起时，链之间发生相互作用，形成螺旋线圈，具有一定的机械强度。其良好的流变性对医药品的应用极为有利。透明质酸溶液的黏度受到下列条件的影响：pH（低于或高于 7），透明质酸酶，半脱氨酸、维生素 C 等还原性物质以及紫外线等的影响，使其黏度发生不可逆的下降。HA 能形成良好的网状结构，因而具有分子筛的功能。

HA 对人类及动物无抗原性。商品 HA 一般为钠盐形式——透明质酸钠（Sodium Hyaluronate，SH，又名玻璃酸钠），是透明质酸羧基与钠金属离子所成的盐。医用级分子量为

$10^6 \sim 2.5 \times 10^6$，化妆品级为 $5 \times 10^5 \sim 1.5 \times 10^6$。SH 呈白色纤维状或粉末状固体，有较强的吸湿性，溶于水，不溶于有机溶剂。

2. 来源与制备方法

HA 普遍存在于动物和人体内，如鸡冠、鸡胚、皮肤、肌肉、软骨、脐带、人血清、关节滑液、脑、眼玻璃体、动脉和静脉壁等均含有 HA。常用的提取原料有雄鸡冠、脐带、牛眼等。在动物体内透明质酸的主要作用有关节的润滑作用、组织保水作用。透明质酸常以蛋白复合物的形式存在于细胞间隙，在鸡冠、脐带和皮肤以凝胶形式存在，在眼玻璃体和滑液中以溶解形式存在。各种动物体内 HA 在物理性质和化学性方面没有什么差别。在制取高纯度 HA 时，需要除去蛋白质、核酸和脂类等杂质，方法稍有不当，分子量就会降低或变成无效物质。由于提取 HA 的原料稀少而提取成本高，致使透明质酸的价格也比较昂贵。近年来利用细菌将廉价的葡萄糖转化为 HA 的发酵法制备 HA 使产量不受限制，产品纯度提高，成本相对降低。

由于采用的原料不同，具体制备过程也有很大差异，以公鸡冠、人脐带、皮肤、羊眼球为原料时，包括下列几个主要过程：新鲜组织预处理、浸提、沉淀、精制、干燥等。浸提液一般为含抑菌剂的 0.1mol/L 氯化钠液，沉淀剂用乙醇或丙酮，其所用试剂也因工艺及原料不同而异。国内透明质酸的工业生产也采用微生物发酵法。

(1) 以动物组织为原料的制备方法

工艺流程如下。

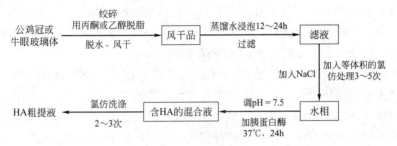

操作（以鸡冠为原料）：新鲜公鸡冠用丙酮洗脱水，粉碎，加蒸馏水浸泡提取 24h，重复 3 次，合并滤液。提取液与等体积 $CHCl_3$ 混合搅拌 3h，分出水相，加 2 倍量 95% 乙醇，收集沉淀，丙酮脱水，真空干燥得粗品透明质酸。粗品透明质酸溶于 0.1mol/L NaCl 溶液，用 1mol/L HCl 调 pH 至 4.5～5.0，加入等体积 $CHCl_3$ 搅拌，分出水层，用 NaOH 调 pH 至 7.5，加胰蛋白酶，于 37℃ 酶解 24h。酶解液用 $CHCl_3$ 除去蛋白，然后加入等体积 1% CPC（氯化十六烷基吡啶），放置后，收集沉淀，用 0.4mol/L NaCl 溶液解离，离心，取出清液，加入 3 倍量 95% 乙醇，收集沉淀，丙酮脱水，真空干燥，得精品透明质酸。

注意这样得到的 HA 粗提液，往往会含有较多杂蛋白，需进一步分离纯化，可用 D315 大孔离子交换树脂处理，去离子水为淋洗液，0.6mol/L 的 NaCl 水溶液为洗脱液，纯化此粗提液，纯化产品杂蛋白的含量小于 0.3%，黏均分子量大于 96×10^4。

(2) 发酵法制 HA

微生物发酵法是 HA 生产的重要途径之一，发酵法生产的 HA 具有产量不受原料资源限制、成本低、分离纯化工艺简捷、易于规模化生产等特点。

一般工艺流程：试管菌种接入三角瓶中 37℃ 振荡培养 12～18h，接入已灭菌的种子罐中，接种比例为 1∶200，培养 12～18h，镜检菌体生长良好，无杂菌后接入已灭菌的发酵罐中，接种比例为 1：10。发酵过程中，需要检测的参数主要有 pH 值、溶氧量、葡萄糖含量、发酵液黏度、HA 含量和菌体密度等。当葡萄糖含量接近零时，发酵结束，进行分离纯化，最后用有机溶剂沉淀、真空干燥制得产品。

其中，从发酵液中提取 HA 的过程分为初提，即除去发酵液中菌体并回收得到初级 HA，再经除蛋白质、核酸及重金属等可得精制 HA。HA 的初提方法有大量稀释膜滤法、高速离心法及有机溶剂法等，为了充分提取发酵液中 HA，可采用氯仿作为除菌介质，在温度为 28℃，pH 值为 7.5 及搅拌直径比为 2：3 条件下，经搅拌、离心、乙醇沉淀等过程从发酵液中提取透明质酸（HA），得到提取率大于 97.5%，纯度大于 97.3% 的 HA 产品。

提取法与发酵法制备 HA 的比较见表 4-14。

表 4-14　提取法与发酵法制备 HA 的比较

项目	提取法	发酵法
HA 存在状态	在原料中与蛋白质和其他多糖形成复合物，难以完全浸出，且分离精制操作复杂	游离存在，较易分离纯化
分子量	$<1\times10^6$	$>1.5\times10^6$
保湿性	差	强
售价	100 万日元/kg	50 万~60 万日元/kg

3. 应用

（1）用作辅料

天然的高分子多糖 HA 多年来作为药物已广泛应用于眼科和骨科医学实践，近年来 HA 及其衍生物作为药用辅料也得到广泛的关注。Brown M. B. 等研究表明 HA 能够穿透皮肤各层，并发现其对药物具有透皮促进作用及缓释储库的功效。

HA 作为药物传递的新辅料，近 20 年来引起了广泛注意，由于其特殊的生理性能，理想的流变性，无毒，无抗原性，高度的生物相容性和体内的可降解性，水化作用形成的黏弹性，使其成为缓释制剂中的理想载体，虽然药物的释放仍是一级过程，但是药物最初的突发性释放大大减小，药物可持续释放更长的时间。另外，HA 的聚电解质性质与带有阳离子基团的药物相互作用，在延缓药物释放中也有相当的作用。

HA 已应用于眼科和皮肤科制剂，在眼科制剂中用 HA 的浓度 0.1%~0.25% 即能够增强角膜表面水的存留，增加角膜的润湿性，提高眼部用药的生物利用度。药用品通常是 SH，SH 溶液在不同的国家以药品或手术器械用试剂获准应用于临床，作为眼科手术用黏弹剂的 SH 溶液浓度为 1%~3%。在皮肤科制剂中，HA 的基质在皮肤表面能形成水化的黏弹性的覆盖层，一般选用的 HA 分子量在 1.1×10^6~1.2×10^6、浓度为 0.1%~0.2%，分子量超过 1.8×10^6，其对药物的渗透性就显著降低。

HA 直接或间接参与细胞的黏附、迁移、生长及分化等许多生物学行为，在胚胎发育、形态发生、细胞定位、创伤愈合、感染等生理及病理情况下发挥重要作用，能调节细胞外基质中浆液与蛋白的平衡，参与肿瘤的生长、浸润、转移、免疫逃逸及对化疗药物的拮抗。本品还有助于某些药物对疾病的治疗，如肉芽组织的血管生成作用。因此，在治疗血管病变、动脉瘤以及肿瘤时，可将某些药物（如免疫调节剂、抗肿瘤药）加入 HA 凝胶栓塞剂中，使药物在病变部位局部释放，避免药物的全身毒副作用，达到靶向给药的目的。

SH 在二乙烯砜、甲醛、环氧化合物的作用下，可交联成 HA 凝胶，与药物一起溶胀，将药物吸收入凝胶网络中形成理想的缓释制剂。此外，SH 具有良好的透皮促进吸收功能，与其他药物制成软膏、乳剂洗液等一系列皮肤外用制剂，可改变药物在皮肤上的扩散速率，促使皮肤或动脉壁的通透性明显增加，具有较好的保水、吸湿作用，利于药物吸收。SH 用于大面积皮肤烧伤，可成为水和微生物的屏障，有利于外伤愈合。我国山东正大福瑞特制药有限公司以主药低分子肝素和辅料 SH、月桂氮䓬酮及角质软化剂配制成软膏剂——海普林，在临床上用于治疗烧伤、血栓性脉管炎、血肿、冻疮、皮肤溃疡、湿疹皮炎、银屑病、接触性皮炎、皮肤瘙痒症、手足皲裂等多种皮肤病，取得较好疗效。目前，国外学者着重对 HA 进行化学修饰，以求获得抗凝抗栓复合材料及新型药物缓释基质等。

HA 作为眼科"黏性手术（Visco Surgery）"的必备药品，已被广泛用于各种复杂的眼科手术中；在骨科，其作为黏性补充液治疗多种外伤性关节炎，骨关节炎等也取得较好的疗效；在化妆品中，作为天然保湿剂，在我国市场上已有多种分子量的产品。因此它具有作为药用辅料及辅助性药品的多功能性。HA 的一些交联衍生物（水溶性或水不溶性的凝胶、微球和液体）在 20 世纪 80 年代已经制备成功，一种法定名称为 Hylans 的医药制品，在黏性手术、黏性补充液和缓释制剂基质方面的应用已显示了其优良的性能。但由于其价格较高，用在辅料方面显然受限。一些含 SH 的药物制剂见表 4-15。

表 4-15 一些含 SH 的药物制剂

剂型	商品名	配方主组成	用途	备注
滴眼剂	Healon	SH	眼科手术填充剂	瑞典 Pharmacia 药厂
	捷普	SH，无环鸟苷	病毒性角膜炎辅助剂	中国正大福瑞特有限公司
	润舒	SH，氯胺苯醇	干眼病，慢性结膜炎	中国正大福瑞特有限公司
	维他	SH，尿素，硫酸锌	干眼病，结膜炎	中国正大福瑞特有限公司
	的确当	SH，新霉素	眼科眼道手术等	中国正大福瑞特有限公司
注射剂	爱维	SH	骨科，生物补充剂，眼科手术辅助剂	中国正大福瑞特有限公司
	施肺特	SH	骨科，生物补充剂，眼科手术辅助剂	中国正大福瑞特有限公司
软膏剂	海普林	SH，低分子肝素，月桂氮䓬酮等	皮肤疾病，烧伤	中国正大福瑞特有限公司
喷雾剂		中、低分子量的 SH，吡咯酮羟酸，山梨醇	治鼻，鼻干	

（2）新型医用生物材料

HA（SH）作为一种新型医用生物材料，具有良好的相容性、黏弹性、吸水性和生物降解性。它作为生物润滑剂、弹性保护剂、填充剂、吸水剂等，在医学上的广泛应用促进了许多新医学概念的诞生。

① 在骨科、外科方面的应用。HA(SH)是关节液及软骨基质的主要成分，对关节软骨有营养、润滑、保护及修复功能。在病理情况下［如骨关节炎（OA）］，固体组织腔或液体组织腔内的 SH 含量下降时，会引起这些组织的正常生理功能及再生过程受损。此时，可以通过补充一种外源性黏弹性物质（如高黏弹性 SH）来增加该腔内正常流变学状态，使其恢复功能，这种黏弹物补充疗法（Viscosupplementation）是近年来骨关节治疗的新医学概念。骨科临床以 HA 钠（SH）局部注射补充黏弹物，治疗骨关节炎、外伤性关节炎、膝关节僵硬、严重粉碎性髋臼骨折、骨科术后修复（髌骨固包术后、肌腱手术、腰椎间盘突出术后等）、髌骨软化症、腰椎管狭窄等，可在关节腔内起润滑作用，减少组织间摩擦，改善润滑液间组织的炎症反应，提高滑液中 SH 含量，缓解患者的关节疼痛、肿胀、运动障碍等症状，促进软骨修复，加速伤口愈合。SH 在外科可用于因交通事故和手术所致的组织缺损填充及烧伤病人的矫形，也可预防腹部手术的粘连。

② 在眼科的应用。在眼科手术中作黏弹性保护剂，实施黏弹性手术。对眼科手术而言，手术中难以维持前房角空间，使手术器械在眼内活动空间小，易造成眼内损伤和手术并发症。SH 为高分子化合物，其胶体特性及高黏稠度（比房水高 500 倍）能防止其从眼内手术切口溢出。注入后产生并维持眼前房角一定空间深度以致在手术操作过程中维持空间。其滑黏性有保护眼内组织、润滑缝线，防止机械和缝线对组织的损伤功能，有利于异物取出和人工晶体植入等手术实施。自 1979 年 Balazs 等开始将 SH 用于眼科手术，至今对其效果及机理的探讨有了定论。临床上用于囊内囊外白内障摘除手术、角膜移膜术，青光眼小梁手术，外伤性眼科手术、视网膜脱离术、睫状体分离术、虹膜肿瘤摘除术、白内障乳化术、眼前房出血等 20 余种手术，可便于手术操作，减少机械损伤，降低眼角膜内皮细胞的损伤所引起的术后并发症。SH 作为滑润剂可湿润眼球表面，防止上皮干燥且作用时间长。临床常用其 0.1%～0.2%溶液滴眼剂治疗干性角膜炎（干眼病），同时用于术后、药物性外伤、配戴亲水软镜等引起的角、结膜上皮损害，或与其他药物复配成滴眼液，用于治疗病毒性角膜炎、青光眼、慢性结膜炎、单疱病毒性角膜炎等。

四、海藻酸及海藻酸钠

1. 结构与性质

（1）结构

海藻酸钠（Sodium Alginate）为褐藻的细胞膜组成成分，一般以钙盐或镁盐存在。海藻酸盐类于 1881 年首先被发现，但其结构式至 1965 年由于核磁共振技术的发展才被确定。海藻酸由聚 β-1,4-甘露糖醛酸（β-1,4-D-Mannosyluronic Acid，M）与聚 α-1,4-L-古洛糖醛酸（α-1,4-L-Gulosyluronic Acid，G）结合的线形高聚物，分子量约为 2.4×10^5。其结构简式如下。

（2）性质

海藻酸钠为无臭、无味、白色至淡黄色粉末。海藻酸钠不溶于乙醇、乙醚。稀乙醇液（30%），不溶于有机溶剂及酸类（pH 在 3 以下）。海藻酸钠的性质与其制备所选用的原材料及加工工艺有密切关系。一般而言，海藻酸钠能缓缓溶于水形成黏稠液体，具有高黏性，其低浓度（0.5%）在低剪切速率（1～100s^{-1}）下，近似牛顿型流体，其水溶液黏度与 pH 有关，pH 在 4 以下则凝胶化，pH 在 10 以上则不稳定。其具成膜的能力，膜呈透明且坚韧。海藻酸钠与蛋白质、明胶、淀粉相容性好，与二价以上金属离子形成盐而凝固。

海藻酸钠与下列化合物有相容性，其中包括增稠剂（黄原胶、瓜尔豆胶、西黄蓍胶）、合成高分子药用材料（如卡波姆）、糖、油脂、蜡类、一些表面活性剂（如吐温）和一些有机溶剂（如甘油、丙二醇、乙二醇等）。

海藻酸钠与吖啶衍生物、结晶紫、醋（硝）酸苯汞、钙盐、重金属及浓度高于 5%的乙醇不相容。高浓度的电解质及高于 4%的氯化钠可使其沉析。

海藻酸钠具有吸湿性，一般含水量为 10%～30%（RH 为 20%～40%时），其平衡含水量与相对湿度有关，如置于低相对湿度和低于 25℃以下，其稳定性相当好。海藻酸钠的黏度因规格不同而异，其 10% 溶液在 20℃时，黏度为 20～400mPa·s，可因温度，浓度，pH 和金属离子的存在而不同。其 1% 水溶液在不同温度下保存两年仍具有原黏度的 60%～80%。

海藻酸钠溶于蒸馏水形成均匀溶液，其黏性和流动性受温度、剪切速率、分子量、浓度和蒸馏水混用的溶剂的性质所影响。pH、整合剂、一价盐、多价阳离子和季铵化合物等化学因素也影响其流动性质。

海藻酸钠的胶凝作用与其分子中古洛糖醛酸的含量和聚合度有关，古洛糖醛酸（G）含量越高则凝固硬度越大。甘露糖醛酸（M）柔性较大，海藻酸钠凝胶的溶胀性与其中 M 单体在内部的溶胀有关。

海藻酸钠与大多数多价阳离子反应会形成交联，如与钙离子交联形成的网状结构，能控制水分子的流动性，用此方法可得热不可逆性的刚性结构，其失水收缩不显著。将钙离子加入海藻酸钠溶液中的方法显著地影响最终形成凝胶的性质，如果钙离子加得太快，结果形成不均匀凝胶，结构失去连续性；使用慢速控制溶解的钙盐可以得到较均匀的凝胶，下面是在改变凝胶坚韧性和凝胶形成时间方面的一些基本规则。

① 钙离子量增加，则形成的凝胶性质不良，反之则凝胶形成良好。但钙盐等螯合剂加得太少，则会形成粒凝胶。

② 钙离子用量减少，形成凝胶较柔软，加入量太多时，则形成坚硬的凝胶，甚至会形成粒凝胶或使海藻酸钙沉淀。

③ 如果钙离子加入的量接近二者反应完全时的浓度，则形成的凝胶有脱水收缩（Syneresis）的倾向。

海藻酸钠贮藏时易染菌，进而影响其溶液的黏度，溶液可用环氧乙烷灭菌。高压灭菌法也可使黏度下降。不宜应用 γ 射线照射，因其能显著影响溶液的黏度。本品外用时可加 0.1% 的氯甲酚、0.1% 的氯二甲苯酚或对羟基苯甲酸酯类作防腐剂。

2. 来源与制备

海带、海藻和巨藻是制备本品的主要原料。现将以海藻为原料的制备工艺简述如下。

① 将原料海藻以水洗净，除去附着的盐分和夹杂物，切成细丝。

② 以低浓度的酸性溶液浸泡，除去盐类及可溶性蛋白质等水溶性成分。

③ 加热至 40～50℃，加入碳酸氢钠，使海藻膨化成黏稠状，此时反应 pH 约为 12，海藻酸钙转化为海藻酸钠，反应生成的碳酸钙析出沉淀。为使反应液达到高 pH，也可使用一部分氢氧化钠。

④ 分离出的海藻酸钠加水稀释、过滤、漂白后，加少量硫酸使凝胶沉淀，将凝胶置离心机分离，除去可溶性成分后，将其混悬于甲醇中，加入计算量的氢氧化钠或碳酸钠中和，可得海藻酸钠，用压榨法除去甲醇，干燥，粉碎即得。

3. 应用

海藻酸钠广泛用于化妆品、食品及药物制剂（如片剂及创伤敷料等外用制剂），无毒，无刺激性。海藻酸钠粉末吸入或遇眼黏膜有刺激性。海藻酸钠的急性毒性 LD_{50} 如下：猫腹腔注射 LD_{50} 为 0.25g/kg；兔静脉注射 LD_{50} 为 0.1g/kg；大鼠静脉注射 LD_{50} 为 1g/kg；大鼠口服 $LD_{50} > 5g/kg$。

海藻酸钠可用于口服及局部外用，其应用浓度为：在片剂中可用作黏合剂（1%～3%）、崩解剂（2.5%～10%）、增稠剂及助悬剂（1～5g/100mL）、乳剂的稳定剂（1～3g/

100mL)，糊剂及软膏基质（5％～10％）。最近还用作药物的水性微囊的膜材，以代替用有机溶剂的包囊技术和用作缓释制剂的载体。

药剂学中利用海藻酸钠的溶解度特性、凝胶和聚电解质性质作为缓释制剂的载体、包埋剂或生物黏附剂，利用其水溶胀性，作为片剂崩解剂，利用其成膜性，制备微囊，利用其与二价离子的结合性，曾作为软膏基质或混悬剂的增黏剂，其中作为缓释制剂的骨架和包埋剂和微囊材料等尤为重要。近年来超纯的（通过 $0.22\mu m$ 微孔滤膜）交联海藻酸钠作为包埋材料的植入剂已有商品出售并见有各方面文献报道。

第四节　药用蛋白质及其衍生物

一、胶原

1. 结构与性质

胶原（Collagen）为源于动物组织的一种结构蛋白，是组成胶原纤维的一种纤维蛋白。存在于动物（猪、牛、禽等）的结缔组织（包括软组织、动物皮和腱骨）和硬骨料组织，约占哺乳动物总蛋白的 1/3。胶原蛋白含有 18 种氨基酸（甘氨酸、脯氨酸、羧脯氨酸、谷氨酸、天冬氨酸、丙氨酸、苯丙氨酸、精氨酸、赖氨酸、羟赖氨酸、丝氨酸、白氨酸、缬氨酸、苏氨酸、组氨酸、酪氨酸、蛋氨酸、异白氨酸）。其中脯氨酸、甘氨酸和赖氨酸的含量较高。胶原蛋白由于含有部分苯丙氨酸和酪氨酸残基，自身具有荧光，最大吸收在 230nm 左右。近代的研究证明，胶原分子是由 3 条多肽链互相扭成右手螺旋的圆棒形结构，长约 280nm，分子量约 $1.3×10^5～3×10^5$，按照胶原的结构可以分为十几个类型，各类型间结构差异主要由蛋白质的一级结构即多肽链中氨基酸的排列顺序不同所致。

采用酶解法提取的胶原蛋白，由于其尾肽非螺旋区的切除，正常的三股螺旋结构被破坏。胶原蛋白是一种结构特殊的蛋白质，其多肽链具有与一般蛋白质中 α-螺旋不同的螺旋结构。胶原蛋白肽链是 Gly-X-Y 的重复序列，每条肽链卷曲成左旋螺旋，每个螺旋有三个氨基酸残基，第一位为甘氨酸 Gly，后两位为其他氨基酸。三股螺旋相互之间通过氢键形成稳定的三股螺旋。Payne 等的分析表明其中最重要的氢键是 X 位（或 2 位）的羰基 C(2)＝O(2)与另一条链上的 NH 之间形成的，是参与形成三股螺旋的三股螺旋内氢键。三股螺旋中另外两个羰基 C(1)＝O(1)（一般在 Gly 上）和 C(3)＝O(3)都朝向三股螺旋的外部，与溶液中的水分子形成氢键。

胶原能吸水膨胀，但不溶于水。与水共热时，能断裂部分肽键生成分子量较小的明胶（分子量在 $1.5×10^4～2.5×10^4$）。胶原蛋白作为一种聚两性电解质（等电点为 7.6），在酸性介质中，胶原分子内肽键的酰胺基能够和 H^+ 作用成盐，多肽链上的赖氨酸、精氨酸和组氨酸残基的作用使胶原蛋白成为一个很弱的聚阳离子电解质。从生物体内提取出来的胶原蛋白，由于酶解作用，失去了原有的三股螺旋结构，故也称变性胶原，能够溶于酸性介质。

在低浓度范围内，多肽链上—NH_2^+—的相互排斥作用占明显优势，再加上三种带正电荷氨基酸残基的排斥作用，使胶原蛋白成为一线形分子。当胶原浓度增大到 0.5mg/mL 以上时，多肽链上—NH_2^+—的相互排斥作用相对于多肽链上疏水氨基酸残基的疏水作用明显变弱，分子内和分子间氢键的作用加强，形成不规则线团结构。当胶原蛋白浓度进一步增大时，多肽链上疏水氨基酸残基的疏水作用占明显优势，同时每个肽链上肽键都参与氢键的形成，因而形成了螺旋结构。

胶原蛋白的许多物化性能，主要与分子链中疏水性的氨基酸之间和肽键之间由于氢键引起的聚集行为有关。具有生物相容性和生物活性，正常细胞可在其表面依附和生长浸润。

2. 来源与制备

制备胶原的材料来源广泛，但主要以动物组织如猪皮、牛皮、猪和牛的跟腱、鱼鳞、鱼皮、禽爪、蜗牛等为提取的原料。胶原的制备技术历史较长，方法多样。如最早是 1929 年以磷酸溶解动物骨组织提取胶原；1960～1961 年完成从动物真皮组织并纯化胶原；到 1962 年由 United shoe Machinary 公司开发成功商业化提取胶原技术。近年来，随着生物技术的发展，又可用基因重组技术生产人胶原。

目前，医药用胶原主要是采自禽爪、牛跟腱、猪肌腱和马肌腱。如意大利的产品 GEL-FIX，系采取自牛跟腱的冻干胶原；中国珠海生化制药厂生产的胶原海绵，是用猪肌腱经酶消化、冻干制得白色致密纤维膜状物——胶原海绵。也可从马肌腱提取的胶原溶液冻干制成海绵体。

（1）从禽爪中提取 I 型胶原

① 工艺路线为：禽爪→清洗消毒→切碎→分散于有机酸中泡胀→去除结缔组织上的骨组织→结缔组织除钙→磨粉→粉末→酸中泡胀→调 pH 升高使产品沉淀→干燥→产品。

② 本工艺所得干燥胶原，可分散在 1% 醋酸与透明质酸（5：1）的混合液中形成均匀的弥散体系，具有促进纤维细胞生长和伤口愈合作用。

（2）从小牛真皮提取 I 型胶原

将新鲜牛皮去毛及皮下脂肪，洗净切成薄片，于 10 倍体积的 0.5mol/L 乙酸中捣碎成糊状，继续搅拌，离心（4℃，200r/min），取上清液经 NaCl 盐析，离心，弃去上清液，沉淀用 0.5mol/L 酸溶解，置入透析袋，在 1% 乙酸中透析得浓胶原液，分装，冻干得白色纤维状固体产品。

该工艺生产的 I 型胶原具有独特的三股螺旋结构，低温下在等渗的生理盐水中溶解成无流动液体，当温度升至生理温度（37℃）时，12～15s 内会重新组成新的三股螺旋体结构的胶原体纤维，并转变成弹性的白色胶状固体。

（3）基因重组技术生产人胶原

目前，采用基因重组技术生产人胶原的方法已经形成。美国 Collagen 公司（胶原公司）将特定乳腺表达系统（如人胶原表达系统）微量注射到受精卵母细胞后，移植到哺乳动物母体，使其怀胎足月，得到能产生重组人胶原奶汁的哺乳动物，再从该转基因动物的奶汁中提取人胶原。这种方式产生的人胶原是不含其他类型胶原杂质的单一型胶原。此外，Genphann 公司已从美国基因鼠奶中生产中人胶原。

3. 在药物制剂中的应用

胶原作为一种重要的生物材料，是可在体内降解的辅料，用于代替给药系统所采用的不能生物降解的高分子辅料。胶原海绵及 GELFIX 的质量指标见表 4-16。

研究结果证实，胶原和以胶原蛋白为主的复合材料在创伤修复、作为贴壁细胞培养的微载体及药物控制释放系统提高药物的长效性方面，均取得满意的效果；尤其在作为药物载体脂质体的包覆基质，减少网状内皮系统对脂质体的吞噬作用方面，效果比较明显。一种由吲哚美辛和胶原蛋白制成的新型制剂——吲哚美辛胶原蛋白烧伤膜，由质地轻而多孔的胶原海绵状膜作为基质辅料，一侧附有黄色药层。这种新型制剂具有缩短烧伤创面愈合时间，尽快消炎、止痛的功效。

表 4-16　胶原海绵及 GELFIX 的质量指标

项目	胶原海绵	GELFIX	项目	胶原海绵	GELFIX
鉴别	与胶原酶的反应 氨基酸分析法鉴别羟脯氨酸		吸水力	≥30 倍	≥20 倍
			羟脯氨酸	≥10.0%（氨基酸分析法）	≥12%（比色法）
酸度	4.0～7.0	4.0～7.0	抗撕强度	≥400gf/cm³	≥500gf/cm³
干燥失重	≤10%	≤20%	胶原含量	≥90.0%	含 N 量≥16.4%
炽灼残渣	≤0.1%	<4%		（相当于含 N 量≥16.2%）	

胶原还是一种安全、有效的软组织缺损的整形材料，可用于软组织及骨缺损修复。用胶原可作为角膜保护剂，在实施白内障手术时使用，可保护眼角膜不受损伤。另外，以胶原制成高强度纤维，可作为手术缝线；以胶原制备成贴剂、凝胶剂、喷雾剂、散剂等，可用于创伤治疗和伤口止血。

二、明胶

1. 结构与性质

明胶（Gelatin）的性质与胶原蛋白的结构有关，胶原蛋白的分子水解时，三股螺旋互相拆开，而且肽链有不同程度的断裂，生成能够溶于水的大小不同的碎片，明胶实际上就是这些碎片，市售明胶呈淡黄色，外形有薄片状、粒状，无味，无臭。潮湿后，易为细菌分解；氨基酸在明胶分子链的排列非常复杂，在组成上的特征有：异常高含量的有脯氨酸、羟脯氨酸和甘氨酸，很少量的蛋氨酸。明胶成分受胶原来源的影响，明胶的氨基酸成分与胶原中所含相似，但因在预处理上的差异，组成成分也可能不同，明胶的分子量在 $1.5 \times 10^4 \sim 2.5 \times 10^4$。

（1）溶胀和溶解

在冷水中久浸即吸水膨胀并软化，重量可增加 5～10 倍。在热水中（加热至 40℃）即完全溶解成溶液。水溶液中明胶分子的构型、物理性质随所处的环境而不同。明胶水溶液中分子存在两种可逆变化的构型：

$$溶胶形式 A \rightleftharpoons 凝胶形式 B$$

溶胶形式 A 存在于较高的温度（35℃）以上。在 15～35℃ 的范围内，两种形式的明胶分子成平衡状态共存。

固体明胶通常含少量水分，其含水量一般在 10%～15%，实际上这部分水起着增塑剂的作用，含水量太低（5% 以下）的明胶太脆，一般都需加入甘油或其他多元醇作为增塑剂。加入增塑剂甘油的明胶囊材的溶解速率随着明胶/甘油比例的改变，呈不规则改变，以明胶/甘油（质量比）为 2:3 时，溶解速率最大；但明胶比例高者储存稳定性高；淀粉和 PVP（聚维酮）可轻微加速胶块的溶解。

明胶分子与其他蛋白质一样，在不同的溶液中，可成为正离子、负离子或两性离子（等电点）。在等电点时，溶胀吸水量最小，加入脱水剂时，在 40℃ 以上能出现单凝聚。明胶在所有 pH 范围内都易溶于水，如加入与明胶分子上电荷相反的聚合物，则带电荷的聚合物能使明胶从溶液中析出，例如阿拉伯胶带负电荷，能和带正电荷的弱酸性明胶溶液反应，溶解度急剧下降。这种共凝聚作用在工艺上最重要的用途就是制备微型胶囊。

（2）黏度

明胶溶液具有很高的黏度，它在室温下容易形成网状结构，妨碍流动，因而黏度增加。可将明胶配制成 66.7g/L 水溶液，在 60℃ 水浴温度下，用旋转黏度计测定其得运动黏度。

明胶分子量越大，分子链越长，则越有利于形成网状结构，黏度也越大。中国药典明胶的黏度测定项是以一种相对值来反映其质量。

（3）凝胶化

明胶溶液可因温度降低而形成具有一定硬度、不能流动的凝胶，明胶溶液形成凝胶的浓度最低极限值约为 0.5%，凝胶浓度是指胶液冷却成凝胶后的浓度，浓度越大，黏度也越高。凝胶存在的温度最高为 35℃，凝胶形成后，它的结构向胶原构型的变化历时很长，要经历不同阶段，其螺旋结构的比例逐步增加。明胶分子互相结合而成三维空间的网状结构，明胶分子的运动受到限制，但其中夹持的大量液体却有正常的黏度，电解质离子在其中的扩散速度和电导与在溶液中者相同，而在干燥的明胶中所保存下来的只是任意卷曲的松散的构型，和完全变性的蛋白质凝胶有类似的结构。

（4）稳定性

明胶在室温、干燥状态下比较稳定，可放置数年，明胶（胶囊）应尽可能在低温保存。在较高的温度（35～40℃）和湿度下保存的明胶倾向于失去溶解性，其原因可能是明胶失水而使浓度增大，多肽链上疏水氨基酸残基的疏水作用占明显优势，同时每个肽链上肽键都参与氢键的形成，从而形成类似胶原蛋白的螺旋结构。在水溶液中，明胶能缓慢地水解转变成分子量较小的片断，黏度下降，失去凝胶能力，65℃以上解聚作用加快，加热至 80℃持续1h 后，凝胶冻力将减少 50%，分子量越小，分解越快。明胶对酶的作用很敏感。

2. 来源与加工制备

明胶是胶原蛋白部分水解后得到的一种制品。药用明胶按制法分为酸法明胶（Gelatin A）和碱法明胶（Gelatin B），其制法分述如下。

（1）酸法明胶

酸法明胶发源于美国，近年在欧洲日益受到重视，酸法处理可以降低成本，缩短原料预处理时间。其制法是：将原料（一般是猪皮）先用冷水洗净，浸渍于 pH 为 1～3 的酸液（浓度不超过 5% 的盐酸、硫酸或磷酸），在 15～20℃ 消化至完全胀开（约 24～48h），再用水将胀化的原料洗去过量的酸，在 pH 3.5～4 时，用热水提取。在动物皮组织中，许多非胶原蛋白和黏蛋白在 pH 4 时为等电状态，在抽取明胶的酸度条件下，这些蛋白溶解度小而且很易凝结，如用酸处理的猪皮明胶等电点在 pH 7～9，这是在酸性条件下胶原中的谷氨酸、天冬氨酸的酸胺基团耐水解的原因。

（2）碱法明胶

将原料（一般用除去矿物质的动物骨骼或羊皮制造）浸泡在 15～20℃ 的氢氧化钙中 1～3 个月，许多杂质，如蛋白质类黏性物质，能在这种条件下溶解而被除去。一般认为碱法明胶比酸法明胶纯些。经碱处理洗去残留氢氧化钙，最后用酸（盐酸、硫酸或磷酸）中和，再用热水提取，以下过程同酸法明胶。经长时间碱法处理而产生的明胶，含氨量略低（约18%），由于在浸灰过程中，酚胺基逐渐转化为透基，使明胶的等电点比酸法明胶的等电点低，可低到 pH 4.7～5.3。

上述两种方法处理的明胶热水提取液，再经过滤，蒸发，浓缩（SO_2 漂白），冷却成胶片，在控温的条件下烘干，研磨成所需大小的颗粒。国外的产品可能还含有低于 0.15% 的 SO_2，少量的十二烷基硫酸钠及抑菌剂。

3. 在药物制剂中的应用

由于明胶的凝胶具有热可逆性，冷却时凝固，加热时熔化，这一特性使其大量应用于制药工业，在制剂生产中，最主要的用途是作为硬胶囊、软胶囊以及微囊的囊材。软胶囊具有密封稳定、含量精确、生物利用度高等特点，越来越受到生产厂家的重视和患者的欢迎。成品胶囊在物理性质上的差异与采用的明胶类型的关系不大，由于明胶的薄膜均匀，有较坚固的拉力并富有弹性，故可用作片剂包衣的隔离层材料。周建平和戴丽静以对乙酰氨基酚为模型药物，采用甲醛蒸气交联明胶胶囊的方法制备了胃内滞留型控释胶囊。该胶囊在人工胃液中的释药曲线符合零级动力学模型。利用交联化明胶胶囊在人工胃液中不溶、但能吸收水分膨胀形成凝胶的特征，阻滞药物释放；利用空气动力学原理，适当控制胶囊内容物填充量，以保持胶囊的整体密度小于水，达到长时间漂浮液面、延长胃内滞留时间的目的。为了提高酮康唑的稳定性，尚北城等以明胶-阿拉伯胶作为囊材，用复凝聚法制备酮康唑微囊。

此外常用作栓剂的基质、片剂的黏合剂和吸收性明胶海绵的原料等。何兰茜等采用甘油明胶为基质制备妇炎康阴道栓，扩大了康复新的临床用途，发挥栓剂在阴道作用时间长的特点，对治疗妇科炎症疗效满意。其中基质制法是将明胶 100g 置烧杯中加入蒸馏水 300mL，放置 24h，使其充分膨胀；将烧杯水浴上加热并不断搅拌，使明胶充分溶解并打去浮沫；加入甘油 100g，搅拌混合均匀冷却即得。

由于明胶与生物有良好的相容性，所以，是理想的透皮制剂的基材。以甘油明胶为基质，氮酮为促透剂，制成脐部给药的多塞平栓剂，实现了透皮给药；消除了口服给药过程患者有嗜睡与口干等副作用，并对各型急、慢性荨麻疹有满意的疗效。

由鱼胶原蛋白、角鲨烷、表面活性剂固定于非织造布等的敷料可用于美容、缓解痤疮、痤疮愈后的早期色素沉着、去除早期表浅性疤痕。

三、白蛋白

1. 结构与性质

（1）结构

白蛋白（Albumin）又称清蛋白，是血浆中含量最多，但分子量最小的蛋白质，约占其总蛋白的 55%，分子量为 66500，白蛋白由 584 个氨基酸残基组成，其中含两个二硫桥，N-末端是天冬氨酸。

白蛋白是一种简单的蛋白质，分子中带有较多的极性基团，对很多药物离子具有高度的亲和力，能和这些药物可逆地结合发挥运输作用。白蛋白的二级结构含有约 48% 的 α-螺旋结构，15% 的 β-折叠片结构，其余为无规线团结构，因此具有很多的网状空隙，为携带药物创造了有利的空间条件。

（2）性质

人血白蛋白在固态时为棕黄色无定型的小块、鳞片或粉末。其水溶液是近无色至棕色的微有黏稠性液体，颜色的深浅与浓度有关。白蛋白易溶于稀盐溶液（如半饱和的硫酸铵）及水中，一般当硫酸铵的饱和度在 60% 以上时，可析出沉淀，对酸较稳定，受热可聚合变化，但仍较其他血浆蛋白质耐热，蛋白质的浓度大时，热稳定性小。

白蛋白注射液在医疗上主要作为血浆代用品，白蛋白能维持血浆正常的胶体渗透压，浓度为 25% 的白蛋白 20mL 能维持的胶渗压约相当于血浆 100mL 或全血 200mL 的功能，生物半衰期为 17～23 天。以治疗严重急性的白蛋白损失（如失血、脑水肿、低蛋白血症、肝硬化及肾脏病引起的水肿和腹水等）。由人血清蛋白、人 α 和 β 球蛋白、人 γ 球蛋白、辛酸钠、乙酰氨酸和水组成的蛋白质补充液，已用于对辅助生殖技术中使用的培养基和其他溶液进行蛋白质补充。

2. 来源与加工工艺

（1）白蛋白来源

白蛋白来自健康人血浆，从中分离制得的白蛋白有两种制品：一种是从健康人血浆中分离制得的，称为人血白蛋白；另一种是从健康产妇胎盘血中分离制得的，称胎盘血白蛋白。人血白蛋白是医学上使用量最多的蛋白质，以人血液为原料制造人血白蛋白受到严格的限制，由于需要量大，已引起科学家的重视，1981 年美国的基因公司用重组 DNA 技术，在细菌及酵母中生产人血白蛋白成功，但成本高，还需要提高纯度达到 99.9999％。日本、瑞士、瑞典等国家正在开发大规模生物合成技术获得人血白蛋白。

（2）白蛋白生产工艺

以人血浆为原料，在制备时，对血浆或胎盘血原料要进行肝炎相关抗原 HAA 和转氨酶检查及 HIV 抗体的检查，合格后才能使用。

白蛋白的分离系在特殊的控制条件下，特别是在特定 pH 下和一定的离子强度下，采用低温乙醇分离工艺，用压滤分离法进行血浆组分沉淀上清的分离、溶解过滤/精制、超滤/配制、除菌/分装于灭菌安瓿内或制成冻干制品，最终产品含白蛋白 95％以上。在成品的检查中，系将过滤灭菌的溶液盛装于最终容器中，加热至 59.5～60.5℃，并保温 10h。然后将产品置 30～32℃ 14 天以上或置 20～25℃ 4 周，肉眼观察应无霉菌污染的迹象。

3. 在药物制剂中的应用

白蛋白在人体内无抗原性，无过敏反应，在人体内能被降解吸收，故是很有价值的、安全的、但价昂的材料。白蛋白在注射剂产品中用作辅料，主要作为蛋白质类或酶类产品的稳定剂或作为新剂型微球的材料、抗癌药栓塞的载体，作稳定剂时浓度 0.003％～5％。也可作为注射剂的共溶剂或冻干制剂的载体。自 20 世纪 70 年代初第一个有关白蛋白毫微球问世以来，因其具有良好的生物相容性和可生物降解性，广泛作为抗肿瘤药物的载体，可在肿瘤部位形成栓塞，切断肿瘤细胞的给养，起到栓塞、靶向和缓释的三重效果，对于提高药物疗效，降低全身毒副作用有重要意义。

思 考 题

1. 试从淀粉的结构出发分析其在固体制剂中的崩解作用。

2. 请设计羟丙基淀粉的制备工艺，并给出完整的化学反应方程式。

3. 请设计醋酸纤维素酞酸酯的制备工艺，并给出完整的化学反应方程式。

4. HPC 和 HPMC 等醚化纤维素的溶解性能为什么表现为冷水溶解和热水不溶（或凝胶化）的特性？

5. 为什么阿拉伯胶的水溶液具有高浓低黏特性？

6. 简述纤维素与壳聚糖结构的异同点。

7. 为什么浓明胶水溶液具有升温溶解、降温凝胶化的特性？

第五章 药用合成高分子

与天然高分子相比，药用合成高分子材料大多有明确的化学结构和分子量，来源稳定，性能优良，可供选择的品种及规格较多。另外，可以通过分子设计和新的聚合方法获得具有特定结构的高分子材料，满足不同类型药物制剂尤其是新型给药系统的需要。其中，有些已是制剂技术创新的基本材料，如环境敏感水凝胶促进了智能释放药物传递体系的设计开发，而两亲性、可生物降解的嵌段共聚物的开发导致了药物纳米胶束型制剂的诞生，并为细胞靶向提供了载体。但合成药用高分子必须严格地控制材料中混杂的未反应单体、残余引发剂或催化剂和小分子副产物等，以避免可能由此产生的生物不相容性问题及与药物的不良相互作用。

第一节 聚乙烯基类高分子

一、丙烯酸类均聚物和共聚物

（一）聚丙烯酸和聚丙烯酸钠

1. 结构和性质

（1）结构

聚丙烯酸（Polyacrylic Acid，PAA）是由丙烯酸单体加成聚合生成的高分子，用氢氧化钠中和后即得到聚丙烯酸钠，（Sodium Polyacrylate，PAA-Na），二者都是水溶性的聚电解质。它们的化学结构如下。

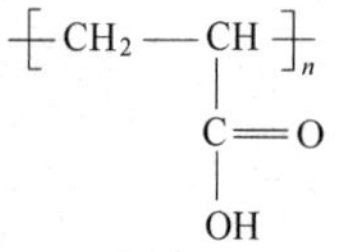

$$\left[CH_2 - CH \right]_n \quad \left[CH_2 - CH \right]_n$$
$$\begin{array}{cc} \quad\quad C=O & \quad\quad C=O \\ \quad\quad OH & \quad\quad ONa \\ \quad PAA & \quad PAA\text{-}Na \end{array}$$

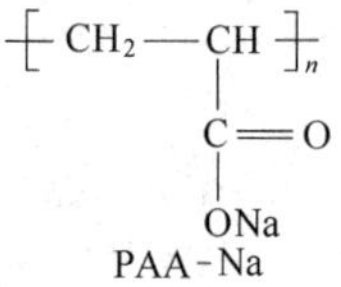

（2）性质

室温下，PAA 是透明片状固体或白色粉末，硬而脆。聚丙烯酸遇水易溶胀和软化，在空气中易潮解，其玻璃化转变温度（T_g）为 102℃，随着分子链上羧基被中和的程度的提高，T_g 逐渐升高，如聚丙烯酸钠的 T_g 可达 251℃。聚丙烯酸或聚丙烯酸钠的性质与羧基的解离性及反应性有关。

① 溶解性。PAA 易溶于水、乙醇、甲醇和乙二醇等极性溶剂，在饱和烷烃及芳香烃等非极性溶剂中不溶；而聚丙烯酸钠仅溶于水，不溶于有机溶剂。二者在水中能够解离成带有羧酸根阴离子的大分子，当溶液中氢氧化钠过量时，钠离子与羧酸根阴离子结合机会增多，解离度减小，大分子趋向卷曲构象状态，溶解度下降，溶液由澄明变得浑浊。当溶液中加入盐酸或一价盐离子时，也发生相同现象。聚丙烯酸钠对盐类电解质的耐受能力则更差，碱土金属离子能够与羧酸根离子结合形成水不溶的复合物，导致聚合物的稀溶液生成沉淀，浓溶液凝胶化。

② 黏度和流变性。聚合物稀溶液的黏度与聚合物大分子的构象形态有关，分子链越舒展，黏度越大。聚丙烯酸及其钠盐在水中呈阴离子聚电解质性质，羧酸根阴离子基团间的静电排斥作用，使大分子链趋于伸展，解离度越大（即大分子链上的电荷密度越大），黏度也越大。降低溶液的 pH 值或加入小分子盐，使—COOH 或—COONa 的解离度下降，分子链卷曲，流体力学阻力下降，聚合物的黏性减小。

与其他水溶性聚电解质相类似，PAA 水溶液的流变性表现出明显的聚电解质效应，PAA 及其钠盐的水溶液呈现假塑性流体行为，在高剪切应力下溶液的黏度显著下降，聚合度越高以及溶液浓度越大，假塑性越明显，并表现出较强的触变性。此时，大分子对溶液中共存的固体粒子产生强烈的吸附作用形成稳定的三维网状结构，类似于凝胶。增大 pH 将使得—COOH 的解离增加，由此增大凝胶的水合程度，导致凝胶体积的突然膨胀，从而呈现 pH 敏感性。

PAA 水凝胶中的—COOH 基团在较高 pH 介质中解离成—COO⁻，如下式所示。

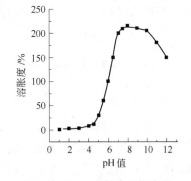

PAA 水凝胶的制备通常采用丙烯酸单体的水溶液自由基聚合制备。为改善水凝胶的性能，聚合过程中常加入其他烯类单体，如丙烯酰胺、甲基丙烯酸羟乙酯、异丙基丙烯酰胺等，形成共聚物水凝胶。如图 5-1 所示，PAA 类水凝胶在 pH>4 时体积突然膨胀，在 pH 7~9 有较大的膨胀度，因此，常用来设计中性和微碱性环境下进行药物释放的凝胶型药物制剂系统。凝胶的膨胀度随交联剂用量的增大而减小，随介质小分子盐浓度的增大而减小。

此外，PAA 与其他聚合物形成的接枝或嵌段共聚物凝胶也用于药物的控制释放，如聚苯乙烯——PAA 嵌段共聚物纳米粒、PAA 接枝的聚偏二氟乙烯膜等。

③ 化学反应性。PAA 可以被氢氧化钠中和，也可以被氨水、三乙醇胺、三乙胺等弱碱性物质中和，被多价金属的碱中和则生成难溶性盐。

在较高温度下，PAA 可以与乙二醇、甘油、环氧烷烃等发生酯键结合并形成交联型水溶性聚合物。有报道，在常温下，PAA 也能与一些含醚氧原子的可溶性高分子结合生成不溶性络合物。

图 5-1 PAA 水凝胶的溶胀度与 pH 值关系曲线

PAA 能够与阳离子性聚合物通过静电相互作用形成离子复合物，如 PAA 与壳聚糖分子在乙酸溶液中能够复合形成具有孔隙的离子凝胶，孔隙的大小及复合物性质与离子强度有很大的关系。

在 150℃ 以上干燥 PAA 可导致分子内脱水，形成含六环结构的聚丙烯酸酐，同时在分子间缓慢缩合形成交联异丁酐类聚合物。当温度提高到 300℃ 左右，上述聚合物结构进一步缩合成环酮，逸出 CO_2，并逐渐分解。而聚丙烯酸钠则有较好的耐热性。

④ 毒性。聚丙烯酸和聚丙烯酸钠对人体无毒，即使摄入也不消化吸收，聚丙烯酸钠小

鼠口服的 $LD_{50} > 10g/kg$，皮肤贴敷试验也未见刺激性。实际生产中应控制残余单体在 1%以下，低聚物的含量在 5%以下，且无游离碱存在。

2. 制备工艺

PAA 是由丙烯酸单体的自由基聚合制备的，一般在 50～100℃的水溶液中进行，以过硫酸钾、过硫酸铵或过氧化氢为引发剂，以异丙醇、次磷酸钠或巯基琥珀酸钠等为链转移剂进行分子量的调节。如果以苯为溶剂，用过氧化苯甲酰（BPO）引发丙烯酸聚合，生成的聚丙烯酸在苯中不溶而析出，过滤和干燥后即得聚丙烯酸固体粉末。

聚丙烯酸的分子量随反应温度的升高而下降，随单体和引发剂的浓度的增加而下降。如果温度控制在 50℃并控制单体的加入速度，可以合成分子量高达百万的聚丙烯酸。若自由基聚合反应在 100℃和高浓度单体及引发剂的水溶液中进行，则可制备分子量仅在 1 万左右的聚丙烯酸。在水中聚合得到的聚丙烯酸水溶液蒸干水分后即得固态块状聚丙烯酸。

就聚丙烯酸钠的制备来说，常采用氢氧化钠中和聚丙烯酸的水溶液方法，当然也可以通过丙烯酸钠在水溶液聚合制得。但是，在丙烯酸钠单体制备过程中，用碱中和丙烯酸时，有大量中和热产生，很容易同时导致聚合，而且中和程度对聚合物的分子量影响较大。少量的聚丙烯酸钠还可以利用聚丙烯酸甲酯、聚丙烯酰胺或聚丙烯腈的碱水解反应制备。

3. 应用

聚丙烯酸和聚丙烯酸钠主要用于软膏、乳膏、搽剂、巴布剂等外用药剂及化妆品中，作为基质、增稠剂、分散剂、增黏剂使用。常用聚丙烯酸或有机胺中和的聚丙烯酸，分子量在 2.0×10^4～6.6×10^4 范围内，常用量视用途不同约在 0.5%～3%。

最近，聚丙烯酸在药物控制释放体系中呈现出较大的应用价值，其与聚乙烯醇、聚乙二醇形成的可逆络合物及 PAA 与壳聚糖离子复合凝胶能够较好地控制多肽及蛋白质药物的释放，并呈现环境敏感性。PAA 较好的生物黏附性被用来制备多肽及蛋白质的口服或黏膜制剂，促进这类药物经黏膜组织的吸收，如 PAA 与聚乙烯醇、PAA 与羟丙甲基纤维素等混合体系被用来进行胰岛素等药物的制剂。此外，PAA 与其他水溶性聚合物如聚维酮、聚乙二醇等共混制备巴布膏剂的压敏胶，具有较好的皮肤黏结性和良好的生物相容性。

（二）交联聚丙烯酸（钠）

1. 结构和性质

（1）结构

交联聚丙烯酸（钠）（Cross-Linked Sodium Polyacrylate）是由单体丙烯酸（钠）与适量的二乙烯基类化合物共聚而成的三维网状结构，除了交联点之外，其余化学结构与聚丙烯酸（钠）的几乎相同。如卡波姆（Carbomer）也叫羧基乙烯共聚物，是丙烯酸与烯丙基蔗糖的共聚物，烯丙基蔗糖的多羟基在二单体共聚时产生轻度的交联结构。其化学结构简式如下。

$$\left[CH_2-CH\right]_x \left[C_3H_5-C_{12}H_{21}O_{12}\right]_y$$
$$|$$
$$COOH$$

（2）性质

交联聚丙烯酸钠是一种高吸水性树脂材料且微有特异臭味的白色粉末。在水中不溶，但能迅速吸收自重数百倍的水分而溶胀。如，表观密度 0.6～0.8g/cm³、粒径 38～200μm 的 SDL-400 在 90s 内吸水量为自重的 300～800 倍。

低交联度的交联聚丙烯酸,如美国 GoodRich 化学公司 Carbopol940、Carbopol934、Carbopol941 等多种品种;我国有药用级和化妆品级的类似品种,按黏度大小分为 3 级,与上述卡波姆规格相对应。

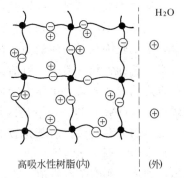

交联聚丙烯酸钠的吸水机理是羧酸基团的亲水性,使其可吸引与之配对的可动离子和水分子,产生很高的渗透压,结构内外渗透压差和聚电解质对水的亲和力,促使大量水迅速进入树脂内,如图 5-2 所示。

图 5-2　高吸水性树脂的离子网络

增加交联聚丙烯酸钠外部溶液中的盐离子浓度,可以降低渗透压差和抑制大分子羧酸基团的解离,使树脂吸水量和吸水速度均减弱。相同规格的 SDL-400 树脂对生理盐水和人工尿液的最大吸收量在 120s 内分别仅为其自重的 100 倍和 80 倍。树脂网络结构孔径、交联度和交联链的链长、树脂的粒度等均影响其吸水能力。树脂吸水后具有很高的凝胶强度和弹性,即使施加一定压力,水分也不被挤出,但长时间的受热会使树脂吸水率下降。

卡波姆与聚丙烯酸水凝胶有相似的物理性质和化学性质,可分散于水中,迅速溶胀,但不溶解,其 1% 水分散液的 pH 为 2.5～3.0,呈弱酸性,表现出很低的黏性。卡波姆的羧基较容易与碱反应,当其水分散液被碱中和时,沿着聚合物主链产生负电荷,同性电荷之间的排斥作用使分子链伸展,其在水、醇和甘油中逐渐溶解,黏度很快增大,分子体积增加 1000 倍以上;在低浓度时形成澄明溶液,在浓度较大时形成具有一定强度和弹性的半透明状凝胶。

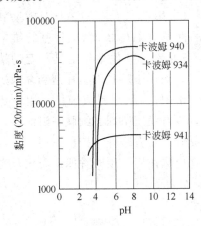

图 5-3　0.5% 卡波姆水分散液中和过程中黏度与 pH 的关系

卡波姆常用的中和剂有氢氧化钠、氢氧化钾、氨水、碳酸氢钠及硼砂等无机碱以及三乙醇胺等有机碱。中和作用迅速,增稠作用即时完成。一般情况下,中和 1g 卡波姆约消耗三乙醇胺 1.35g 或氢氧化钠 0.4g,中和后即呈水凝胶。图 5-3 是几种型号卡波姆中和时黏度随 pH 变化曲线,表明在中和开始时黏度逐渐增加,在 pH 6～11 之间达到最大黏度或稠度,且十分稳定,更高 pH 时黏度反而下降,这是由于过多的中和剂具有抑制解离的作用。卡波姆凝胶具有显著的假塑性,即在高剪切速率条件下的黏性比在低剪切速率条件下低得多。利用氢键结合也可实现卡波姆的溶胀与凝胶化作用,其机理是引入一羟基给予体,如具有 5 个或 5 个以上乙氧基非离子表面活性剂与其形成氢键,使卡波姆卷曲的分子张开而增稠。该过程费时,有时需要数小时才能达到最大增黏效果,加热(小于 70℃)可加速体系氢键的形成速度。该凝胶体系呈酸性,对碱敏感的药物特别有利。

卡波姆毒性很低,Carbomer934P 大鼠口服 LD_{50} 为 2.5g/kg,Carbomer910 的 LD_{50} 为 10.25g/kg(大鼠,口服),对皮肤无刺激性,但残存溶剂对人体有害。只有标有 "P" 的产品才能用于口服及黏膜用制剂。卡波姆干粉对黏膜、耳朵及呼吸道有刺激性,但合适 pH 值和浓度的水溶液或凝胶对眼、鼻均无刺激。

2. 制备方法

交联聚丙烯酸钠是以丙烯酸钠为单体，在水溶性氧化还原引发剂和交联剂存在下经沉淀聚合形成的水不溶性聚合物。常用的聚合引发剂为过硫酸盐，交联剂为二乙烯基类化合物。聚合物是呈胶冻状或透明的弹性体。用甲醇萃取出未反应单体和低聚物，干燥后粉碎得到白色或微黄色的颗粒状粉末。目前国内生产的药用交联聚丙烯酸钠有 SDL-400 等品种。

采用双烯或多烯类单体为交联剂，如 N,N'-亚甲基双丙烯酰胺（BIS），一缩乙二醇二丙烯酸酯（DAE）和三羟甲基丙烷三丙烯酸酯（TAE）等；引发剂采用过硫酸铵或其与亚硫酸氢钠的混合溶液。步骤是预先配制一定浓度的单体溶液，并通纯氮气除氧 5～10min，然后加入引发剂的水溶液，再通氮气数分钟后封管，并于 30℃下恒温聚合 24h。成凝胶后，取出，切片，用双蒸水浸泡。之后在 50℃脱水 12h，再在 50℃、真空干燥。

卡波姆 900 系列是丙烯酸与烯丙基蔗糖或烯丙基季戊四醇（Pentaerythritol）的共聚物，是在苯、醋酸乙酯或醋酸乙酯与环己烷混合液中交联聚合而成。其中丙烯酸羧酸基团含量为 56%～68%，交联剂（烯丙基蔗糖）含量仅 0.75%～2%，故产品交联度不高。卡波姆 1300 系列是将聚合物骨干用烷基甲基丙烯酸盐长链进行疏水性改性而成。聚卡波菲（Polycarbophil）钙盐是其与丁二烯乙二醇相交联的丙烯酸聚合物。卡波姆钠盐产品则是由卡波姆 900 系列聚合物部分中和而制得。

3. 应用

交联聚丙烯酸钠水凝胶主要用作外用软膏或乳膏的水性基质，也是巴布剂的基质的主要材料，交联聚丙烯酸钠具有保湿、增稠、皮肤浸润、胶凝等作用。在软膏中用量为 1%～4%（水溶液或乳液量），在巴布剂中常用量为 6%左右。此外，交联聚丙烯酸钠大量用作医用尿布、吸血巾、妇女卫生巾等一次性复合卫生材料的主要填充剂或添加剂。

交联聚丙烯酸因具有交联的网状结构，可用作助悬剂（常用量 0.5%～1%）及辅助乳化剂（常用量 0.1%～0.5%），如 0.4%的 Carbomer940 的助悬效果与 2.3%羧甲基纤维素或 6.0%黄原胶相当；Carbomer1342 是一种新型的高分子乳化剂，其他型号也具一定的辅助乳化作用。低分子量的交联聚丙烯酸具有的较好的黏滞性，而用于颗粒剂、片剂和丸剂的较好的黏合剂，并具有控制释放作用，常用量为 0.2%～10.0%；利用其成膜性，用作片剂、丸剂、胶囊剂的包衣材料及涂膜剂、膜剂的成膜材料，具有膜层坚固、细腻和滑润感好等特点。因其羧酸基可与碱性药物形成内盐并形成可溶性凝胶，具有缓释、控释作用，适合于制备缓释液体制剂，如滴眼剂、滴鼻剂等，同时还可发挥掩味作用。用芳香偶氮类化合物交联的 PAA 水凝胶，可作为结肠靶向给药系统，其结构示意如下。

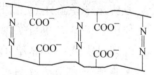

这种水凝胶在 pH 1～3 时收缩，pH 为 4.8～8.4 溶胀，在结肠环境（pH 7～8）偶氮键被结肠内微生物降解，交联网络被破坏。因此该种水凝胶负载药物后，在胃里有很少的药物释放，但到肠内则水凝胶因羧基的离子化而膨胀，使药物释放，在结肠部位由于交联网络的破坏而使药物快速释放。

（三）丙烯酸树脂

1. 结构和性质

（1）结构

通常，把在药剂领域中常用的甲基丙烯酸共聚物（Methacrylic Acid Copolymer）和甲基丙烯酸酯共聚物（Polymethacrylate Copolymer）统称为丙烯酸树脂（Acrylic Acid Resin），是甲基丙烯酸酯、丙烯酸酯、甲基丙烯酸等单体按不同比例共聚而成的一大类聚合物，这类材料主要作为制剂的薄膜包衣材料。甲基丙烯酸共聚物的结构如下。

$$\left[CH_2-\overset{\overset{\displaystyle CH_3}{|}}{\underset{\underset{\displaystyle OH}{|}}{C}}-\right]_{n_1}\cdots\left[CH_2-\overset{\overset{\displaystyle R^1}{|}}{\underset{\underset{\displaystyle OR^2}{|}}{C}}-\right]_{n_2}$$

甲基丙烯酸酯共聚物结构如下式所示。

$$\left[CH_2-\overset{\overset{\displaystyle H}{|}}{\underset{\underset{\displaystyle OR^1}{|}}{C}}-\right]_{n_1}\cdots\left[CH_2-\overset{\overset{\displaystyle CH_3}{|}}{\underset{\underset{\displaystyle OCH_3}{|}}{C}}-\right]_{n_2}\cdots\left[CH_2-\overset{\overset{\displaystyle CH_3}{|}}{\underset{\underset{\displaystyle OR^2}{|}}{C}}-\right]_{n_3}$$

表 5-1 和表 5-2 分别列出了目前国内外生产的部分药用丙烯酸树脂的化学结构和相应品名。

表 5-1 甲基丙烯酸共聚物

共聚物单体($n_1 : n_2$)	M_w	R^1	R^2	国产树脂名	德国树脂(Rohm 药厂)品名	黏度 /mPa·s
甲基丙烯酸/丙烯酸丁酯[①](1:1)	2.5×10^5	H	C_4H_9	肠溶型 I 号丙烯酸树脂胶乳液	Eudragit L30D[①]-55	$\leqslant 50$
甲基丙烯酸/甲基丙烯酸甲酯(1:1)	1.35×10^5	CH_3	CH_3	肠溶型 II 号丙烯酸树脂	Eudragit L100[②]	$50\sim200$
甲基丙烯酸/丙烯酸甲酯(1:2)	1.35×10^5	CH_3	CH_3	肠溶型 III 号丙烯酸树脂	Eudragit S100	$50\sim200$

① 国外产品为甲基丙烯酸/丙烯酸乙酯共聚物。

② Eudragit L100-55 供肠溶衣用；55 表示 pH=5.5 以上溶解，可重分散为水胶乳的商品；带有 P 者表示加有苯二甲酸二丁酯作增塑剂。

表 5-2 甲基丙烯酸酯共聚物

共聚单体 ($n_1 : n_2 : n_3$)	M_w	R^1	R^2	国产树脂名	德国树脂(Rohm 药厂)品名	黏度 /mPa·s
丙烯酸丁酯[①]/甲基丙烯酸甲酯(2:1)	8.0×10^5	C_4H_9	—	胃崩型丙烯酸[②]树脂胶乳液	Eudragit NE30D	
丙烯酸丁酯/甲基烯酸甲酯/甲基丙烯酸氯化二甲胺基乙酯(1:2:1)	1.5×10^5	C_4H_9	$C_2H_4N(CH_3)_2$	胃溶型 IV 号丙烯酸树脂	Eudragit E100[③]	$3\sim12$
丙烯酸丁酯/甲基烯酸甲酯/甲基丙烯酸氯化三甲胺基乙酯(1:2:0.2)	1.5×10^5	C_2H_5	$C_2H_4N(CH_3)_3^+Cl^-$	高渗透型丙烯酸树脂	Eudragit RL100[④]	$\leqslant 15$

续表

共聚单体 ($n_1:n_2:n_3$)	M_w	R^1	R^2	国产树脂名	德国树脂(Rohm 药厂)品名	黏度 /mPa·s
丙烯酸丁酯/甲基丙烯酸甲酯/甲基丙烯酸氯化三甲胺基乙酯(1:2:0.1)	$1.5×10^5$	C_2H_5	$C_2H_4N(CN_3)_3^+Cl^-$	低渗透型丙烯酸树脂	Eudragit RS100	≤15

① 国际市场商品为含丙烯酸乙酯/甲基,现烯酸甲酯共聚物的胶乳液（水分散体）。

② 本品为非 pH 值控制型甲基丙烯酸酯共聚物；结构中不含其他功能基团,不含增塑剂,具膨胀性及渗透性,适于制备骨架片应用或缓释片包衣用。

③ 国际市场商品中相关型号带有 PO 者,表示供应式为细粉。

④ 带有 RD 者为快速崩解薄膜包衣用型号。

(2) 性质

① 玻璃化转变温度 (T_g)。丙烯酸树脂由于甲基和酯侧基的含量、酯侧基柔性的差异,不同型号树脂的玻璃化转变温度有很大差异。甲基丙烯酸及其甲酯结构单元上的 α-位上的甲基及刚性的甲酯基团使 C—C 单键的内旋转受阻,大分子链段运动困难,因此完全由甲基丙烯酸和甲基丙烯酸甲酯共聚的产物如肠溶型Ⅱ、Ⅲ号树脂的 T_g 较高,在 160℃ 以上,呈刚性,成膜脆性大。而丙烯酸酯结构单元的 C—C 单键的内旋转较容易,而且随着酯侧基碳链长度的增大,内旋转越容易,所以胃崩型丙烯酸树脂的 T_g 可低达 -8℃,有较好的柔性和流动性。渗透型丙烯酸树脂的 T_g 则介于二者之间,在 55℃ 左右。

共混或加入增塑剂可以降低丙烯酸树脂的玻璃化转变温度,调节树脂的成膜性。含有丙烯酸丁酯的树脂较含丙烯酸乙酯或甲酯的树脂具有更好的成膜性,因此,实际应用时,含比例较大的丙烯酸丁酯的胃崩型树脂和胃溶型树脂一般可以不加或只需很少量的增塑剂即可用于薄膜衣制备；渗透型树脂一般添加 10% 以下增塑剂,T_g 可下降至 20~30℃。不含丙烯酸酯的肠溶型树脂,用于包衣时需要较大比例的增塑剂,最大量可达 40%,常用的增塑剂有三醋酯甘油酯、聚乙二醇、蓖麻油、邻苯二甲酸二丁酯以及泊洛沙姆等。此外与胃崩型树脂混合使用也可达到降低 T_g、改善成膜性及膜性能的目的。

② 最低成膜温度。最低成膜温度 (Minimum Film-Forming Temperature, MFT) 是指树脂胶乳液在梯度加热干燥条件下形成连续性、均匀而无裂纹的薄膜所需的最低温度,测定法详见 ISO 2115:1996《聚合物水分散体白点温度和最低成膜温度的测定》(E)。在 MFT 以下,聚合物粒子不能发生熔合而变形成膜。T_g 越高,MFT 就越高。加入增塑剂和与低 T_g 的树脂混合使用均可有效降低 MFT。

一般而言,包衣树脂的 MFT 在 15~25℃ 范围对薄膜衣形成较为有利。对于肠溶型Ⅱ、Ⅲ号树脂,加入一定量增塑剂或 MFT 较低的树脂是非常必要的,增塑剂种类的选择较为重要,与聚合物相容性较好的增塑剂能够起到较好的增塑效果。研究表明,一些较为疏水的增塑剂反而升高肠溶型树脂的 MFT 值,而亲水性增塑剂,如聚乙二醇 6000,有较好的降低 MFT 的作用,降低的程度与增塑剂用量成正比。而肠溶型Ⅰ号树脂分别与Ⅱ、Ⅲ号树脂等比例混合时,混合物的 MFT 分别为 32℃ 和 17℃,若在混合物中加入 10% 聚乙二醇 6000,MFT 可进一步下降。

③ 力学性质。含有丙烯酸丁酯结构单元的胃崩型树脂和肠溶型Ⅰ号树脂,有较好的柔性,能够制备成具有一定拉伸强度及柔性的独立薄膜。其他树脂脆性大,很难形成具有一定

力学强度的薄膜。丙烯酸树脂能够在药片上形成薄膜衣主要依赖于分子中酯基与药片表面带电负性原子形成的氢键、分子链在药片缝隙的渗透以及对包衣液中其他成分的吸附。分子量越大、酯基碳链越长，薄膜衣对药片的黏附性就越强，呈现更大的拉伸强度和断裂伸长。几种肠溶型树脂薄膜的拉伸强度和断裂伸长率见表 5-3。不同性质的树脂混合应用以及加入适宜增塑剂均能改善膜的力学性能。

表 5-3 丙烯酸树脂及混合物的力学性质

树脂及其混合物的组成	拉伸强度/MPa	断裂伸长率/%
肠溶型 I 号树脂(含 10% PEG6000)	9.8	14
肠溶型 II 号树脂	23.5	1
肠溶型 III 号树脂	51.0	3
肠溶型 I 号树脂/胃崩型树脂(含 10% 吐温 80)		
9/1	21.6	72
8/2	16.7	93
7/3	5.9	290
5/5	16.7	75
3/7	6.9	410
肠溶型 III 号树脂/胃崩型树脂(含 10% 吐温 80)		
3/7	20.0	620

④ 溶解性。丙烯酸树脂易溶于甲醇、乙醇、异丙醇、丙酮和氯仿等极性有机溶剂，在水中的溶解性取决于树脂结构中的侧链基团和水溶液 pH 值，丙烯酸树脂的溶解性见表 5-4。

表 5-4 丙烯酸树脂的溶解性

树 脂 名 称	溶解作用基团	溶解 pH 值	应 用
肠溶型 I 号树脂水分散体(Eudragit L$_{90}$D-55)	—COOH	>5.5	缓释膜
肠溶型 II 号树脂(Eudragit L100)	—COOH	>6.0	肠溶衣
肠溶型 III 号树脂(Eudragit S100)	—COOH	>7.0	肠溶衣
胃崩型树脂水散体(Eudragit NE300)	—	不溶,在水中可膨胀并具有渗透性	缓释膜,片剂骨架
胃溶树脂(Eudragit E10D)	—C$_2$H$_5$N(CH$_3$)$_2$	1.2~5.0	薄衣膜
渗透型树脂(包括所有渗透型 Eudragit 树脂及水分散体)	—	不溶	缓释膜

肠溶型树脂作为阴离子聚合物，结构中的羧酸基团在酸性环境下不发生解离，大分子保持卷曲状态。当溶液 pH 升高时，羧酸基团解离，卷曲分子伸展而发生溶剂化。溶液 pH 值越高，溶解速度越快。分子中羧基比例越大，需要在 pH 更高的溶液中溶解。肠溶型 I 号树脂分子中的丙烯酸酯结构增加了大分子的柔性，在 pH 5.5 即开始溶解。几种肠溶型树脂混合使用，其溶解 pH 值取决于混合比例并介于各自溶解 pH 值之间。

胃崩型树脂和渗透型树脂中的酯基和季铵基在酸性和碱性环境中均不解离，故不发生溶解。胃溶型树脂在胃酸环境溶解取决于其叔胺碱性基团。

⑤ 渗透性。含季铵基团的渗透型树脂的渗透性取决于季铵盐基的亲水性，使水渗透进入而使树脂溶胀。季铵基团比例越高，渗透性越大，故渗透型树脂分为高渗型和低渗型两类。二者混合使用，可以调节渗透性。

胃崩型树脂结构中的酯链侧基，具有一定疏水性，渗透性很小，单独应用在胃肠液中既不溶也不崩，必须添加适量的亲水性物质，如糖粉、淀粉等，使树脂成膜时形成孔隙，利于水分渗入。肠溶型树脂在纯水和稀酸溶液中不溶解且对水分子的渗透有一定的抵抗作用，适合用作隔离层以阻滞水分或潮湿空气的渗透，同样，胃溶型树脂对非酸性溶液和潮湿空气也有类似阻隔性能。

⑥ 生物相容性。丙烯酸树脂是一类安全、无毒的药用高分子材料，动物口服半数致死量（LD_{50}）为 $6\sim28g/kg$（大鼠、家兔和狗），动物慢性毒性试验也未发现组织及器官的毒性反应。尽管聚合物制备中使用的各种单体的毒性很低，如甲基丙烯酸甲酯、甲基丙烯酸、丙烯酸乙酯和甲基丙烯酸二甲胺基乙酯等的半数致死量（LD_{50}）分别为 $7.9g/kg$、$2.2g/kg$、$1.02g/kg$、$7.6g/kg$（大鼠，口服），但容易口服吸收，故树脂中残留单体总量仍应控制在 0.1% 以下，最大不得超过 0.3%。

2. 制备方法

甲基丙烯酸、甲基丙烯酸酯和丙烯酸酯等单体在光、热、辐射或引发剂条件下均容易共聚，反应放出大量热。在药用树脂生产中，一般用过硫酸盐引发，视最终成品要求，分别采用乳液聚合、溶液聚合和本体聚合等方法。

肠溶型 Ⅱ、Ⅲ 号树脂和胃溶型 Ⅳ 号树脂是用溶液聚合方法制备的。是将共聚单体及引发剂溶解在适宜有机溶剂（如低毒性的乙醇或乙醇-水溶液），在 $60\sim70℃$ 反应即有聚合物生成。在低浓度醇溶液中，树脂不断沉淀析出；或者在高浓度醇溶液中，在反应终止后向反应体系加入足量水稀释使树脂析出。经过滤分离和水充分浸泡，除去残余单体和引发剂，烘干粉碎即得。所生产的树脂是白色或浅黄色条状或颗粒状固体，具有很好的贮存稳定性，适合用有机溶剂溶解使用。

各种丙烯酸树脂胶乳液（Latex）均可采用乳液聚合方法制备。例如，胃崩型丙烯酸树脂乳液的制备过程：在 1.4% 的十二烷基磺酸钠水溶液中加入共聚单体，在过硫酸钾为引发剂，$90\sim95℃$ 时，反应 60min，冷至室温，调节水量成规定浓度（通常固含量为 30%）即得丙烯酸树脂乳液。乳胶液也可采用其他物理方法（如溶剂转换法等）制备。

丙烯酸树脂胶乳液是一种低黏度的乳白色液体，可以与水任意混合，但遇电解质、含盐的色素、某些有机溶剂（除丙酮、氯仿等外）或 pH 改变时均会引起不同程度的凝结，强烈振摇、过冷、过热也易导致胶乳粒的附聚。胶乳液可经喷雾干燥获得微粉化（$1\sim10\mu m$）的白色粉末，该微粉可在水中重新分散，也可用溶剂溶解后使用。

渗透型树脂 Eudragil RL 100 和 RS100 是采用本体聚合方法制备的。是将共聚单体与过氧化物均匀混合，在低温条件下引发聚合。反应中必须迅速消除聚合热，否则易导致丙烯酸酯单体的支化聚合和交联。反应得到的共聚物经热熔后挤压并冷却成约 $4mm\times2mm$ 大小白色或半透明颗粒，残余单体和引发剂可在热熔过程中除去。

该类产品可以溶解后使用，也可以直接在热水中分散成乳胶液使用。渗透型树脂中的氯化胺基及疏水主链使大分子具有较强的表面活性，在水分散液中作为自乳化剂而形成稳定胶乳液。

3. 应用

(1) 包衣材料

丙烯酸树脂主要用作片剂、微丸、缓释颗粒等的薄膜包衣材料。胃溶型树脂薄膜包衣有利于药品防潮、避光、掩色和掩味；肠溶型树脂主要用于那些易受胃酸破坏或胃刺激性较大的药物的包衣，也可以作为防水隔离层使用；单纯渗透型树脂或与其他类型树脂复合运用可控制药物释放速度。胃崩型树脂也有类似应用，但在加入水溶性添加剂后也可起到胃溶型树脂的作用。

树脂胶乳可以直接用于薄膜包衣,也可用水稀释至适宜浓度使用〔如10%(质量/体积)固含量〕;干燥树脂一般以75%(体积比)以上乙醇或其他适宜溶剂(如丙酮,醇类)溶解成3%~6%(质量/体积)固含量的溶液使用。胶乳液和溶液中可添加适量滑石粉、钛白粉、糖粉等以利于衣膜形成。以树脂干品计算,按片剂直径大小,增重约2~8mg/片。

(2)用作肠溶制剂的辅料

聚丙烯酸树脂中肠溶性树脂以及水分散体都是在胃部酸性环境中不溶解的,可以有限地阻止活性成分在胃部释放,但可以在指定的pH值下迅速溶解,是优良的酸不溶性薄膜包衣材料和肠道定点释放包衣材料。包衣混悬液的制备主要成分包括:增塑剂,抗黏剂,色素,功能树脂等。聚丙烯酸树脂用于肠溶制剂的应用举例如下。

① 结肠定位片。萘普生片、肠溶型Ⅲ树脂水分散体(FS30D)。配方见表5-5。

表5-5 结肠定位片配方

批量(10000.0g)	配方组成/g	质量分数/%
肠溶型Ⅲ树脂水分散体 FS30D	2566.5	41.7
单硬脂酸甘油酯	30.5	0.5
枸橼酸三乙酯	38.5	0.6
聚山梨酯80(33%水溶液)	37.0	0.6
二氧化钛	54.0	0.9
日落黄	54.0	0.9
纯化水	3370.0	54.8
共计	6150.5	100
固体含量/%		15.6
聚合物含量/%		12.5
聚合物用量/(mg/cm^2)		8.0
总固体物用量/(mg/cm^2)		10.0

制备过程:将单硬脂酸甘油酯、聚山梨酯80、枸橼酸三乙酯加入70~80℃的纯化水中,用高速剪切搅拌机分散混合约10min,然后置常规搅拌器搅拌冷却至室温。添加着色剂(日落黄)后均质混合物。在缓慢搅拌下将该混悬液倒入FS30D中,过0.5mm筛,包衣时缓慢搅拌,防止包衣液沉降。

定性/定量控制:根据药典桨法规定进行释放度试验,先在0.1mol/L HCl中测试2.2h,随后在pH6.8磷酸盐缓冲液中测试1h,最后在pH 7.4磷酸盐缓冲液中测试。介质体积900mL,搅拌速率150/min,样品数n=3(见图5-4)。

② 颗粒的肠溶包衣。茶碱颗粒、肠溶型Ⅱ树脂水分散体(L30D-55),配方见表5-6。

制备方法:称取纯化水、滑石粉、枸橼酸三乙酯,用高速剪切搅拌机分散混合约10min。将此混酸液倒入水分散体中,同时用磁力搅拌器搅拌。喷雾混悬液过0.5mm筛,包衣时缓慢搅拌,防止包衣液沉降。

定性/定量控制:根据药典桨法进行释放度试验,转速100r/min,先在800mL 0.1mol/L HCl中测试2h,然后将22g Na$_3$PO$_4$·12H$_2$O溶解在100mL水中,加入上述介质将其pH调整为6.8(见图5-5)。

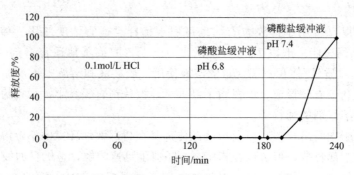

图 5-4 结肠定位片的释放曲线

表 5-6 颗粒的肠溶包衣配方

批量(1000.0g)	配方组成/g	质量分数/%
肠溶型Ⅱ树脂水分散体 L30D-55	1000.0	41.7
滑石粉	150.0	6.2
枸橼酸三乙酯	30.0	1.3
纯化水	1220.0	50.8
共计	2400.0	100.0
固体含量/%		20.0
聚合物含量/%		12.5
聚合物用量/%		30.0
总固体物用量/%		48.0

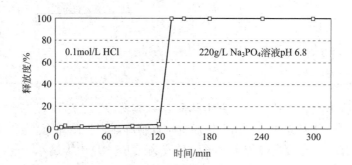

图 5-5 茶碱颗粒的肠溶制剂释放曲线

（3）用作缓释、控释制剂的辅料

丙烯酸树脂广泛用于药物缓释、控释制剂中，作为骨架材料、微囊囊材及包衣膜，用量可达 5%～10%，用于直接压片，用量可高达 10%～50%。粉末状丙烯酸树脂可用湿颗粒法制成适宜剂型，更多的则是采用溶剂法将药物及其他调节药物释放性能的低熔点物料（如硬脂酸、PEG6000 等）制成固体分散体，这样可在药物粒子表面形成控释包衣膜，提高制剂释放均匀性，同时运用低温粉碎技术又可解决低熔点物料的粉碎问题。

聚甲基丙烯酸铵酯Ⅰ（RL）和聚甲丙烯酸铵酯Ⅱ（RS）具有可与氯离子结合的季铵基作为功能团，这些亲水基团控制水分的摄取、溶胀程度和包衣膜的渗透性。而 Eudragit NE/NW 没有任何离子性功能团，在水介质中以非溶解态和非 pH 敏感的方式溶胀，特别适用于缓释

包衣。按标准处方使用上述聚合物，制备得到的包衣膜渗透性大小为 RS＜NE≪RL

丙烯酸树脂用于缓控释制剂的应用举例如下。

① KCl 结晶体缓释包衣。Eudragit NE 30D、KCl 结晶体。配方见表 5-7。

表 5-7　KCl 结晶体缓释包衣配方

批量(1200g)	配方组成/g	质量分数/%
Eudragit NE30D	560	41
滑石粉	168	12.3
色素	5	0.4
纯化水	631	46.3
总计	1364	100
固体含量/%	25	
聚合物含量/%	12	
聚合物用量/%	14	
总固体用量/%	28	

制备方法：将滑石粉和色素在定量纯化水中用高速剪切搅拌机混匀 15min，将 NE30D 放入 2000mL 烧杯中。然后在磁力搅拌器的搅拌下将混悬液倒入 Eudragit NE30D 水分散体中。

定性/定量控制：据药典桨法进行释放度试验，转速 100r/min，先在 800mL 0.1 mol/L HCl 中测试 2h，然后将 22g $Na_3PO_4 \cdot 12H_2O$ 溶解在 100mL 水中，加入上述介质将其 pH 调整为 6.8，见图 5-6。图 5-6 反映的是聚合物包衣增重百分比（8，10，12，14）对 KCl 释放速率的影响。

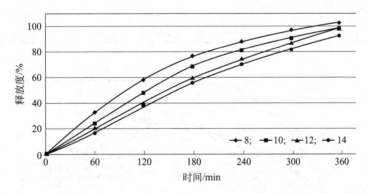

图 5-6　KCl 结晶体缓释制剂的释放曲线

② 颗粒缓释包衣。茶碱颗粒，聚甲基丙烯酸铵酯Ⅰ/聚甲基丙烯酸铵酯Ⅱ（RL/RS）。配方见表 5-8。

制备方法：将纯化水、枸橼酸三乙酯置于容器中，加入微粉硅胶用高速剪切混合机以 1000r/min 的速度搅拌 10min。然后在轻微搅拌下将混悬液缓慢倒入 RL/RS30D 的混合物中。在包衣过程中用常规磁力搅拌器持续搅拌。

定性/定量控制：同 KCl 结晶体缓释包衣（见图 5-7）。

③ 缓释骨架微丸。茶碱，聚甲基丙烯酸铵酯Ⅱ（RS100 和 RS30D）。配方见表 5-9。

表 5-8 茶碱颗粒缓释包衣配方

批量(1000g)	配方组成/g	质量分数/%
聚甲丙烯酸铵酯Ⅰ RL30D	33	4.4
聚甲丙烯酸铵酯Ⅱ RS30D	300	40
微粉硅胶	30	4
枸橼酸三乙酯	20	207
纯化水	367	48.9
总计	750	100
固体含量/%		20
聚合物含量/%		13
聚合物用量/%		10
总固体物用量/%		15

表 5-9 茶碱缓释骨架微丸配方

批量(195g)	配方组成/g	质量分数/%
聚甲丙烯酸铵酯Ⅱ RSPO	89	45.6
聚甲丙烯酸铵酯Ⅱ RS30D	71.5	36.7
茶碱粉末	15	7.7
微晶纤维素	15	7.7
枸橼酸三乙酯	4.5	2.3
总计	195	100
固体含量/%		74.4
聚合物含量/%		56.7
药物含量/%		7.7

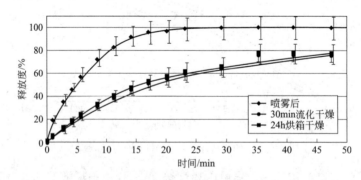

图 5-7 茶碱颗粒缓释剂的释放曲线

　　制备方法：将茶碱粉末、微晶纤维素、RS 粉末置于齿轮混合机中混合 20min。将枸橼酸三乙酯加入至 RS30D 中用低剪切混合机混合 1h。然后缓慢将塑化后的 RS30D 混合物加入到干燥粉末中，用齿轮混合机混合直到形成适当黏度的颗粒。挤出并滚圆湿颗粒，干燥，做释放试验。

　　定性/定量控制：溶出试验以中国药典转篮法，900mL 水，100r/min（见图 5-8）。

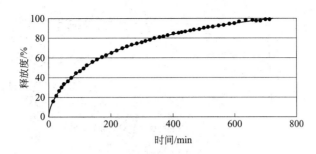

图 5-8　茶碱缓释骨架微丸的释放曲线

（4）用作掩味制剂的辅料

许多药物具有苦味或不良臭味，因此掩味在提高适应性方面是治疗成功的关键因素。其目的是掩盖药物在吞咽这段时间所能感觉到的味道。最简单的掩盖不良臭味的方法是用包衣将药物中的有味道的成分与味觉受体隔离。这层包衣在口腔的中性环境中应该不溶，当药物通过胃肠道时，其中有效成分的释放不应该延迟或改变。在酸中溶解的聚丙烯酸Ⅳ号树脂（E100）特别适合用来作为掩味的包衣。由于二甲胺乙基是它的功能团，它所形成的薄膜在pH值大于或等于 5 时可溶胀和渗透，但不溶解，在小于 pH 5 时可形成盐而迅速溶解。安徽安生生物化工科技有限责任公司自主研发出了聚丙烯酸Ⅳ号树脂 E100 的 30％水分散体产品，可有效地避免包衣时再溶解以及使用有机溶剂的问题，使掩味包衣更方便，更经济。

掩味配方应用实例如下。

① 对乙酰氨基酚颗粒的掩味包衣。聚丙烯酸Ⅳ号树脂粉末（EPO）、对乙酰氨基酚颗粒。配方见表 5-10。

表 5-10　对乙酰氨基酚颗粒的掩味包衣配方

批量(2000g)	配方组成/g	质量分数/％
聚丙烯酸Ⅳ号树脂 EPO	600	12.5
硬脂酸镁	210	4.4
硬脂酸	84	1.8
十二烷基硫酸钠	60	1.3
纯化水	3816	80
总计	4770	100
固体含量/％	20	
聚合物含量/％	12.5	
聚合物用量/％	30	
总固体物用量/％	47.7	

制备方法：先加纯化水，再加十二烷基硫酸钠使其在高速剪切搅拌机的低速搅拌下溶解，加入硬脂酸，然后按比例向溶液中加入 EPO 并以 3000～4000r/min 的速度分散。当颗粒消失时，按比例加入硬脂酸镁并以 6000r/min 的速度分散。大约 30min 后可得均一的混悬液。过 0.5mm 的筛并在喷雾时轻微搅拌以防止沉降。

定性/定量控制：溶出试验以中国药典转篮法，900mL 水，100r/min，pH 为 6.8 的磷酸盐缓冲溶液中 2h（见图 5-9）。

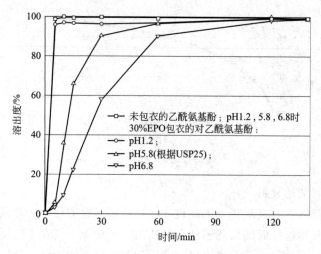

图 5-9　对乙酰氨基酚颗粒掩味剂在不同 pH 下的溶出度曲线

② 替米考星的掩味包衣：替米考星颗粒、聚丙烯酸Ⅳ号树脂 E30D（Anson）。配方见表 5-11。

表 5-11　替米考星的掩味包衣液配方

颗粒批量（1000g）	配方组成/g	质量分数/%
聚丙烯酸Ⅳ号树脂 E 30D	667	52.4
滑石粉	6	0.5
纯化水	600	47.1
总计	1273	100

制备方法：取滑石粉 6g 溶于 600g 纯化水中待分散均匀后缓缓倒入 667g E30D（固含量 30％）乳液中搅拌 30min 后用 40 目筛网滤过即得。

定性/定量控制：溶出试验以中国药典转篮法，900mL 水，100r/min，pH 为 6.8 的磷酸盐缓冲溶液中 2h，图 5-10 考查了不同聚合物用量（5％，10％，15％，20％）对包衣掩味效果的影响。

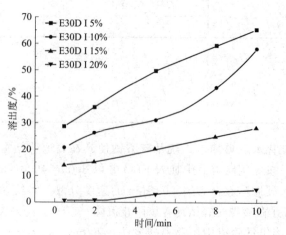

图 5-10　E30D 替米考星掩味颗粒剂在人工唾液中的溶出度曲线

二、聚乙烯醇及其衍生物

(一) 聚乙烯醇

1. 结构与性质

(1) 结构

聚乙烯醇（Polyvinyl Alcohol，PVA）是由聚醋酸乙烯酯经醇解形成的主链为碳链、每一个重复单元带有一个醇羟基的聚合物，其化学结构简式如下。

$$PVA \left(\begin{array}{c} \overset{H}{\underset{C}{|}} \ \overset{H}{\underset{|}{}} \\ \end{array} \right)_n$$

(2) 性质

聚乙烯醇是已经被药典收载的水溶性聚合物，其外观为白色至奶油色无臭颗粒或粉末，25℃时相对密度 1.19～1.31，其物理性质和化学性质与其醇解度、聚合度以及结构中的羟基有很大关系。

① 溶解度与水溶液性质。聚乙烯醇具有极强的亲水性，溶于热水或冷水中。其在水中的溶解度与分子量、醇解度有关，如图 5-11 所示。

一方面 PVA 是结晶性较强的聚合物，结晶性随分子量和醇解度的增大而增强，溶解度下降；另一方面，醇解度增大，羟基增多，使聚合物亲水性增强。因此，醇解度 87%～89% 的产品水溶性最好，在冷水和热水中均很快溶解；醇解度更高的产品，一般需要加热到 60～70℃ 才能溶解，醇解度越高，溶解温度越高；醇解度在 75%～

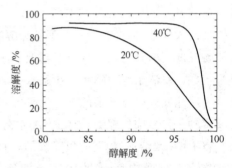

图 5-11　聚乙烯醇（$\overline{M}_n = 77000$）的
溶解度与醇解度的关系曲线

80% 的产品不溶于热水，只溶于冷水，随着醇解度进一步下降，分子中乙酰基含量增大，水溶性下降，醇解度 50% 以下的 PVA 则不溶于水。

PVA 中的乙酸酯增加，溶解热变大，相分离的临界温度降低，在高温中的溶解度变低。如醇解度为 80% 以下时，PVA 的水溶液在低温时是透明的，但升温即出现乳浊现象，即有昙点。在昙点以上的温度时，产生液-液分离。利用此原理，可将 PVA 作为微囊的辅料。

聚乙烯醇在酯、醚、烃及高级醇中微溶或不溶，但醇解度低的产品在有机溶剂中的溶解度增加，在一些低级醇和多元醇中加热能够溶解。例如，在 120～150℃ 溶于甘油，但冷后即成冻胶。这类溶剂包括乙二醇、三乙醇胺、二甲基亚砜和低分子量聚乙二醇等。

可用水和乙醇混合溶剂溶解 PVA，允许加入的醇量与醇解度有关，醇解度较低时，需加入较多的乙醇来帮助溶解。水溶解时，先将产品混悬于温水中，然后在 85～95℃ 时搅拌使其全部溶解。如图 5-12 所示，醇解度 88% 以上的聚乙烯醇，溶剂最大含醇量约在 40%～60%（质量/体积），含醇量继续增加会导致不溶。

聚乙烯醇水溶液与大多数聚合物溶液一样为非牛顿型流体，黏度随聚乙烯醇浓度增加而急剧上升，温度升高则黏度下降。在溶液浓度很低（<0.5%）以及低剪切速率下（<400s^{-1}）测得聚乙烯醇的特性黏度 $[\eta]$ 与其分子量（$\overline{M}_n$）的关系为

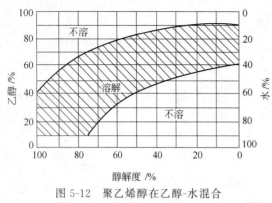

图 5-12 聚乙烯醇在乙醇-水混合
溶剂中的溶解度

$$[\eta]_{30℃} = 6.67 \times 10^{-4} \times \overline{M}_n^{0.46}$$

由于疏水性酯基的存在，聚乙烯醇水溶液具有一定的表面活性作用，醇解度低，残存酯基多，表面张力则越低，乳化能力越强。

聚乙烯醇水溶液可与许多水溶性聚合物混合，但与西黄蓍胶、阿拉伯胶和海藻酸钠等相容性差，放置后出现分离倾向。本品与大多数无机盐有配伍禁忌，低浓度氢氧化钠、碳酸钙、硫酸钠和硫酸钾、氢氧化铜等也使聚乙烯醇从溶液中析出，但可与大多数无机酸混合。各种盐使聚乙烯醇析出的能力依次为：

阴离子　　$SO_4^{2-} > CO_3^{2-} > PO_4^{3-} \geqslant Cl^-$，$NO_3^-$

阳离子　　$K^+ > Na^+ > NH_4^+ \geqslant Li^+$

较高浓度（7%～20%）的聚乙烯醇溶液，在 30℃以下贮放过程中由于聚乙烯醇凝胶化作用，黏度逐渐升高，而且温度越低、浓度和醇解度越高，这种变化越明显。但这种凝胶机械强度差，浸渍于水中膨胀，在温水中溶解。用 γ 射线、紫外线等可使之交联而增加其力学强度。冷冻处理高分子量的 PVA 溶液（2%～15%），可得物理交联的不溶 PVA 凝胶，方法有多种，如冷冻处理法：将 PVA 水溶液于 -5℃以下冷冻，再放在室温；冷冻部分脱水法：将 PVA 水溶液置 -6℃以下冻结，真空干燥使含水量到 20%～92%（质量比）；反复冷冻解冻法（冻-融技术）：将 PVA 水溶液 -20℃以下冻结，室温下融解，再冻结，如此反复多次；冻结低温结晶法：PVA 水溶液在冰点以下冻结后，冰点以上温度（0～10℃）放置 10h 以上，低温结晶。冷冻处理所得凝胶有多孔状结构，并随溶液浓度增加，微孔孔径减小。冻-融技术制备的 PVA 凝胶具有与化学交联相似的机械强度，机理是反复的冻融过程，使 PVA 形成结晶，结晶起到物理交联点的作用，如图 5-13 所示。作为物理交联，不同的冻融过程和条件导致不同结晶程度和孔隙的凝胶。冻-融循环次数越多，凝胶结晶程度越大，在水中的溶胀度就越低，凝胶强度越高。

PVA 可与其他高分子（如聚丙烯酸、聚乙二醇等）混合，再形成冻/融凝胶，形成的凝胶兼具两种聚合物的性质，如 pH 敏感性等。

硼砂或硼酸水溶液与聚乙烯醇水溶液混合时发生不可逆的凝胶化现象。醇解度越大，凝胶化需要的硼砂或硼酸用量越大。这种凝胶是聚乙烯醇与硼砂形成的水不溶性络合物。其他一些多价金属盐（如重铬酸盐、高锰酸钾以及二醛、二酚、二甲基脲等）均可使聚乙烯醇水溶液转变成不溶性凝胶。在低温（<-20℃）反复冷冻高聚合度聚乙烯醇水溶液也可使其形成物理交联的不溶性凝胶。

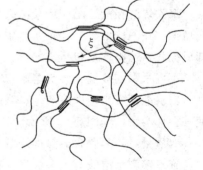

图 5-13　冻/融 PVA 凝胶的三维
网络结构示意图

另外，聚乙烯醇还具有良好的成膜性能。用 10%

～30％聚乙烯醇水溶液涂布在光洁平板上，待水分蒸发后即得优良力学性能的无色透明薄膜，加入甘油、多元醇等增塑剂可进一步改善膜的柔性、韧性及保湿率。PVA 膜有适当的吸湿性和透湿性，而对氧、氮、CO_2 的透过性极低，在低湿度下对氧的透过是多种聚合物中最低的一个，PVA 膜有良好的耐油、耐药品性。

② 化学性质。聚乙烯醇是结晶性聚合物，玻璃化转变温度约 85℃，在 100℃开始缓缓脱水，180～190℃溶解。干燥及高温脱水时发生分子内和分子间醚化反应，同时伴有结晶度增加、水溶性下降以及色泽变化。

聚乙烯醇在化学结构上可以看成是在交替相隔碳原子上带有羟基的多元醇，因此可以发生羟基的化学反应，如醚化、酯化和缩醛化等。与环氧乙烷、丙烯腈、各种饱和醛或不饱和醛反应，大多形成不溶性交联聚合物。化学交联的 PVA 凝胶，所用的交联剂有戊二醛、乙醛、甲醛等，在硫酸、乙酸、甲醇等存在下进行交联反应。化学交联的凝胶中易残留交联剂，作为药用辅料时需除净。另外，通过电子束或 γ 射线引发可以制备交联的 PVA 凝胶，这种凝胶较化学交联凝胶纯净。

③ 生物相容性与安全性。聚乙烯醇对眼、皮肤无毒、无刺激，是一种安全的外用辅料。虽然口服聚乙烯醇在胃肠道吸收很少，长期口服未见肝、肾损害，大鼠口服 $LD_{50} > 20g/kg$，但大鼠皮下注射 5％聚乙烯醇水溶液后引起器官和组织的浸润及贫血，其中一些规格的聚乙烯醇还引起高血压和其他病变。FDA 已允许其作为口服片剂、局部用制剂、经皮给药制剂及阴道制剂等的辅料。

PVA 在血液中的循环周期为 34～46 天，注射 3 天后，主要从肾脏排出，约为总注射量的 46％～67％，6～9 天后尿中不再出现聚乙烯醇。家兔经每天注射 5％的 PVA 水溶液 3mL/kg 两星期后，其体重、血沉和红细胞体积略有减少，白细胞沉淀也有提高，其他指标则无变化。PVA 分子量超过 10 万时，会引起血管球性肾炎，超过 20 万时，难以从机体排出，会积聚于肾、脾，并难于降解，因此药用 PVA 分子量应低于 10 万。PVA 能透过阴道壁吸收。PVA 与 PVP 等相同，具有不同程度的止血作用。

2. 制备方法

PVA 不是乙烯醇单体直接聚合的产物，因为乙烯醇极不稳定，不存在这种单体。聚乙烯醇是由聚醋酸乙烯（Polyvinyl Acetate，PVAc）醇解而成，因此，分子链上仍有部分未水解的乙酸酯基团。PVAc 碱催化醇解反应式如下。

$$
\begin{array}{c}
\left[\text{CH}_2\!-\!\text{CH}\right]_n \\
\quad\ \ | \\
\quad\ \text{OCOCH}_3
\end{array}
+ n\text{C}_2\text{H}_5\text{OH} \xrightarrow{\text{KOH}}
\begin{array}{c}
\left[\text{CH}_2\!-\!\text{CH}\right]_m \\
\quad\ \ | \\
\quad\ \text{OH}
\end{array}
\begin{array}{c}
\left[\text{CH}_2\!-\!\text{CH}\right]_p \\
\quad\ \ | \\
\quad\ \text{OCOCH}_3
\end{array}
+ \text{CH}_3\text{COOC}_2\text{H}_5
$$

用酸催化也可以进行聚醋酸乙烯的醇解，但以碱催化的醇解产物稳定、易纯化、色泽好。

PVAc 是醋酸乙烯在甲醇、苯、丙酮、醋酸乙酯等溶剂中进行自由基聚合的产物，分子量分布较宽，分布指数在 2～2.5。以醇为溶剂时，可以在完成聚合后直接进行醇解，但若醇中含有水，醇解中会生成大量的醋酯盐，需要进行纯化。

聚醋酸乙烯醇解百分数称为醇解度，醇解度为 98％～99％的 PVA 被称为完全醇解物。美国药典规定药用聚乙烯醇醇解度为 85％～89％。我国北京东方石油化工有限公司有机化工厂已有药用级聚乙烯醇（PVA04-88）生产，市售工业规格分别表示为 PVA05-88 和

PVA17-88 等，前一组数字乘 100 为聚合度，后一组数字为醇解度。药用聚乙烯醇分子量在 30000～200000，国外市场有高黏度（分子量为 200000）、中黏度（分子量为 130000）及低黏度（分子量为 30000）的不同产品，各国的聚乙烯醇规格很多，表示方法也各不相同。

3. 应用

（1）液体、半固体制剂中的应用

聚乙烯醇具有助悬、增稠、增黏及在皮肤、毛发表面成膜等作用，用于糊剂、软膏以及面霜、面膜、发型胶中，最大用量 10%。应用于各种眼用制剂，如滴眼液、人工泪液及隐形眼镜保养液产品中，常用浓度为 0.25%～3.0%，其具润滑剂和保护剂作用，可显著延长药物与眼组织的接触时间。与一些表面活性剂合用时，聚乙烯醇还具辅助增溶、乳化及稳定作用，常用量 0.5%～1%。

（2）作为药物膜片的基材

聚乙烯醇是一种良好的成膜材料，柔软性及黏附性均佳，广泛用于涂膜剂、膜剂中，如外用避孕膜、口腔用膜、口服膜剂，如硝酸甘油、地西泮、克仑特罗、利福平等 PVA 药膜。PVA 作为皮肤创面、黏膜溃疡及口腔用膜的成膜材料，虽能很快溶胀，但充分溶胀需十几分钟，全部溶胀需长达数小时之久，药物可随膜片溶蚀慢慢扩散渗入皮内，延长药物作用时间，减少用药次数。

此外，聚乙烯醇还可作为片剂黏合剂和缓释控释骨架材料应用。

（3）控制药物释放

近年来，利用热、反复冷冻以及醛化等交联手段制备不溶性 PVA 水凝胶，PVA 水凝胶具有很好的生物相容性和良好的理化性能，如无毒、无致癌性、良好的生物黏附性及适度的凝胶分数、溶胀度、断裂伸长率和理想的抗张强度、良好的亲水性和通透性、弹性等特点，在药物控制释放、经皮吸收等方面得到了应用，研究报道也较多。

Akamatsu K. 等利用携带阿霉素和葡聚糖的 PVA 水凝胶作为药物释放体系，不仅降低了药物的黏附，而且通过向腹膜腔释放活性的阿霉素阻止了腹膜腔的感染。

Peppas N. A 利用控制冷冻解冻次数制得了具有粘贴性能的治疗伤口的药物释放 PVA 水凝胶。实验表明，由于凝胶的结晶度随着冷冻解冻循环次数的增加而增加，所以样品的粘贴性能则随着冷冻解冻循环次数的增加而降低。

PVA 是眼科用药的优良载体，如 Smith 等将丙氧鸟苷完全包裹于 10% 聚乙烯醇（PVA）可透性凝胶膜中，再以醋酸乙烯酯（EVA）相对不透性膜三面包裹或两面包裹制成贮库型释药装置。体外试验测得丙氧鸟苷分别以 $1.9\mu g/h$ 和 $5.2\mu g/h$ 恒速释放，植入兔眼玻璃体内能维持药物浓度 9mg/L 和 16mg/L 分别达 80 天和 42 天，组织学检查在植入物处未见明显炎症反应。

把聚乙烯醇和交联剂（如戊二醛）水溶液分散在油包水型乳液体系中，进行交联反应，可制得聚乙烯醇微球。由于交联聚乙烯醇微球具有优良的生物相容性及大量可以用于修饰载体的羟基，故被选作医用吸附剂的载体和缓释、控释药物载体。如茶多酚的聚乙烯醇缓释胶囊，不仅可提高茶多酚的稳定性，而且对茶多酚具有缓释作用。

将 PVA 微球进行动脉栓塞，可治疗肝肾恶性肿瘤。通过选择动脉栓塞，使肿瘤供血动脉闭锁，切断对肿瘤细胞的营养造成肿瘤组织坏死。若微球中含有抗肿瘤药物、则能大大提高药物的疗效，降低其毒副作用，对于那些不能手术的恶性肿瘤患者，此项技术更具有特殊的意义。

此外，通过 PVA 上的—OH 的反应活性，可以把药物分子共价键或离子键结合到 PVA 的侧基上，制成聚合物药物，能够降低药物的毒副作用，并能够控制药物释放。

（4）用作透皮吸收制剂辅料

PVA 还可用于制备透皮吸收膜剂，以 PVA、聚维酮和甘油形成的压敏胶膜作为氯屈米通马来酸盐的透皮吸收剂的聚合物基质的研究表明，增大 PVP 的浓度或增塑剂的量可增加药物的透皮吸收量。PVA 还可用于制备水凝胶压敏胶，将聚维酮与 PVA 共混，采用戊二醛进行交联，形成轻度交联的网络结构，这种水凝胶具有适当的黏性，且因其具有网络结构使这种压敏胶具有一定的缓释作用。而且，这种压敏胶是水性的，既可发挥水凝胶对皮肤、组织的良好生物医学性能，又可避免"汗水滞留综合征"的发生。聚乙烯醇用于经皮吸收系统时，一方面药物易于渗出并与皮肤或病灶紧密接触，另一方面水凝胶基质可增加皮肤角质层的水合程度，促进药物的皮肤渗透，提高疗效。PVA 凝胶透皮系统，目前已有硝酸甘油、东莨菪碱、可乐定等易于透过皮肤的药物的透皮系统问世。

（5）其他应用

聚乙烯醇水凝胶还可作为医用导管材料、伤口敷料、传感器、软角内膜接触镜、手术缝合线等。

（二）聚乙烯醇衍生物

聚乙烯醇酞酸酯（PVAP）是 PVA 衍生物，目前国外已有商品出售，并成为美国 NF 的收载品种。其制法是通过 PVA 与醋酸和酞酸酐反应而成。NF 规定酞酰基总含量为 55%～62%。PVAP 溶于甲醇、二氯甲烷、乙醇等溶剂，其水分散体国外商品名 Sureteric，可用于水性喷雾包衣。

类似的有巴斯夫股份公司（BASF SE）的聚醋酸乙烯酯水分散体（聚维酮和聚醋酸乙烯酯混合物 SR30D），安徽安生生物化工科技有限责任公司（Anson Biochem）的聚醋酸乙烯酯水分散体 C30D。BASF SE 生产的 SR30D 是醋酸乙烯酯均匀聚合并分散在水溶液中，其固含量在 30% 左右，其使用了聚维酮和十二烷基硫酸钠作为稳定剂。美国药典（USP）规定其聚维酮的残留量不得过 4%。而 Anson Biochem 公司生产的 C30D 巧妙地利用了聚乙烯醇作为保护剂，十二烷基硫酸钠作为乳化剂，直接乳液聚合而得，生产工艺简单方便，其产品质量完全符合美国药典要求，并避免使用到聚维酮而造成的残留量不合格的情况，同时缓释效果相当明显。C30D 包衣制备缓释尿素，在包衣增重 15% 左右时缓释时间可达到 6～8h，并不受 pH 的影响，是理想的非 pH 依赖型的缓释薄膜包衣材料，同时其也可作为骨架材料应用到缓释制剂中。

PVA 改性的亲水性聚合物凝胶被开发出来，用于药物的控制释放，如在 PVA、羧甲基纤维素、丙烯酰胺和双丙烯酰胺的混合水溶液中，用过硫酸铵引发聚合，制得聚丙烯酰胺交联接枝的 PVA 和羧甲基纤维素混合凝胶，对包埋在凝胶网络内的药物有较好的控制释放作用。

淀粉/PVA 混合凝胶也被制备出来，用于药物控制释放的研究，方法是把淀粉与 PVA 的水溶液体系经辐射交联制得。德国的 Stockhausen 股份有限公司开发了聚丙烯酸钠/PVA 交联接枝的水凝胶。

三、聚乙烯吡咯烷酮及其衍生物

（一）聚乙烯吡咯烷酮（聚维酮）

1. 结构与性质

(1) 结构

聚乙烯吡咯烷酮（Povidone，Polyvinylpyrrilidone，PVP）也叫聚维酮，最早由德国科学家 Reppe 在 20 世纪 30 年代用 N-乙烯基-2-吡咯烷酮（VP）单体催化聚合生成的水溶性聚合物，结构如下。

$$
\left[\begin{array}{c} H_2C\text{—}CH_2 \\ H_2C \qquad C\text{=}O \\ N \\ CH\text{—}CH_2 \end{array}\right]_n
$$

聚维酮(聚乙烯基吡咯烷酮)

中国药典（2015 年版）已收载标号为 K30 的产品。国际市场上已有国际特品公司（ISP）的产品出售，其产品商品名为 Plasdone，规格标号与 NF18 版的 Povidone 和 BASF SE 的 Collidonis 大致相同，标号中的 K 值与聚合物的平均分子量有关，K 后面的数字越大表明分子量越大。标号 C 级者，表明产品不含热原，K 值与分子量的对应关系如表 5-12 所示。

表 5-12　聚维酮分子量及其对应 K 值

规格	PVP K15	PVP K25	PVP K30	PVP K60	PVP K90
分子量（$\overline{M_w}$）	8000	30000	40000	160000	300000

(2) 性质

PVP 为白色至乳白色粉末，无嗅或几乎无嗅，可压性良好。PVP 玻璃化转变温度 175℃。其 5% 的水溶液的 pH 为 3～7。PVP 极易引湿，在相对湿度 30%、50% 和 70% 时，吸湿量分别为 10%、20% 和 40%。所以，无论其原料或其制品均应干燥密闭贮藏。其水溶液可耐 110～130℃ 蒸汽热压灭菌，但在 150℃ 以上，聚维酮固体可因失水而变黑，同时软化。

① 溶解性。聚维酮易溶于水，在许多有机溶剂中极易溶解，如甲醇、乙醇、丙二醇、甘油、有机酸及其酯、酮、氯仿等，但不溶于醚、烷烃、矿物油、四氯化碳和乙酸乙酯。

PVP 溶液黏度与分子量和溶剂有关，K 值是根据溶液黏度与聚合物分子量及浓度之间的关系而定义的，其特性黏度 [η] 与聚合度及分子量的关系如图 5-14 所示。

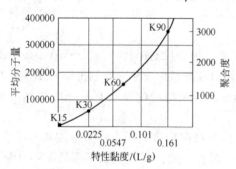

图 5-14　PVP 的特性黏度 [η] 与
聚合度及分子量的关系

较低分子量的聚维酮水溶液（浓度在 10% 以下）的黏度很小，略高于水的黏度，例如 5% PVP K11～14 水溶液相对黏度仅 1.25～4.37，5% PVP K16～18 水溶液相对黏度为 1.46～1.57；当溶液浓度超过 10% 时，则黏度很快增加，分子量越大，溶液黏度越大。K 值增加，溶液的黏度、胶黏性增加而溶解速率下降。聚维酮溶液的黏度在 pH 4～10 范围内几乎不发生变化，受温度的影响也较小。在相同浓度下，聚维酮的乙醇溶液的黏度＜丙二醇溶液＜丁二醇溶液。

PVP 以固体或溶液形式存放，在强酸溶液中保持稳定，但在浓盐酸中黏度变大，在浓硝酸中形成稳定的胶体。

② 化学反应性。PVP 呈化学惰性，能与大多数无机盐以及许多天然或合成聚合物、化合物在溶液中混溶。能与水杨酸、单宁酸、聚丙烯酸以及甲乙醚-马来酸酐共聚物等多种物质形成不溶性复合物或分子加成物，用碱中和这些多元酸可使复合物重新溶解。这种分子间的相互作用有高度的结构选择性且与二者的配比有关。

PVP 有较好的可结合性，可与碘、普鲁卡因、丁卡因、氯霉素等形成可溶性复合物，有效延长药物作用时间，效果取决于两者复合的比例。PVP 用量越大，复合物在水中的溶解度越高。PVP 与碘的络合物聚维酮碘作为一种长效强力杀菌剂在中国药典及美国、英国药典均有收载。

③ PVP 的生物特性及安全性。PVP 具有优良的生理特性，不参与人体的生理代谢，又具有优良的生物相容性，对皮肤、黏膜、眼等不会形成任何刺激。在战争期间曾被用作血浆的代用品且拯救了许多人的生命。

PVP 对人体不具有抗原性，也不抑制抗体的生成，人体可以从消化道、腹内、皮下及静脉途径接受，未发现对人有任何致癌作用。PVP 不被胃肠道吸收，在非胃肠道给药中，分子量小于 2.0×10^4 的 PVP 很容易从肾系统排出，而高分子量的 PVP 排出速度较慢。分子量在 6.0×10^4 以上的则主要被肝、肾网状内皮系统吞噬。

聚维酮安全无毒，口服半数致死量（LD_{50}）$>8.25g/kg$（大鼠），长期口服 2 年也未见副作用。小鼠静脉注射 $LD_{50} > 11g/kg$，是较早应用的血容量扩大充剂，一次静脉输注可达 $500 \sim 1000mL$（6%溶液）。由于静脉注射偶有休克反应和注射部位发生炎症及肿痛，目前已逐渐减少注射使用，但这可能与聚维酮本身无关，而是残留单体所致，故 PVP 产品中残留单体应控制在 0.2% 以下。总之，WHO 规定聚维酮每日最大用量为 $25mg/kg$，无热原的 C 级产品可用于要求不含热原的制剂中。PVP 的安全性使其广泛地用于食品、化妆品和医药工业。

2. 制备方法

可采用阳离子聚合、阴离子聚合和自由基聚合方法制备 PVP，分别用 BF_3、氨基化钾和过氧化物引发。目前，采用较多的是以过氧化物为引发剂的自由基聚合方法。聚合方法常采用溶液聚合和悬浮聚合，而本体聚合因反应热不易移除，使产品质量欠佳而较少采用。溶液聚合可在水或甲醇、乙醇等亲水性溶剂中进行，反应温度控制在 $35 \sim 65℃$，反应后的溶液经喷雾干燥即得圆球形成品。该法生产的聚维酮分子量 $\leqslant 1.0 \times 10^4$。悬浮聚合可以制备分子量高达 1.0×10^6 的 PVP，控制反应条件，也可以得到 $1.0 \times 10^5 \sim 2.0 \times 10^5$ 的产品。悬浮聚合一般在烃类溶剂中进行，维持聚合温度 $65 \sim 85℃$ 和 N_2 气流条件，在反应完成后，加水并升温蒸去有机溶剂，然后喷雾干燥得成品。

高纯度 PVP 单体，在空气中可自行发生自由基聚合反应。

3. 应用

聚维酮是美国药典正式收载的药用辅料之一，其具有的生物相容性、低毒、易成膜、可黏性、很好的复配能力及对盐、酸和热溶液保持一定的惰性等优良的特性以及品种多样、使用方便等特点，使其在药剂领域中有着非常广泛的应用。

（1）黏合剂

PVP 具有很好的黏结强度、生物相容性和水溶性，以其为黏合剂制备的固体制剂具有较高的机械强度，在生产、运输、分装、销售过程中遇到不可避免的碰击、摩擦时不易破碎；同时，在服用后还能够迅速地在消化道内崩解，释出药物；而且，PVP 既可溶于水，又可溶于乙醇等有机溶剂，因此，PVP 在多种药物制粒中得到应用。另外，PVP 还可与其他粉末干混，然后在造粒时用适当的溶剂湿润，适用于吸湿性大的药物制粒；聚维酮还是直接压片的干燥黏合剂，但聚合物中保留适量水分对其作为干燥黏合剂具有重要作用。采用 PVP 有助于制得可自由流动的可压缩颗粒。

PVP 在片剂中的用量一般为 2%～5%，使用浓度一般为 0.5%～5%。PVP K90 的黏结能力强，用量小于 2%。PVP 的高溶解性及可调节的黏度减少了造粒溶液的体积，从而减少了干燥时间及成本。

对那些湿、热敏感及易挥发的药物，如口服长效避孕药氯地孕酮（Chlormadinonum）、硝酸甘油、阿司匹林等用 PVP 的醇溶液造粒，可有效消除水分、干燥温度及时间对药物稳定性的影响。对于疏水性药物，用其水溶液作黏合剂不但有利于均匀湿润，而且还能使疏水性药物颗粒表面具有亲水性，有利于增加药物溶出度。泡腾剂的制备必须严格控制水分含量，PVP 无水乙醇溶液则是泡腾剂配方中理想的黏合剂。此外，聚维酮还可用于流化床喷雾干燥制粒。以聚维酮为黏合剂的片剂在贮藏期间硬度可能增加，分子量较高的还可能延长片剂崩解和溶解时间。

（2）固体分散体载体

有许多药物疗效好，但由于在水中溶解度小，致使其生物利用度较低。采用某些水溶性载体与药物共沉淀，可提高药物的溶出度和溶出速度，提高疗效，减小剂量。PVP 作为难溶药物的固体分散体载体，可以提高微溶、难溶于水的药物的溶解度和溶出速度，已得到广泛的研究和应用。

由于 PVP 分子中的羰基与难溶药物分子中的活泼氢原子间能够通过氢键结合在一起，使药物分子成为无定形的状态进入完全水溶的 PVP 大分子中，从而抑制难溶药物分子的结晶生成和成长，而成为过饱和状态，因此大大提高了难溶药物的溶解度，药物的生物利用度也随之提高。另外，PVP 与药物小分子共混物中，药物分子填充于 PVP 大分子形成的微空间内，提高药物的分散性。例如苯妥英是一种微溶药物，通常不能达到有效的血药浓度（10～15μg/mL），但当与 PVP 形成 1∶5 的共沉淀物后，在 pH＝1.2 的溶解介质中其浓度较苯妥英提高了 2.3 倍，在口服后不到 2h 就可达到有效的血药浓度，而且其可达到的最大血药浓度也提高了两倍以上；人体试验证明苯妥英-PVP 共沉淀物的生物利用度增加了 1.54 倍，而在服药后的前 10h 则提高了 2.37 倍。洋地黄苷-PVP 共沉淀物使洋地黄苷的生物利用度提高了 18.5 倍。此外，PVP 可作为赋形剂或提高某些药物的稳定性使用，如减小硝酸甘油的挥发，减缓 5-单硝酸异山梨醇酯的升华及抑制阿司匹林水解等。

（3）助溶剂或分散稳定剂

低分子量的 PVP（K 值为 12、15、17）可以在注射液中作为助溶剂或结晶生长抑制剂，这种增溶作用主要是药物和 PVP 的缔合作用产生的。例如用 PVP K12 为增溶剂制备可直接注射的磺胺/甲氧苄氨嘧啶溶液和土霉素（Oxyte-tracyclinum）注射液。

在粉针剂、口服或其他液体制剂中，PVP 可起增溶作用。例如提高蛋白酶的稳定性，防止糖从液体中结晶析出；某些两不相溶的组分从水溶液中沉淀，也可通过加 PVP 得以克服。

（4）包衣材料或成膜剂

PVP 作为薄膜包衣材料，其膜光亮、柔韧性好。PVP 可从水、甲醇、二氯甲烷和氯仿中成膜。因 PVP 膜易吸湿，实际应用中为增强衣膜的抗潮性能，常与其他成膜材料（如丙烯酸树脂、乙基纤维素、醋酸纤维素等）合用，PVP 与合成树脂结合时能产生透明的溶液或膜，可增加其透明度。在糖衣胶浆中也常添加 PVP，PVP 溶液亦单独用作片剂隔离层包衣。

PVP 用于包衣的主要优点有：能改善衣膜对片剂表面的黏附能力，减少碎裂现象；本身可作薄膜增塑剂；缩短疏水性材料薄膜的崩解时间；其优良的分散性使包衣悬浮液稳定性增加，改善色淀或染料、遮光剂的分散性及延展能力，最大限度地减少可溶性染料在片剂表面的颜色迁移，防止包衣液中颜料与遮光剂的凝结。

例如，在以丙烯酸树脂作为包衣的处方之中，EudragitL30D 肠溶包衣水分散液可以用 PVP 作为色素分散剂，防止分散相的聚集和沉淀，使其着色均匀，避免色料迁移。

（5）眼用药物的助剂

在眼药水中加入一定量的 PVP 可减少药物对眼的刺激性，提高黏度，延长眼药水在眼中的作用时间：由于具有亲水性和润滑作用，此 PVP 可兼作人工眼泪（加入量为 2%～10%），尤其适宜于戴隐形眼镜者。

（6）胶囊助流剂

在胶囊充填过程中，轻质粉末因比容积小而流动性差，可加入 1%～2%PVP 的乙醇溶液帮助成粒，改善流动能力。国外采用 PVP 作为胶丸中助流剂的有环扁桃酯、丙吡胺、吡酸羟乙酯、乙基罂粟碱长效胶囊等。软胶丸应用 PVP 的报道较少，日本化学制药公司在配制硝苯吡啶软丸时加入 PVP（2%）作分散剂。

（7）药物的缓释和控释

由于 PVP 与许多药物有分子间的缔合作用，因此控制 PVP 与药物的缔合程度，可延长药物在体内的释放和吸收，从而起到延效和缓释作用。这种作用可以通过选用合适的分子量及浓度加以调节。例如低浓度的 PVP 会延长氢氟甲噻（Hydroflumethiazidum）溶解，而高浓度的 PVP 却大大增加其溶解速度。PVP 对乙酰氨基酚（Paracetamolum）不但有增溶作用，而且可延缓其溶解速度。这是因为对乙酰氨基酚的溶解随溶液黏度的增加而减小，PVP 的分子量和浓度都会影响溶液的黏度。采用 PVP K17，PVP K30，PVP K90 分别制备 1∶9 对乙酰氨基酚分散体，结果表明，PVP K17 与 PVP K30 的溶解速度相近，而 PVP K90 的溶解速度最慢。

PVP 能与许多化合物络合，生成的络合物具有一定的物理、化学稳定性，在一定条件下，这种络合物与原化合物（或元素）之间存在一化学平衡关系。利用 PVP 的这种性质可以大大减轻某些高效药物的毒性及刺激性，制备出许多低毒、高效、缓释的新型药剂。聚维酮碘（PVP-I），就是这种新型高分子药物中最著名的一种，其商品名为 Povidone-I。它是碘和聚维酮的络合物，其杀菌效力及杀菌谱与碘相当，对细菌、病毒、真菌、霉菌以及孢子都有较强的杀灭作用，保留了近百年来最有价值的局部消毒剂碘的优点，同时却克服了碘溶解度低、不稳定、易产生过敏反应、对皮肤和黏膜有刺激性等缺点，现已被广泛地用作杀菌消毒剂。适度交联的不溶性 PVP 多孔粒子同样可与碘生成络合物，它可以缓慢释放出碘，主要应用于水的净化处理，如游泳池水的消毒等。通过碘与交联 PVP 多孔粒子在干燥状态下共混，或 PVP 多孔聚合物与碘溶液混合均可制备交联 PVP-I 的络合物。

以 PVP 作为制孔剂与不溶性聚合物一起可制成骨架型缓释片，调节 PVP 的用量，并采用合适的制备工艺可以得到最优化药物溶出模式。目前已用 PVP 作为制孔剂制成了茶碱、吲哚美辛、硫酸锌、布洛芬等缓释片。

PVP 还可用于制备透皮吸收膜剂及水凝胶压敏胶，以聚乙烯醇、PVP 和甘油形成的压敏胶膜可增加药物的透皮吸收量。PVP 与聚乙烯醇的戊二醛交联水凝胶具有适当的黏性，且因其具有网络结构使这种压敏胶具有一定的缓释作用。

（8）其他用途

在液体药剂中，10％以上的本品具有明显的助悬、增稠和胶体保护作用，是一种对 pH 变化和添加电解质不敏感的黏度改善剂，少量的 PVP K90 就能有效地使乳剂或悬乳液稳定；较高浓度下可延缓可的松、青霉素、胰岛素等的吸收。PVP K90 还具有增强香味及掩盖异味的功能，可显著改善制剂的口感。

PVP 是涂膜剂的主要材料，对皮肤有较强的黏着力、无刺激性，常用量 4％～6％，常与聚乙烯醇合用。出于相同作用，本品在各类香波、定型胶、发乳、染发剂等化妆品中有广泛应用。

此外，人们还开发了多种 PVP 的共聚物，用于药物制剂体系。如乙烯基吡咯烷酮与甲基丙烯酸羟乙酯（VP-HEMA）的共聚物，用于药物的骨架型或膜控制释放。如图 5-15 所示，药物释放速率随共聚物中 VP 含量的增加而加快，VP 含量在 50％以下时，聚合物对药物有控制释放作用。不同组成的 VP-HEMA 共聚物对亲水、疏水性药物的释放性质有所不同。

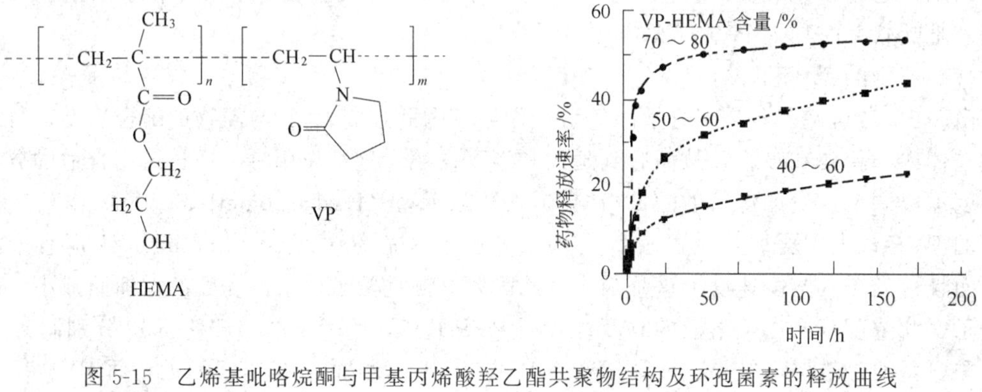

图 5-15　乙烯基吡咯烷酮与甲基丙烯酸羟乙酯共聚物结构及环孢菌素的释放曲线

另外，PVP 与 PEG400 共混压敏胶，作为一种优良的透皮吸收辅料，能够促进药物的经皮吸收速率。方法是：PVP（M_w 750000～1000000）和药物溶于低分子量 PEG（M_w 400）和乙醇中，从 30～60℃缓慢升温，形成压敏胶。对这些药物，即使无促透剂，也有很好的促透作用。

（二）交联聚乙烯吡咯烷酮（交联聚维酮）

1. 结构和性质

（1）结构

交联 PVP（Crospovidone，Cross-linked Polyvingylpyrrolidone）是乙烯基吡咯烷酮的高分子量交联物，是利用乙烯基吡咯烷酮单体和少量双功能基单体的聚合反应制备，但实际产品经 X 射线衍射、差热分析等研究表明，生成的大分子是一种高度物理交联而非化学交联的网状结构分子。

这种物理交联被认为是聚维酮大分子链极度卷曲，相互间形成极强氢键结合的结果，真正化学交联的双功能基组成仅 0.1％～1.5％。经喷雾干燥的交联 PVP 属无定形结构聚合物，在外观上是较大的多孔性颗粒，但在显微镜下可见这些颗粒是由 $5\sim10\mu m$ 的球形微粒熔合而成，这种结构使其具有高吸水性、高溶胀压和良好的塑性变形性及流动性。

（2）性质

本品已收入我国药典。交联聚维酮是白色、无味、流动性好的粉末或颗粒，密度为 $1.22g/cm^3$，1%水糊状物的 pH 为 $5\sim8$。国际市场售品有粒径不同的三种型号：Kollidon CL（BASF 公司产品，50%大于 $50\mu m$，且大于 $250\mu m$ 的不得多于 1%，实密度为 $0.534g/cm^3$）、Polypasdone XL（ISP 公司产品，小于 $400\mu m$，实密度为 $0.273g/cm^3$）和 Polpasdone XL-10（ISP 公司产品，小于 $74\mu m$，实密度为 $0.461g/cm^3$）。

本品分子量高（$>1.0\times10^6$）并具交联结构，故不溶于水、有机溶剂以及强酸、强碱，但遇水可发生溶胀，由于其具有较高的毛细管活性、强的水合能力及相对较大的比表面积，因此可迅速吸收大量水分，使交联键之间的折叠式分子链突然伸长，并被迫立即分离，使片剂内部的膨胀压力超过药片本身的强度，药片瞬时崩解。交联 PVP 吸水膨胀体积可增加 150%~200%，略低于羧甲基纤维素和低取代羟丙基纤维素，远大于淀粉、海藻酸钠和甲基纤维素。因为本品不溶于水，溶胀时不会产生上述水溶性聚合物（除淀粉外）溶胀时出现的高黏度的凝胶层，所以其崩解能力相对提高。虽然片剂硬度随着压片的压力增大而增加，但崩解时间则很少受压力影响，崩解速度依然快于同等压力下含有相同用量淀粉、改性淀粉、交联羧甲基纤维及甲基纤维素的片剂。

交联 PVP 长期口服无毒、无副作用，不被胃肠道吸收。大鼠口服 $LD_{50}>6.8g/kg$，小鼠腹腔注射 LD_{50} 为 $12g/kg$。

2. 制备方法

在碱金属氧化物存在下，不用其他引发剂，在 100℃ 以上可直接加热乙烯吡咯烷酮单体即可得到类似交联产物。

3. 应用

高度交联的 PVP 可作为片剂或硬胶囊的崩解剂，可采用湿法压片，也可直接压片。使用 1%~2% 的交联 PVP 时，便可取得 30%~40% 其他常用崩解剂所起的崩解作用，并且具有良好的再加工性，即回收加工时，不需再加入多量的崩解剂。采用交联 PVP 作崩解剂制取的片剂或硬胶囊溶于水后，由于交联 PVP 的吸水膨胀性很大，因而在药剂内造成很高的应力而使药剂迅速崩解。天津力生制药厂采用 PVP 作为大黄苏打片的黏结剂后其崩解时间从采用原辅料时 30min 减小到 15min 以下。

本品还可作片剂干性黏合剂和填充剂、赋形剂，其粒度较小的可以减少压片剂片面的斑纹，改善其均匀分布性，常用药量 $20\sim80mg/$片，在食品工业中交联聚维酮也广泛用作酿酒和酿醋生产的助滤剂。

四、乙烯共聚物

（一）乙烯-醋酸乙烯共聚物（Ethylene-Vinylacetate Copolymer，EVAc）

1. 结构和性质

（1）结构

EVAc 是乙烯和醋酸乙烯单体在过氧化物或偶氮类引发剂引发下经自由基共聚而得，具有如下的结构式。

$$\left[CH_2-CH_2\right]_x\left[CH_2-CH\right]_y$$
$$\qquad\qquad\qquad\qquad OCOCH_3$$

（2）性质

EVAc 通常为透明至半透明、略带弹性的颗粒状物。乙烯/醋酸乙烯共聚物的化学性质稳定，耐强酸和强碱，但对油性物质耐受性差，例如，蓖麻油对其有一定的溶蚀作用。另外，强氧化剂可使之变性，长期高热可使之变色。

乙烯/醋酸乙烯共聚物兼具两者均聚物的性能，聚乙烯的 T_g 在 $-68℃$ 左右，是结晶性聚合物；聚醋酸乙烯的 T_g 在 $28℃$ 左右，结晶性能较差。相同分子量下，醋酸乙烯比例越大，材料的溶解性、柔软性、弹性和透明性越大，但结晶度下降；相反，材料中醋酸乙烯含量下降，则其性质偏向于聚乙烯的性质。如高醋酸乙烯比例的 EVAc 共聚物溶于二氯甲烷、氯仿等；低比例的共聚物则类似于聚乙烯，只有在熔融状态下才能溶于有机溶剂。因此，使用不同醋酸乙烯比例的 EVAc 时，应注意制品的加工工艺条件的选择。

EVAc 的性质与醋酸乙烯的含量有关，如表 5-13 所示。在醋酸乙烯比例超过 50％ 时，EVAc 的玻璃化转变温度随醋酸乙烯比例的增大而增大，药物的通透性受 T_g 和结晶度综合作用的影响；较低醋酸乙烯含量时，聚乙烯强的结晶性起主导作用，药物通透性主要受结晶度的影响。加工工艺方法也可能影响材料的结晶度，进而影响药物的通透性。例如，采用吹塑工艺制备的膜材，因取向导致较高程度的结晶结构，药物渗透速率则相应较低。而以溶剂法制得的膜材由于溶剂蒸发的温度、时间不同，导致孔隙度和结晶度的差异，从而影响药物的通透性。

表 5-13　EVAc 的性质

测定项目	EVAc 14/5[①]	EVAc 28/250
醋酸乙烯含量/％	14 ± 1	$28\sim2$
熔融指数/(g/10min)	5.0 ± 2	$250\sim50$
密度/(g/cm³)	0.935	$0.942\sim0.947$
断裂强度/(kgf/cm²)	$140\sim160$	$30\sim60$
破坏伸长率/％	$650\sim700$	$300\sim600$
维卡软化点/℃	$63\sim64$	$34\sim36$
熔点/℃	$85\sim93$	$62\sim75$
固有黏度		$0.40\sim0.60$
硬度	93.5	84
	32.5	23.2
脆化温度/℃	<-70	-66
抗应力裂纹性/(H/破坏 50％)	85	0.5

① 为乙烯/醋酸乙烯含量比。

加入增塑剂或与其他聚合物（如聚丙烯、聚氯乙烯、硅氧烷等）共混，可调节 EVAc 的通透性。增塑剂的加入能改变聚合物的有序结构，提高链段的运动性，使结晶度及玻璃化转变温度降低，提高药物的通透性，但低分子增塑剂因自身的迁移和挥发容易造成释药速率的波动。通过与其他聚合物共混，能够形成聚合物以极小的微粒分散于 EVAc 中的非均相织态结构，从而达到调整药物通透性的目的，也可克服增塑剂的加入导致的材料强度的下降和释药波动等缺点。含有羟基或酮基的药物因可与 EVAc 的羰基发生氢键缔合而通透性下降。

2. 制备方法

本品在 1960 年首先由美国杜邦公司，以高压本体聚合法进行工业生产，现依据醋酸乙烯含量的高低，除了高压本体聚合法外，还采用溶液聚合和乳液聚合方法制备，EVAc 共聚物的生产方法如表 5-14 所示。

表 5-14　EVAc 共聚物的生产方法

聚合实施方法	本体聚合	溶液聚合	乳液聚合
VA 含量/%	5～40	40～70	70～95
平均分子量	$2.0 \times 10^4 \sim 5.0 \times 10^4$	$1.0 \times 10^5 \sim 2.0 \times 10^5$	$> 2.0 \times 10^5$
反应温度/℃	180～280	30～120	0～100
反应压力/Pa	$9.8 \times 10^7 \sim 2.9 \times 10^8$	$4.9 \times 10^6 \sim 3.9 \times 10^7$	$1.5 \times 10^6 \sim 9.8 \times 10^6$

3. 应用

以乙烯/醋酸乙烯共聚物制备的长效眼用膜剂，在兔眼内试验也未见刺激性和不良反应。证明该种材料与机体组织和黏膜有良好相容性，适合制备在皮肤、腔道、眼内及植入给药的控释系统，如经皮给药制剂、周效眼膜、宫内节育器等。EVAc 在控释给药系统方面占有重要地位，目前已上市的几个品种：眼用毛果芸香碱膜、硝酸甘油透皮给药系统、宫内避孕器等，均采用 EVAc 为控制释放材料。

（二）乙烯-乙烯醇共聚物（Ethylene-Vinylalcohol Copolymer，EVA）

1. 结构与性质

（1）结构

EVA 是乙烯与醋酸乙烯共聚物经醇解而得的新辅料，结构式如下。

$$\left[CH_2-CH_2\right]_n \left[CH_2-\underset{\underset{OH}{|}}{CH}\right]_m$$

（2）性质

EVA 是柔软、透明的固体，通常呈颗粒、粉末状，略带黄色。EVA 具有优良的耐油性、阻气性和保香性，而且耐高温、低温，易于加工。熔点 160～185℃，为结晶性聚合物，已由美国 FDA 批准用于药用辅料。

EVA 兼具聚乙烯和聚乙烯醇的性能，其性质与两组分的含量相关。随乙烯含量的增高，EVA 的熔点降低，接近聚乙烯的性质；乙烯醇含量增加，熔点增高，亲水性好，接近聚乙烯醇性质。EVA 是所有高分子辅料中抗氧通透性能最好的辅料，有关性质见表 5-15。EVA 的透湿性也较高，对一些水溶性药物的透过率可能会比 EVAc 好。

表 5-15　EVA 的组成与性质

性质	测定条件	EVA 类型		
		Ⅰ	Ⅱ	Ⅲ
乙烯摩尔分数/%		32	32	44
熔点/℃		181	181	164
熔融指数/(g/10min)	190℃，2160g	1.3	4.4	5.5
密度/(g/mL)		1.19	1.19	1.14
透氧速率/[mL/(m² · 24h)]	35℃,干燥	0.4～0.6	0.4～0.6	3～5
透湿速率/[g/(m² · 24h)]	40℃,相对湿度90%	40～80	40～80	15～30

EVA可经共挤吹塑、共挤流延方法制成薄膜、片材、管材等。其优良的抗氧透过性能使其在药品包装上将会有很大发展与应用。

2. 应用

EVA用于药物的缓控释膜、胶囊或骨架材料，在一些药物的缓、控释中得到了应用。如将EVA、二甲基亚砜及阿酶素混合物在1-辛醇中沉淀出来，形成具有药物胶囊的EVA膜，膜中粒子间相互键合，药物释放可达到9h。

第二节　聚酯及可生物降解类高分子

一、聚乳酸类聚合物

聚乳酸（Polylactic Acid 或 Polylactide，PLA）具有可生物降解性和生物相容性，在人体内代谢的最终产物是水和二氧化碳，中间产物乳酸是体内糖代谢的产物，不会在重要器官聚集，因此聚乳酸已经成为短期医用生物材料中最具吸引力的聚合物，经美国食品药品监督管理局（FDA）批准聚乳酸用作外科手术缝合线和骨折内固定材料及药物控释载体等。

为改善聚乳酸的疏水性，人们研究开发了多种聚乳酸的共聚物，用于药物的控制释放和生物材料。

（一）聚乳酸

1. 结构与性质

（1）结构

聚乳酸是 α-羟基丙酸缩合的产物，通式为 $HO[CH(CH_3)CO]_n OH$，分为聚 L-乳酸（PLLA）、聚 D-乳酸（PDLA）和聚 D，L-乳酸（PDLLA），其主链为带有酯基的杂链高分子。

因为合成聚乳酸的单体主要有乳酸（α-羟基丙酸）和它的环状二聚体丙交酯，乳酸分子内有一个不对称碳原子，分为 L-乳酸、D-乳酸及外消旋 D,L-乳酸，相应的丙交酯也有三种异构体，结构如下。

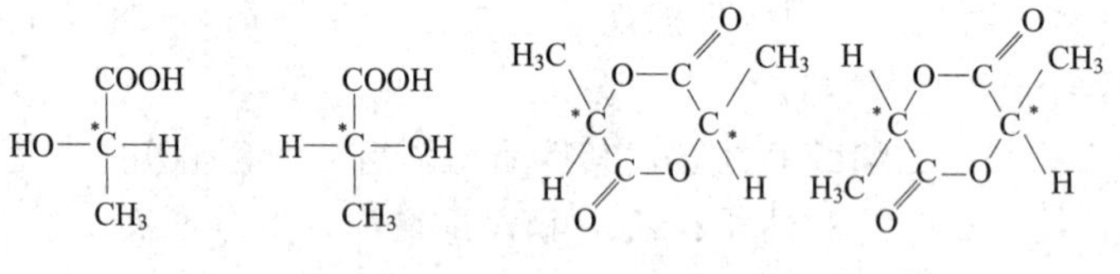

L-乳酸　　　　D-乳酸　　　　L-丙交酯　　　　D-丙交酯

（2）性质

PLA是浅黄色透明固体，所有3种聚乳酸均溶于氯仿、二氯甲烷、乙腈、四氢呋喃等有机溶剂，在水、乙醚、乙酸乙酯及烷烃类溶剂中不溶。光学活性的 PLLA 和 PDLA 的物理化学性质基本上相似，但是 PDLLA 的性能却有很大变化。如 PDLA 和 PLLA 的玻璃化转变温度约为57℃，都是高结晶性聚合物，结晶度在37%左右，熔点在170℃左右。聚 D,L-乳酸是非晶态的聚合物，无熔融温度，玻璃化转变温度在40～45℃。通常应用较多的是聚 D,L-乳酸，其次是聚 L-乳酸。因此，立体规整性直接影响聚乳酸的力学性能、热性能和生物性能。

聚乳酸的降解属水解反应，主要是按照本体侵蚀机理进行，降解速率与其分子量和结晶度有关。分子量越高，结晶度越大，降解越慢，PLLA 和 PDLA 的降解速率低于 PDLLA。PLA 的端羧基对其水解起催化作用，随着降解的进行，体系中羧基含量增加，降解速率加快，而且微粒明显比纳米粒降解快，这是由于降解生成的酸性物质不易从较大粒子内扩散，因此酸在较大粒子内对降解起催化作用。

聚乳酸降解首先发生在聚合物无定型区，降解后形成的较小分子链可能重排而结晶，故结晶度在降解开始阶段有时会升高。在约 21 天后，结晶区大分子开始降解，机械强度下降。50 天后，结晶区完全消失。图 5-16 表明聚 D,L-乳酸降解量与分子量、降解时间的关系。像聚乳酸这类聚酯材料，一般在降解初期，材料的外形和重量并无明显变化。例如聚乳酸大约在 60 天内已有 50%左右酯键断裂，但依然能保持原来的状态和重量。随着分子量减少和一些疏水性甲基从大分子链上断裂，聚合物的亲水性和溶解性增大，水分子扩散进入材料的速度加快，水解反应自动加速，材料明显失重和溶解直至完全消失。

2. 制备方法

(1) 丙交酯的开环聚合

聚乳酸的合成主要有两种方法：丙交酯的开环聚合和乳酸的直接缩聚。到目前为止，PLA 主要是通过丙交酯的开环聚合制得，即以乳酸为原料，经减压蒸馏制得丙交酯 (Lactide 简称 LA)，再以丙交酯为单体，在引发剂、高温、高真空度的条件下反应数小时制得 PLA。依据引发剂的不同，LA 的开环聚合可分为阳离子聚合、阴离子聚合和配位聚合，其中 LA 的配位开环聚合尤为重要。

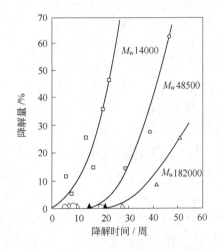

图 5-16 聚 D,L-乳酸的降解量与分子量、降解时间的关系

配位聚合又称为配位-插入聚合 (Coordination-Insertion Polymerization)，是目前为止，研究最深，应用最广的一种方法，常用的引发剂包括过渡金属的有机化合物和氧化物，其中最常用的引发剂为辛酸亚锡、异丙醇铝、双金属 μ-氧桥烷氧化合物引发剂即 $[(n\text{-}C_4H_9O)_2 \cdot AlO]_2Zn$ 等。辛酸亚锡引发体系的优点是单体高转化率和产物低消旋化。辛酸亚锡本身已被美国 FDA 通过，允许作为食品添加剂。辛酸亚锡引发开环聚合的机理如下式所示，在反应过程中，辛酸亚锡只是催化剂，真正的引发剂是体系内的极少量杂质（如水或含羟基化合物 ROH 等）。

(2) 乳酸直接缩聚制备聚乳酸

直接缩聚是乳酸缩合脱水直接合成聚乳酸。直接缩聚法的实施方法包括溶液缩聚法、熔融缩聚法，缩聚反应常常使用的是锡类引发剂。在缩聚反应过程中存在如下两个平衡反应。

Ⅰ. 酯化反应的脱水平衡

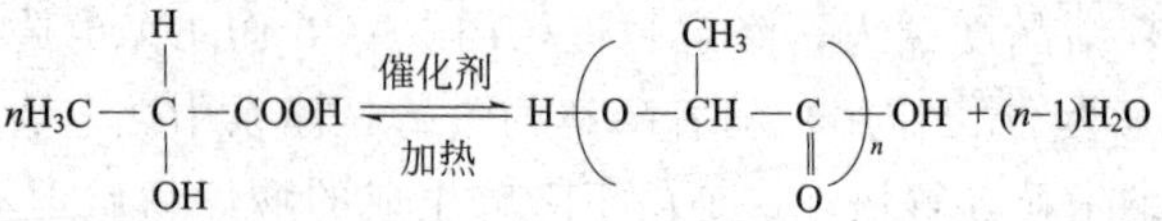

$$nH_3C-\overset{\overset{\displaystyle H}{|}}{\underset{\underset{\displaystyle OH}{|}}{C}}-COOH \underset{\text{加热}}{\overset{\text{催化剂}}{\rightleftharpoons}} H\left[O-CH-\overset{CH_3}{\underset{\underset{\displaystyle O}{\|}}{C}}\right]_n OH + (n-1)H_2O$$

Ⅱ. 低聚物的解聚平衡

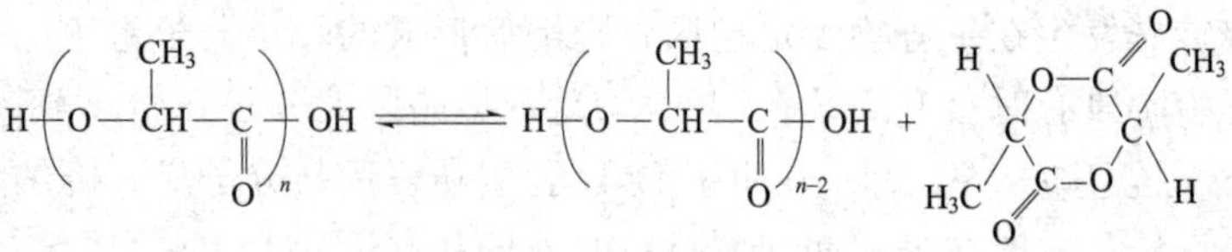

$$H\left(O-CH-\overset{CH_3}{\underset{\underset{O}{\|}}{C}}\right)_n OH \rightleftharpoons H\left(O-CH-\overset{CH_3}{\underset{\underset{O}{\|}}{C}}\right)_{n-2} OH + \text{（丙交酯）}$$

可以看出，上述两个平衡反应的作用相反，因此欲提高 PLLA 的分子量和产率，必须促进平衡Ⅰ的正向聚合，控制平衡Ⅱ的正向反应，欲达此目的，一般可采取三种方法：

①通过升高聚合温度等方法增加平衡反应Ⅰ的平衡常数；②采取高真空和通氮气等方法及时除去体系中的水；③控制体系中丙交酯的浓度，抑制平衡反应Ⅱ的发生。

丙交酯的开环聚合合成的聚乳酸成本高，为高附加值聚乳酸，不适于规模化生产。而直接缩聚法工艺简单，它不必经过丙交酯，可直接生成聚乳酸。但直接缩聚法在进一步提高分子量和分子量分布方面存在一定的缺陷，如果这两方面能得到提高和改善，则直接缩聚法的经济效益和发展前景是非常乐观的，如 Ajioka 等开发了连续共沸除水法直接聚合乳酸的工艺，聚合物分子量高达 3×10^5，使日本 Mitsui Toatsu 化学公司实现了聚乳酸的商品化生产。

（二）聚乳酸共聚物

1. 结构与性质

（1）结构

在过去的 20 年里，PLA 作为生物降解材料，在临床和医学领域得到了广泛的应用，随着聚乳酸应用领域的不断扩展，单独的聚乳酸均聚物已不能满足要求。如在药物控制释放体系中，对不同的药物要求其载体材料具有不同的释放速度，仅靠 PLA 的分子量及分子量分布调节降解速度具有很大的局限性；另外为了进一步改进冲击强度、渗透性和亲水性，人们又开始合成聚乳酸的各类共聚物，改进聚乳酸的性能。调节 PLA 的降解性能和机械强度的普遍方法是丙交酯与其他单体如乙醇酸、己内酯等共聚。其中，乳酸和羟基乙酸共聚物（PLGA）得到了较多的应用，其结构如下。

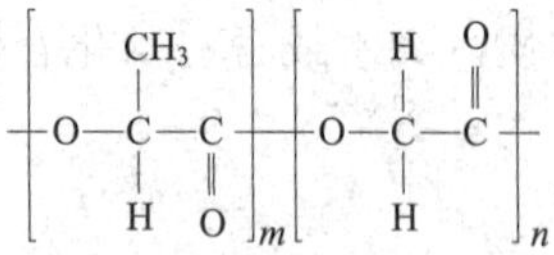

$$\left[O-\overset{CH_3}{\underset{\underset{H}{|}}{\overset{|}{C}}}-\overset{O}{\underset{\underset{O}{\|}}{C}}-O-\overset{H}{\underset{\underset{H}{|}}{\overset{|}{C}}}-\overset{O}{\underset{}{\overset{\|}{C}}}\right]$$

PLA 微球虽然具有较好的药物控制释放性能，但疏水性的表面易被蛋白质吸附和被体内网状系统捕捉，因此，粒子表面亲水性修饰尤其重要。可生物降解的、在体内长时间循环的载药粒子的表面改性方法主要有两种：一种是用亲水性聚合物或表面活性剂涂层；另一种方法就是用亲水性聚合物进行接枝或嵌段共聚。聚乙二醇(PEG)/聚乳酸(或 PLGA) 嵌段共聚物（PEG/PLA 或 PEG/PLGA）近年来得到了大量的研究，尤其是作为疏水性药物的纳米载体，呈现出很好的应用前景。PEG-聚乳酸嵌段共聚物（PEG-b-PLA）的结构简式如下。

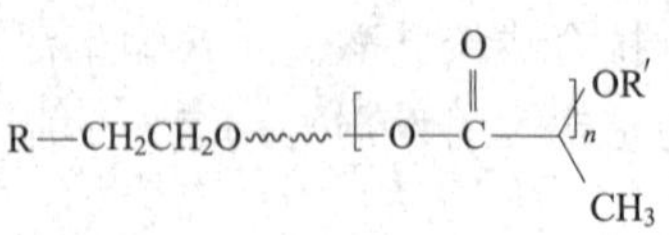

$$R-CH_2CH_2O\text{\small\char`\~\char`\~\char`\~}\left[O-\overset{O}{\underset{\underset{CH_3}{|}}{\overset{\|}{C}}}-C\right]OR'$$

（2）性质

无论是 PLA 还是 PLGA 都因酯键结构而易被水解反应所降解。对于共聚物来说其水解速度在很大程度上取决于共聚单体的配比，如图 5-17 所示。无论二者配比如何，共聚物的结晶度均低于各均聚物。在等摩尔配比时，共聚物的结晶度最低，降解速率也最大。体外水解研究表明，当共聚比例一定时，聚合物的水解速度随分子量的增加而减小，相应的释药速度也下降。在等摩尔配比共聚的材料中，分子量为 4.5×10^5 的共聚物在 80 天内释药量仅约为分子量为 1.5×10^5 共聚物的一半。

对于 PEG/PLA 共聚物来说其最显著的特性是可在水中形成胶束，并且这类接枝或嵌段共聚物易溶于卤化烷烃如氯仿和二氯甲烷以及四氢呋喃、乙酸乙酯和丙酮，但不溶于醇类溶剂如甲醇和乙醇等。由于 PLA 的疏水性，其分子链在水中呈卷曲状，而 PEG 在水中呈伸展构象，在水中自组装成核壳结构的胶束。图 5-18 是 mPEG-b-PLLA 二嵌段共聚物在水中的自组装胶束及载有 5% 紫杉醇的胶束的透射电镜照片。

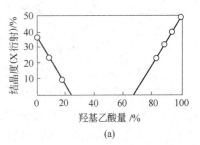

(a)

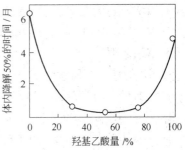

(b)

图 5-17　羟基乙酸含量对 PLGA 降解速率的影响

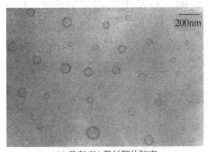

(a) 载有 5% 紫杉醇的胶束

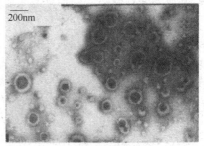

(b) TEM 电镜照片

图 5-18　mPEG-b-PLLA（PEG：PLLA＝2000：1500）胶束

把 mPEG-b-PLA 与药物的混合溶液或其干燥物通过溶剂蒸发法、熔融分散法、渗析等方法分散到水中，即可得到药物的聚合物胶束。载药量与聚合物与药物间的相容性有关，相容性较好的，载药量较高，如 mPEG-b-PLA 对紫杉醇的负载量可达到 20%，但载药量的增大也导致胶束尺寸的增大。载药胶束的粒径与聚合物的分子量、嵌段比、胶束制备方法、溶剂种类、浓度等因素有关。随 PLA 段比例的增大，胶束粒径增大，当 PLA 段比例超过 70% 时，嵌段共聚物较难形成稳定的胶束。

PEG/PLA 嵌段共聚物和表面活性剂相似，存在一形成胶束的临界浓度，叫临界聚集浓度（CAC），但这类共聚物的 CAC 约在 10^{-6} mol/L 数量级上，远远低于小分子表面活性剂的临界胶束浓度（CMC）值，如十二烷基硫酸钠的 CMC 值为 8×10^{-3} mol/L。随着疏水嵌段分子量的增大，CAC 值减小。

PEG/PLA 嵌段共聚物胶束水分散液稳定性较好，受 pH 影响较小，但在较高浓度的电解质存在下，也会发生聚沉。PEG/PLA 嵌段共聚物胶束水分散液冷冻干燥后的固体能够重新分散在水中形成胶束，胶束尺寸及粒径分布与冻干前的相近。因此，适于制备冻干注射粉针剂。

PEG/PLLA 嵌段共聚物的结晶性较强，降解速度和药物释放速度较慢，而 PEG/PDLLA 的 PDLLA 相是非晶态，具有较高的药物释放和降解速度，因此常被用来作为药物的纳米载体，得到了大量的研究。PEG/PDLLA 药物释放无突释现象，连续释药可达 40h 以上，药物的释放速率与聚合物的嵌段比、载药量、药物与聚乳酸的相互作用等因素有关。

PEG/PLLA 嵌段共聚物胶束作为药物载体，可以有效地增溶疏水性药物，提高药物的生物利用度，还大大降低了药物的毒副作用，增强了药物的靶向作用。mPEG-b-PLLA 的紫杉醇胶束（PMT）制剂与 Taxol（紫杉醇）剂型的药物动力学、组织分布、毒性和药效相比的研究结果表明：

P-PM 的体外细胞毒性与 Taxol 相当；

裸鼠的最大耐受剂量（MTD）：PMT 为 60mg/kg，而 Taxol 为 20mg/kg；

PMT 的 LD_{50}（SD 大鼠）：205mg/kg（雄性），221.6mg/kg（雌性）；

而 Taxol 的 LD_{50}：8.3mg/kg（雄性），8.8mg/kg（雌性）；

PMT 的药效和体内分布优于 Taxol，药效明显高于 Taxol。

因此 PEG/PLLA 嵌段共聚物胶束作为疏水性药物的纳米载体，具有很大的发展前景。

2. 制备方法

乳酸与其他羟基羧酸的共聚反应多与 LA 开环聚合相同，见本节聚乳酸的制备方法。PEG-PLA 嵌其段共聚物制备所用原理与聚乳酸相同，只是工艺方法有所不同。通常有两种方法。

① 亚锡类化合物催化聚合。通过聚乙二醇单甲醚（mPEG）与丙交酯开环聚合制备，反应机理如下。

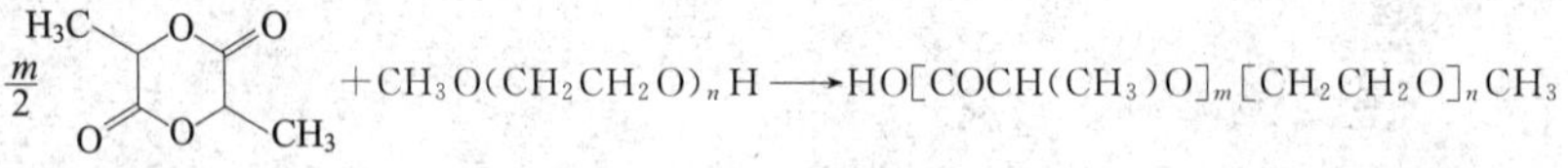

$$\frac{m}{2}\ \underset{CH_3}{\overset{H_3C}{\bigotimes}} + CH_3O(CH_2CH_2O)_nH \longrightarrow HO[COCH(CH_3)O]_m[CH_2CH_2O]_nCH_3$$

PLA/PEG 二嵌段共聚物

② 阴离子开环聚合反应。常用的阴离子型催化剂有醇钠、醇钾、丁基锂等。一种 α-乙缩醛-PEG-PLA 嵌段共聚物的制备反应机理如下。

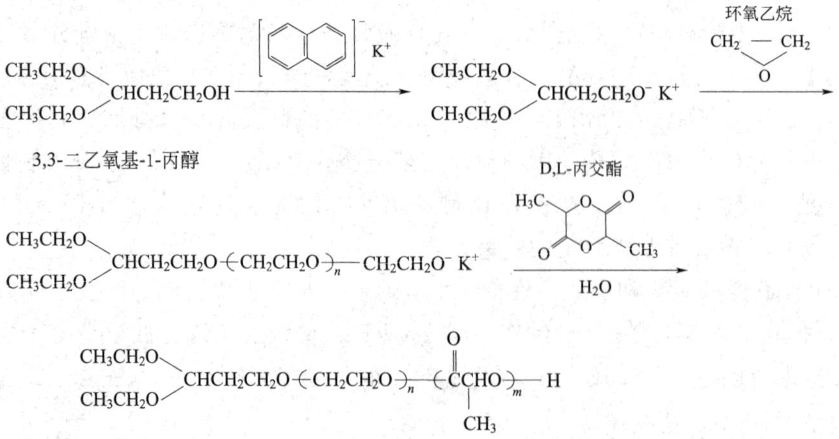

采用丙交酯为原料，成本较高，作为药物载体会大大增加制剂的成本，而且阴离子开环聚合工艺也较复杂。董岸杰等以 mPEG 和乳酸为原料，采用熔融缩聚法合成了 mPGE-b-

PLA 两亲性二嵌段共聚物，方法是将乳酸水溶液和 mPEG 按一定比例（质量比）加入聚合釜，氮气保护下加热减压除水 2h，加入辛酸亚锡等催化剂，在 160～200℃反应 8～30h，产物用氯仿溶解，然后加入到过量的冷乙醚中沉析，离心分离或减压抽滤得到 mPEG-b-PLA 白色粉末。

目前，具有不同 PLA 含量的 PLA/PEG 二嵌段和 PLA/PEG/PLA 三嵌段以及多嵌段共聚物已经被合成出来并用于药物纳米胶束或纳米粒的制备。

3. 聚乳酸及其共聚物在药物控释系统的应用

聚乳酸是目前研究最多的可生物降解材料之一，他经美国 FDA 批准用于医用手术缝合线以及注射用微囊、微球、埋植剂等制剂的材料。1970 年 Yolles 等率先将聚乳酸用作药物长效缓释剂载体，1979 年 Beck 等推出孕酮/PLGA 缓释胶囊。药物的释放速度可以通过选择不同分子量、不同光学活性的乳酸共聚或不同类型聚乳酸混合以及添加适当相混溶成分予以调节。乳酸/羟基乙酸共聚物也主要用作注射用微球、微囊以及组织埋植剂的载体材料。

根据药物的性质、释放要求及给药途径，可制成特定的药物剂型。较简单的是采用溶液成型、热压成型等方法制备埋植制剂，此外还有薄膜、类乳剂等多种剂型，这些剂型都强烈依赖其几何形状及药物包载量。而研究更多、制备较为复杂但能更为有效控制释放、能靶向治疗的是微粒化药物制剂，主要用于毒副作用大、生物半衰期短，易被生物酶降解的药物的给药，如抗生素、抗癌药物、胰岛素、激素类药物和疫苗佐剂等。通过对微球粒径的控制、表面亲疏水性的改性以及生物黏性药物释放体系的研究，微球制剂可靶向体内不同的器官和组织，使药物有效地靶向控释。聚乳酸微粒（纳粒）控释系统的应用示例如下。

① 抗生素。抗生素在抗病菌感染方面发挥着重要的作用，但由于长期使用抗生素使病菌的抗药能力增强，有些抗生素对正常细胞也有杀伤作用，毒性较大。应用聚乳酸微粒（纳粒）包埋抗生素，可以大大降低其毒性，提高治疗指数，其原因在于病菌感染的主要部位——肝、脾正是微粒和纳粒的靶向器官。另外，微粒（纳粒）可以进入细胞内释药，并且可以维持较长的时间，从而消除病菌的抗药性。

② 抗癌药物。提高抗癌药物的靶向性并降低其毒副作用是改善化疗效果的关键。大量实验研究表明，聚乳酸微粒尤其是纳粒在肿瘤细胞表面的吸附能力较强，能够增强肿瘤细胞的摄粒活性，从而提高药物的靶向性，大幅度降低药物的毒副作用，增大治疗指数。包封抗癌药物的聚乳酸纳粒，尤其是紫杉醇等抗癌药物的 PEG-PLA 嵌段共聚物胶束制剂研究在国内外都非常活跃，有些研究已进入临床阶段。

③ 胰岛素。由于胰岛素经胃肠道可被蛋白水解酶破坏失活，自身又易结合成高分子量的低聚物，因此游离的胰岛素口服无效，通常情况下是皮下注射给药。长期注射胰岛素给病人带来极大的痛苦和不便，为此，人们进行了口服剂型和鼻腔给药的探索，如将胰岛素包埋在聚乳酸、脂质体和淀粉等聚合物微粒和纳粒中进行口服或鼻腔给药，并取得了很大的进展。但是胰岛素的口服或鼻腔给药的生物利用度有待进一步提高。有人采用 PEG-PLA 嵌段共聚物，利用复乳技术制备了胰岛素的口服制剂，能够提高胰岛素的口服生物利用度。

④ 激素类药物。计划生育是我国的基本国策，但目前使用的口服避孕药都有副作用，而且需要长期服用。将孕酮包封于乳酸/乙醇酸共聚物中经注射给药或埋植于皮下，动物实验表明可以避孕数月甚至一年多，显示了很大的优越性。目前国外已有临床应用。

⑤ 疫苗佐剂。用聚乳酸微粒和纳粒作疫苗佐剂显示了很强的抗体应答和抗感染能力，比常用的白蛋白氢氧化物或磷酸盐佐剂效果都要好。聚乳酸有可能成为有效而又安全的疫苗

佐剂。其他用作疫苗佐剂的聚合物还有乙烯/醋酸乙烯酯共聚物、聚甲基丙烯酸酯和聚正酯等。

二、可生物降解聚合物

目前，可被应用于药物控释，人工器官，组织工程等多个领域中的人工合成生物可降解高分子材料包括聚酯、聚酸酐、聚原酸酯、聚磷酸酯、聚烷基氰基丙烯酸酯、聚酰胺等。

（一）聚酯类（polyester）

迄今研究最多、应用最广的可生物降解的聚酯类合成高分子材料除聚乳酸外，有聚乙醇酸（PGA）、聚己内酯（PCL）和聚羟基脂肪酸酯。

1. 聚乙醇酸（PGA）

聚乙醇酸是乙醇酸缩合或乙交酯开环聚合的产物，结构为 $\left[O-CH_2-CO\right]_n$。制备方法有三种：乙醇酸脱水缩聚、卤乙酸聚合及一氧化碳/甲醛共聚。由乙醇酸脱水缩聚及一氧化碳/甲醛共聚只能制备较低分子量的 PGA，高分子量 PGA 的制备通常经由乙醇酸低聚体合成乙交酯，再开环聚合这一工艺过程。

PGA 是高结晶性的聚合物，玻璃化转变温度为 36℃，熔点约为 224℃，几乎在所有的有机溶剂中都不溶，在苯酚/二氯苯酚的混合溶液（10：7）或三氯乙酸中溶解。PGA 的降解速度比 PLA、PCL 快，在组织内 14 天后强度下降 50% 以上，28 天后下降 90%～95%。PGA 在体内完全降解而不需要任何酶的参与，降解产物通过尿液和呼吸排除。通常采用乙醇酸/乳酸共聚减缓降解速率。

PGA 主要用作可吸收手术缝线，可吸收固定物获得了临床应用，在农业肥料、药物控制释放中的应用报道也逐年增加。

2. 聚己内酯（PCL）

PCL 是应用较广泛的一种脂肪族聚酯，也是结晶性聚合物，玻璃化转变温度和熔点约为 60℃，当温度高于 250℃ 时分解成单体。为克服 PCL 熔点较低的缺点，常采用共聚方法改进，如与乙二醇、乙醇胺、二异氰酸酯等共聚。PCL 的制备反应如下。

$$\left[\overset{\displaystyle O}{(CH_2)_5-CO}\right] \xrightarrow[>250℃]{90℃} \left[(CH_2)_5-\overset{\displaystyle O}{CO}\right]_n$$

PCL 被作为药物控制释放的载体材料，可形成药膜或载药微球。可与淀粉等其他高分子材料共混应用。ε-己内酯/D，L-乳酸共聚物，兼具聚 D，L-乳酸的渗透性好和聚 ε-己内酯的较高的玻璃化转变温度的特点，有较快的生物降解性，适于药物的控制释放。目前，人们还制备了多种聚己内酯的两亲性嵌段共聚物，用来作为药物载体，如 PCL 与泊洛沙姆的嵌段共聚物（PCL-Pluronic-PCL）、PCL 与 PEG 嵌段共聚物等。这些两亲性的嵌段共聚物在水中都能够组装成胶束，是疏水性药物的优良载体，对药物有较好的控制释放性能。

3. 聚 3-羟基丁酸（PHB）

PHB 是一种硬而脆的生物降解聚合物，结构如下。

$$\left[OCH\overset{\displaystyle CH_3}{\underset{\displaystyle |}{CH_2CO}}\right]_n$$

目前，PHB 主要采用微生物发酵法制备，化学合成方法实现工业化较困难。人们已经发现 100 种以上的细菌能够生产 PHB。

PHB 具有高度结晶性，热塑性，熔点约 180℃，降解机理为酶解。降解产物 3-羟基丁酸为人体内源性成分，与人体有良好相容性。3-羟基丁酸酯/羟基戊酸酯共聚物近于无定形，适于制备整体溶蚀的骨架片剂。

PHB 的玻璃化转变温度为 15℃ 左右，熔融温度约为 170℃，分解温度在 250℃ 左右。由于其抗冲击强度低，常进行共聚或共混改性后应用，如 3-羟基丁酸与 4-羟基丁酸的共聚酯 [P(3HB-*co*-4HB)]、3-羟基丁酸酯与 3-羟基戊酸酯的共聚物 [P(3HB-*co*-3HV)]。

（二）聚酸酐类 （Polyanhydride）

聚酸酐 （简称聚酐）是一类新的可生物降解的高分子材料，具有优良的生物相容性和表面溶蚀性，在医学领域正得到越来越广泛的应用。

聚酸酐的基本结构如下。

$$R^1、R^2 为 -(CH_2)_n-；\quad ；\quad$$

由于聚酐表面酸酐键的高度水不稳定性和疏水性阻止了水分子进入聚合物内部，聚酐主要进行表面侵蚀，降解速率受其组成控制，单体越疏水，酸酐键越稳定不易水解，如脂肪族聚酐数天内即可降解，芳香族则需要若干年。聚酐降解时，大多数脂肪酸二聚体沉积在聚酐基材表面，影响小分子化合物的扩散。

聚酐主要由二元羧酸单体熔融缩聚制得，分子量常在 2000～200000 之间。聚酐的合成主要采用高真空熔融缩聚法，首先二元羧酸与乙酸酐反应生成混合酸酐预聚物，该预聚物在高真空熔融条件下发生缩聚反应，脱去乙酸酐而得到产物聚酸酐。此外，还有光气或双光气法、酰氯-羧酸酰化法、开环聚合法等也用来制备聚酐。

目前已合成的聚酐种类很多，如脂肪族聚酐、芳香族聚酐、杂环类聚酐、可交联聚酐等。但是在药物释放中得到应用的只有几种，包括聚 1,3-双 （对羧基苯氧基）丙烷-癸二酸 [P(CPP-SA)，SA∶CPP＝80∶20]，聚芥酸二聚体-癸二酸 [P(EAD-SA)，EAD∶SA＝50∶50]、聚富马酸-癸二酸 [P(FA-SA)，FA∶SA＝20∶80] 等少数几类聚酸酐。这几类聚酸酐在氯仿、二氯甲烷等常用溶剂中具有较好的溶解度，并且熔点较低 （100℃ 以下），具有较好的机械强度和柔韧性，易于加工成型，在生物体内可降解，降解特征为表面溶蚀特性，这是生物可降解材料使药物接近零级释放的重要条件，通过调节疏水性单体的含量调节聚酐的降解速度和药物释放速度，可使药物在适当的载药量范围内达到零级释放，而且无突释效应 （Burst Effect）。释药特点是先有一个滞后的时间，以后的释放速度近乎恒定。降解产物呈酸性对在碱性环境下不稳定的药物有稳定作用。本品降解产物无毒、不致突变。大鼠皮植入无炎症，但有时微有包囊现象。目前已有人用其制备阿司匹林、肌红蛋白、胰岛素植入片。这表明此类聚合物对分子量大小不同的药物都具有适应性。

聚酸酐作为一类新型药物控释材料，现已广泛用于化疗剂、抗生素药物、多肽和蛋白制剂 （如胰岛素、生长因子）、多糖 （如肝素）等药物的控释研究。局部植入给药是聚酸酐控释制剂应用的主要形式。聚酸酐作为骨架型控释材料，与合适剂量的药物混合成型制成圆形片剂或圆柱形药棒，依据药物和聚酸酐材料的理化性质可采用压模成型、熔融成型和溶剂浇铸成型等工艺制备。在剂型加工和存放过程中，药物和聚酸酐未发生化学反应，药物结构和活性均未变化，说明聚酸酐控释制剂的稳定性相当好。

目前，负载药物的聚酸酐纳米粒成为一个研究热点，如 Mathiowitz 等用热熔法和溶剂挥发法制备了聚酸酐-胰岛素纳米球，用于糖尿病治疗。动物实验结果表明，尽管经过两步加工成球过程，胰岛素仍保持活性，并能在 3～4 天维持正常血糖水平。

（三）聚原酸酯 ［Poly（Ortho Ester），POE］

聚原酸酯 ［Poly（Ortho Esters），POE］ 是一种人工合成的生物可降解高分子材料，结构如下。

POE 是通过多元原酸或多元原酸酯与多元醇在无水条件下缩合形成原酸酯键而制得，按照主链结构的不同，合成聚原酸酯的方法可分为三种：①二元醇与原酸酯或原碳酸酯经酯交换反应合成 POE；②双烯酮与多元醇反应制备 POE；③烷基原酸酯与三元醇聚合，所用原酸酯主要有三甲基原乙酸酯、三乙基原乙酸酯。三元醇单体有直链的 1,2,6-己三醇和环状的 1,1,4-环己三甲醇等。反应在无水条件下，以环己烷为溶剂进行溶液聚合，采用柔性的 1,2,6-己三醇为单体聚合，可以制得半固态膏状物质。这种 POE 的优点是能与固体药物直接通过机械方法混合均匀，不用加热，也无需溶剂协助，操作简便，还可以用较粗的针式注射器注入体内。如 POE 与甲硝唑、溶菌酶等混合。

POE 为疏水型聚合物，不溶于水，在水溶液中也不发生溶胀，可溶于环己烷、四氢呋喃等有机溶剂。本品呈玻璃状，玻璃化转变温度在 37℃ 以上。在生物体内的降解是由原酸酯键的水解反应引起的，降解最终产物为水溶性的小分子，容易被生物体所代谢。在基材中引入酸或碱赋形剂可调节 POE 的水解，加入酸赋形剂如辛二酸可增大水解速率；加入碱赋形剂则使基材稳定。POE 的降解过程主要发生在材料表面，为表面溶蚀，因此 POE 为药物载体时，药物的释放并不遵循扩散机理，而是受聚合物表面溶蚀速率控制。

POE 毒性低，但对人体局部有刺激，作为一种性能优异的药用辅料，聚原酸酯的 FDA 审批正在进行中。POE 基药物缓释体系，用于长效释放苯并噻嗪，二氯芬和胰岛素等药物，提高了药物活性并减少了药物的毒副作用。在其他临床应用中，可将其制成膜状，包载消炎药物和止血药物，贴在创口上，促进伤口的愈合；制成小片，植入眼腔内，可释放药物治疗眼疾；还可以制成骨钉等短期体内植入物。

Heller 等用这种 POE 制备了负载对硝基乙酰苯胺、5-FU 等药物的控释片剂，并进行了体外释放及降解实验，还用 5-FU 控释片进行了动物实验，结果表明这种控释片剂显著提高了癌症小鼠的存活期并且没有毒性反应。还有人用超声乳化-溶剂挥发法制备了这种 POE 的载药微包囊与纳米包囊，用于对癌症器官的靶向治疗。

（四）聚磷酸酯（Polyphosphoester）

聚磷酸酯是把磷酸酯接到聚氨酯上，生成保持聚氨酯固有机械性能的可降解材料。由于聚氨酯具有较好的柔韧性和生物相容性，常被用作与血液接触的生物材料。聚氨酯是惰性的生物材料，也被用于药物的控制释放。通过把磷酸酯接到聚氨酯上，可提供一种即保持聚氨酯固有力学性能又可降解的生物材料。聚磷酸酯的制备一般采用亚磷酸酯作扩链剂，二异氰酸酯与多元醇如聚乙二醇反应得到聚磷酸酯-氨基甲酸酯。在生理条件下，聚合物的磷酸酯键易断裂，经水解生成磷酸盐、氨、乙醇、二氧化碳。聚磷酸酯制剂的药物释放机理是扩散、溶胀、降解的结合。Wenbin 制备了适合腹腔给药的治疗卵巢癌的聚磷酸酯制剂，该制剂延长了抗肿瘤试剂在体内的释放时间，提高了抗肿瘤试剂的生物利用度。

此外，聚氰基丙烯酸烷基酯、聚氨基酸也是生物降解材料，请见本书相关的章节。

第三节 聚醚类高分子

一、聚乙二醇及其嵌段共聚物

（一）聚乙二醇

1. 结构和性质

（1）结构

聚乙二醇（Macrogol，Polyethylene Glycol，PEG）是用环氧乙烷与水或乙二醇逐步加成聚合得到的分子量较低的一类水溶性聚醚，习惯上把分子量高于 2.5×10^4 的环氧乙烷均聚物称作聚氧乙烯（Polyoxyethylene，PEO）。

（2）性质

① 性状和溶解性。分子量在 200～600 的聚乙二醇为无色透明液体；分子量大于 1000 的在室温下呈白色或米色糊状或固体，微有异臭。所有药用型号的聚乙二醇易溶于水和多数极性溶剂，在脂肪烃、苯以及矿物油等非极性溶剂中不溶。随着分子量升高，其在极性溶剂中的溶解度逐渐下降，例如，液态聚乙二醇（分子量在 600 以下）可以与水任意混溶，而分子量在 6000 左右的固态聚乙二醇水溶解度已下降至 53%（表 5-16），在乙二醇、甘油、二乙二醇等溶剂中已不溶解。

表 5-16 聚乙二醇的一些物理性质

项目	平均分子量						
	400	600	1000	1500	2000	4000	6000
分子量	380～420	570～630	950～1050	1350～1650	1800～2200	3000～4800	5400～6000
N 值	9.7	14.2	14.3	40	41～45	70～85	157
密度/(g/cm³)	1.128	1.128	1.170	1.15～1.21	1.121	1.212	1.212
固化点或熔点/℃	4～8	15～25	37～40	44～48	50～54	50～58	55～63
黏度(90℃)/(mm²/s)①	6.8～8.0	11.0	16.0～19.0	26～33	38～49	110～158	250～390
水溶解度/%	完全	完全	约74	—	约65	约62	53
吸湿性(甘油为100)/%	约55	约40	约35	低	低	低	很低
闪点/℃	224～243	246～252	254～266	—	266	268	271
折射率(n_D^{25})	1.465	1.467	—	—	—	—	—

① 据 USP NF ⅩⅩⅣ（附录 8）。

温度升高时聚乙二醇在溶剂中的溶解度增加，即使高分子量的亦能与水任意混溶。当温度升高至近沸点时，聚合物中的高分子量部分则可能析出导致溶液混浊或形成胶状沉淀。分子量越高，在加热时就越易观察到这种现象。

聚乙二醇水溶液发生混浊或沉淀的温度称为浊点或昙点（Cloud Point），亦称沉淀温度。聚合物的分子量越高，浓度越大，昙点越低，这是大分子结构中醚氧原子与水分子的水合作用被热能破坏的结果。水溶液中聚电解质浓度的升高也会导致昙点下降，例如，0.5%

聚乙二醇 6000 水溶液，在溶解有 5％氯化钠时，加热至 100℃也不发生混浊，但溶解有 10％氯化钠时，昙点即下降至 86℃；当溶液含 20％氯化钠时，昙点下降至 60℃。

② 吸湿性。较低分子量的聚乙二醇具有很强的吸湿性，随着分子量增大，吸湿性迅速下降（见表 5-15），这是因为分子量增大、减小了末端羟基对整个分子极性的影响。但在高温条件下长期放置，即使是分子量较高的聚乙二醇，也会吸收一定量的水分。

③ 表面活性与黏度。聚乙二醇具有微弱的表面活性，10％液态聚乙二醇水溶液表面张力约 44mN/m，10％固态聚乙二醇水溶液表面张力约 55mN/m。随着 PEG 水溶液浓度增加，其表面张力逐渐减小。当聚乙二醇分子的端羟基被酯基等其他疏水基团取代后，表面活性有很大提高，许多药用非离子型表面活性剂如吐温、卖泽、苄泽等都是低分子量聚乙二醇的衍生物。

分子量较低聚乙二醇水溶液的黏度不高，低浓度溶液的黏度几乎与水相似，随着分子量增高，聚乙二醇的黏度呈上升趋势，但分子量在数万内的聚乙二醇的 1％水溶液的黏度仍低于相近分子量和相同浓度的甲基纤维素、羧甲基纤维素、Carbomer934、海藻酸钠等水溶性聚合物。当分子量达 10 万以上（即高分子量聚氧化乙烯）则表现出很高黏度，很容易形成凝胶；而聚乙二醇只有在很高浓度或在某些极性溶剂中才会形成凝胶。盐、电解质及温度对聚乙二醇溶液黏度影响不大，仅在高温和大量盐存在时，黏度才会表现出较明显的下降。

④ 化学反应性。聚乙二醇分子链上两端的羟基具有反应活性，能发生所有脂肪族羟基的化学反应，如酯化反应、氰乙基化反应以及与多官能团化合物的交联等。

通常情况下，聚乙二醇十分稳定，但在 120℃以上温度下可与空气中的氧发生氧化作用，尤其是产品中存在残留过氧化物时，这种氧化降解作用更易发生。

聚乙二醇与许多化合物具有良好的相容性，特别是与那些极性较大的物质相容，甚至某些金属盐在加热时也能溶解在聚乙二醇中并在室温下保持稳定，如钙、铜、锌的氯化物及碘化钾等。但由于其分子上大量醚氧原子的存在，聚乙二醇也能与许多物质形成不溶性络合物，如苯马比妥、茶碱、一些可溶性色素等。一些抗生素、抑菌剂也可因络合减活或失效。如酚、鞣碱、水杨酸、磺胺等则可使聚乙二醇软化或变色。

⑤ 生物相容性。聚乙二醇的大鼠口服半数致死量（LD_{50}）分别为 PEG200，28.9mL/kg；PEG400，30.2mL/kg；PEG4000，59g/kg。PEG 皮肤刺激性也很低，但高浓度时因其高吸水性对局部黏膜组织（如直肠）可能产生轻度刺激。本品偶有致敏性，烧伤病人使用时有高渗性、代谢酸中毒及肾衰的报道，因此凡有肾衰、大面积烧伤病和开口性外伤病人应慎用。产品中残留的乙二醇、二乙二醇和氧乙烯增加毒性和刺激性，NF 规定乙二醇和二乙二醇残留总量应小于 0.25％，氧乙烯残留应低于 0.02％。

2. 制备方法

聚氧乙烯是用环氧乙烷开环聚合制得，采用不同的金属催化剂体系，可得到分子量 $2.5×10^4 \sim 1×10^6$ 的产品。合成反应通式如下。

环氧乙烷　　　　　　　　　　聚乙二醇

环氧乙烷的开环聚合是离子型聚合反应，可以用酸或碱作催化剂，较为常用的是碱或配位阳离子催化剂。聚合中使用的引发剂可以是水、乙二醇、乙醇或低分子量的聚乙二醇，后者适合制备分子量大于 1000 的聚合物。

聚合方法可采用液相或气相聚合，液相聚合溶剂为脂肪烃和芳烃，催化剂为氢氧化物。该聚合反应在 150～180℃、3～4atm（1atm＝101325Pa）下进行，反应器中需用惰性气体充填空间以防环氧乙烷与空气形成爆炸性混合物。当反应达到预期分子量，即降低压力，中和催化剂，以离子交换树脂除去无机物，冷却、过滤即得。

3. 应用

聚乙二醇是中国药典及英国、美国等许多国家药典收载的药用辅料，国内已有部分品种生产，聚乙二醇在制剂中应用十分广泛。

液态聚乙二醇常用做注射剂的复合溶剂，最大量不超过 30％（PEG300、PEG400），用量达 40％时可能发生溶血作用。液态聚乙二醇与其他乳化剂合用，对液体药剂具有助悬、增黏与增溶作用及稳定乳剂的作用。分子量在 $1.0 \times 10^3 \sim 2.0 \times 10^4$ 的聚乙二醇特别适合采用热熔法制备一些难溶性药物的低共熔物以加速药物的溶解和吸收。

固态及液态聚乙二醇复合使用可调节栓剂基质的硬度与溶化温度。这类栓剂对直肠黏膜可能产生轻度刺激，分子量越大、刺激性越强，水溶性药物的释放也越慢。固态及液态聚乙二醇混合使用可以调节软膏及化妆品基质的稠度，具有润湿、软化皮肤、润滑等效果。

此外，聚乙二醇也是常用的薄膜衣增塑剂、致孔剂、打光剂、滴丸基质以及片剂的固态黏合剂、润滑剂等，美国药典还明确规定聚乙二醇 400 为软囊制剂的新型稀释剂。

近年来美国国家处方集收载的新辅料甲氧基聚乙二醇 $CH_3(OCH_2CH_2)_n OH$，具有与聚乙二醇类似的性质并在药剂学中应用。

聚乙二醇能够有效降低蛋白质的吸附，因此常作为疏水聚合物微球或膜的表面亲水性修饰材料，防止与血液接触时血小板在材料表面的沉积，提高药物传递效果。

（二）聚乙二醇嵌段共聚物

基于 PEG 的良好的生物相容性和亲水性，人们已经设计开发了多种聚乙二醇的衍生物，包括本章第三节中的聚乳酸/PEG 等嵌段的共聚物以及壳聚糖/PEG 接枝共聚物等展现出优良的药物控制释放性能。此外，PEG 键合的蛋白质或其他药物分子，具有提高药物在水中的溶解性，减少生物酶对蛋白质类药物的作用等功能，也得到了大量的研究。

1. 氧乙烯-氧丙烯嵌段共聚物

（1）结构和性质

氧乙烯-氧丙烯嵌段共聚物的典型代表是泊洛沙姆（Poloxamer），是两端为聚氧乙烯（PEO）、中间为聚氧丙烯（PPO）的三嵌段共聚物，即 PEO-PPO-PEO。泊洛沙姆也是一种非离子型表面活性剂，最早由美国 Wyandotte 公司生产，商品名为普流罗尼（Pluronic），结构如下。

$$\left[CH_2-CH_2O \right]_n \left[CH_2-\underset{\underset{CH_3}{|}}{C}HO \right]_m \left[CH_2-CH_2O \right]_n H$$

其中，聚氧丙烯为亲油段，两端的聚氧乙烯为亲水段，两段的比例不同，其乳化性能不同。

根据聚合过程中环氧乙烷和环氧丙烷的配比，泊洛沙姆具有一系列品种。其命名规则是在 Poloxamer 后附以三位数字，前二位数代表聚氧丙烯嵌段的分子量，后一位数为聚氧乙烯嵌段在共聚物中所占的比例。例如，Poloxamer188，编号前两位数是 18，表示聚氧丙烯嵌段的分子量为 $18 \times 100 = 1800$（实际为 1750，取整数）；后一位数是 8，表示聚氧乙烯嵌段的分子量占总数的 80％，由此推算该共聚物的分子量为 9000（实际为 8350）。

（2）性质

① 溶解性。氧乙烯-氧丙烯嵌段共聚物的物理化学性质与结构有关。分子量较高时呈白色固态，较低的呈半固态或液态。表 5-17 中列出了各种型号的泊洛沙姆的结构与性质和相应的普流罗尼型号。

表 5-17　各种型号的泊洛沙姆的结构性质和相应的普流罗尼型号

泊洛沙姆	普流罗尼	M	$P_{E.O.}$	$P_{P.O.}$	$P'_{E.O.}$	熔点/℃	溶解度		
							95%乙醇	丙二醇	水
401	L121	4400	6	67	6	—	—	—	不溶
407	F127	12000	101	56	101	56	易溶	不溶	易溶
338	F108	15000	141	44	141	57	易溶	不溶	易溶
237	F87	7700	64	37	64	49	易溶	不溶	易溶
188	F68	8350	80	27	80	52	易溶	不溶	易溶
108	F38	5000	46	16	46		易溶	不溶	易溶

注：表中 M 代表分子量；$P_{E.O.}$ 和 $P'_{E.O.}$ 分别是聚氧乙烯的链节数；$P_{P.O.}$ 是聚氧丙烯的链节数。

泊洛沙姆的分子量和聚氧乙烯与聚氧丙烯的含量比对其性质有很大的影响，随着共聚物中聚氧乙烯含量的增加，泊洛沙姆的水溶性逐渐增大。命名规则中，最后一位数是 7 或者 8 的泊洛沙姆均呈固态，5 以下的则是半固体或液体。分子量较大而且聚氧乙烯链节数很低的 Poloxamer401、Poloxamer402、Poloxamer331、Poloxamer181 等几乎不溶于水或溶解度很小（<1%），而聚氧乙烯比例在 30% 以上的共聚物，均易溶于水，溶解度大于 10%。

② 表面活性。泊洛沙姆的亲水亲油平衡值（HLB）从极端疏水性的 Poloxamer 401（HLB=0.5）到极端亲水性的 Poloxamer108（HLB=30.5）。聚氧乙烯嵌段比例越大，HLB 值越高。选择适宜的泊洛沙姆单独使用或配合使用，容易取得乳化液体所需要的 HLB 值。由于聚氧丙烯作为疏水基团与非极性或弱极性化合物的亲和能力较弱，加上 PPO 段的醚氧原子具有一定的亲水性，泊洛沙姆的增溶能力较弱。具有较小聚氧乙烯嵌段、分子量较高的泊洛沙姆的润湿能力较强。含 10% 聚氧乙烯嵌段的 Poloxamer101、Poloxamer231、Poloxamer331、Poloxamer401 等均具良好的润湿性。其中 Poloxamer 401 对于像油这类疏水性物质的铺展效果最佳，而且在室温至 60℃ 的温度范围内均保持不变。

③ 起昙与凝胶作用。丙烯含量较高的泊洛沙姆水溶液加热时，由于大分子与水之间的氢键被破坏，形成疏水构象，发生起浊或起昙现象。泊洛沙姆的昙点随大分子中亲水段含量的增大而增大，如表 5-18 所示。溶液浓度越高，昙点越低。但当聚氧乙烯嵌段的分子量占 70% 以上时，即使浓度高达 10%，在常压下加热至 100℃，仍观察不到起昙现象。

表 5-18　1% 的 Poloxamer 水溶液的昙点

型号	Poloxamer101	Poloxamer181	Poloxamer231	Poloxamer331	Poloxamer401
昙点/℃	37	24	20	15	14
型号	Poloxamer188	Poloxamer185	Poloxamer184	Poloxamer183	Poloxamer181
昙点/℃	>100	82	61	34	24

除了一些分子量较低的泊洛沙姆品种外，多数泊洛沙姆存在两个临界温度，即较低溶液-凝胶转变温度（LCST）和较高凝胶-溶液转变温度（UCST），较高浓度水溶液在这两个

温度之间即形成水凝胶。分子量越大，凝胶越易形成。分子量在 8000 以上的泊洛沙姆，凝胶形成浓度约在 20%～30%。这种凝胶可以通过加热其溶液然后冷却至室温，或者在 5～10℃冷藏其水溶液然后转移至室温环境下自然形成。循环加热和冷却可使凝胶发生可逆的变化，但不影响凝胶的性质。这种凝胶化作用是泊洛沙姆分子间形成氢键的结果。

利用泊洛沙姆分子端羟基的反应性，通过 γ 射线或丙烯酰氯作用，可得水不溶的凝胶，低计量 γ 射线辐射形成的凝胶，在振摇时仍能恢复成溶液；高剂量辐射下得到的水凝胶则在一般情况下不再可逆；而使用丙烯酰氯取代端羟基后形成的凝胶则具有稳定的化学交联结构。

④ 生物相容性。试验证明，泊洛沙姆具有很高的安全性，毒性低，无刺激过敏性，生物相容性好，分子量越大聚氧乙烯部分比例越高，可接受的剂量就越大。例如，Poloxamer188 的大鼠口服 LD_{50} 为 9.4g/kg，大鼠静脉注射 LD_{50} 为 7.5g/kg。Poloxamer188 在体内不被代谢，以原形由肾脏排出。

2. 制备方法

泊洛沙姆等氧乙烯-氧丙烯嵌段共聚物是由环氧丙烷和环氧乙烷经开环聚合反应制备的。先以 1mol 丙二醇与 $(b-1)$ mol 的环氧丙烷聚合形成含 b 个链节的 PPO 链，再与 $2a$ mol 的环氧乙烷在 PPO 链两侧加成聚合，即得本品。常用的催化剂是氢氧化钠或氢氧化钾，在聚合完成后，用酸中和聚合体系中的碱，再从产品中去除。基本反应如下。

$$HOCHCH_2OH + (b-1)CHCH_2 \xrightarrow{(OH^-)} HO(CHCH_2O)_b H$$

丙二醇 　　 环氧丙烷 　　 聚氧丙烯

$$HO(CHCH_2O)_b H + (2a)CH_2CH_2 \longrightarrow HO(CH_2CH_2O)_a(CHCH_2O)_b(CH_2CH_2O)_a H$$

聚氧丙烯 　　 环氧乙烷 　　 泊洛沙姆

合成泊洛沙姆的基本反应过程

3. 应用

泊洛沙姆是目前被批准用于静脉乳剂中的极少数合成乳化剂之一，其中 Poloxamer188 具有最佳乳化性能和安全性，以 Poloxamer188 为乳化剂的乳剂，经热压灭菌，乳剂物理稳定性将受一定程度的影响。

高分子量泊洛沙姆是水溶性栓剂、亲水性软膏、凝胶、滴丸剂等的基质材料。在一些化妆品以及牙膏中也曾作为基质材料使用。在口服制剂中，主要利用水溶性泊洛沙姆作为增溶剂及乳化剂，具有润湿、增溶以及减缓胃肠蠕动、延长吸收时间等作用。在液体药剂中用作增黏剂、分散剂、助悬剂；作为蛋白质分离的沉淀剂以及消泡剂等，已经成功地被应用于蛋白质、复合凝血酶原等的分离、精制。

目前，我国自行研制的泊洛沙姆已投入生产，但我国药典规格只供口服用。其常用浓度为：脂肪乳剂或微囊 0.3%，香料增溶剂 0.3%，全氟碳静脉乳剂 2.5%，凝胶剂 15%～50%，铺展剂 1%，稳定剂 1%～5%，检剂基质 5% 或 90%，片剂包衣 10%，片剂赋形剂 5%～10%，湿润剂 0.01%～5%。

近年来，利用高分子泊洛沙姆的溶液-凝胶可逆转变性质，人们用其开发了水凝胶药物控释、缓释制剂，如埋植剂、长效滴眼液等，泊洛沙姆已用于毛果芸香碱眼用制剂、胰岛素的口服和皮下注射制剂、青霉素、布洛芬、利多卡因、磺胺嘧啶、甲氨蝶呤等多种药物的给药系统的研究。

此外，除了 PEO-PPO-PEO 三嵌段共聚物外，还有具有如下结构的 PEO/PPO 共聚物得到了应用。

$$HO\!-\!(CH_2CHO)_x\!-\!(CH_2CH_2O)_y\!-\!(CH_2CHO)_x\!-\!H$$
$$\underset{a}{\overset{CH_3\qquad\qquad\qquad\qquad CH_3}{}}$$

$$\begin{array}{c}H\!-\!(OCH_2CH_2)_y\!-\!(OCHCH_2)_x\\H\!-\!(OCH_2CH_2)_y\!-\!(OCHCH_2)_x\end{array}\!NCH_2CH_2N\!\underset{b}{\begin{array}{c}(CH_2CHO)_x\!-\!(CH_2CH_2O)_y\!-\!H\\(CH_2CHO)_x\!-\!(CH_2CH_2O)_y\!-\!H\end{array}}$$

$$\begin{array}{c}H\!-\!(OCHCH_2)_y\!-\!(OCH_2CH_2)_x\\H\!-\!(OCHCH_2)_y\!-\!(OCH_2CH_2)_x\end{array}\!NCH_2CH_2N\!\underset{c}{\begin{array}{c}(CH_2CH_2O)_x\!-\!(CH_2CHO)_y\!-\!H\\(CH_2CH_2O)_x\!-\!(CH_2CHO)_y\!-\!H\end{array}}$$

式中，a、b 和 c 的商品名分别为 Pluronic R、Tetronic 和 Tetromic R。

二、其他

(一) 氧乙烯类非离子表面活性剂

以聚氧乙烯为亲水部分的非离子型表面活性剂是一类用途广泛的合成乳化剂，在药剂学中发挥了较重要的作用。这类聚合物有：聚氧乙烯脱水山梨醇酯、聚氧乙烯脂肪酸酯、聚氧乙烯脂肪醇醚、聚氧乙烯与聚氧丙烯共聚物等。

(1) 聚氧乙烯脱水山梨醇酯

聚氧乙烯脱水山梨醇酯也叫聚山梨酯（Polysorbate），商品名为吐温（Tweens），是由脱水山梨醇脂肪酸酯与环氧乙烷反应生成的复杂的混合物，氧乙烯链节数约为 20。根据脂肪酸不同，有吐温 20、吐温 40、吐温 60、吐温 65、吐温 80 和吐温 85 等多种型号，其 HLB 值和临界胶束浓度（CMC）见表 5-19。

表 5-19　不同型号的吐温的 HLB 值和临界胶束浓度（CMC）

项目	吐温 20	吐温 40	吐温 60	吐温 65	吐温 80	吐温 85
HLB[①]	16.7	15.6	14.9	10.5	15.0	11.0
25℃CMC/(g/L)	6.0×10^{-2}	3.1×10^{-2}	2.8×10^{-2}	5.0×10^{-2}	1.4×10^{-2}	2.3×10^{-2}

① HLB：其乳化剂的亲水亲油平衡值，用来描述乳化剂分子亲水、亲油作用的相对强弱，完全无亲水基的石蜡的 HLB 值定为零，亲水性较强的聚乙二醇的 HLB 值为 20，一般的非离子型表面活性剂的 HLB 值在 0～20 之间。

吐温是黏稠的黄色液体，对热稳定，但在酸、碱或酶作用下会水解。易溶于水、醇等多种有机溶剂，但油中不溶。低浓度时在水中形成胶束，HLB 值依结构不同约在 10～17 之间，增溶作用不受 pH 的影响，常作为增溶剂、乳化剂、分散剂和润湿剂。口服无毒性，静脉注射有一定的毒性，溶血作用的顺序为吐温 20＞吐温 60＞吐温 40＞吐温 80。

(2) 聚氧乙烯脂肪酸酯

这是由聚乙二醇与长链脂肪酸缩合形成的酯类，通式为 $RCOOCH_2(CH_2OCH_2)_nCH_2OH$，商品名为卖泽（Myrij）。根据聚乙二醇分子量和链脂肪酸种类不同有多种产品，如卖泽 45（聚氧乙烯单硬脂酸酯，HLB 值 11.0）、卖泽 49（聚氧乙烯硬脂酸酯，HLB 值 15.0）、卖泽

52［聚氧乙烯（40）硬脂酸酯，HLB 值 16.9］等。卖泽有较强的水溶性，是水包油型乳化剂。

（3）聚氧乙烯脂肪醇醚

聚氧乙烯脂肪醇醚类乳化剂是聚乙二醇与脂肪醇缩合产物，通式为：$RO(CH_2OCH_2)_nH$。常用的是：聚氧乙烯蓖麻油衍生物（Polyoxyethylene Castor Derivatives），商品名 Cremophor EL；聚氧乙烯氢化蓖麻油（Polyoxyethylene Hydrogenated Castor oil），商品名为 Cremophor RH。此外还有平平加 O（Perogol O，15 个单位的氧乙烯与油醇的缩合产物）及苄泽（Brij，聚乙二醇与月桂醇缩合产物）等聚氧乙烯脂肪醇醚类乳化剂。

Cremophor EL 是由低分子量聚乙二醇、蓖麻醇酸和甘油形成的一种非离子型表面活性剂。其制备方法一般是先制取脂肪酸甘油酯，然后再与环氧乙烷混合。在环氧乙烷碱催化条件下开环聚合成低分子量聚乙二醇，同时与脂肪酸酯反应，形成的最终产物是含有多种成分的混合物，如聚乙二醇蓖麻醇酸酯、乙氧化甘油三蓖麻醇酸酯以及未反应的蓖麻油和聚乙二醇甘油醚等。在该混合物中，疏水部分是甘油三蓖麻醇酸酯和聚乙二醇蓖麻醇酸酯，亲水部分是聚乙二醇甘油醚和多元醇，亲、疏水部分的比例不尽相同，但均以疏水部分为主。

Cremophor RH 是环氧乙烷与氢化蓖麻油缩合的产物。其中 Cremophor RH 40 是 1mol 的氢化蓖麻油与 40～45mol 环氧乙烷的反应产物；Cremophor RH 60 是 1mol 的氢化蓖麻油与 60mol 环氧乙烷的反应产物。不同品种的聚氧乙烯蓖麻油衍生物的氧乙烯链节数（E.O.）在 35～60 范围内变化，性质见表 5-20。

表 5-20 聚氧乙烯蓖麻油衍生物的一些物理性质

商品名	主要成分	性状（室温）	E.O.	HLB	昙点（1%）/℃	液化温度/℃
Cremophor EL	甘油聚乙二醇蓖麻油	亮黄色液体	35～40	12～14	72.5	—
Cremophor RH40	甘油聚乙二醇氢化蓖麻油	白色半固体	40～45	14～16	95.6	30
Cremophor RH60	甘油聚乙二醇氢化蓖麻油	白色糊状	60	15～17	—	40

上述聚氧乙烯蓖麻油衍生物微有异臭，易溶于水和各种低级醇，也易溶于氯仿、乙酸乙酯、苯等有机溶剂，加热时能够与脂肪酸及动植物油混溶。

聚氧乙烯蓖麻油衍生物对疏水性物质具有很强的增溶和乳化能力。在水中，Cremophor EL 可以增溶或乳化各种挥发油、脂溶性维生素。25% Cremophor EL 水溶液 1mL 可增溶约 10mg 棕榈酸维生素 A、10mg 维生素 D、120mg 醋酸维生素 E 或维生素 K_1。相同浓度或相同用量的 Cremophor RH40 则可增溶 88mg 棕榈酸维生素 A 或 160mg 丙酸维生素 A。加少量聚乙二醇、丙二醇或乙醇可提高增溶能力。本品可经受 121℃，20min 热压灭菌，但微有变色或 pH 下降。

Cremophor EL 小鼠静注 LD_{50} 为 2.5g/kg，大鼠口服 $LD_{50} > 6.4$g/kg；Cremophor RH60 小鼠腹腔 $LD_{50} > 12.5$g/kg，大鼠口服 $LD_{50} > 16.0$g/kg。一般认为其无毒，无刺激性，但近 10 余年发现静脉注射本品后，有较严重的致敏性，病人用药前需进行抗过敏处理。

聚氧乙烯蓖麻油衍生物系美英药典收载，本品在液体药剂中有广泛应用。可作为增溶剂、乳化剂和润湿剂，适合于口服，本品可外用作液体药剂的增溶剂和乳化剂，可与多种物质配合应用。也被用作一些难溶性药物（如环孢素、紫杉醇）静脉注射剂的增溶剂以及用于改进气雾剂、抛射剂在水相中的溶解度。在内服制剂中，推荐使用氢化蓖麻油的衍生物，因为蓖麻油衍生物略有不适嗅味。氢化蓖麻油衍生物亦用作栓剂及化妆品基质成分。

（二）PEG 修饰的可生物降解聚合物药物载体

可生物降解聚合物作为药物缓释、控释的优良载体极大地促进了药物制剂的发展，尤其是这类聚合物的微粒或纳粒制备技术的开发应用，为具有更好药物控制释放性质及靶向新制剂的开发奠定了基础。其中，与天然可生物降解高分子相比，化学合成的可生物降解聚合物由于结构和分子量等性质可控，适于特定性能或功能性药物控制释放体系的设计。但这些化学合成的可生物降解聚合物大多数都是疏水性的，形成的微（纳）粒易被蛋白质吸附和被网状内皮系统捕捉，因此，人们把聚乙二醇的亲水性、有效防止蛋白质的吸附等性质与可生物降解聚合物的生物降解性相结合，制备了多种 PEG 接枝或嵌段的共聚物，并由此开发了药物的胶束型纳米制剂。除了前已介绍的 PEG/PLA、PEG/PCL 嵌段共聚物、PEG/PACA 接枝共聚物外，研究较多的还有 PEG 与离子型聚合物如壳聚糖、聚氨基酸的共聚物。

PEG 与壳聚糖、聚氨基酸的共聚物的制备方法通常是先通过 PEG 或聚乙二醇单甲醚上的羟基的反应活性，接上能够容易与—NH$_2$反应的活性端基，然后再与壳聚糖或聚氨基酸上的—NH$_2$反应制得 PEG 改性的壳聚糖或聚氨基酸。表 5-21 给出了几种 PEG 衍生物及与含—NH$_2$的聚合物的反应产物的结构。

表 5-21　PEG 衍生物及与聚合物（RNH$_2$）的反应产物的结构

PEG 衍生物	与 RNH$_2$ 反应产物 （R 代表壳聚糖或聚氨基酸等聚合物）
PEG—O—SO$_2$—CH$_2$CF$_3$	PEG—NH—R
PEG 衍生物	**与 RNH$_2$ 或 SH—R 反应产物**

PEG 衍生物	与 RNH_2 或 SH—R 反应产物
$mPEG—OCH_2CH_2\overset{O}{\underset{\|}{C}}H$	$mPEG—OCH_2CH_2\overset{N—R}{\underset{\|}{C}}H$ 还原 $mPEG—OCH_2CH_2CH_2NH—R$
$mPEG—O(CH_2)_n\overset{O}{\underset{\|}{C}}—O—N$（succinimide）	$mPEG—O(CH_2)_n\overset{O}{\underset{\|}{C}}—NH—R$
$mPEG—\overset{O}{\underset{O}{\overset{\|}{\underset{\|}{S}}}}—CH=CH_2$	$mPEG—\overset{O}{\underset{O}{\overset{\|}{\underset{\|}{S}}}}—CH_2CH_2S—R$

第四节　有机杂原子高分子

一、二甲基硅油

1. 结构和性质

二甲基硅油（Dimethicone，简称硅油）是一系列不同黏度的低分子量聚二甲氧基硅氧烷的总称。其化学结构式如下。

$$CH_3—\underset{CH_3}{\overset{CH_3}{Si}}—O—\left[\underset{CH_3}{\overset{CH_3}{Si}}—O\right]_n—\underset{CH_3}{\overset{CH_3}{Si}}—CH_3$$

硅油是一种无色或淡黄色的无臭、无味、透明油状液体，依据分子量不同其黏度在 $(0.65\sim3)\times10^6 \, mm^2/s$ 范围。在 $-40\sim150℃$ 温度范围内，其黏度受温度的影响极小。硅油具有很高的耐热性和优良的耐氧化性，可在 150℃灭菌 1h。在 150℃以上有氧环境中，硅油分子链上的甲基逐渐被氧化成甲醛并发生交联，黏度逐渐升高；在 $250\sim300℃$或加入适量催化剂（如过氧化物），硅油会转变成凝胶或固化。在更高温度下，硅油会燃烧灰化。

本品对大多数化合物稳定，但在强酸、强碱中降解；易溶于非极性溶剂，随分子量增大，溶解度逐渐下降。其与一些溶剂的混溶性见表 5-22。

表 5-22　硅油的溶解性

溶剂	溶解性
苯、甲苯、二甲苯、乙醚、氯仿、二氯甲烷、四氯化碳	溶解
羊毛脂、鲸蜡醇、硬脂酸、单硬脂酸甘油酯、吐温、司盘	混溶
乙醇、异丙醇、丙酮、二氧六环	部分溶解
甲醇、液态石蜡、植物油、甘油、水	不溶

由于分子主链外侧的非极性基团使外界环境中的水分子难与亲水的硅原子相接触，硅油

的疏水性很强，表面张力小，能够有效地降低水/气界面张力，具有很好的消泡作用和润滑作用。

硅油在生理活性上表现出极端惰性，口服不被胃肠道吸收；施用在皮肤上时有极好的润滑效果，无刺激性和致敏性，能防止水分蒸发以及药物的刺激。但如果硅油中残留未水解完全的氯硅烷，则遇水可能会释出氯化氢而产生刺激。由于硅油在肌肉组织内不被吸收而可能导致颗粒性肉芽肿，故不宜用在注射剂中。

2. 制备方法

硅油的制备是首先使二甲基氯硅烷在 25℃ 水解成不稳定的二元硅醇，在酸性条件下，以六甲基二硅氧烷为封头剂，二元硅醇缩合成低黏度（小于 50mm²/s）硅油。高黏度硅油是将二元硅醇及根据分子量要求的计算量封头剂（黏度 2~10mm²/s 的硅油）在四甲基氢氧化铵的催化下，在 85~90℃ 减压缩聚而成。

3. 应用

硅油在压片、乳膏以及一些化妆品中作为润滑剂使用，最大用量可达 10%~30%。其还是药粉、微丸生产中的抗静电剂，可用作消泡剂、脱模剂和糖衣片打光时的增光剂。直接作为药物使用，硅油是有效的胃肠气体消除剂。为防止一些药液对玻璃容器内壁的腐蚀，或者防止药品包装材料成分对药液的影响，有时用硅油处理容器内壁形成疏水性极强的"硅膜"。含有硅油的容器若用作注射剂包装时，USP/NF 规定需进行热原试验。

二、硅橡胶

1. 结构和性质

硅橡胶（Silicone Rubber）是以高分子量的线形聚有机硅氧烷为基础，添加某些特定组分，再按照一定工艺要求加工后，制成具有一定强度和伸长率的橡胶态弹性体。用作医药材料的硅橡胶，主要是已交联并呈体型结构的聚烃基硅氧烷橡胶。

线形结构高分子聚有机硅氧烷是由高纯度的二烃基二氯硅烷烃水解缩聚制得。当反应中有单官能团化合物存在时，产物为低分子量的硅油；有多官能团化合物存在则导致支链型结构或体型结构，如有机硅树脂，分子量可高达 $4.0 \times 10^5 \sim 8.0 \times 10^5$。线形聚有机硅氧烷的基本化学结构式如下。

$$
HO-\underset{\underset{R}{|}}{\overset{\overset{R}{|}}{Si}}-O-\left[\underset{\underset{R}{|}}{\overset{\overset{R}{|}}{Si}}-O\right]_n-\underset{\underset{R}{|}}{\overset{\overset{R}{|}}{Si}}-OH
$$

R=—CH₃,—C₂H₅, 或 —CH=CH₂等

硅橡胶具有较高的耐温性、耐氧化性、疏水性、柔软性和透过性等，这些性能与主链的 —O—Si— 重复链节的分子结构、构型、构象以及有机侧链的数量和种类有密切联系，也与其分子量大小及分子量分布有关。

由于聚有机硅氧烷分子结构的对称性，分子主链呈螺旋状而使硅氧键的极性相互抵消，且其侧链一般均为非极性基团，所以分子间作用力很弱，玻璃化转变温度很低，具有良好的低温性能和柔软性，而且，在加入填充剂或硫化后，其玻璃化转变温度均不改变，这使其有别于天然橡胶和一般合成橡胶。但硅橡胶的拉伸强度较低，加入重量为 20%~40% 的微粉硅胶填料再进行硫化，可提高拉伸强度，而且弹性性能亦有所改善，但过量填料和过度硫化均可使其柔软性及弹性下降。

硅橡胶与硅油一样，表现出极强的疏水性。整个大分子的这种低极性性质，也使之具有很强的耐臭氧、耐辐射能力以及抗老化性能。

2. 制备方法

制备分为聚合和硫化交联两步工序，其聚合原理与硅油基本相同。硫化温度和方法因其线形有机硅氧烷的 R 结构和不同 R 结构的比例的不同而不尽相同。常用的硫化法有：过氧化物处理、丁基锡或丙基原硅酸酯交联以及辐射交联等。硫化后分子链间产生交联键，形成在溶剂中不溶的硅橡胶。

3. 应用

硅橡胶由于其生理惰性和生物相容性，广泛用于制备各种人造器官，如心脏瓣膜、膜型人工肺、人工关节、皮肤扩张和颜面缺损修补等；由于其与药物的良好配伍性和具有缓释、控释性，近年来，硅橡胶已用作子宫避孕器、皮下埋植剂（国外已有商品 Norplant）以及经皮给药制剂的载体材料，控制黄体酮、18-甲基炔诺酮、睾丸素等甾体类药物的释放可长达一年，释药速度取决于主链结构、侧链基团、交联度以及填料等多种因素。

三、聚磷腈

聚磷腈（Polyphosphazene）是一族由交替的氮、磷原子以交替的单键、双键构成主链的高分子，主要是通过聚二氯磷腈来合成的，结构及合成机理如下：

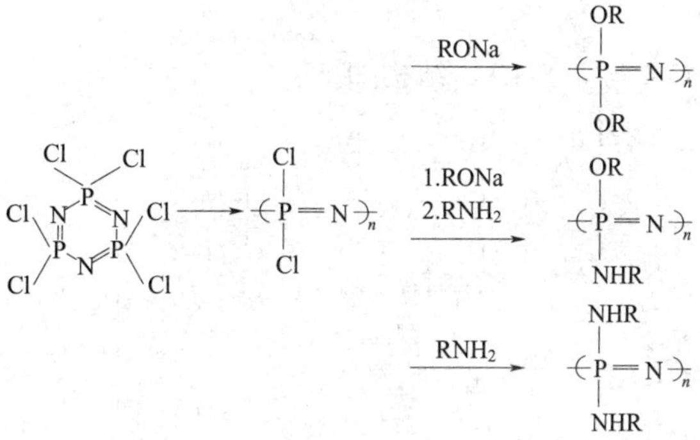

与上述几种可生物降解聚合物相比，聚磷腈具有独特的性能和降解动力学，这是因为聚磷腈具有独特的磷-氮骨架和显著的合成多样性，侧链降解而不是主链降解，水解最终产物为磷酸、氨、氨基酸和乙醇等无毒物质。一般条件下，聚合物上的取代反应是很困难的，这是因为侧基的活性比较低。未交联的聚二氯磷腈上的氯原子活性较高，易被烷氧基、胺基等取代，因此，可通过侧基结构的变化和组合，调节聚磷腈降解的速度从而控制药物释放速率，还可通过生物大分子及其组合体在聚磷腈表面的固定化，达到生物功能化和智能化的目的。聚磷腈提供了共价、配位的药物键接位，主要用于许多药物如非甾族消炎药和多肽的控制释放，为了满足这些应用的需要，可合成具有氨基酸侧基的聚有机磷腈，通过选择适当的氨基酸侧链控制聚合物的机械性能和降解速度。通过共价键偶合上聚乙二醇并形成 200nm 的聚有机磷腈纳米粒，体现了聚有机磷腈的多功能性。通过在聚磷腈上键接水解敏感的酯键，生成侧基带有羧基的聚磷腈，能够改善聚磷腈无机主链的降解性。

人们设计了许多方法合成交联聚磷腈，用作控制释放载体。聚二羧基苯酚磷酸盐是一种在 Ca^{2+} 条件下离子稳定的交联体系，该聚合物可使药物分子在温和环境下包进聚磷腈微球中。含羟苯甲酸和甲氧基、乙氧基侧基的聚磷腈被用作 pH 敏感的水凝胶，通过改变两个侧基的比例可控制聚磷腈的 pH 敏感性。

第五节 合成氨基酸聚合物

聚氨基酸是一类生物降解高分子，对生物体无毒、无副作用、无免疫源性，具有良好的生物相容性，并可通过体内的水解或酶解反应最终降解为小分子的氨基酸，被人体吸收。所带官能团的侧链，能直接键合药物，也能用储存或基体方式与药物结合，且可通过改变侧链的亲疏水性、荷电性和酸碱性来调节药物的扩散速度与自身的生物降解性，因此，作为一类较好的药物控制释放载体，在药物控制释放领域得到了大量的研究。

氨基酸聚合物可分为两类：一类是氨基酸的天然聚合物——蛋白质，多肽激素，酶及活性肽等；一类是人工合成聚合物，它包括天然活性肽及其类似物，如催产素等类似物，聚赖氨酸、聚精氨酸、聚谷氨酸等。这里仅介绍人工合成聚氨基酸的结构、制备方法和应用研究现状。

一、聚谷氨酸及其衍生物

1. 结构与性质

聚谷氨酸（Polyglutamic Acid，PGA）是谷氨酸通过肽键结合形成的一种多肽分子，另外，它的分子链上具有活性较高的侧链羧基（—COOH），由此羧酸基衍生有聚谷氨酸苄酯和羟乙基酰胺等。

① 聚谷氨酸有 γ-PGA 与 α-PGA，结构如下。

γ-PGA α-PGA

② 聚谷氨酸与 PEG 的共聚物结构如下。

聚谷氨酸（Polyglutamic Acid，PGA）在自然界或人体内能生物降解成内源性物质——谷氨酸，在体内不产生积蓄和毒副作用。生物相容性优良，低免疫原性，无毒副作用，这是其他材料所不可比拟的；水溶性极好，可增加药物的溶解性；为弱阴离子型聚合大分子，能够在血液循环中停留较长时间，对靶向给药具有重要意义。

聚谷氨酸因其分子链上具有活性较高的侧链羧基（—COOH）易与一些药物结合生成稳定的复合物，成为前体药物，具有控制药物释放的作用，在药物，尤其是抗癌和生物类药物的控制释放领域受到人们的关注。如，亮氨酸-谷氨酸辛酯共聚物、白氨酸-谷氨酸甲酯-谷氨酸共聚物、L-亮氨酸-L-谷氨酸甲酯-L-谷氨酸（PLMGG）等谷氨酸系列材料，并将 18-甲基炔诺酮、木瓜蛋白酶、链丝菌蛋白酶、胰酶、胰蛋白酶等键合到上述材料侧基上，进行药物释放研究。结果表明共聚物中谷氨酸组分含量越大，其亲水性就越强，生物降解性大、释药速率快。

另外，由聚谷氨酸衍生的聚羟乙基谷氨酰胺上的羟基具有反应活性，可将药物分子键接到大分子链上，如将抗癌药 5-氟尿嘧啶以共价键形式键合其上得高分子前药，有一定的缓释作用。国内外学者对羟基酸（乳酸、羟基乙酸）与天冬氨酸的共聚物进行了许多研究，得到的共聚物侧基上带有活性基因，克服了聚乳酸、聚羟基乙酸等主链无活性基团的不足，可用作组织工程支架材料。

2. 制备方法

聚谷氨酸的合成有生物合成法、化学合成法和提取法。

（1）生物合成法

生物合成 γ-PGA 包括微生物培养和 γ-PGA 提取两步骤。

① γ-PGA 的微生物培养。γ-PGA 的微生物培养目前主要采用地衣芽孢杆菌和枯草芽孢杆菌发酵方法。地衣芽孢杆菌 ATCC9945a 是能够生产 γ-PGA 的细菌族的一种，通过地衣芽孢杆菌发酵可生产 γ-PGA。不同的碳源、氮源和 pH 值及是否通气等因素对地衣芽孢杆菌发酵生产 γ-PGA 有明显的影响。Ho-Nam 等配制了以适当比例的甘油、L-谷氨酸、柠檬酸、NH_4Cl、K_2HPO_4、$MgSO_4 \cdot 7H_2O$，$FeCl_3 \cdot 6H_2O$，$CaCl_2 \cdot 2H_2O$，$MnSO_4 \cdot H_2O$ 组成的培养基，在 37℃、pH 6.5、通入纯氧和空气的混合气并保持氧压力在 30％饱和度以上的条件下发酵培养地衣芽孢杆菌 24h，可得到高产量的 γ-PGA 发酵液。

Ogawa 等报道了用枯草芽孢杆菌大规模发酵生产 γ-PGA 的方法，以麦芽糖、大豆浆、谷氨酸钠、K_2HPO_4、$MgSO_4 \cdot 7H_2O$ 为培养基，添加 3％的 NaCl 阻止发泡，加入 L-谷氨酸，在适宜的条件下，能得到大约 35mg/mL 的 γ-PGA 的发酵液。

② γ-PGA 的提取。上述 γ-PGA 的发酵液可经有机溶剂沉淀、化学沉淀或膜分离方法提取 γ-PGA。有机溶剂沉淀和化学沉淀是指利用离心或凝聚菌体的方法除去发酵液中的菌体，在上清液中加入体积为上清液的 2～5 倍低浓度的低级醇（如甲醇、乙醇）或是丙酮，将 γ-PGA 沉淀出来。然后用水溶解 γ-PGA，透析除去小分子，滤液冷冻干燥得到白色结晶。也可用饱和 $CuSO_4$ 或 NaCl 溶液沉淀 γ-PGA。如：在培养液中加入甲醇、活性炭，搅拌约 3h。把全部液体用压滤机过滤，澄清，得到黏稠的滤液，用浓硫酸调节 pH 值至 3.0，然后用离子交换树脂脱盐，全部脱盐液冷藏 3 天，离心分离析出沉淀，得到的滤渣用甲醇洗净后，40℃减压干燥 2 天，即得到精制的 γ-PGA。

对高黏度的发酵液还可采取膜分离技术。发酵液的黏度随 pH 值的下降而下降，但在 pH 值＜2 时，微生物会发生降解，因此可先把 pH 调为 3，降低发酵液的黏度，离心分离，把菌体从 γ-PGA 的发酵液中分离出来。γ-PGA 的分子量为 $1 \times 10^6 \sim 2 \times 10^6$，可用分子截留量在 5×10^4 的超滤膜和蠕动泵使 γ-PGA 浓缩，然后再用乙醇处理浓缩液，可大幅度减少乙醇的消耗量。

（2）化学合成法

① 聚谷氨酸的合成。化学合成的聚谷氨酸包括基团保护、反应物活化、偶联和脱保护等步骤。NCA（*N*-carboxyanhydride）法是通常制备聚氨基酸的一般方法，是将氨基酸与苯甲醇反应形成苄酯，保护一个羧基。再与光气反应制得 *N*-羧酸酐 NCA，引发 NCA 自聚、去掉保护基即得到聚氨基酸。反应机理如下：

以 γ-谷氨酸甲基酯、谷氨酸苄酯为基础，经缩合、脱酯基可得到聚 α-谷氨酸。

Sanda 等采用二聚体方法制备 γ-PGA，首先制备 L-Glu，D-Glu 及消旋体（DL-Glu）的甲基酯，然后凝聚成谷氨酸二聚体，再与 1-(3-二甲氨丙基)-3-乙基碳二亚胺盐酸盐及 1-羟苯基三吡咯（1-hydroxy-benzotriazole）水合物在 N,N-二甲基甲酰胺中发生凝聚，获得产率为 44%～91%、分子量为 5000～20000 的聚谷氨酸甲基酯，经碱性水解变成 γ-PGA。

邓先模等以 γ-苄基-L-谷氨酸酯（PBLG）的 N-羧酸酐为初始物，合成了 γ-氨基-L-谷氨酸，分子量大于 100,000。

② 聚羟乙基谷氨酰胺的合成。国内中山大学的张静夏、王琴梅、潘仕荣等对聚谷氨酸及其衍生物进行了较多的研究工作，以聚谷氨酸苄酯为原料，用乙醇胺进行胺解得到水溶性良好、反应活性较高的聚羟乙基谷氨酰胺，机理如下。

聚谷氨酸苄酯　　　　　　　　　聚羟乙基谷氨酰胺

③ 聚天冬氨酸类共聚物。天冬氨酸的活性侧基对生物降解性聚合物聚乳酸、聚己内酯、聚羟基乙酸等的改性具有很大的价值。共聚主要是通过吗啉-2,5-二酮衍生物自聚或与丙交酯、乙交酯或 ε-己内酯的共聚来进行。以 γ-苄基-L-谷氨酸（PBLG）-聚乙二醇嵌段共聚物制备为例：采用对甲苯磺酸酯化一氨水皂化法合成端氨基的聚乙二醇（AT-PEG），光气-甲苯液相法制备谷氨酸苄酯-N-羧酸酐（BLG-NCA），然后用 AT-PEG 引发 BLG-NCA 聚合制备 PBLG/PEG 二或三嵌段共聚物。

PEG-PASP 嵌段共聚物的制备方法有几种，不同方法得到的嵌段共聚物结构有所差异，如有线形、梳形结构，氨基侧基、羧基侧基等类型。这类嵌段共聚物与反离子型多肽自组装形成的离子复合物胶束，作为肽类药物的有效纳米传递器件有望得到很好的应用。这种离聚物复合胶束的制备较简单，只需把嵌段共聚物水溶液与酶或蛋白质等带相反电荷的物质的水溶液（或缓冲液）按一定比例直接混合。如溶菌酶的 PEO-聚天冬氨酸嵌段共聚物复合胶束等。

（3）提取法

日本早期生产 PGA 大多从日本的传统食品——纳豆中提取，方法是用乙醇将纳豆中的 PGA 分离提取出来。由于纳豆中所含的 PGA 浓度很少，提取工艺十分复杂，生产成本很高，难以大规模生产。

3. 应用

（1）作为药物的载体

① 作为抗癌药物顺铂（CDDP）的载体。顺铂（顺二氯二氨铂），是重金属络合物，微溶于水，且在水中不稳定，疗效低，细胞毒性大。采用 PGA（分子量为 $4×10^6$）作为药物载体，使 PGA 分子中侧链羧基上的氢取代 CDDP 分子中的氯原子，形成有活性的、相对稳

定的 CDDP-PGA 复合物，1mol 的 PGA 可结合 60mol 的 CDDP。形成的 CDDP-PGA 复合物，细胞毒性低于游离 CDDP，治疗剂量范围宽，疗效高。

② 水不溶性的药物键合到 PGA 侧链上，可增加药物的水溶性，这有利于降低难溶于水的化疗药物的毒性、增强对肿瘤细胞的靶向性和选择性。如喜树碱（CPT）难溶于水，且它的内酯形式不稳定，使用受限制，疗效低。当 10-羟基 CPT 或 9-氨基 CPT 与 PGA 偶联形成 CPT-PGA 复合物后，不仅水溶性大为增加，而且对同源的和异源的肿瘤都保持较高的抗肿瘤活性，比游离的 CDDP 活性强。PGA 与紫杉醇的复合物也显示了较好的水溶性、广谱抗癌活性高，并延长药物的作用时间。

③ 肝靶向。作为药物的载体，PGA 的半乳糖基（Gal）或甘露糖酯化衍生物可作为肝细胞特殊药物的载体，通过糖酯化的 PGA 的结合作用能够把药物运送到肝细胞中。动物静脉内给药实验表明，药物与糖酯化的 PGA（Gal-PGA）形成的复合物在肝脏中蓄积，起到了靶向作用。Gal-PGA 在肝脏中迅速酶解为谷氨酸，不会在体内产生积蓄和不良反应。

④ 作为其他药物载体。国内研究者潘仕荣等人以亮氨酸-谷氨酸苄酯共聚物为载体制备了 18-甲基炔诺酮的微球释放系统，微球直径为 $82.6\sim133\mu m$，体外释放试验显示，释药速率与释药时间的 1/2 次方近似成正比，微球的粒径和扩散系数对释药速率影响很大。

此外，L-天冬氨酸与聚乙二醇形成的 PEG-PASP 嵌段共聚物，是一类用途广泛的生物材料；这类嵌段共聚物形成的胶束在药物释放系统、分离技术以及光电设施等得到应用。PHEA 和（α,β-N-丁二酸基）天冬酰胺共聚物与顺铂结合，可制得相应高分子——顺铂结合物，这种结合物的细胞毒性低于相同浓度的顺铂。

（2）外用辅料

PGA 与明胶（Gelatin）有较好的兼容性，适合制作外科及手术用的黏胶剂、止血剂及密封剂。例如，由明胶和 PGA 结合而成的可生物降解速效生物胶，是分子量为 1×10^4 的明胶和 PGA 的混合物用碳化二亚胺交联后形成的生物胶，其与纤维蛋白胶一样能迅速胶凝，但比纤维蛋白胶的黏附性强。这是一种生物安全胶，在小鼠背部皮下组织进行实验，发现其能逐渐生物降解，没有严重的炎症反应。

另外，N-羟琥珀酰胺（NHS）活化的 PGA 衍生物，能自发地与明胶在水溶液中短时间内形成胶体。由 PGA 制备的这种外用胶与天然组织的粘连强度远比纤维蛋白胶高，这是一种非常好的外科黏附材料，可能取代从人类血液组织中制备的纤维蛋白胶。

二、聚天冬氨酸及其衍生物

1. 结构与性质

（1）结构

① 聚天冬氨酸（PASP）。聚天冬氨酸（PASP）是天冬氨酸通过肽键结合形成的一种多肽分子，另外，它的分子链上具有活性较高的侧链羧基（—COOH），由此羧酸基衍生改性或接枝共聚物。PASP 具有两种构型，即 α-构型和 β-构型，结构如下。

α-构型 β-构型

天然聚氨基酸中的 PASP 片段是以 α-构型存在的，合成的 PASP 通常是两种构型的混合物。

② 聚天冬氨酸衍生物——聚天冬酰胺。研究表明聚 α,β-N-羟乙基-DL-天冬酰胺（PHEA）在溶液中表现为无规线团状形态，而聚天冬酰肼 PAHy 则为直筒状平面结构分布，在一定程度上与 β 层的球型蛋白相似。这种刚性结构为 PAHy 制成网状凝胶物提供了可能。

(2) 性质

不同制备方法得到的 PASP 的性能有一定的差别，如磷酸催化天冬氨酸热缩聚得到聚天冬氨酸比从马来酸酐出发热缩聚制备聚天冬氨酸的生物降解性能要好，28 天后几乎全部降解，而天冬氨酸本体热缩聚得到聚天冬氨酸生物降解性能最差，28 天后仅 50% 被降解。但是对 Ca^{2+} 的整合性能正好相反，从马来酸酐出发制备的聚天冬氨酸最好，磷酸催化得到的聚天冬氨酸最差。

聚天冬氨酸具有优良保湿性能，可用于制造日用化妆品和保健用品等。还作为血浆膨胀剂应用。其良好的生物降解性和生物相容性，使其在药物控制释放领域受到关注，人们制备了多种 PASP 的共聚物，利用其侧链羧基的功能性，获得前体药物或通过静电、氢键等复合作用控制药物释放。

聚天冬氨酸衍生物是聚天冬酰胺，其活性的侧基易于键合药物分子，具有控制释放作用。

2. 制备方法

(1) 聚天冬氨酸（PASP）的制备

制备 PASP 的方法主要有两种：一种方法是 NCA（N-Carboxyanhydride）法；另一种方法是琥珀酰亚胺中间体碱解。这是目前合成 PASP 的主要方法。聚天冬氨酸的合成途径主要分 3 个步骤：先由天冬氨酸或马来酸酐、马来酸铵盐等热缩合合成中间体聚琥珀酰亚胺（Polysuccinimide, PSI）；然后，聚琥珀酰亚胺水解制取聚天冬氨酸盐；最后是聚天冬氨酸盐的分离与纯化。中间体聚琥珀酰亚胺的合成是最关键的步骤，不同的合成方法和反应条件不仅影响聚琥珀酰亚胺的产率和纯度，而且影响产物的结构和摩尔质量，从而影响聚天冬氨酸的性质、性能和用途。目前，研究比较多的聚琥珀酰亚胺的合成方法有以下 4 种：L-天冬氨酸的热缩聚合；L-天冬氨酸的催化聚合；马来酐与氨水先进行化学反应，然后进行缩合聚合；马来酐与铵盐或胺类物质反应并直接进行聚合。

L-天冬氨酸的热缩聚合的制备反应方程式如下。

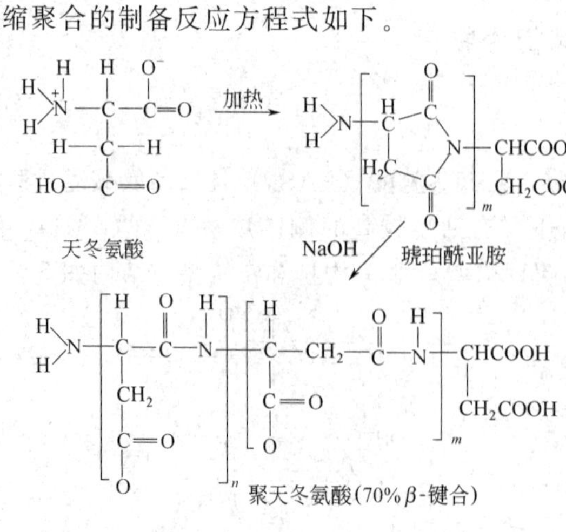

聚天冬氨酸(70%β-键合)

制取高分子量的聚天冬氨酸的方法：将天冬氨酸溶于浓 H_3PO_4 中，180℃减压缩合得高分子量的琥珀酰亚胺，再用中性、弱酸性、碱性等基团开环。所用的溶剂有二异丁酮、环碳酸酯等。若将天冬氨酸与少量磷酸溶于 1，3，5-三甲基苯与环丁砜混合溶剂中制备中间体，不需要分离就可以进一步缩合得琥珀酰亚胺。

（2）聚天冬酰胺的制备

聚天冬酰胺可通过氨基开环聚丁二酰亚胺（PSI）制备。用乙醇胺使 PSI 开环可制得聚（α,β-N-羟乙基-DL-天冬酰胺）（PHEA），因其具有良好的生物相容性而将它用作血浆膨胀剂。用水合肼与 PSI 反应则制得聚天冬酰肼（PAHy）。PHEA、PAHy 的制备反应方程式如下。

3. 应用

（1）前体药物

将药物以配键的形式结合到聚天冬酰胺的侧链上，利用其在水中水解的性质可进行控制释放。键合的药物有索奥佛林（Ofloxacin）、二氟苯萨（D 顺 Mnisal）、萘普生（Naproxen，NAP）、酮布洛芬（Ketoptofen，KPN）、4-氨基-1-β-阿糖呋喃-2-H 吡啶酮（Arac）、布洛芬（Ibuprofen）、异烟肼（Isoniazid）、5-溴-2-脱氧尿嘧啶甙（5-bromo-2-deoxyuridine）等。研究表明 PHEA 对肺具有靶向性，其中侧链基 2-羟乙基具有将材料牵引、滞留于肺部的功效，故可键合肺治疗药物用来实现肺靶向缓慢释放。

汤谷平将乙酰水杨酸键合到 PHEA 侧基后，压制成小棒（$\phi 3mm \times 5mm$），经消毒后植入小鼠背部皮下，进行体内释放实验，结果表明，以棒状埋植给药在一定程度上可以降低药物的"爆释"现象，由于药物释放过程从外到里逐层释药，加上药物与材料不是以包埋结合而是以化学键的形式结合，在一定程度上阻止了药物与酶或体液的接触，因此棒状剂给药比混悬剂给药降低了释药速率。

（2）水凝胶药物释放体系

利用聚天冬酰胺侧链活性，可以制备其水凝胶，向聚天冬酰胺水溶液中加入交联剂，聚合物链的侧基活性基团与交联剂反应可形成交联网络。二胺类侧基如丁二胺、乙二胺、1,8-亚辛胺、N-丁二酸、缩水甘油、异丁烯酸、甲基丙烯酸缩水甘油等则被用于网状凝胶材料的交联剂。例如以戊二醛为交联剂与 α,β-聚天冬酰肼反应制得 α,β-聚天冬酰肼水凝胶；用乙醇胺和丁二胺与 PSI 反应，可制得 α,β-聚天冬酰胺衍生物水凝胶。用 γ 射线可以引发 PHEA 水溶液形成交联水凝胶。上述水凝胶可作为胞嘧啶等药物的缓释载体，使药物长时间（可达 20 天）释放。刘振华用丁二胺制备了聚 DL-天冬酰胺水凝胶，该水凝胶在水溶液中有较好的溶胀性能，以浓度计算 1.0g 凝胶可以包裹 2.0g 5-氟尿嘧啶，可望用作抗肿瘤药物 5-氟尿嘧啶的缓释材料。Giammona 用戊二醛作为胶联剂制备了 PHEA 和聚 α,β-（2-胺）-

DL-天冬酰胺的三维网状水凝胶,将 4-氨基-1-β-阿糖呋喃-2-(H)吡啶酮作为模型药物植入上述材料中,形成缓释体系。

但 γ 射线引发 PAHy 则不产生凝胶化作用,用甲基丙烯酸缩水甘油酯在 PAHy 侧基上引入双键后,再 γ 射线引发则形成水凝胶。

三、聚 L-赖氨酸

除谷氨酸、天冬氨酸外,聚 L-赖氨酸(Poly-L-Lysine,PLL)也有研究。PLL 带正电荷,易通过胞饮作用被肿瘤细胞摄取,与抗肿瘤药物 5-Fu 结合可用于癌症的治疗。此外,也有 PLL 与 Pt(Ⅰ)键合的报道,用于癌症化疗。研究表明聚 L-赖氨酸-甲氨蝶呤复合物(Methotrexate,MTX)能使仓鼠卵巢细胞株对 MTX 的摄取量增加 200 倍,抑制细胞增殖的活性提高了 100 倍。

另外,聚赖氨酸与 PEG 的嵌段共聚物也被制备出来,用来与 DNA 药物形成离子复合胶束,控释 DNA 的释放。

综上所述,聚氨基酸的合成及在控释药物中的应用研究已较深入,但还没有转化为商品,一是由于聚氨基酸的生产规模较小,品种规格不全,价格昂贵;二是控释制剂的工业化生产要求条件高,要生产无菌、稳定且重复性好的合格产品,需要一套较复杂的生产工艺,从实验室研究到生产放大还需要进行许多的研究工作。此外,要使生物降解制剂的研究转化为商品,还需要增加基础研究。但可以预见随着控释制剂的不断深入研究,一些薄弱环节逐步完善和克服,聚氨基酸材料在药物控释领域中的应用将会呈现较好的前景。

思 考 题

1. 聚丙烯酸及其钠盐水溶液的流变特性如何?并进行初步分析。

2. 药用丙烯酸树脂的 T_g 与哪些因素有关?

3. 降低药用丙烯酸树脂的 T_g 的常用增塑剂有哪些?

4. 简述聚丙烯酸铵酯Ⅰ的制备工艺,给出其完整的聚合反应方程式并从其化学结构出发分析其水解产物的毒害性。

5. 简述泊洛沙姆的聚合反应原理及制备工艺。

6. 聚氨基酸作为靶向药物载体的优缺点如何?

第六章 高分子药物

高分子药物是药用高分子材料的重要组成部分，但它是一类具有药理活性的高分子。由于生物体本身就是由高分子化合物组成的，因此，作为药物的高分子化合物，尤其是功能性高分子化合物，在某些情况下比低分子化合物更易为生物体所接受。多数情况下，高分子药物既有长效，能够控制释放；又有特效，能够在特定地点生效，在人体需要的部分起药物作用。

第一节 概 述

一、高分子药物的定义与分类

利用高分子化合物自身的结构和性能与机体组织作用，从而克服机体功能障碍达到促进人体康复的一类药物，称为高分子药物。它包括聚合物药物、高分子前药和高分子纳米药物。它们可经细胞吞饮作用摄入到人体组织，或以被动扩散、主动转运方式到人体组织而能高效地发挥作用。

① 聚合物药物。因高分子链物理结构或化学结构而具有药理活性的高分子，包含生物高分子药物在内的天然高分子药物和合成高分子药物。

这些药物是利用大分子链结构与表面等特性，协助或帮助生命机体抵御外界环境的侵袭、修复组织、控制或调节体内生物质的传递等，从而显示出治疗和保健的功效。如甲壳素、胰岛素与集落刺激因子（GM-CSF）天然高分子药物，聚亚乙基亚胺、聚乙烯基硫酸酯等化学合成高分子药物。分子生物学的研究和发展，给我们提供了根据人体的代谢过程、人体组织的分子结构以及病毒的分子结构，设计合成具有催化、抑制或刺激作用的新型高分子药物，为攻克那些严重威胁人类健康的疾病，提供了新的保障。

② 高分子前药。药物分子与载体高分子经共价键连接的高分子偶联物，其需要在特定的条件或环境下释放出药物分子后方显示药理活性。

其载体高分子材料可以是合成的聚乙二醇、聚氨基酸、聚维酮以及聚乙烯醇等，或者是天然的糖蛋白、白蛋白、核酸或右旋糖酐等。具有药理活性的药物分子可以是小分子药物，也可以是功能性蛋白质、多肽，如酶制剂、单克隆抗体等。

③ 高分子纳米药物。以高分子微纳米粒作为载体，吸附、包埋或化学偶联药物分子而形成的高分子药物。纳米载体高分子可以是天然的，也可以是合成的。由于纳米尺度效应，负载药物分子的高分子微纳米粒已不再是传统意义上的惰性载体材料。

二、高分子药物简史

胶原蛋白类天然高分子药物——驴皮胶用法和制法在我国中医经典《神农本草经》中有记载，也就是说人类使用高分子药物的历史可追溯到 2200 年前。

1980 年美国 Greene H. L. 等从加入微量的（100μg/g 左右）聚丙烯酰胺可以减少消防

管道阻力（约 40%）的报道中得到启示，在鸽子血液中加入同类物质（60μL/L）也大大改善了动脉内的血液流动情况，并据此研究制出治疗动脉硬化的高分子药物。在此基础上，发展了通过将小分子药物与一些高分子单体（如烯烃等）反应，然后再聚合成高分子物；或者利用现有小分子药物通过缩合聚合反应制得高分子药物。

人们在研究开发新药剂型的过程中，经常与高聚物打交道，并由此发现可以根据已有低分子药物的功能，设计合成具有这些药物的功能，又能克服这些药物的副作用的高分子新药物。高聚物与药物偶联的概念最早由 Jatzkewitz 于 1955 年提出，当时他通过二肽将酶斯卡灵（Mescaline）与聚维酮（PVP）偶联，但直到 1975 年德国科学家 Ringsdorf 提出高分子前药的概念后，高分子化的药物才得以快速发展。40 多年来，人们设计和合成了数以百计的合成高分子-药物键合物，药物品种不仅包括传统的抗生素和抗肿瘤等小分子药，而且包括酶抑制剂以及最新发展起来的多肽、蛋白和基因药物，如表 6-1 所示为部分高分子前药。

表 6-1　已上市或进入临床试验的部分高分子前药

	结合物	商品名	给药途径	适应证
蛋白质类药物	SMANCS	Stimaler®	皮下注射	肝癌
	PEG-腺苷脱氨酶	Adagen®	肌肉注射	重症免疫缺陷
	PEG-天冬酰胺酶	Oncospar®	静脉或肌肉注射	急性淋巴细胞白血病
	PEG-干扰素 α-2a	Pegasys®	皮下注射	丙型肝炎
	PEG-干扰素 α-2b	Pegintron®	皮下注射	丙型肝炎
	PEG-human GCSF	Neulasta®	皮下注射	化疗引发的中性粒细胞减少
	PEG-HGH 拮抗剂	Somavert®	皮下注射	肢端肥大症
	PEG-antiTNF 抗原结合片段	Cimzia®	皮下注射	类风湿性关节炎、回肠炎
小分子化学药物	PEG-伊立替康	NKTR-102	静脉注射	实体瘤
	PEG-SN38	EZN-2208	静脉注射	实体瘤
	PEG-纳洛酮	NKTR-118	口服给药	胃肠功能障碍、便秘
	PEG-多烯紫杉醇	NKTR-105	静脉注射	实体瘤
	PHPMA-多柔比星	PK1	静脉注射	乳腺癌、肺癌、结肠癌
	PHPMA-多柔比星-半乳糖胺	PK2	静脉注射	肝癌
	PHPMA-铂	AP5280	静脉注射	多种恶性肿瘤
	PHPMA-DACH-奥沙利铂	ProLindac™（AP5346）	静脉注射	卵巢癌
	Fleximer®-喜树碱	XMT1001	静脉注射	胃癌、肺癌
	羧基化右旋糖酐-依喜替康	DE-310	静脉滴注	多种恶性肿瘤
	羧基化右旋糖酐-T2513	Delimotecan	静脉滴注	多种恶性肿瘤
	氧化右旋糖酐-多柔比星	AD-70	静脉滴注	多种恶性肿瘤
	环糊精-喜树碱	CRLX101	静脉注射	晚期实体瘤
	聚谷氨酸-紫杉醇	Opaxio™	静脉注射	肺癌、卵巢癌
	聚谷氨酸-喜树碱	CT-2106	静脉注射	结肠癌、卵巢癌

伴随着纳米技术的发展，纳米医药已进入临床试验或应用，高分子纳米药物也在陆续登

场。目前，除了基于 PEG 化的高分子前药等自组装的纳米药物外，用高分子纳米微粒吸附包载药物的高分子纳米药物通过Ⅲ期临床试验的仅为个别。但高分子纳米药物依然是发展方向。

第二节 天然与生物高分子药物

在天然产物中，已经发现生物多糖的结构不同将有大的药性差异，具有双螺旋结构的甲壳素和壳聚糖等氨基葡聚糖有重要的生物活性。以 β-1,3-苷键为主链、β-1,6-苷键为支链的多糖衍生物是具有有效抗癌性能的，如多糖的螺旋鞘霉素，也就是说，高价结构对多糖类的抗癌性具有重要作用。甲壳素和壳聚糖的硫酸酯因与肝素具有相似的结构而也有抗凝血作用，壳聚糖能够阻断细胞内 K^+ 的外流，减少细胞胞外 K^+ 的堆积而具有抗心律失常的作用，可以去除内毒素，对组织不产生毒性影响，无溶血效应，无热原性物质，有可能作脱毒剂使用。由丁二醇二缩水甘油醚交联的珠状高脱乙酰度壳聚糖或戊二醛交联的珠状高脱乙酰度壳聚糖吸附那些会引起自体免疫紊乱、变态反应和肿瘤等相关的免疫球蛋白，已用于临床，由苯丙氨酸和色氨酸固定化修饰的珠状壳聚糖选择性地吸附免疫球蛋白，这种修饰的壳聚糖比不修饰的壳聚糖对 α-球蛋白的亲和性更高，而且对纤维蛋白的吸附量降低，还能降低血小板黏附性，对血液灌流是优良的吸附剂。

自然界中广泛地分布着各种有机生命体，如动物、植物、微生物等。在这些生命体中，存在着大量的高分子（大分子）物质，如几丁质、各种酶系等，在其新陈代谢过程中，承担着极其重要的作用。由于这些物质均具有生理活性，可以调节或控制生命体的各种代谢活动，所以它们也具有较高的药用价值。由于这类生物活性物质都来源于生物体，是天然存在的生物活性因子，有绿色、可再生的优势，具有针对性强、疗效好、毒副作用少又有一定的营养价值和易被吸收的优点，一直备受人们的关注。随着生命科学世纪的到来及现代生物技术的进一步发展，这类天然的高分子（大分子）药物将有着更加光明的前景。

一、多糖类高分子药物

天然多糖类高分子，按其功能来说，某些不溶性多糖，如植物的纤维素和动物的几丁质（即壳多糖），可构成植物和动物骨架的原料；另一些作为贮存形式的多糖，如淀粉和糖原等，在需要时，可以通过生物体内酶系统的作用，分解、释出单糖；有些多糖具有更复杂的生理功能，如黏多糖、血型物质等，它们在动物、植物和微生物中起着重要作用。

（一）多糖

纤维素和淀粉等大多数多糖都没有生物活性，多糖经硫酸化、乙酰化以及羧甲基化等化学改性后，表现出抗病毒等活性。

1. 天然杂多糖

大多数支化链的天然杂多糖有一些生理活性，如香菇多糖和云芝多糖等，具有强烈的抗肿瘤活性。灵芝多糖是葡萄糖和半乳糖为主的杂多糖，糖苷键连接方式以 β-1,4-糖苷键为主，少许 α-1,6-糖苷键，分子量在 1×10^4 左右，具有增强免疫和抗肿瘤作用。

沙棘多糖能够显著提高机体的免疫能力，同时对急慢性肝炎具有明显疗效，王桂云等对沙棘多糖中碱水溶性多糖 JS 的研究表明该活性成分是由 Ara、Xyl、Gal 和 Glc（1∶6∶12∶4）构成的中性杂多糖和蛋白质组成，且多糖有 β 糖苷键。王春顺和方积年从中药徐长卿中分离分

子量为 1.7×10^4 的葡聚糖，该多糖是直链 α-D-1,6-葡聚糖，并证明该糖具有一定的免疫活性。

2. 氨基多糖

甲壳素与纤维素的化学结构相似，它是包括有 N-乙酰基氨基-D-葡萄糖，以 β-1,4-糖苷键型缩合、失水形成的线形均一多糖，是某些无脊椎动物（如虾等）外骨骼主要有机结构组分，具有生物活性。甲壳素因氢键类型不同而有三种结晶体，由两条反向平行的 N-乙酰基氨基葡聚糖链组成的 α-甲壳素，由两条同向平行的 N-乙酰基氨基葡聚糖链组成的 β-甲壳素，和由两条同向、一条与其反向的共三条 N-乙酰基氨基葡聚糖链组成的 γ-甲壳素。

甲壳素分子链上因有一定量的游离氨基而呈弱碱性，能结合人体胃液中的酸而成为聚电解质，这也许是甲壳素以及脱乙酰基甲壳素有减肥功效的原因。脱乙酰基甲壳素也因氨基而具有络合配位的能力，可与 Cu^{2+}、Zn^{2+}、Ni^{2+} 等过渡金属离子形成络合物，因此，脱乙酰基甲壳素可作为人体各种微量金属元素的调节剂，也可作为重金属离子中毒的解毒剂。陈同波等研究发现甲壳素（质）对氧损伤的内皮细胞有一定的保护作用。

（二）多糖衍生物

（1）肝素（Heparin）

肝素是天然抗凝剂，是一种含有硫酸基的酸性黏多糖。其分子具有由六糖或八糖重复单位组成的线状链状结构。三硫酸双糖是肝素的主要双糖单位，L-艾杜糖醛酸是此双糖的糖醛酸。二硫酸双糖的糖醛酸是 D-葡萄糖醛酸。三硫酸双糖与二硫酸双糖以 2：1 的比例在分子中交替连接。肝素及其钠盐为白色或灰白色粉末，无臭无味，有吸湿性，易溶于水，不溶于乙醇、丙酮、二氧六环等有机溶剂，其游离酸在乙醚中有一定溶解性。比旋度：游离酸（牛、猪）$[\alpha]_D^{20} = +53° \sim +56°$；中性钠盐（牛）$[\alpha]_D^{20} = +42°$；酸性钡盐（牛）$[\alpha]_D^{20} = +45°$。肝素在 $185 \sim 220 nm$ 有特征吸收峰，在 $890 cm^{-1}$，$940 cm^{-1}$ 有红外特征吸收峰，测定 $1210 \sim 1150 cm^{-1}$ 的吸收值可用于快速测定。其分子结构的一个六糖重复单位如下图所示。

在其六糖单位中，含有 3 个氨基葡萄糖。分子中的氨基葡萄糖苷是 α-型，而糖醛酸苷是 β-型。肝素的含硫量为 $9\% \sim 12.9\%$，硫酸基在氨基葡萄糖的 2 位氨基和 6 位羟基上，分别形成磺酰胺和硫酸酯。在艾杜糖醛酸的 2 位羟基也形成磺酰胺。整个分子呈螺旋形纤维状。肝素分子量不均一，由低、中、高三类不同分子量组成，平均分子量为 12000 ± 6000。商品肝素至少含有 21 种不同分子量组成，其分子量从 3000 到 37500，两种不同组成间的分子量差距约为 $1500 \sim 2000$，即相当于一个六糖或八糖单位。肝素分子的六糖重复单位结构式如下。

肝素分子中含有硫酸基与羧基，呈强酸性，为聚阴离子，肝素具有聚阴离子性质，能与多种阳离子反应成盐。肝素的糖苷键不易被酸水解，O-硫酸基对酸水解相当稳定，N-硫酸基对酸水解敏感，在温热的稀酸中会失活，温度越高，pH 值越低，失活越快。在碱性条件下，N-硫酸基相当稳定，与氧化剂反应，可能被降解成酸性产物，因此使用氧化剂精制肝素，一般收率仅为 80%左右。还原剂的存在，基本上不影响肝素的活性。肝素结构中的 N-硫酸基与抗凝血作用密切相关，如遭到破坏其抗凝活性则降低。分子中游离羟基被酯化，如硫酸化，抗凝活性也下降，乙酰化不影响其抗凝活性。肝素活性还与葡萄糖醛酸含量有关，活性高的分子片段其葡萄糖醛酸含量较高，艾杜糖醛酸含量较低。硫酸化程度高的肝素具有较高的降脂和抗凝活性。高度乙酰化的肝素，抗凝活性降低甚至完全消失，而降脂活性不变。小分子量肝素（分子量 4000～5000）具有较低的抗凝活性和较高的抗血栓形成活性。

肝素是典型的抗凝血药，能阻止血液的凝结过程，用于防止血栓的形成。因为肝素在 α-球蛋白参与下，能抑制凝血酶原转变成凝血酶。肝素还具有澄清血浆脂质，降低血胆固醇和增强抗癌药物等作用。临床广泛用作各种外科手术前后防治血栓形成和栓塞，输血时预防血液凝固和作为保存新鲜血液的抗凝剂。小剂量肝素用于防治高血脂症与动脉粥样硬化。广泛用于预防血栓疾病、治疗急性心肌梗死症和用作肾病患者的渗血治疗，还可以用于清除小儿肾病形成的尿毒症。肝素软膏在皮肤病与化妆品中也已广泛应用。

（2）多糖的无机硫酸酯

壳聚糖硫酸酯、硫酸软骨素和纤维素硫酸酯等多糖的无机硫酸酯均具有良好的生物活性和抗病毒的功效，大分子物多聚萜醇类磷酸酯在糖基从细胞质到细胞表面的转移中，起类似辅酶的作用。陈春英等用从箬叶中分离出的多糖进行磺化反应得到硫含量达 21.9%的硫酸酯化多糖，具有更高的抑制艾滋病病毒引起的 MT-4 细胞病变性的作用。

已经被发现或证明一些多糖无机酸酯具有药物活性，其中有纤维素、淀粉和右旋糖酐等的硫酸酯，这类多糖无机硫酸酯之所以具有生理活性，是因为硫酸根等聚阴离子具有强负电荷，能与病毒分子结合而阻断病毒对细胞的吸附，从而抑制病毒的反向转录（RT）；能与受体细胞表面的正电荷分子结合，干扰病毒对受体细胞的吸附，消除病毒引起的细胞病变。纤维素硫酸酯具有抗 HIV 活性，与肝素的结构相似的淀粉硫酸酯和右旋糖酐硫酸酯具有降低血液中胆甾醇和防止动脉硬化、抗凝血、抗酯血清、抗炎症等功能，可作为血浆的代用品、肠溃疡的治疗剂。淀粉硫酸酯的结构如下。

① 壳聚糖硫酸酯。甲壳质衍生物具有很好的生物相容性，在体内能逐渐降解和代谢，其自身具有抗癌和抗菌等作用。就像淀粉和纤维素一样，甲壳素以及脱乙酰基甲壳素（壳聚糖）链上的羟基也可以通过酯化反应变成硫酸酯，其结构与肝素结构相似，壳聚糖与环氧乙烷反应合成的羟乙基壳聚糖的磺化产物也是类肝素结构。

② 硫酸软骨素。硫酸软骨素（CS）是已作为临床治疗用药物，如商品名为康得灵的。它是从动物软骨中提取制备的酸性黏多糖，主要是硫酸软骨素 A、C 及各种硫酸软骨素的混合物。硫酸软骨素为白色粉末，无臭，无味，吸水性强，易溶于水而成黏度大的溶液，不溶于乙醇、丙酮和乙醚等有机溶剂中，其盐对热较稳定，受热 80℃亦不被破坏。游离硫酸软骨素水溶液，遇较高温度或酸即不稳定，主要是脱乙酰基或降解成单糖或分子量较小的多糖。硫酸软骨素一般含有 50～70 个双糖单位，链长不均一，分子量在 $1\times10^4\sim3\times10^4$，硫酸软骨素按其化学组成和结构的差异，又分为 A、B、C、D、E、F、H 等多种。硫酸软骨素 A 和 C 都含 D-葡萄糖醛酸和 α-氨基-脱氧-D-半乳糖，且含等量的乙酰基和硫酸残基，两者结构的差别只是在氨基己糖残基上硫酸酯位置的不同。硫酸软骨素有软骨素-4-硫酸与软骨素-6-硫酸两类，含有重复的二糖单位。

硫酸软骨素 A   硫酸软骨素 C

硫酸软骨素，尤其硫酸软骨素 A 能增强脂肪酶的活性，使乳糜微粒中的甘油三酯分解，使血中乳糜微粒减少而澄清，还具有抗凝和抗血栓作用，可用于冠状动脉硬化、血脂和胆固醇增高、心绞痛、心肌缺血和心肌梗死等症。硫酸软骨素还用于防治链霉素所引起的听觉障碍症以及偏头痛、神经痛、老年肩痛、腰痛、关节炎与肝炎等。还用作皮肤化妆品等。

（3）多糖醚及其他

① 羧甲基淀粉钠。羧甲基淀粉的钠盐通过在动物体内水解形成的羧甲基葡萄糖发挥作用，促进体内胸腺细胞增加、增强机体的免疫活性，从而提高抵抗能力、防止癌细胞的形成和发展。

② 羟乙基淀粉。分子量在 $1\times10^4\sim2.5\times10^4$ 的羟乙基淀粉（HES），具有减轻红细胞的"淤塞"、降低血液黏度、改善微循环的阻力等功能，用于治疗动脉硬化、脑血栓。分子量 2.6×10^6 的五羟乙基淀粉为高分子胶体，可配制成高浓度的溶液，在血浆中可高度膨胀，从而达到迅速增加血容量的目的，与普通的羟乙基淀粉等合成胶体相比，五羟乙基淀粉还具有较快的血浆清除率和肾清除率。

③ 双醛淀粉。双醛淀粉是由于能够吸收游离氨而常用于治疗尿毒症，它是其葡萄糖单元 C(2)-C(3) 碳键上的羟基被氧化且 C(2)-C(3) 断裂生成的醛基而具有反应捕获的功能。

④ 甲壳质衍生物。甲壳质衍生物与药物偶联研究较多的是抗癌药物，如 5-氟尿嘧啶、甲氨蝶呤、丝裂霉素、阿拉伯呋喃糖腺嘌呤、四肽 RGDS，这是因为高分子前体药物有效控制药物释放速度，从而增长药效，降低毒性的优点特别适合于癌化疗这类药理活性较强的药物，且还期望甲壳质衍生物产生抗癌的协同作用；甲壳质衍生物以丁二酰壳聚糖、羧甲基甲壳质、乙二醇壳聚糖用得最多，一方面高分子载体应有合适的偶联反应基团，另一方面也为了制得水溶性产品。目前甲壳质衍生物作为辅料制成缓释制剂的研究也在深入地进行，与此相比较，甲壳质衍生物药物偶联物制得的是一种"新化合物"，按分工来讲，应是药物化学研究的范畴，偶联的化学键降解速度决定了药物的释放速度，因此按此类偶联物缓释机制来讲，应是以化学因素为主，而甲壳质衍生物作辅料的缓释主要受制于物理因素，如主药的扩

散、分配等。

甲壳质衍生物与药物分子进行共价偶联得到高分子药物具有缓释作用，能改善药物药代动力，如药物 5-氟尿嘧啶与 6-O-羧甲基甲壳质通过戊亚甲基和亚甲基桥以酰胺和酯键相连接，所得到的偶联物是可溶于水的和生物可降解的大分子前药，并实现 5-氟尿嘧啶的缓释效果，对 P-388 淋巴细胞白血病有显著的抑制作用。

丝裂霉素同乙二醇壳聚糖及丁二酰壳聚糖通过戊二酰桥进行偶联，得到了水溶性产品。动力学分析的结果表明偶联物在体内释放速度显著大于在体外缓冲液中的释放。乙二醇壳聚糖-戊二酰-丝裂霉素偶联物采用腹腔注射方式，在相当于 10mg 丝裂霉素/kg 剂量时，对植入了 P-388 白血病小鼠的存活时间最长，N-丁二酰-壳聚糖-戊二酰-丝裂霉素则在相当于 20mg 丝裂霉素/kg 剂量时存活时间最长。两种偶联物都比丝裂霉素作用持久。对皮下植入的肉瘤 180，采用静脉注射方式，N-丁二酰壳聚糖为载体的偶联物活性极强；采用癌组织内给药，丝裂霉素及两种偶联物都显示了抑制癌细胞增长的趋势。

二、蛋白质与多肽类高分子药物

包括微生物发酵、基因工程以及细胞工程等的现代生物工程制药技术手段之一是利用生物高分子的合成或结构修饰反应来实现基因修饰或重组，还有借助这类方法对微生物进行改造形成工程菌以实现定向代谢合成高分子药物，几乎所有的基因工程药物都是用这类技术制造的，如重组人干扰素（α-1b、α-2a、α-2b、γ），重组人白介素-2，重组人粒细胞集落刺激因子 G-CSF，重组人粒细胞-巨噬细胞集落刺激因子 GM-CSF，重组人红细胞生成素 EPO，重组人胰岛素，重组链激酶，重组人生长激素，重组碱性成纤维细胞、生长因子，重组痢疾菌苗、重组表皮生长因子等。

粒细胞-巨噬细胞集落刺激因子（GM-CSF）属于糖蛋白，其中 Molgramostim 蛋白部分分子式为 $C_{639}H_{1007}N_{171}O_{196}S_8$，分子量 14461，含有 127 个氨基酸，Sargramostim 蛋白部分分分子式为 $C_{639}H_{1002}N_{168}O_{196}S_8$，分子量 14414，也含有 127 个氨基酸。GM-CSF 是一类多肽激素，能够刺激骨髓造血干细胞增殖与分化，有增加中性白细胞的作用。它是从人 T 细胞分离出的 GM-CSF 基因克隆在动物细胞中或大肠杆菌中，经培养、分离提纯而得。人肿瘤坏死因子是一种由巨噬细胞分泌产生的具有广泛生物活性的非糖基化单核细胞因子，可在体内杀伤或抑制多种肿瘤细胞，突变型人肿瘤坏死因子 *rhTNFα-DK2* 是由含有 TNFα 的 N 端 2 位突变的 *rhTNFα-DK2* 基因和 *PL* 启动子的重组质粒 *pSB-TK* 的工程菌 YK537 发酵产生。

（一）酶类药物

酶是一种存在于生物体内的天然催化剂，生物体内的所有化学反应都离不开酶的催化作用。缺乏酶生物体就会出现反常或异变，没有酶生物体就会死亡。可以毫不夸张地说，酶是生命存在的动力。

酶是有机体新陈代谢的催化剂，几乎所有的酶都是蛋白质。有些酶除了蛋白质以外，还含有其他成分，叫做辅酶。生物体内的各种化学反应几乎都是在相应的酶的参与下进行的。例如，淀粉酶催化淀粉的水解，脲酶催化尿素分解为二氧化碳和氨。

（1）超氧化物歧化酶（Superoxid dismutase，SOD）

① SOD 的结构。SOD 属金属酶，其性质不仅取决于蛋白质部分，还取决于活性中心金属离子的存在。按金属离子种类不同，SOD 有 Cu，Zn-SOD、Mn-SOD 和 Fe-SOD。三种酶

都催化同一反应，但其性质有所不同，其中 Cu，Zn-SOD 与其他两种 SOD 差别较大，而 Mn-SOD 与 Fe-SOD 之间差别较小。此酶属金属酶，在自然界分布极广。

迄今为止，已完成其氨基酸全序列分析工作的至少有 12 个，其中 7 个是 Cu，Zn-SOD，4 个 Mn-SOD 和 1 个 Fe-SOD。根据牛和人的红细胞 Cu，Zn-SOD 的组成分析（表 6-2）可以看出其氨基酸组成有以下几个特点：①两种来源的 SOD 都不含有蛋氨酸（Met），其甘氨酸（Gly）含量不仅类似，而且在所有氨基酸中为最高。②牛红细胞 SOD 无色氨酸（Trp），但每个分子中含有 2 个酪氨酸（Tyr）残基，而人的红细胞 SOD 不仅无 Trp，也无 Tyr。SOD 活性中心是比较特殊的，金属辅基 Cu 和 Zn 与必需基团组氨酸（His）等形成咪唑桥。在牛血 SOD 的活性中心中，Cu 与 4 个 His 及 1 个 H_2O 配位，Zn 与 3 个 His 和 1 个天冬氨酸（Asp）配位，见图 6-1。

表 6-2 SOD 的部分理化性质

SOD 类型	分子量	含有金属数	最大光吸收/nm 紫外	最大光吸收/nm 可见	氨基酸组成特点	1mol/L KCN 抑制	H_2O_2 处理	过氧化物酶作用
Cu，Zn-SOD	32000	2Cu 2Zn	258	680	酪氨酸和色氨酸缺乏	明显抑制	明显失活	有
Mn-SOD	44000 80000	2Mn 4Mn	280	475	含酪氨酸和色氨酸	无	无影响	无
Fe-SOD	40000	2Fe	280	280	含酪氨酸和色氨酸	无	明显失活	无

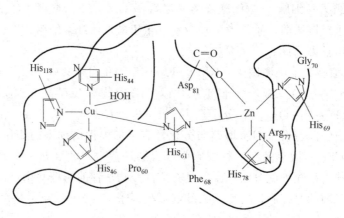

图 6-1 超氧化物歧化酶结构示意

His—组氨酸；Asp—天冬氨酸；Gly—甘氨酸；
Arg—精氨酸；Pro—脯氨酸；Phe—苯基丙氨酸

② SOD 的性质。作为金属蛋白中的一种，SOD 对热、对 pH 及在某些性质上表现出异常的稳定性。

a. 热稳定性。SOD 对热稳定，天然牛血 SOD 在 75℃下加热数分钟，其酶活性丧失很少。但 SOD 对热稳定性与溶液的离子强度有关，如果离子强度非常低，即使加热到 95℃，SOD 活性损失亦很少，熔点温度 T_m 的测定表明 SOD 是迄今发现稳定最高的球蛋白之一。

b. pH 对 SOD 的影响。SOD 在 pH 5.3～10.5 范围内其催化速度不受影响。如 pH 3.6 时 SOD 中 Zn 要脱落 95%，pH 12.2 时，SOD 的构象会发生不可逆的转变，从而导致酶活性丧失。

c. 吸收光谱。Cu，Zn-SOD 的吸收光谱取决于酶蛋白和金属辅基，不同来源的 Cu，

Zn-SOD 的紫外吸收光谱略有差异，如牛血 SOD 为 258nm，而人血为 265nm，然而，几乎所有的 Cu，Zn-SOD 的紫外吸收光谱的共同特点是对 250～270nm 均有不同程度的吸收，而在 280nm 的吸收将不存在或不明显，它们的紫外吸收光谱类似 Phe。Cu，Zn-SOD 的可见光吸收光谱反映二价铜离子的光学性质，不同来源的 SOD 都在 680nm 处附近呈现最大吸收。

d. 金属辅基与酶活性。SOD 是金属酶，用电子顺磁共振测得，每摩尔酶含 1.93mol 的 Zn（牛肝 SOD）、1.84mol Cu 和 1.76mol Zn（牛心 SOD）。实验表明，Cu 与 Zn 的作用是不同的，Zn 仅与酶分子结构有关，而与催化活性无关，而 Cu 与催化活性有关，透析去除 Cu 则酶活性全部丧失，一旦重新加入 Cu，酶活性又可恢复。同样，在 Mn-SOD 和 Fe-SOD 中，Mn 和 Fe 与 Cu 一样，对酶活性是必需的。

由于 SOD 能专一清除超氧阴离子自由基，故引起国内外生化界和医药界的极大关注。大多数氧自由基在头部创伤部位的脑血管壁处存积时可造成神经元损伤、局部缺血性神经元损伤和血管损伤，从而导致血管痉挛。SOD 是一类催化超氧阴离子歧化反应的金属酶，它可对抗脑或心脏由于缺血后再灌注造成的损伤，是一种很有前途的药用酶。但该酶有生物半衰期短，异体蛋白免疫原性和患者不易吸收利用等缺点，因而限制了其临床应用。PEG 的共价修饰能解决这些问题。经过适当的修饰后，SOD 的抗炎活性增强，抗原性降低，耐温、耐酸和耐碱性质均明显提高。

Beauchamp 等用 1，1'-碳酰二咪唑（1，1'-carbonyldiimi-dazole）活化 PEG 修饰 SOD，偶联物活性达到 95% 时的修饰程度下，其血浆半衰期由原来的 3.5min 延长至约 9h，甚至更长到 30h 以上。区耀华等用氰尿酰氯活化 PEG 修饰 SOD 制得均一的 PEG-SOD 聚合物，酶活性为天然 SOD 的 75%。王继华等用氰尿酰氯活化 mPEG 修饰牛血 SOD，制得 PEG-SOD 偶联物，当其氨基修饰率为 30% 时，残余活性为 80%。杨保珍等用氰尿酰氯活化 Mpeg-5000 后修饰 SOD，制得 PEG-SOD，当 21% 自由氨基被修饰时，酶活性保持 82%，家兔体内半衰期为修饰前的 7.5 倍，免疫原性大为降低，体外对胃蛋白酶或胰蛋白酶的酶解耐受性明显优于天然 SOD。洛训懿等采用活化酯法将 PEG 与重组人铜锌超氧化物歧化酶（rhCu，Zn-SOD）进行交联修饰，获得 M_r 约 50000 的 PEG-rhCu，Zn-SOD 交联物，对酸、碱和热的耐受力均较未修饰者高，生物半衰期为 15h，是天然酶的 90 倍，酶活性保留 80% 以上。Ladd 等开发出一种新的 PEG 修饰分子——4-氟-3-硝基苯甲酰 PEG，它在 428nm 处有最大吸光度，摩尔消光系数为 5449L/(mol·cm)。他用 M_r 约为 2000 的这种 PEG 来修饰 SOD，制得的修饰物活性完全得到保留，而用 M_r 约为 5000 的这种 PEG 来修饰 SOD，则活性为游离 SOD 的 73%。

SOD 作为药用酶在美国、德国、澳大利亚等国已有产品，商品名有 Orgotein，Ormetein，Outosein，Polasein，Paroxinorn，HM-81 等。目前，SOD 临床应用集中在自身免疫性疾病上如类风湿关节炎、红斑性狼疮、皮肌炎、肺气肿等；也用于抗辐射、抗肿瘤、治疗氧中毒、心肌缺氧与缺血再灌注综合征以及某些心血管疾病。

（2）细胞色素 C（Cytochrome C）

生物氧化过程中某些色素蛋白如细胞色素 C 等起电子传递的作用。细胞色素 C 存在于自然界中一切生物细胞里，其含量与组织的活动强度成正比。以哺乳动物的心肌（如猪心含 250mg/kg）、鸟类的胸肌和昆虫的翼肌含量最多，肝、肾次之，皮肤和肺中最少。细胞色素是一大类天然物质，分为 a、b、c、d 等几类，每一类里又包括着极其相似的若干种。

细胞色素 C 是含铁卟啉的结合蛋白质，铁卟啉环与蛋白质部分比例为 1:1。猪心细胞

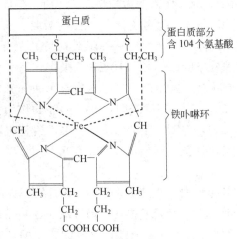

图 6-2 细胞色素 C 结构示意图

色素 C 分子量 12200。其等电点 pI 为 pH 为 10.2～10.8。因以赖氨酸为主的碱性氨基酸含量较多，故呈碱性（图 6-2）。

细胞色素 C 对干燥、热和酸都较稳定。它在细胞中以氧化型和还原型两种状态存在。氧化型水溶液呈深红色，在饱和硫酸铵中可溶解，还原型水溶液呈桃红色，溶解度较小。

细胞色素 C 在临床上主要用于组织缺氧的急救和辅助用药，适用于治疗脑缺氧、心肌缺氧和其他因缺氧引起的一切症状。

（3）尿激酶（Urokinase，UK）

尿激酶是一种碱性蛋白酶。由肾脏产生，主要存在于人及哺乳动物的尿中。人尿平均含量 5～6U/mL。尿激酶有多种分子量形式，主要有 31300 和 54700 两种。尿中的尿胃蛋白酶原 Uropepsinogen，在酸性条件下可以激活生成尿胃蛋白酶 Uropepsin，后者可以把分子量 54700 的天然尿激酶降解成为分子量 31300 尿激酶。分子量 54700 的天然尿激酶由分子量约为 33100 和 18600 的两条肽键通过二硫键连接而成。尿激酶是丝氨酸蛋白酶，丝氨酸和组氨酸是其活性中心的必需氨基酸。

尿激酶的 pI 为 pH 8～9，主要部分在 pH 8.6 左右。溶液状态不稳定，冻干状态可稳定数年。加入 1% EDTA、人血白蛋白或明胶可防止酶的表面变性作用。二硫代苏糖醇、ε-氨基己酸、二异丙基氟代磷酸等对酶有抑制作用。尿激酶是专一性很强的蛋白水解酶，血纤维蛋白溶酶原是它唯一的天然蛋白质底物，它作用于精氨酸-缬氨酸键使纤溶酶原转为纤溶酶。

尿激酶也具有酯酶活力。临床上，尿激酶已广泛应用于治疗各种新血栓形成或血栓梗塞疾病。PEG 和聚丙二醇（Polypropylene Glycol，PPG）共聚物来修饰 UK 制得的 PEG-PPG-UK 激活纤溶酶原的活性下降，酶动力学研究发现与 UK 相比，PEG-PPG-UK 对纤溶酶原激活的米氏常数 K_m 值增加而 K_{cat} 值下降了 1/5，而延长家兔静脉注射的血浆半衰期。用 PEG-PPG 修饰后，UK 的自我降解也被完全阻滞。且这种交联分子在减轻由血栓引起的肺部不适时比未经修饰的 UK 更有效。叶建新等用三聚氯氰活化的 mPEG-5000 修饰 UK 的前体——尿激酶原，结果修饰后的分子在家兔体内的半衰期延长了 9～13 倍，同时酶活性也有损失，溶酰胺活性保持了 62%，和修饰 UK 的情况类似，但溶纤活性仅保持了 3.8%～10%，低于修饰 UK 的情况（残余 30%）。对此，有人采用"可逆修饰"的方法对 UK 进行修饰，这种修饰酶在体内可以缓慢地分解为 UK 和修饰剂，故酶活损失相对较小。这种"可逆修饰"也值得 PEG 修饰借鉴。

（4）溶菌酶（Lysozyme）

溶菌酶，又称胞壁质酶（Muramidase）或 N-乙酰胞壁质聚糖水解酶（N-Acetylmuramide Glycanohydrolase）。它广泛存在于鸟类和家禽的蛋清、哺乳动物的泪、唾液、血浆、尿、乳汁、白细胞和组织（如肝、肾）细胞内，其中以蛋清含量最丰富。溶菌酶是一碱性球蛋白，分子中碱性氨基酸、酰氨残基及芳香族氨基酸（如色氨酸）比例很高。鸡蛋清溶菌酶是由 129 个氨基酸组成的单一肽链，分子量为 14388，分子内有四对双硫键，分子呈一扁长椭球体（$45\text{Å} \times 30\text{Å} \times 30\text{Å}$）。溶菌酶的活性中心为 Asp_{52} 和 Glu_{35}，它能催化黏多糖或甲壳素中的 N-乙酰胞壁酸（Muramic Acid）和 N-乙酰氨基葡萄糖之间的 β-1,4-糖苷键。

溶菌酶是一种罕见的稳定蛋白质。在中等温度的稀盐溶液中，当 pH 为 12～11.3 时仍未见构象改变。在中性 pH 稀盐中，它的跃迁温度为 77℃，在 pH 5.5 加热 4h 后，酶变得更活泼。但在 pH 1～3 时，其跃迁温度下降至 45℃。低浓度的 Mn（10^{-7}mol/L）在中性和碱性条件下能使酶免受热的失活作用。溶菌酶是一种具有杀菌作用的天然抗感染物质，具有抗菌、抗病毒、抗炎症，促进组织修复等作用。临床上主要用于五官科的各种黏膜炎症，龋齿等。

（5）胃蛋白酶（Pepsin）

药用胃蛋白酶通常是从猪、牛、羊等家畜的胃黏膜中提取的，是胃液中多种蛋白水解酶的混合物，含有胃蛋白酶、组织蛋白酶、胶原酶等，为粗制的酶制剂。外观为淡黄色粉末，具有肉类特殊的气味及微酸味，引湿性强，易溶于水，水溶液呈酸性，难溶于乙醇、氯仿等有机溶剂。

干燥胃蛋白酶较稳定，100℃加热 10min 不破坏。在水中，于 70℃以上或 pH 6.2 以上开始失活，pH 8.0 以上呈不可逆失活，在酸性溶液中较稳定，但在 2mol/L 以上的盐酸中也会慢慢失活。结晶胃蛋白酶呈针状或板状，经电泳可分出 4 个组分。其组成元素除 N、C、H、O、S 外，还有 P、Cl。分子量为 34500，pI 为 pH 1.0，最适 pH 1.5～2.0。可溶于70%乙醇和 pH 4 的 20%乙醇中。

胃蛋白酶能水解大多数天然蛋白质底物，如角蛋白、黏蛋白、精蛋白等，尤其对两个相邻芳香族氨基酸构成的肽键最为敏感。它对蛋白质水解不彻底，产物为陈、肽和氨基酸的混合物。临床上主要用于因食蛋白性食物过多所致消化不良及病后恢复期消化机能减退等。与碱性药物配伍会降低效果。

（6）L-天门冬酰胺酶（L-Asparaginase）

L-天门冬酰胺酶的形状呈白色粉末状，微有湿性，溶于水，不溶于丙酮、氯仿、乙醚及甲醇。20%水溶液贮存 7 天，5℃贮存 14 天均不减少酶的活力。干品 50℃、15min 酶活力降低 30%，60℃，1h 内失活。最适 pH 8.5，最适温度 37℃。

L-天门冬酰胺酶是酰胺基水解酶，是从大肠杆菌菌体中提取分离的酶类药物，其商品名 Elspar，用于治疗白血病。L-天门冬酰胺酶能分解天门冬酰胺，使癌细胞因生长缺乏必不可少的营养物而致死，因而 L-天门冬酰胺酶是癌细胞的克星。如果将这种难于提取的酶制成固相酶，使白血病患者的血液从其中通过，那么由于 L-天门冬酰胺酶对人体的免疫作用，就有可能医治白血病。

（7）激肽释放酶（Kallikrein）

激肽释放酶是一种蛋白酶。哺乳动物的激肽释放酶有两大类：血液激肽释放酶和组织激肽释放酶。组织激肽释放酶存在于各种腺体组织及其分泌液或排泄物中，如尿、胰腺及颌下腺等。猪胰激肽释放酶是一种糖蛋白，含有唾液酸，在腺体中以酶原形式存在。根据唾液酸含量的多寡，可以得到 1～5 个组分，唾液酸的除去并不影响酶的活性。其中常见的有 A、B 两种形式，分子量分别为 26800，28600。均有二条肽链，N-末端为异亮氨酸和丙氨酸，C-末端为丝氨酸和脯氨酸。两者的氨基酸组成相同，都含 229 个氨基酸残基。但两者含糖量不同，A 含糖 5.5%，B 含糖 11.5%。猪胰激肽释放酶的活性中心为丝氨酸和组氨酸。猪颌下腺激肽释放酶的分子量为 32400。激肽释放酶的特性如下。

① 专一性。激肽释放酶是一种内切蛋白水解酶,当它作用于蛋白质底物激肽原后释放出激肽,如由胰腺等组织激肽释放酶作用而产生胰激肽(10肽)。胰激肽的一级结构是 Lys·Arg·Pro·Pro·Gly·Phe·Ser·Pro·Phe·Arg(Lys 为赖氨酸,Arg 为精氨酸,Pro 为脯氨酸,Phe 为苯丙氨酸,Ser 为丝氨酸)。激肽释放酶只作用于天然激肽原,底物一旦变性后,作用就显著下降。

② 稳定性。一般来说,激肽释放酶的纯度越高,稳定性越差。干燥粉末在 $-20℃$ 保存数日活力不变。在水溶液中不稳定,但在 pH 8.0 的水或缓冲液中,可在冷冻状态下保存相当长时间不失活。

③ 抑制剂。重金属离子,如 Hg^{2+}、Cu^{2+}、Mn^{2+}、Ni^{2+} 等对激肽释放酶有不同程度的抑制作用,Ca^{2+} 和 Mg^{2+} 对酶活性无影响,相反,高浓度的 Ca^{2+}（1mol/L）可使活性增加 15%～20%。某些胰蛋白酶抑制剂,如抑肽酶、二异丙基氟磷酸等对胰及颌下腺激肽释放均有抑制作用。

④ 猪胰激肽释放酶在 pH 7.0,282nm 处有最大吸收,最小吸收在 251nm 处。在 pH 7.0 时,$\varepsilon_{1cm}^{1\%}$ 280 = 19.3；ε280/260 = 1.78。猪颌下腺激肽释放酶的等电点 pI 为 pH 3.90～4.37。

药用激肽释放酶又称血管舒缓素,曾用商品名:保妥丁(Padutin),主要来自颌下腺或胰腺。目前,胰激肽释放酶在国外应用得较为广泛。本品有舒展毛细血管和小动脉作用,使冠状动脉、脑、视网膜等处的血流供应量增加,适用于高血压、冠状血管及动脉血管硬化等症;对心绞痛、血管痉挛、肢端感觉异常、冻疮等症有减轻症状作用。

（8）弹性蛋白酶（Elastase）

弹性蛋白酶,又称胰肽酶 E,是一种肽链内切酶,广泛存在于哺乳动物胰脏。根据它水解弹性蛋白的专一性又称为弹性水解酶。胰弹性酶原合成于胰脏的腺泡组织 Micin,经胰蛋白酶或肠激酶激活后才成为活性酶。人胰每克含 0.3～6.2 单位弹性酶,牛、猪胰弹性酶含量大约高 5 倍。纯胰弹性蛋白酶是由 240 个氨基酸残基组成的单一肽链,分子内有 4 对双硫键。弹性酶分子的一级结构及高级结构均已清楚。其肽链走向和空间构型与糜蛋白酶极为相似。在 pH 5.0 时分子呈球形,分子内有两个 α-螺旋区,大小为 $55Å \times 40Å \times 38Å$。弹性蛋白酶是一种单纯蛋白酶,不含辅基和金属离子,也无变构中心,其活力取决于特异的三维结构。活性中心氨基酸残基为 His_{45},Asp_{93},Ser_{88},其反应性丝氨酸附近的氨基酸残基排列顺序为:Gly·Asp·Ser·Gly。

弹性蛋白酶为白色针状结晶,分子量为 25000,pI 为 pH 9.5,其最适 pH 随缓冲体系而略异,通常为 pH 7.4～10.3,在 0.1mol/L 磷酸缓冲液中 pH 为 8.8。光吸收系数 ε_{1cm} 280nm $= 5.74 \times 10^4$,$\varepsilon_{1cm}^{1\%}$ 280nm $= 22.2$（0.1mol/L 氢氧化钠）；ε_{1cm} 280nm $= 5.23 \times 10^4$,$\varepsilon_{1cm}^{1\%}$ 280nm $= 20.2$（0.05mol/L pH 8.0 的乙酸钠）。沉降常数 $S_{20,w} = 2.6s$,扩散常数 $D = 9.5 \times 10^{-7} cm^2/s$,微分比容 $V = 0.73 cm^3/g$,摩擦比 $f/f_0 = 1.2$。结晶弹性酶难溶于水,电泳纯的弹性酶易溶于水和稀盐溶液(可达 50mg/mL),在 pH 4.5 以下溶解度较小,增加 pH 可以增加溶解度。弹性酶在 pH 4.0～10.5,于 2℃ 较稳定,pH＜6.0 稳定性有所增加,冻干粉于 5℃ 可保存 6～12 个月。在 $-10℃$ 保存更为稳定。

弹性蛋白酶有降血脂,防止动脉斑块形成,降血压,增加心肌血流量和提高血中 cAMP 含量等功能。弹性蛋白唯有弹性酶才能水解。弹性酶除能水解弹性蛋白外,还可水解血红蛋白、血纤维蛋白等,但对毛发角蛋白不起作用。许多抑制剂能使弹性酶活力降低或消失,如

10^{-5}mol/L硫酸铜、7×10^{-2}mol/L氯化钠可抑制 50% 酶活力，氰化钠、硫酸铵、氯化钾、三氯化磷也有类似作用。

酶制剂在治疗某些疾病上的功能虽然早已被证明是卓有成效的，但由于生物体对外来蛋白质的固有排异作用，往往会对酶产生抗体而引起某些副作用；而酶的水溶性则使得它在体内既不稳定又易失去活性，缺乏持续恒定的效用。

为了克服酶制剂的上述弱点，近年来出现了称为固相酶（即水不溶酶）的新制剂。通过化学方法（用离子键或共价键）、物理方法（凝胶吸附或微胶囊化）将酶与高分子化合物结合起来，因此也称为树脂酶。这类酶制剂既不溶于水，保持了（或基本保持了）酶的催化活性，又不会引起其他副作用，收到了很好的效果。尤其是用高分子半透膜制成的微胶囊，作为催化剂的酶由于分子体积大而截留在微胶囊内部，而作为反应物与生成物的低分子则可以自由出入微胶囊，实现了酶制剂的持久化与稳定化。

（二）多肽类药物

（1）促皮质素（Adrenocorticotropic Hormone，ACTH）

① 结构和性质。促皮质素是从垂体前叶提取出来的一种多肽激素。垂体包括腺垂体和神经垂体，可分泌多种激素（表 6-3）。

表 6-3　垂体激素

	名　　　称	化学本质	主 要 生 理 作 用
腺垂体	(1)促肾上腺皮质激素类		
	促肾上腺皮质激素(ACTH)	多肽(39)	促进肾上腺皮质发育和分泌
	黑(素细胞)刺激素(MSH)		
	α-MSH	多肽(13)	促进黑色素合成
	β-MSH	多肽(18)	
	β-促脂激素(β-LPH)	多肽(91)	促进脂肪动员
	γ-促脂激素(γ-LPH)	多肽(58)	
	(2)糖蛋白激素类		
	黄体生成素(LH)	糖蛋白 α 链(89)	在女性促进黄体生成和排卵
		糖蛋白 β 链(115)	在男性刺激睾酮分泌
	促卵泡素(FSH)	糖蛋白 α 链(89)	在女性促进卵泡成熟
		糖蛋白 β 链(115)	在男性促进精子生成
	促甲状腺激素(TSH)	糖蛋白 α 链(89)	促进甲状腺的发育和分泌
		糖蛋白 β 链(112)	
	(3)生长激素类		
	生长激素(GH)	蛋白质(191)	促进机体生长(促进骨骼生长和加强蛋白质合成)
	催乳素(PRL)	蛋白质(198)	发动和维持泌乳
神经垂体	加压素(抗利尿激素,ADH)	多肽(9)	促进水的保留
	催产素(OX)	多肽(9)	促进子宫收缩

按氨基酸分析值计算其分子量：人为 4567，猪为 4593。易溶于水，等电点为 6.6。在干燥和酸性溶液中较稳定，虽经 100℃加热，但活力不减；在碱性溶液中容易失活。能溶解于 70% 的丙酮或 70% 的乙醇中。ACTH 为 39 个氨基酸组成的直链多肽，种属差异仅仅表现在第 25～33 位上。ACTH 的 24 肽即 1～24 位的片段（ACTH 1～24）具有全部活性。这是因为 ACTH 的第 24 位氨基酸之后的部分，不参与同受体的作用，它仅维持整个多肽结构的稳定性。ACTH 可被胃蛋白酶部分水解，但仍有活力，就是因为存在着活性片段的缘故。ACTH 在溶液中存在着高度的 α-螺旋。

② 作用与用途。ACTH 能维持肾上腺皮质的正常功能，促进皮质激素的合成和分泌。

临床上主要用于胶原病，如风湿性关节炎、红斑狼疮、干癣，也用于过敏症，如严重喘息、药物过敏、荨麻疹等。ACTH 尚可作为诊断垂体和肾上腺皮质功能的药物。近年发现 ACTH 与人的记忆和行为有联系，可以改善老年人及智力迟钝儿童的学习和记忆能力。

（2）胸腺肽（Thymus Peptides）

① 结构和性质。胸腺肽是从冷冻的小牛（或猪、羊）胸腺中，经提取、部分热变性、超滤等工艺过程制备出的一种具有高活力的混合肽类药物制剂。据十二烷基磺酸钠（SDS）聚丙烯酰胺凝胶电泳分析表明，胸腺肽中主要是分子量 9600 和 7000 左右的两类蛋白质或肽类，氨基酸组成达 15 种，必需氨基酸含量高，还含有 RNA $0.2\sim0.3$mg/mg，DNA $0.12\sim0.18$mg/mg；对热较稳定，加温 80℃生物活性不降低。经蛋白水解酶作用，生物活性消失。

② 作用与用途。胸腺肽可调节细胞免疫功能，有较好的抗衰老和抗病毒作用，适用于原发和继发性免疫缺陷病以及因免疫功能失调所引起的疾病，对肿瘤有很好的辅助治疗效果，也用于再生障碍性贫血、急慢性病毒性肝炎等。无过敏反应和不良的副作用。

（3）降钙素（Calcitonin，CT）

① 结构和性质。降钙素是一种调节血钙浓度的多肽激素，由甲状腺内的滤泡旁细胞（C 细胞）分泌。是由 32 个氨基酸残基组成的单链多肽，N-端为半胱氨酸，它与 7 位上的半胱氨酸间形成二硫键，C-端为脯氨酸。如果去掉脯氨酸，保持 31 个氨基酸，则生物活性完全消失，说明降钙素肽链的脯氨酸端与生物活性有密切的关系。

降钙素分子量约 3500，溶于水和碱性溶液，不溶于丙酮、乙醇、氯仿、乙醚、苯、异丙醇及四氯化碳等，难溶于有机酸。25℃以下避光保存可稳定两年，水溶液于 $2\sim10$℃可保存 7 天。活力可被胰蛋白酶、胰凝乳蛋白酶、胃蛋白酶、多酚氧化酶、H_2O_2 氧化、光氧化及被 N-溴代琥珀酰亚胺所破坏。

降钙素广泛存在于多种动物体内。在人及哺乳动物体内，主要存在于甲状腺、甲状旁腺、胸腺和肾上腺等组织中，鱼类则在鲑、鳗、鳟等的终鳃体里含量较多。由鲑鱼中获得的降钙素对人的降钙作用比从其他哺乳动物中分离出的降钙素要高 $25\sim50$ 倍。各种不同动物来源的降钙素，氨基酸排列顺序有些差异。

② 作用与用途。降钙素的主要功能是降低血钙。由于降钙素有抑制破骨细胞活力的作用，所以能抑制骨盐的溶解吸收，从而阻止钙从骨中释出。血钙高可促使降钙素分泌增加，使血钙降低，血钙低时可促使甲状旁腺素分泌增加而使血钙升高，两者互相制约，共同维持血钙平衡。降钙素的靶部位除骨外还有肾，具有使肾排磷增多而降低血磷的作用。溶骨性病变患者注射降钙素后，降血钙的作用尤其明显。在甲状腺髓细胞癌、肺癌的病人血中降钙素含量特别高。动物实验证明，降钙素可防止大剂量服用维生素 A 造成的骨质疏松。临床用于骨质疏松症、甲状旁腺机能亢进、婴儿维生素 D 过多症、成人高血钙症、畸形性骨炎等。最近有报道降钙素能抑制胃酸分泌，可治疗十二指肠溃疡，可用于诊断溶骨性病变、甲状腺的髓细胞癌和肺癌。

（4）水蛭素（Hirudin）

水蛭素是一类抗血栓形成的蛋白质药物，属于天然多肽药物。水蛭素是从水蛭的唾液腺中分离到的一个多肽类药物，M_r 只有 7000。不同种属的大多数动物在静脉注射给予水蛭素时，其血浆半衰期都小于 1h，用 PEG 修饰后其半衰期大增。Humphries 等用家兔做试验，肌注（0.7mg·kg^{-1}）条件下，1h 后可检测到 PEG-Hirudin 的活性，12h 达到最大值，注射后 24h 兔血浆中仍能检测到显著的 Hirudin 活性。Esslinger 等对 75 名健康受试者进行了随机的、有一系列空白对照的 I 期临床试验，研究了大剂量静注、静滴和皮注 PEG-Hirudin 的药效和安全性。结果表明 PEG-Hirudin 不会引起免疫及过敏等不良反应，耐受性良好，而且与未修饰的重组 Hirudin 相比抗凝作用显著延长。

（三）蛋白质类药物

如果说多肽类药物是以激素和细胞生长调节因子作为其主要阵容的话，那么，蛋白质类药物除了蛋白质类激素和细胞生长调节因子外，还有像血浆蛋白质类、黏蛋白、胶原蛋白及蛋白酶抑制剂等大量的其他品种，其作用方式也从生化药物对机体各系统和细胞生长的调节扩展到被动免疫、替代疗法、抗凝血剂以及蛋白酶的抑制物等多种领域。

自 20 世纪 70 年代后期开始，由于基因工程技术的兴起，人们首先把目标集中在应用基因工程技术制造重要的蛋白质药物上，已实现产品工业化的有胰岛素、干扰素、白细胞介素、生长素、EPO、tPA、TNF 等，现正从微生物和动物细胞的表达转向基因动植物发展。鉴于一些蛋白质和多肽类药物有一定的抗原性、容易失活、在体内的半衰期短、用药途径受限等难以克服的缺点，对一些蛋白质类药物进行结构修饰，应用计算机图像技术研究蛋白质与受体及药物的相互作用，发展蛋白质工程及设计相对简单的小分子来代替某些大分子蛋白质类药物并且起到增强或增加选择性疗效的作用等，已成为前瞻性的重要任务之一。

1. 蛋白质类激素

蛋白质类激素是具有一定功能的蛋白质，对生物体内的新陈代谢起调节作用。例如胰岛素兰氏岛细胞分泌的胰岛素参与血糖的代谢调节，能降低血液中葡萄糖的含量。

（1）胰岛素（Insulin）

① 结构和性质。胰岛素广泛存在于人和动物的胰脏中，正常人的胰脏约含有 200 万个胰岛，约占胰脏总质量的 1.5%。胰岛由 α-、β- 和 δ- 三种细胞组成，其中 β-细胞制造胰岛素，α-细胞制造胰高血糖素和胰抗脂肝素，δ-细胞制造生长激素抑制因子。胰岛素在 β-细胞中开始时是以活性很弱的前体胰岛素原存在的，进而分解为胰岛素进入血液循环。

胰岛素由 51 个氨基酸组成，有 A 和 B 两条链，A 链含 21 个氨基酸残基，B 链含 30 个氨基酸残基，两链之间由两个二硫键相连，在 A 链本身还有一个二硫键。不同种属动物的胰岛素分子结构大致相同，主要差别在 A 链二硫桥中间的第 8、9 和 10 位上的三个氨基酸及 B 链 C 末端的一个氨基酸上，它们随种属而异。表 6-4 仅列出人和几种动物的胰岛素来源、氨基酸排列顺序的部分差异，但它们的生理功能是相同的。

表 6-4 不同种属动物的胰岛素来源、氨基酸排列顺序的部分差异

胰岛素来源	氨基酸排列顺序的部分差异			
	A_8	A_9	A_{10}	B_{30}
人	苏氨酸	丝氨酸	异亮氨酸	苏氨酸
猪、狗	苏氨酸	丝氨酸	异亮氨酸	丙氨酸
牛	丙氨酸	丝氨酸	缬氨酸	丙氨酸
羊	丙氨酸	甘氨酸	缬氨酸	丙氨酸
马	苏氨酸	甘氨酸	异亮氨酸	丙氨酸
兔	苏氨酸	丝氨酸	异亮氨酸	丝氨酸

由于猪与人的胰岛素相比只有 B_{30} 位的一个氨基酸不同，人的是苏氨酸，猪的是丙氨

酸，因此我国目前临床应用的是以猪胰脏为原料来源的胰岛素，抗原性比其他来源的胰岛素要低。胰岛素的前体是胰岛素原，胰岛素原可以看成是由一条连接肽（C 肽）的一端与胰岛素 A 链的 N-末端相连，另一端与 B 链的 C 末端相连。不同种属动物的 C 肽也不同，如人的 C 肽为 31 肽，牛的为 26 肽，猪的为 29 肽。胰岛素原通过酶的作用，C 肽两端的 4 个碱性氨基酸被水解去除后，即形成一分子胰岛素和一分子无活性的 C 肽。人胰岛素原的结构见图 6-3。

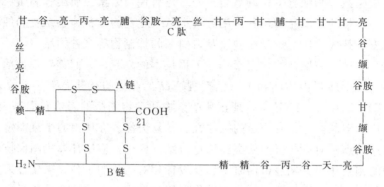

图 6-3　人胰岛素原的结构

胰岛素的一般性质如下所述。

a. 胰岛素为白色或类白色结晶粉末，为扁斜形六面体。

b. 牛胰岛素的分子量为 5733，猪为 5764，人为 5784。胰岛素的等电点 pI 为 pH＝5.30～5.35。

c. 胰岛素在 pH 4.5～6.5 范围内几乎不溶于水，在室温下溶解度为 $10\mu g/mL$；易溶于稀酸或稀碱溶液；在 80％以下乙醇或丙酮中溶解；在 90％以上乙醇或 80％以上丙酮中难溶；在乙醚中不溶。

d. 胰岛素在弱酸性水溶液或混悬在中性缓冲液中较为稳定。在 pH 8.6 时，溶液煮沸 10min 即失活一半，而在 0.25％硫酸溶液中要煮沸 60min 才能导致同等程度的失活。

e. 在水溶液中胰岛素分子受 pH、温度、离子强度的影响产生聚合和解聚现象。在低胰岛素浓度的酸性溶液（pH≤2）时呈单体状态。锌胰岛素在 pH 2 的水溶液中呈二聚体，聚合作用随 pH 增高而增加，在 pH 4～7 时聚合成不溶解状态的无定形沉淀。在高浓度锌的溶液中，pH 6～8 时胰岛素溶解度急剧下降。锌胰岛素在 pH 7～9 时呈六聚体或八聚体，pH＞9 时则解聚并由于单体结构改变而失活。

f. 在 pH 为 2 的酸性水溶液中加热至 80～100℃，可发生聚合而转变为无活性纤维状胰岛素。如及时用冷 0.05mol/L 氢氧化钠处理，仍可恢复为有活性的胰岛素结晶。

g. 胰岛素具有蛋白质的各种特殊反应。高浓度的盐，如饱和氯化钠、半饱和硫酸铵等可使其沉淀析出；也能被蛋白质沉淀剂如三氯醋酸、苦味酸、鞣酸等沉淀；并有茚三酮、双缩脲等蛋白质的显色反应。

胰岛素能被胰岛素酶、胃蛋白酶、糜蛋白酶等蛋白水解酶水解而失活。

h. 还原剂如硫化氢、甲酸、醛、醋酐、硫代硫酸钠、维生素 C 及多数重金属（除锌、铬、钴、镍、银、金外）都能使胰岛素失活。破坏活性的主要原因是分子中二硫键被还原、游离氨基被酰化、游离羧基被酯化和肽键水解。

i. 胰岛素对高能辐射非常敏感，容易失活；紫外线能破坏胱氨酸和酪氨酸基团。光氧化作用能导致分子中组氨酸被破坏。超声波能引起其非专一性降解。

j. 胰岛素能被活性炭、白陶土、氢氧化铝、磷酸钙、CMC 和 DEAE-C 吸附。

② 作用与用途。胰岛素是因 1922 年从胰脏中提取得到一种较纯的降血糖物质而得名，并于 1923 年开始供应临床使用。迄今胰岛素仍为治疗胰岛素依赖性糖尿病的特效药物。我国在 1965 年完成了牛结晶胰岛素的全合成工作，并具有与天然牛结晶胰岛素相同的生物活性。胰岛素是世界上第一个人工合成的蛋白质。胰岛素兰氏岛细胞分泌的胰岛素参与血糖的代谢调节，能降低血液中葡萄糖的含量。

（2）生长激素（Growth Hormone，GH）

生长激素释放肽及非肽促泌素。生长激素释放肽（Growth Hormone-Releasing Peptides，GHRPs）为 20 世纪 90 年代发展起来的一类新的合成的生物活性肽，在动物和人体中具有释放生长激素（Growth Hormone，GH）的生物活性。非肽生长激素促泌素（Non-Peptidyl Growth Hormone Secretagogue）为合成的一类非肽的新化合物，同样具有促进生长激素释放的作用。

① 结构和性质。人的生长激素是由一条 191 个氨基酸的多肽链所构成的蛋白质，分子中有两条二硫链，分子量 21700，等电点 4.9（猪为 6.3），沉降系数 S_{20w} 2.179。用糜蛋白酶或胰蛋白酶处理生长激素使部分水解，活性并不丧失，可见生长激素的活性并不需要整个分子。经实验知 N 端的 1～134 氨基酸段肽链为活性所必需，C 端的一段肽链可能起保护作用，使生长激素在血循环中不致被酶所破坏。人生长激素分子相当稳定，其活性在冰冻条件下可保持数年，在室温放置 48h 无变化。

不同种属的哺乳动物的生长激素之间有明显的种属特异性，只有灵长类的生长激素对人有活性。生长激素与催乳素的肽链氨基酸顺序约有近一半是相同的，因此，生长激素具有弱的催乳素活性，而催乳素也有弱的生长激素的活性。

② 作用与用途。GH 对人肝细胞有增加核分裂的作用，对人红细胞有抑制葡萄糖利用的作用，对人白细胞或淋巴细胞有促进蛋白质及核酸合成的作用。此外，GH 有促进骨骼、肌肉、结缔组织和内脏增长的作用，对因垂体功能不全而引起的侏儒症有效。GH 在体内的半衰期约为 20～30min。

促进 GH 分泌的非肽生长激素促泌素，尤其是 GHRP-6，HEXA 及 MK-0677 由于口服或鼻内给药有效，因而使其在促进 GH 缺乏儿童的生长和恢复老年人的 GH 分泌、延缓衰老等生命科学领域中获得了应用。这类药物的进一步发展和应用将为生命科学新领域的研究和促进人类健康开拓广阔的前景。近年来，随着已知生物活性多肽分子如生长激素释放因子（Growth Hormone Releasing Factor，GHRF）及有关同系物的发展，新的生物活性肽及非肽化合物的研究和应用有了新的进展。

（3）绒膜促性激素（Human Chorionic Gonadotrophin，HCG）

① 结构和性质。HCG 是一种糖蛋白，由 α-链和 β-链两个亚基 100 个氨基酸组成，分子量 47000～59000。其核心部分由氨基酸组成，以共价键与寡糖链相结合，此寡糖链占 HCG 分子量的 31%，由甘露糖、岩藻糖、半乳糖、乙酰氨基半乳糖、乙酰氨基葡萄糖组成，在糖链的末端有一带负电的唾液酸，每个 HCG 分子中约含有 20 个分子的唾液酸。

性状呈白色或类白色粉末，易溶于水，不溶于乙醇、乙醚和丙酮等有机溶剂，等电点 pI 为 pH 3.2～3.3。干品稳定，稀溶液不稳定。

绒膜促性激素或人绒毛膜促性腺激素是从受精卵着床第 1 天，即受孕的第 8 天开始，由胎盘滋养层合体细胞分泌的。受孕后第 20 天尿中可测得 HCG，到妊娠 45 天时，尿中 HCG 的浓度升高，60～70 天时可达到高峰，24h 尿中的排出量可达 30000～50000U，约等于 3mg。此后逐渐下降，到妊娠第 18 周降至最低水平，分娩后 4 天左右消失。人绒毛膜促性腺激素（HCG）用 CSC-1 吸附剂从孕妇尿中提取了 HCG。每 1t 孕妇尿平均可获得 HCG 粗品 40g，效价为 220U/mg，总效价 874 万 U/t。本法具有苯甲酸钠吸附法的优点，但操作更为简便。

② 作用与用途。HCG 的作用与 LH（促黄体生成激素）相似，都是作用于卵巢，使黄体发育，HCG 使之变成妊娠黄体。临床用于由男性垂体功能不足所致的性功能过低症和隐睾症、由于黄体功能不全引起的子宫出血和习惯性流产。与自孕马血清、绝经期妇女尿中提取的促性激素合用，可诱发排卵，治疗不育症。亦可用于皮肤瘙痒症、神经性皮炎等。

2. 血浆蛋白质类

血浆蛋白有的具有运输功能，如运输铜的铜蓝蛋白，运输铁的转铁蛋白，运输血红蛋白的触珠蛋白，运输甲状腺素的甲状腺素结合蛋白。参与凝血过程的有凝血酶原和纤维蛋白原。肝实质性障碍时，血浆糖蛋白量减少，而在胆汁性肝硬变症和肝癌情况下却增加。

(1) 白蛋白（Albumin）

白蛋白又称清蛋白，是血浆中含量最多的蛋白质，约占总蛋白的 55%。同种白蛋白制品无抗原性。主要功能是维持血浆胶体渗透压。

① 结构和性质。白蛋白为单链，由 575 个氨基酸残基组成，N-末端是天冬氨酸，C-末端为亮氨酸，分子量为 65000，pI 4.7，沉降系数 S_{20}，w 4.6，电泳迁移率 5.92。可溶于水和半饱和的硫酸铵溶液中，一般当硫酸铵的饱和度为 60% 以上时析出沉淀。对酸较稳定。受热后可聚合变性，但仍较其他血浆蛋白质耐热，蛋白质的浓度大时热稳定性小。在白蛋白溶液中加入氯化钠或脂肪酸的盐，能提高白蛋白的热稳定性，可利用这种性质，使白蛋白与其他蛋白质分离。

自人血浆中分离的白蛋白有两种制品：一种是从健康人血浆中分离制得的，称人血清白蛋白；另一种是从健康产妇胎盘血中分离制得的，称胎盘血白蛋白。制剂为淡黄色略黏稠的澄明液体或白色疏松状（冻干）固体。由于 Al^{3+} 可能具有引发人骨软化病、血色素性贫血、阿尔兹海默病和慢性肾功能损害的潜在危险性，因此，必须控制人血白蛋白制品中的 Al^{3+} 含量，欧洲药典中已明确规定人血白蛋白 Al^{3+} 含量＜200μg/L。

② 作用与用途。维持血浆胶体渗透压，用于失血性休克、严重烧伤、低蛋白血症等的治疗。国内外市售的白蛋白注射液含量不一，有含 4%，5%，16% 及 25% 等不同浓度的制品，其中不含抑菌剂，但含有适当浓度的热稳定剂如辛酸钠或乙酰基色氨酸钠，利用这种性质使白蛋白易于与其他蛋白质分离。

(2) 人丙种球蛋白（γ-Immunoglobulin）

免疫反应主要也是通过蛋白质来实现的，这类蛋白质称为抗体或免疫球蛋白，免疫球蛋白是一类主要存在于血浆中、具有抗体活性的糖蛋白。抗体是在外来的蛋白质或其他的高分子化合物即所谓抗原的影响下产生的，并能与相应的抗原结合而排除外来物质对有机体的干扰。对血清进行电泳后发现，抗体成分存在于 β 和 γ 球蛋白部分，故通称为免疫球蛋白（Ig）。免疫球蛋白约占血浆蛋白总量的 20%。除存在于血浆中外，也少量地存在于其他组织液、外分泌液和淋巴细胞的表面。

① 结构和性质。虽然 Ig 的成分很复杂，但各种类型的 Ig 分子的基本结构（或称单体 Ig）是相似的。Ig 分子的基本结构见图 6-4。单体 Ig 由四条多肽链组成，两条较长的称为重链（H 链），两条较短的称为轻链（L 链）。两条相同的重链通过链间二硫键连接，两条相同的轻链也由链间二硫键连接在两条重链的两侧。

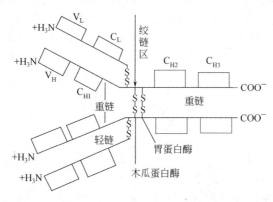

图 6-4　Ig 分子基本结构示意图

重链和轻链的羧基一侧的氨基酸排列比较恒定，称为恒定区，分别为 C_H 和 C_L。重链和轻链在恒定区之外的氨基酸排列顺序变化较大，这一段是可变区，分别称为 V_H 和 V_L。

重链的中间部分肽段的脯氨酸残基相对较多，不能形成螺旋结构，因此这区域的伸展性比较大，易于暴露在分子的表面而受到酶或其他化学试剂的作用，称为绞链区。由于绞链区的存在，Ig 分子的形状可在 "Y" 型和 "T" 型之间互变。不结合抗原时，Ig 分子呈 "T" 型，结合抗原后，则成为 "Y" 型。

木瓜蛋白酶可将 Ig 分子水解成两个 Fab 片和一个 Fc 片。胃蛋白酶水解 Ig 分子，可得一个 $F(ab')_2$ 片和不完整的 Fc 片。木瓜蛋白酶和胃蛋白酶对 Ig 的作用点见图 6-5。Fab 具有一个抗原结合点，$F(ab')_2$ 具有两个抗原结合点。完整的 Fc 也保留了原有的生物活性。

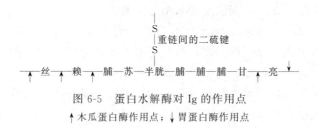

图 6-5　蛋白水解酶对 Ig 的作用点

↑木瓜蛋白酶作用点；↓胃蛋白酶作用点

根据免疫球蛋白的一些理化性质的差异，可将 Ig 分成五类，即 IgG、IgA、IgM、IgD 和 IgE。这五类 Ig 的主要理化特征见表 6-5。

② 作用与用途。本品具有被动免疫、被动-自动免疫以及非特异性即负反馈作用，故可用于预防流行性疾病如病毒性肝炎、脊髓灰质炎、风疹、水痘及治疗丙种球蛋白缺乏症等。

（3）胃膜素（Gastric Mucin）

① 结构和性质。胃膜素是从猪胃黏膜中提取的一种以黏蛋白为主要成分的药物。胃肠道黏蛋白种类极多，从胃黏液中分离出来的一种黏蛋白分子量高达 2×10^6；从猪十二指肠中分离出的一种黏蛋白，其分子量为 1.5×10^6。

表 6-5　各类 Ig 的主要理化特征

类　别	IgG	IgA	IgM	IgD	IgE
重链	γ	α	μ	σ	ε
亚类	$\gamma_1,\gamma_2,\gamma_3,\gamma_4$	α_1,α_2			
重链相对分子质量	53000	64000	70000	58000	75000
轻链	K 或 λ	K 或 λ	K 或 λ	K 或 λ	K 或 λ
轻链相对分子质量	22500	22500	22500	22500	22500
分子式	$K_2\gamma_2\lambda_2\gamma_2$	$(K_2\alpha_2)_n^{①}$、$(\lambda_2\alpha_2)_n$	$(\alpha_2\mu_2)_n^{②}$、$(K_2\mu_2)_n$	$K_2\sigma_2,\lambda_2\sigma_2$	$K_2\varepsilon_2,\lambda_2\varepsilon_2$
沉降系数 $(S_{20,\mathrm{w}})$	6.5~7.0	7~13	18~20	6.2~6.8	7.9
相对分子质量	150000	360000~720000	950000	160000	190000
含糖量质量分数/%	2.9	7.5	11.8	10~12	10.7
血中含量质量分数/%	0.6~1.7	0.14~0.42	0.05~0.19	0.003~0.04	0.00001~0.00014
半衰期/d	23	5.8	5.1	2.8	2.5
合成率/mg·(kg·d)$^{-1}$	33	24	6.7	0.4	0.016
生物学作用	抗菌、抗病毒、抗毒素，固定补体，通过胎盘	分泌型 IgA 在局部黏膜抗菌、抗病毒	溶血，溶菌，固定补体	不明	与 I 型变态反应有关

① $n=1\sim2$。

② $n=5$。

胃膜素着水后膨胀成为黏液，遇酸即沉淀，遇热不凝固，胃膜素水溶液能被 60% 以上乙醇或丙酮沉淀。胃膜素与酸较长时间作用，能分解成各种蛋白质和多糖组分。其多糖组分含葡萄糖醛酸、甘露糖、乙酰氨基葡萄糖和乙酰氨基半乳糖。氨基己糖的总量为 5%~8%。胃膜素的等电点 pI 为 pH 3.3~5。

② 作用和用途。胃膜素中的黏蛋白能抵抗胃蛋白酶的消化并吸附胃酸，1g 干的黏蛋白能与 15mL 0.1mol/L 盐酸相结合。胃膜素对胃和十二指肠溃疡灶面能起生理上的保护和润滑作用，临床上用于胃、十二指肠溃疡和胃酸过多症。

（4）血红蛋白（Hemoglobin，Hb）

常规输血存在一些难以克服的困难，如来源紧张，储存期短，可能传播乙肝和 AIDS 等血原性疾病等。因此有必要研制一种安全有效的血液代用品。以 Hb 为基础的血液代用品能在体内代谢，具有与天然红细胞类似的 S 形氧解离曲线，是血液代用品研究的主方向。但无基质 Hb 氧亲和力过高，在循环系统中的存留时间过短。

人们用可溶性有机高分子化合物来共轭修饰 Hb 以期改善它的性质，已尝试过的高聚物材料有右旋糖酐、淀粉、羟乙基淀粉、聚乙烯吡咯烷酮等，用 PEG 来修饰 Hb 是近几年来的热点。Ajisaka 等制备了 PEG-750，PEG-1900，PEG-4000 和 PEG-5000 修饰的 Hb。PEG-Hb 的 P_{50} 值在 37℃，pH 7.4 的环境中为 10~15mmHg（无基质 Hb 的 P_{50} 值 14mmHg，红细胞悬液的 P_{50} 值 26mmHg），表明 PEG-Hb 与氧亲和力仍太高，不过其半衰期却延长了 3 倍。为了降低 PEG-Hb 与氧亲和力，他们还将磷酸吡哆醛共价交联到 Hb 分子上，制备出 PEG 和磷酸吡哆醛共修饰的 Hb（Pyridoxylated Hemoglobin-PEG Conjugate，PHP）。PHP 的 P_{50} 值在 37℃，pH 7.4 的环境中为 20mmHg，表明它与氧的亲和力和 PEG-Hb 相比有所下降。假设静脉中氧分压为 40mmHg，动脉中氧分压为 100mmHg，则 PHP 能释放出所结合氧量的 20%，这个值与红细胞单位质量 Hb 所运输的氧量基本相同，是无基质 Hb 的 5 倍。

常见活化的 PEG 衍生物有：聚乙二醇 1,2-环氧丙基醚（EPC-PEG）、聚乙二醇甲酸对硝基苯酚酯（NPC-PEG）、聚乙二醇琥珀酸琥珀酰亚胺酯（BSS-PEG）和聚乙二醇甲酸甘氨酸琥珀酰亚胺酯（SUG-LY-PEG）。其修饰猪血红蛋白（pHb）的结果表明：EPC-PEG 合成方法简便，但合成收率低，修饰能力差，反应时间较长（约 4h）；NPC-PEG 合成简便，修饰效率高，但修饰后 pHb 氧亲和力增加较大；BSS-PEG 活化效率高，修饰效率也高，对氧亲和力改变不大，是一种较理想的活化 PEG 衍生物，只是该分子中存在一个不太稳定的酯键，使得生理条件下 PEG-pHb 上的 PEG 链慢慢解离下来；SUG-LY-PEG 修饰效率高，对 pHb 氧亲和力影响不大，但其合成反应步骤较多，最终收率不高。

（5）聚血红素

血红素分子的蛋白质经化学交联而制得的半合成的聚合物称为聚血红素，分子量比一般血红素要高得多。其主要用途是作为失血病人的血液补充。制成高分子物的主要优点在于：

① 能长时期的保持血液的新鲜，不易变质；

② 能贮存富含血红素的血液；

③ 其最大的特点是可干态保存，便于运输贮存。而在急需时又可立即制成血液的代用品。

3. 干扰素（Interferon，IFN）

① 结构和性质。干扰素（IFN）系指由干扰素诱生剂诱导有关生物细胞所产生的一类高活性、多功能的诱生蛋白质。IFN 最早由 Isaacs 和 Lindemann 于 1957 年研究流感病毒时发现。人干扰素按其抗原性的不同，分为 α、β、γ（即 IFN-α、IFN-β、IFN-γ）三型。同一型别，根据氨基酸序列的差异，又分为若干亚型。已知 IFN-α 有 23 个以上的亚型，分别以 IFN-α_1、α_2……表示；IFN-β、IFN-γ 目前仅知 1 个型别。IFN-α、IFN-β 的基因位于第 9 对染色体上，而 IFN-γ 的基因位于第 12 对染色体上。三种干扰素的理化及生物学性质有明显差异，即使是 IFN-α 的各亚型之间，生物学作用也不尽相同。干扰素的理化和生物学性质参见表 6-6。

表 6-6　干扰素的理化和生物学性质

性　　质	IFN-α	IFN-β	IFN-γ
分子量	20	22～25	20,25
活性分子结构	单体	二聚体	四或三聚体
等电点	5～7	6.5	8.0
已知亚型数	>23	1	1
氨基酸数	165～166	166	146
pH 2.0 的稳定性	稳定	稳定	不稳定
热(56℃)稳定性	稳定	不稳定	不稳定
对 0.1% SDS 的稳定性	稳定	部分稳定	不稳定
在牛细胞(EBTr)上的活性	高	很低	不能检出
诱导抗病毒状态的速度	快	很快	慢
与 ConA-Sepharose 的结合力	小或无	结合	结合
免疫调节活性	较弱	较弱	强
抑制细胞生长活性	较弱	较弱	强
种交叉活性	大	小	小
主要诱发物质	病毒	病毒,Poly I:C 等[①]	抗原、PHA、ConA 等
主要产生细胞	白细胞	成纤维细胞	淋巴细胞

① Poly I:C 是多聚肌苷胞苷的缩写［Isosine 肌苷又称次黄（嘌呤核）肌苷，Cytosine 胞苷又称胞核嘧啶］，IFN-β 的主要诱发物质还有环己亚胺、放线菌素 B。

干扰素还有沉降率低，不能透析，可被胃蛋白酶、胰蛋白酶和木瓜蛋白酶破坏，不被 DNase 和 RNase 水解破坏等特性。IFN 按其作用被归到细胞激素（Cytokine）或细胞生长调节因子一类。

干扰素-α_2 是分子量 1.8×10^4 的蛋白质类药物，已为美国 FDA 批准用于治疗乙型和丙型肝炎以及白血病和艾滋病患者的卡波济肉瘤。适当的化学修饰将影响干扰素的生物活性，Algranati 等用 M_r 为 40000 的分枝状 PEG 分子来修饰 IFN-α-2a（PEG-IFN-α-2a），发现其治疗慢性乙型肝炎的功效增强。姚文兵等用几种不同方法活化的 PEG-5000（单甲氧基聚乙二醇琥珀酰亚胺酯 SC-mPEG，聚乙二醇甲酸琥珀酰亚胺酯 BSC-PEG，单甲氧基聚乙二醇琥珀酸琥珀酰亚胺酯 SS-mPEG）对 IFN-α-2b 进行化学修饰。结果表明：SC-mPEG 的选择性最高，修饰后产物能保持较好的生物学活性，与未修饰的 IFN-α-2b 相比，修饰度为 10.8% 时的残余生物活性为 75%，SS-mPEG 修饰的 IFN-α-2b 在修饰度为 13.4% 时残余活性为 52%。而 BSC-PEG 可能导致 IFN-α-2b 分子间交联，在修饰率相近的条件下，其修饰产物生物活性较低，修饰度为 19.2% 时残余活性为 14%。

② 作用与用途。IFN 是一类能提高机体免疫力，具有抗病毒、抗肿瘤作用的细胞因子。这类诱生蛋白从细胞中产生和释放之后，作用于相应的其他同种生物细胞，并使其获得抗病毒和抗肿瘤等多方面的"免疫力"，即干扰素具有抗病毒、抗细胞分裂及免疫调节作用，可用于：a. 病毒性疾病。普通感冒、疱疹性角膜炎、带状疱疹、水痘、慢性活动性乙型肝炎。b. 恶性肿瘤。成骨肉瘤、乳腺癌、多发性骨髓瘤、黑色素瘤、淋巴瘤、白血病、肾细胞癌、鼻咽癌等，可获得部分缓解。c. 用于病毒引起的良性肿瘤，可控制疾病发展。

4. 白细胞介素-2（Interleukin-2，IL-2）

① 结构和性质。白细胞介素（ILs）为淋巴因子家族的一员。到目前为止，已发现的 ILs 已有十余种，其中 IL-1～6 研究得较多。6 种 IL 的生物化学特性见表 6-7。

表 6-7 6 种白细胞介素的生物化学特性

项 目	IL-1$_d$	IL-1$_\beta$	IL-2	IL-3	IL-4	IL-5	IL-6
来源	人 PBMC	人 PBMC	人扁桃体	WEHI-3B	EL-4	B151	TCL-NaI
用量/L	10	10	3.5	150	10	3	5.7
纯品量/μg	8	8	30	3.4	13	24	2.8
蛋白比活/(U/mg)	1.2×10^7	2×10^7	1×10^7	2.5×10^4	1.9×10^4	9.6×10^4	1.7×10^7
浓缩倍数$\times 10^3$	—	27	19.5	1800	2.6	34	5.3
收获率/%	1.2	1.7	16	8.4	55	3.8	25
相对分子质量(SDS-PAGF)	17500	18000	13000～16000	28000	15000	18000	19000～21000
等电点 pI	5.2,5.4	7	7.0,7.7,8.5	4.5～8.0	6.3～6.7	4.7～4.9	—
化学组成	单链,蛋白	单链,蛋白	单链,糖蛋白	单链,糖蛋白	单链,糖蛋白	单链,糖蛋白	单链,糖蛋白
单克隆抗体	+	+	+	—	+	+	+
检测方法	胸腺细胞增殖反应	肿瘤细胞抑制试验	IL-2 依赖性细胞株增殖反应	IL-3 依赖性细胞株增殖反应	抗 IgM 抗体活化 B 细胞增殖反应	小鼠脾脏 B 细胞特异 IgG 检测	B 细胞分泌 IgG、IgM 检测

注：PBMC—外周血单个核细胞、WEHI-3B—小鼠白细胞病细胞株；EL-4—小鼠胸腺瘤细胞株；B151—小鼠 T 细胞杂交瘤株；TCL-NaI—正常人 T 细胞克隆株。

IL-2 由活化的淋巴细胞所产生，为含 133 个氨基酸残基的糖蛋白，其精确分子量为 15420。在 hIL-2 氨基酸的第 58 位和第 105 位的两个半胱氨酸之间形成的链内二硫链，对 IL-2 的构象和生物学活性有重要的作用。不同来源的 hIL-2 的分子不均一，表现在分子的大小和所带的电荷上，这种不均一性是由于糖组分的变化所致。IL-2 在较宽的 pH 值范围内具有良好的热稳定性，56℃时 1h 稳定，37℃时 7 天不丧失活力。动物细胞培养和用大肠杆菌基因重组的 hIL-2 已用于临床。

② 作用与用途。IL-2 能诱导 T 细胞增殖与分化，刺激 T 细胞分泌 γ-干扰素，增强杀伤细胞的活性，故在调整免疫功能上具有重要作用。临床用于治疗一些免疫性疾病，如获得性免疫缺陷综合征（艾滋病）、原发性免疫缺损、老年性免疫功能不全以及癌症的综合治疗。IL-2 对创伤修复也有一定的作用。

三、核酸类高分子药物

核酸是重要的生物大分子，是一种线形多聚核苷酸。分为 DNA 和 RNA 两大类，所有生物细胞都含有这两类核酸。DNA 主要集中在细胞核内，线粒体、叶绿体也含有 DNA，RNA 主要分布在细胞质中。但对于病毒来说，要么只含有 DNA，要么只含有 RNA。

分子生物学和分子遗传学等学科的飞速发展，使人们对各种疾病的分子机理有了较为深入的了解，认识到所有的疾病都与人类的基因有关，都是人类基因组与病原基因组中的有关基因相互作用的结果。而迄今所有的药物方式都是通过基因起作用的，都是通过修饰基因的本身结构、改变基因的表达调控、影响基因产物的功能而起作用的。所以从某种意义上说，任何一种疾病的诊断和治疗都可以通过某一具有特殊功能和结构的核酸来进行。由于现代医学、遗传学、基因组学的迅猛发展，人们对遗传病病因的认识已经有了长足的进步，发现了许多与遗传病相关的基因，所以现阶段利用核酸类药物的应用主要集中在针对遗传性疾病的诊断和治疗上。

由于遗传物质发生变化而引起的疾病称为遗传病。据统计，人类有 3000 多种遗传病，而且每年以上百种的速度增加。根据其致病的原因，可分为单基因病（如：白化病、血友病、色盲病等）、多基因病（如：高血压、糖尿病、神经分裂症等）和染色体病（如：睾丸发育不全综合征、性腺发育不全、先天愚型、猫叫综合征等）三大类。

1. 基因诊断

分子水平的遗传病诊断是 20 世纪 70 年代在重组 DNA 技术基础上迅速发展起来的一项应用技术，旨在对患者或受检者的某一特定基因或其转录产物进行分析和检测，从而对相应的遗传病进行诊断。越来越多的证据表明，遗传病的发生不仅与基因（DNA）有关，而且与转录水平或翻译水平上的变化相关。因此遗传病的基因诊断应包括 DNA 诊断和 RNA 诊断两个部分，前者分析基因的结构，后者分析基因的功能。

根据具有一定互补序列的核酸单链在液相或固液体系中严格按照碱基互补配对原则结合成异质双链的原理，利用某一已知序列的 DNA 或 RNA 片段，可以对特定的 DNA 或 RNA 序列进行定性或定量的检测，如测定特定 DNA 序列的拷贝数、特定 DNA 区域的限制性内切酶图谱，也可粗略分析 DNA 序列的结构。这种基因诊断技术称为分子杂交技术，而用于检测的已知序列的 DNA 或 RNA 片段，称之为探针（Probe）。

通过 RNA 诊断可对待测基因的转录物（RNA）定量，检测其剪接和加工的缺陷以及外显子的变异等，并可用于基因治疗效果的监测。RNA 诊断方法中，发展最快的是逆转录酶-PCR（Reverse Transcriptase PCR，RT-PCR）。RT-PCR 法的过程是：从对某一特定基因有表达的组织中抽取总 RNA，经逆转录合成 cDNA，以 cDNA 为模板进行特定基因的 PCR，扩增片段进行凝胶电泳分析。应用 RT-PCR，可以进行特定 mRNA 的长度和定量分析，并可进一步进行核苷酸的测序分析。

2. 基因治疗

由于遗传疾病的病因较复杂，对于遗传病的传统治疗方法，主要包括：饮食疗法、药物疗法和手术疗法，骨髓或器官移植，但传统的这些疗法是"治标不治本"，只能在一定程度上使患者不表现出遗传病的临床症状。而基因治疗（Gene Therapy）是将核酸导入人体细胞来改变基因组成而达到治疗目的的一种治疗战略，能使变异基因和异常表达的基因转变为正常基因和正常表达基因，从根本上治愈遗传病。核酸是一种编码治疗性蛋白或标记性蛋白的双链 DNA；它也可以结合到宿主细胞靶序列上的反义 RNA 或单链 DNA，通过阻滞基因的表达来治疗。

① 体外原位治疗。首先从患者体内取出带有基因缺陷的细胞，利用某一特定的核酸类物质将其进行遗传修正，再将经过遗传修正后的细胞进行选择培养后，通过细胞融合或移植的方法将修正好的细胞转入患者体内。有人将低密度脂蛋白受体基因转入患低密度蛋白受体缺乏症的兔子的体外培养的肝细胞中，再把此细胞移植回患病兔子体内，结果兔子的症状得到了缓解。

② 体内基因治疗。体内基因治疗是指将具有治疗功能的基因直接转入病人的某一特定组织中。目前，体内基因治疗主要是通过腺病毒和单纯疱疹病毒来完成的，即是将载有矫正基因的载体直接注入需要这些基因的组织。这种疗法对一些只需局部治疗的疾病效果特别好。目前，已有人将基因直接注射入动物的肌肉组织中，以研究重组肌体制造正常肌肉蛋白的可能性。

③ 反义疗法。由于反义核酸（Antisense RNA/DNA）能根据碱基互补配对原理，特异性地与单链或双链核酸结合，从基因复制、转录、mRNA 剪接、转运、翻译等水平上对基因表达进行有效地调控，因而在分子生物学和药物化学中占有越来越重要的地位。主要是通过阻遏或降低目的基因的表达而达到治疗的目的。当引入的反义 RNA 和 mRNA 相配对后，用于翻译的 mRNA 的量就大大减少，因而合成的蛋白质的量也就大大减少。有些遗传疾病和癌症的致病基因由于失去控制会大量表达，造成基因产物的大量积累，导致细胞功能紊乱。在这种情况下，仅靠提供正确表达的基因是不足以治愈这类疾病的，而利用药物减少蛋白质的合成有可能影响细胞的正常功能，这时，反义治疗就较为合适。利用这种原理有望获得一类可以"根治"肿瘤、遗传性疾病、病毒性疾病等多种疑难杂症的新型药物。

由于天然的核酸分子无法满足临床治疗的需要，因此需要通过不同的化学修饰来改变其特性，使其能够应用于临床治疗。

正常的 ASON 链中磷酸二酯键的结构在生理条件下对核酸酶非常敏感，基于 ASON 发挥特异性抑制基因表达的关键在于碱基的排列顺序，与易降解的磷酸二酯骨架无关。所以替换这一部分成为增强 ASON 稳定性的主要方法。另外，骨架的修饰也能影响到 ASON 其他的一些性质，如可望提高与 RNA 的亲和力、细胞的通透性和吸收性等。目前已出现的骨架的修饰主要包括如下。

① 保留骨架结构中磷原子的化学修饰。硫代磷酸酯（Phosphorothioates）和甲基磷酸酯（Methylphosphonatcs）表现出了对不同靶分子良好的生物活性：包括生物和化学的稳定性、细胞的摄入、药代动力学性质及 RNaseH 启动的 mRNA 切割机制，被认为是第一代寡核苷酸类似物的代表，并进入临床实验阶段。

多肽核酸（Peptide Nucleic Acid，PNA）这类非手性的中性物质表现出良好的杂交特性。尤其是纯嘧啶（Homopy-Rimidinc）PNA 通过链取代机制结合单链或双链形成三链复合物（PNA$_2$/DNA、PNA$_2$/RNA），在体内实验中有效地抑制了翻译和转录过程，成为一类较有潜力的反义分子。

② 碱基修饰。碱基是 ASON 与靶基因通过氢键形成互补双链直接接触的部位，而氢键的形成又是 ASON 发挥功能的必要条件。为了实现专一性识别，该部位的修饰应以不破坏氢键为前提，所以通过修饰碱基来改善 ASON 的性质程度有限。尽管如此，在过去的研究工作中仍然出现了一些令人感兴趣的衍生物，为反义核酸用于临床药物奠定了基础。

已证明在寡脱氧核苷酸中用 5-甲基或 5-溴胞嘧啶取代胞嘧啶增强了 DNA/RNA 杂合体的稳定性。在不同类型的核苷类似物中用胸腺嘧啶替代尿嘧啶也发现了相似的结果，原因可能是双链结构中 C 位甲基的取代产生了有益的疏水相互作用。但是，C 位上更长的烷基侧链取代基明显降低了 DNA 双链的稳定性。

通常来说，仅靠单纯的碱基修饰还无法获得满意的核酸酶抗性，必须同时伴以骨架的修饰进一步改善其性质。有研究者在硫代磷酸酯的基础上辅以碱基修饰，将得到的这类寡核苷酸微注射入细胞时有力地抑制了缺陷基因的表达。

③ 糖环修饰。将天然核酸的 β-糖苷键替换成 α 构型，这一改变使核酸酶不能有效地识别磷酸二酯键。用猴肾病毒（SV Phosphoediesterase）水解 α 型，比相应的 β 型抗酶解能力高 30 倍以上。同时，α-DNA 还能与互补的单链 β-DNA 或 RNA 形成稳定平行的而不是反平行的双链结构，与 mRNA 结合稳定性更好。

尽管它们有的已经进入临床应用，但仍有一些不足，如非专一效应问题和细胞吸收性等尚未解决。新出现的嵌合型的反义核酸使这些问题有所改善，嵌合型的反义核酸具有更强的生物学效力和更高的稳定性，同时非专一性的副作用大大降低。不过，这一类反义药物还需不断改进才能最终符合临床治疗的要求。图 6-6 所示为以 C-raf 激酶为靶目标的新一代嵌合型，一种 20 聚的硫代磷酸酯反义寡核苷酸 21，在体内或体外都通过 RNase-H 介导的机制高度专一性抑制 C-raf 激酶的合成。'raf' 基因家族编码在信号传导过程中起重要作用的 Ser-Thr 专一性代表激酶。有证据表明 'raf' 激酶与人类某些恶性肿瘤疾病紧密相关。因此抑制 C-raf 激酶表达被认为是一类终止细胞繁殖的可行方法。为了进一步提高治疗效果，构建了一种嵌合型寡核苷酸 22：以硫代磷酸酯为基本骨架，两端 6 个核苷替换为对应的核苷类似物 7b，中间剩余 8 个非修饰核苷酸，已证明 8 个核苷酸足以诱导 RNase 引起的 RNA 切割，两翼与主体的连接则为磷酸二酯键（图 6-6）。

21 | Ts Cs Cs Cs Cs C | s Cs Ts Gs Ts　Gs As Cs As | Ts Gs Cs As Ts T |

22 | Tp Cp Cp Cp Cp C | s Cs Ts Gs Ts　Gs As Cs As | Tp Cp Gp Ap Tp T |

23 | Gs Ts Cs Ts C | s Cs Ts Gs Ts　Gs Ts Gs As | Gs Ts Ts Ts Cs A |

24 | Gp Tp Tp Cp Tp C | s Cs Cs Ts Gs　Gs Ts Gs As | Tp Cp Gp Ap Tp T |

图 6-6　新一代嵌合型寡核苷酸的结构

第三节　合成高分子药物

合成高分子药物的出现，不仅改善了某些传统药物的性能，而且也大大丰富了药物的品种和类型，为攻克那些严重威胁人类健康的疾病，提供了新的可能。相对小分子药物来说，合成高分子药物的研究还处于初级阶段，对于它的作用和机理并不都是十分清楚的，还需要进行大量深入的研究工作。但是由于生物体本身就是由高分子化合物组成的，那么作为药物的高分子化合物，尤其是功能性高分子化合物，必定会比低分子化合物更易为生物体所接受，得到更大的发展。

这种药物的合成是通过将低分子药物与一些高分子单体（如烯烃等）反应，然后再聚合成高分子物。它们虽然也具有高分子化合物的特性，但起主要药理作用的仍是从高分子链上分解下来的低分子药物基团，高分子链只有某些辅助的效用。换句话说，由于高分子链的存在，这类药物的药效在生物体内是通过酶或非酶溶液慢慢水解释放而发挥出来的。因而也可以把这一类药物称为高分子改性的低分子药物。与同类型的低分子药物相比，可以明显地看出它的持续性增加、活性增强、对症性更强而毒性及副作用却下降了，有更好的治疗效果。具有高分子链的低分子药物，近年来发展很快，涉及的范围也较广。

一、合成聚合物型药物

合成聚合物型药物（Polymeric Drug）与天然高分子药物相似，它们靠的是其整个高分子链结构发挥药效作用，而它们的结构单元几乎不具有药物的功效。比如，聚赖氨酸、聚亚乙基亚胺、聚亚丙基亚胺、聚乙烯基胺、聚乙烯基-N-羟基吡啶等都具有抗癌作用。由于羧酸型的弱酸性阳离子交换树脂可以作为低钾血症病人补充钾盐的载体，当进入胃部与胃酸作用，钾放出来。一些高分子电解质或者经水解后能形成电解质的高分子物质，如顺丁烯二酸酐的共聚物、双螺旋的核糖核酸、聚丙烯酸、氧化淀粉、聚乙烯基吡喃与甲基丙烯酸的共聚物以及聚乙烯基硫酸酯等，是一类刺激体内细胞而诱发干扰素的重要物质，用其加工的高分子溶液对动物进行静脉注射后，具有抗病毒的效应。

1. 聚维酮

聚维酮（PVP）具有优良的生理特性和生物相容性，且 PVP 分子结构特点类似于用作简单的蛋白质模型的那种结构，PVP 对人体不具有抗原性，也不抑制抗体的生成，对人体没有任何致癌作用。因此，它是良好的药用高分子，同时也可以作为药物使用。

水溶性的聚维酮对水和离子都具有保持稳定的作用，而且毒性低，不透过毛细血管，使血液维持适当的渗透压和黏度，已作为血浆的代用品，并且是比较早的血浆代用品。主要作用为提高血浆胶体渗透压，增加血容量。用于外伤性急性出血、损伤及其他原因（包括失水过多）引起的血容量减少。

2. 聚苯乙烯类

如水杨酸（酯）基聚乙烯，水杨酸及其酯的抗紫外线作用早已被人所知了，但毒性较大，当和乙烯基化合物作用并形成聚合物后作为抗射线药就安全得多了，结构如下。

$$
\left[\begin{array}{c} -CH_2-CH- \\ \\ ROOC \quad \bigcirc \quad OH \end{array} \right]_n
$$

R为H或CH$_3$等

与聚苯乙烯结构相似的聚 N-氧化-4-乙烯吡啶，与聚维酮具有相似的作用，其结构如下。

$$
\left[\begin{array}{c} -CH_2-CH- \\ \\ \bigcirc \\ N^+ \\ | \\ O^- \end{array} \right]_n
$$

3. 聚电解质类

已经合成并已使用的高分子凝血药物为聚己烷二甲胺基丙基溴，可以有效地中和肝素，恢复血液的凝固性。防止失血现象的发生。据介绍它的中和作用是精蛋白的 1.5 倍，可供静脉注射，而且在投药后 5min 即产生凝血效果，毒性也较小。它的结构如下。

癌细胞所带的负电荷比正常细胞要多的现象早已为实验所证明了。由于阳离子聚合物的正电荷密度大，用它来中和癌细胞的负电荷以及由它产生的非特异性的网状内皮系统机能亢进，对癌细胞的分裂有阻止作用。多胺类、聚氨基酸类，如聚赖氨酸、聚亚乙基亚胺、聚丙撑亚胺、聚乙烯基氨、聚乙烯基-N-羟基吡啶等都具有抗癌作用。生物体固有的干扰素是一种承担防御作用的蛋白质。因此诱发生物体本身的干扰素，要比单纯使用外加药物更能抵抗疾病的萌发和发展。

阴离子聚合物则是一类诱发干扰素的重要物质，象双螺旋的核糖核酸、聚丙烯酸、氧化淀粉、内毒素、吡喃衍生物（二乙烯基醚和马来酸酐共聚物）等都属于这类聚合物。除了诱发干扰素的单纯作用以外，阴离子聚合物还可以和低分子抗癌剂形成络合物，或和低分子的生物活性物（如激素、肽等）相作用，或和体液性及细胞性蛋白质（有类似抗体机能的物质）相作用。一些高分子电解质或者经水解后能形成电解质的高分子物质，如顺丁烯二酸酐的共聚物对动物进行静脉注射后具有抗病毒的效应，乙烯吡咯酮和丁烯酸或无水马来酸的共聚体也显示出良好的抗病毒性。一般认为它的药理作用是由于刺激体内细胞而产生的干扰素所显示的。这类聚合物还包括：聚丙烯酸、聚乙烯基吡喃与甲基丙烯酸的共聚物、聚硫酸乙烯酯等。此外一些半合成的核酸以及蛋白等也能诱发干扰素的产生。

二、高分子前药

对于一个候选药物来说，具有良好的组织或细胞水平的治疗效果是至关重要的，但若该候选药物具有水溶性差、循环半衰期短、在体内不稳定、毒副作用大等药代动力学方面的缺陷，则该候选药物同样不适宜投入临床应用。前药化技术的利用将有利于改善药物的药代动力学性质，并在系统的水平上提高药物的生物利用度。前药的应用发展迅速，已经演变为药物生物利用度控制乃至药物化学的发展方向之一。

从药物化学的角度来看，前药可分为生物前体前药（Bioprecursor Prodrugs）和载体前药（Carrier Prodrugs）两类。生物前体前药不具有活性分子与转运载体这两个部分，因而也没有这两个部分暂时的共价连接，它是活性分子本身的修饰，这种修饰产生一个新的化合物，它是代谢酶的底物，经代谢酶作用转变为原活性分子。与生物前体前药不同，载体前药是将活性分子与载体部分以共价键相连，以此修饰活性分子的理化性质，经转运在体内适当部位的酶或化学作用下，释放出活性药物。这样的前药没有活性或只有较低的活性，转运部分应该无毒并保证能以有效的动力学释放活性分子。

高分子前药或大分子前药（Macromolecular Prodrug）是指高分子与小分子药物构成的偶联物（或称辄合物，Conjugates），其本身无活性，只有释放出药物分子后方显示出药理活性，因其中大分子载体与活性分子以共价偶联，故又称其为大分子前药辄合物（Macromolecular Prodrug Conjugates，Polymer Prodrug Conjugates）。高分子作为载体与药物分子经共价键连接，形成高分子与药物的结合物，赋予药物以新的药学和药代动力学性质，改变了药理效应。研究表明，高分子前药具有不同于小分子载体前药的特殊的优越性，不仅可以提高药物的稳定性、水溶性，而且能大幅度延长药物的血浆半衰期，提高靶向性，降低毒副作用等。目前已越来越多地应用于生物活性分子、抗肿瘤药物以及其他高毒副性药物的前药化修饰。

1. 高分子前药结构模型

高分子前药结构模型是 1975 年由 Ringsdorf 首次提出的，该模型由四个部分组成，即生物活性分子（Dioactive Molecule）、大分子载体（Polymer Carrier）、寻靶器（Homing Device）和间隔臂（Spacer）。大分子药物传递系统的优化不仅在于药物本身，更依赖于系统组分及结构的优化。载体的选择、共价偶联的方式、间隔臂的选择及对各种细胞或细胞器的寻靶器的构建都对大分子载体药物传递系统的总体效率产生着重要的影响。

（1）生物活性分子

用大分子载体进行挂接修饰的生物活性分子可以是药代动力学性质不佳的小分子药物，也可以是某些功能性蛋白质或多肽，如酶制剂、单克隆抗体等。具备以下性质的药物分子适宜做成高分子挂接物：①低水溶性；②在多种生理 pH 下的不稳定性；③高的系统毒性；④低细胞摄入能力。要求生物活性分子上必须有易于共价结合且在生理条件下易于断裂的活性功能基，以与载体共价偶联。否则将无法采用高分子载体前药化的方式对其进行结构改造和修饰。

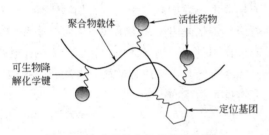

图 6-7　高分子前药的基本结构模型

（2）大分子载体

图 6-7 所示是高分子前药——靶向型聚合物-药物偶联物的基本结构，药物分子和寻靶分子通过共价结合偶联到大分子链上。偶联的功能分子的数目依载体上反应活性位点的数目而定，也可通过反应条件的控制，人为地调节挂载药物与寻靶分子的量，以使药物的药代动力学性质及生物利用度达到最优化。适于制备聚合物前药的大分子可按以下不同的方式进行分类。

① 按来源不同，可分为天然及合成高分子载体。天然高分子载体来源广泛，如右旋糖酐、糖蛋白、脂蛋白、脂质体、核酸等，对人体的毒性相对较小。以人工合成的高分子为载体，如聚乙二醇、聚-L-谷氨酸，N-(2-羟乙基) 甲基丙烯酰胺共聚物等，一方面可以得到预定分子量的高分子，且所得到大分子的分子量分布明显比天然大分子窄得多；另一方面，也可以根据需要设计合成特定结构的聚合物载体，具有较高的灵活性。

② 按化学本质不同，有聚醚类（如 PEG）、多糖类（如葡聚糖、壳聚糖）、聚氨基酸类等，以及各种类型的共聚物等。

③ 按骨架的稳定性可分为稳定型和生物可降解型。高分子骨架的结构和物理化学性质不同，可显著地改善原药的药代动力学性质，特别是吸收和分布性能。水溶性聚合物作为药物载体可改善药物的水溶性。靶向型载体可将药物传至靶位点。聚合物载体要求必须无毒且生物相容。理想的聚合物载体还必须是生物可降解的，或释放药物之后其自身可清除的，在体内不产生累积残留。

一般来说，合成聚合物、多糖、核酸、蛋白质等都属于靶非定向型载体，抗体、外源凝集素和糖蛋白等属于靶定向型载体，用这些载体制成的大分子前药分别具有被动靶向和主动靶向功能。靶非定向型载体能够通过引入一种特殊的识别系统（如活性受体、单克隆抗体等）后，制成具有主动靶向的大分子前药。

（3）寻靶器

对于缺乏通（渗）透性增强及延滞效应（EPR 效应）的病变位点，靶非定向型聚合物-药物挂接物通常表现出相对较低的选择性及活性。此时，可在大分子链上共价连接特殊的寻靶器，即与靶器官、组织或细胞定向识别与结合，或在靶位点处聚合物与药物间的共价连接可特异裂解的配体。靶向构件的引入，可使大分子在有或没有 EPR 效应的靶点通过被动累积及主动的配体-受体相互作用，将药物定向传送到靶位点，或利用靶点处特有的降解物质或降解环境使药物定位释放，从而增强药物特别是抗肿瘤药物的靶向性，降低药物对正常细胞或非靶向组织的毒性。

对于不同的疾病，不同的药物，其给药途径与药物传递机制不同，因而设计靶向性药物偶联物时必须依据特定的药物传递路径及组织特性选择合适的寻靶器。与靶标特异性的识别与结合是选择寻靶器的主要依据，但一种寻靶器往往对生物体内多处位点具有特异识别和结合能力，这就要求在选用寻靶器时，在看重其对治疗靶部位具有一定特异性的同时，也要考察其与生物体其他系统的识别或结合能力，可与多位点特异结合的寻靶器有时可能会导致严重的毒副作用。

（4）间隔臂

大分子前药构建时药物分子与载体间可通过直接的易反应的化学键合偶联，也可在聚合物载体与药物分子之间引入适当的间隔臂。间隔臂的引入主要具有以下两方面的功能：①从化学角度来说，对于药物分子，如果分子较大，反应活性不高，活性基团暴露不明显或与载体无可直接键合的基团，则可通过引入一定长度的多官能团的小分子间隔臂，一端与药物分子键合，另一端接于大分子载体上，从而将药物与载体进行间接的偶联。②在药物与高分子链间引入生物可降解的靶向性间隔臂，此间隔臂可在治疗靶部位所含有的特定的酶催化作用下或在特殊的生理环境中自大分子载体链解下，释放出活性分子。选择恰当的间隔臂，可实现对活性药物经水解或酶解从偶联物中释放的位点和速度的控制。

偶联键的选择受药物及载体上可能衍生的官能团的限制，当然这一限制也可以通过在载体与药物间引入适当的间隔臂克服。这样，药物就可以通过很多种键合方式连接到载体上，可依据具体应用选择合适的连接键。

2. 高分子前药的转运模型及作用机制

小分子药物在体内主要以被动扩散的方式进行转运，而大分子药物主要是通过胞饮作用转运到靶细胞。大分子前药经细胞内吞作用进入细胞，再经溶酶体水解释放出活性药物成分。

大分子载体药物主要是通过细胞吞饮作用进入细胞内的。如图 6-8 所示。胞外是与细胞膜有较好的亲和作用并与细胞膜特异或非特异结合的大分子载体药物，经细胞膜的包囊和内摄作用进入到细胞膜衍生的小囊泡（即内涵体）内，内涵体自封并于细胞膜脱落下来，进入细胞浆。在细胞浆中，这种内体小泡——内涵体，与另一种囊泡状细胞器——溶酶体融合，被内涵体包裹的大分子载体药物也就进入到溶酶体内。溶酶体环境有利于药物从大分子载体中释放，因溶酶体中存在有多种降解酶，如蛋白酶、酯酶、糖苷酶、磷酸酯酶及核酸酶等，并可利用 pH 敏感的水解作用将药物解下。药物必须在遭受过度降解或细胞外排之前自大分子载体上解下，并经溶酶体膜被动扩散转运至细胞浆中。进入到细胞浆中的药物分子，再经

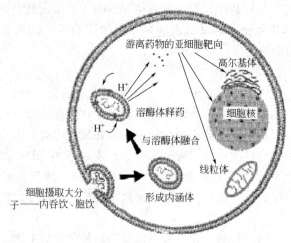

图 6-8　大分子载药系统细胞内转运模型

随意的扩散作用进入到各细胞器内,与作用位点结合并发挥作用。由于扩散的随意性,也就会引起对细胞内非靶细胞器的毒副作用。

(1) 细胞亲和及内吞

载体分子的大小直接影响着膜转运速率,通过调节大分子的分子量,可控制药物通过血膜屏障、肾排泄以及在淋巴、脾、肝或其他器官中的积累。在大分子载体上接入与细胞表面受体特异结合的配体,可促进大分子载体药物与靶细胞的定向结合,并触发与细胞膜结合的大分子的细胞内吞。细胞表面受体依细胞种类不同而各异,因此可利用不同的细胞表面受体将大分子偶联药物靶向于不同的细胞。

(2) 药物自大分子载体释放

与细胞膜具较好亲和性的大分子经细胞膜的内陷被捕获并内吞入细胞,形成一个与细胞膜结合的囊泡,囊泡再经历一系列的融合过程即转变为内涵体,并最终转移入溶酶体。溶酶体中的 pH 值一般为 5.0 左右,呈弱酸性,并含有多种降解酶。药物可在溶酶体内特异酶催化或 pH 介导的水解作用下,自大分子载体解下。

(3) 酶催化释放

利用血浆中没有但溶酶体中特有的酶,设计并引入特定的底物短肽作为间隔臂,可特异性地使挂接药物在溶酶体内解下,而在血浆转运过程中大分子载体药物系统不被破坏。如广泛使用的甘氨酸-苯丙氨酸-亮氨酸-甘氨酸(GFLG)四肽间隔臂,在血浆中没有可降解这种短肽的酶,因而以这种短肽为间隔臂,使大分子挂接药物在血浆转运过程中结构保持了高度的稳定性,直到被转运至内涵体的囊泡内,其中的半胱氨酸蛋白酶和组织蛋白酶 B 识别并催化裂解 GFLG 四肽,从而使挂接的药物分子自大分子载体上解下。转移性肿瘤细胞特异表达的蛋白水解酶有:硫基蛋白酶、组织蛋白酶 B;金属蛋白酶有:胶原蛋白酶、间质溶解素;丝氨酸蛋白酶如:纤维蛋白溶酶原活化剂及细胞表面的纤维蛋白溶酶。

(4) pH 介导释放

溶酶体内的酸性环境使得对酸性 pH 敏感的共价连接易于断裂。溶酶体内的 pH 值依细胞种类不同而不同,一般在 5.0 左右,如神经轴突细胞溶酶体的 pH 均值为 5.1(变化范围 4.4~5.6),而巨噬细胞溶酶体的 pH 为 5.7。基于固有的 pH 梯度,诱导对酸敏感的连接键的断裂,具有比基于酶催化更简单的反应动力学且合成更为简易等优势。

对于肿瘤细胞，因为存在通（渗）透性增强及延滞效应（EPR效应），即使不在大分子载体上引入相应的寻靶因子，也可起到靶向识别与累积作用。EPR效应，指的是癌细胞会分泌比正常细胞多的血管通透性因子，造成肿瘤组织附近血管比起正常的血管物质渗透性高，因此分子体积大的高分子化合物更能渗透，并累积于癌组织，加上癌细胞破坏淋巴系统，造成高分子化合物停留在肿瘤组织附近时间较长，即所谓的通透性增强及停滞效应。快速分化的癌细胞也在通过细胞内吞或随意的吞饮胞外液，从细胞外环境中不断吸取营养物质。这样，大分子以及聚合物药物在肿瘤组织中的浓度就比在血浆及正常组织中的浓度高得多，被肿瘤细胞内吞的也比被正常细胞内吞的量要多。利用大分子的结构特征达到的肿瘤细胞靶向作用，有时高于只利用与细胞表面受体特异性结合的靶向治疗效果。尤其是当采用的寻靶器与肿瘤细胞表面受体结合的特异性不够时，很可能对非靶向的正常细胞产生严重的毒副作用。综上所述，高分子前药有以下优点。

① 对小分子药物进行大分子挂接的改造，可有效地改善小分子药物的某些药代动力学性质，如增加水溶性、延长药物的半衰期等，从而综合地提高了药物的生物利用度。

② 由于大分子载体具有链状或枝状等结构特点，可将药物缠绕或包裹，使挂接的药物特别是一些在体内转运过程中不稳定的药物分子免受化学或酶的降解作用，保持药物结构的完整性和药物的生物活性。蛋白质类药物由于其独特的治疗活性而广泛应用于临床，如胰岛素目前仍是治疗糖尿病最好的药物，但蛋白质类药物一个显著的缺点，就是其在体内免疫系统或血浆中酶的作用下极易被代谢失活，或经肾过滤而快速地排除，这些都是蛋白质类药物临床应用受限的主要原因。将蛋白质类药物与一定的大分子载体挂接是解决其稳定性及药代动力学性质缺陷的良好决策。因为经高分子化后，提高了药物的稳定性，保护其免受酶或水的降解作用，同时屏蔽了异体蛋白质的免疫原性。

③ 大分子载体由于其较大的分子体积，可减少小分子药物的肾排泄，有效提高药物的利用率，当挂接物的体积达到某一阈值时，这一效应将尤为明显。

④ 聚合物药物可在一定程度上增加药物的靶向性。这主要有两方面的贡献。一是来自于大分子载体本身，即所谓的EPR效应。EPR效应使得大分子挂接药物在肿瘤组织内累积，通过被动靶向将药物富积于靶组织。二是来自于人为引入的寻靶器所带来的主动靶向作用，对于大分子的被动靶向作用不够显著时，针对不同的治疗目的可选用特异的寻靶物质共价连接于大分子载体上，提高整个挂接系统的主动靶向性。

⑤ 由于大分子挂接药物的吸收是通过细胞的内吞作用实现的，这就为只能通过胞饮作用吸收小分子药物的细胞提供了一种重要的给药途径。而这一功能的充分发挥还要依赖于小分子药物与载体间化学键合的种类或特定的间隔臂，化学键合在血液转运过程中必须是稳定的，当经胞饮作用进入细胞内，在内含体的酸性环境下或在溶酶体酶的作用下断裂，进而释放出小分子药物。而具有同一功能的特异的间隔臂则可以是引入的特定的氨基酸序列。若化学键合在血液转运过程中即裂解，则细胞将无法通过内吞作用将药物吸收。

MTZ是一种治疗寄生虫感染和厌氧菌感染的药物，但此药存在水溶性差的缺点，影响机体对药物的吸收。PEG挂接后的MTZ水溶性提高2~10倍，所制备的前药能保护酯键不在上消化道断裂，而在十二指肠中断裂，保证了口服给药的有效性。

6-巯基嘌呤有抗肿瘤和免疫抑制效用，能预防器官移植时引起的排斥反应和治疗肠炎，但不溶于水，使得口服给药只有10%~50%被机体吸收，而且血浆半衰期很短，仅为0.5~1.5h，生物利用度只有16%。PEG-6-巯基嘌呤前药有良好的水溶性和在生理缓冲液中的稳定性，以有效持续的方式释放 6-巯基嘌呤发挥药效，在血浆中能保持较长的血药浓度时间，生物利用度明显提高。

他克莫司是有效的抗炎和免疫抑制剂，可抑制体内细胞介导的免疫反应和防止器官移植的排异反应。因需要使病人产生迅速的免疫抑制作用，所以其给药方式是静脉注射。但这种给药方式使得血浆清除率极大，而且几乎被肝脏等组织代谢完全。将他克莫司挂接到改性的右旋糖酐（羧基-n-戊基-右旋糖酐-氨茶碱，C6D-ED）上所得的高分子前药（FK506-Dextran），不仅延长了他克莫司的血药半衰期，而且大大降低了血浆清除率和器官组织的摄取量。

5-氨基水杨酸是治疗节段性肠炎和溃疡性结肠炎复发的药物。口腔给药时，大量药物被上消化道吸收，以致引起系统性副反应。用环糊精作载体挂接 5-氨基水杨酸所得的高分子前药（CyDs-5-ASA）在盲肠和结肠内的释放程度明显大于在胃和小肠内，由此实现定点特异性释药，减少不良反应。

阿昔洛韦是一种嘌呤核苷类似物，有很强的抗疱疹病毒效能，但是口服生物利用度很低，只有 15%～30%。而硫醇盐壳聚糖可以促进黏膜对 P-糖蛋白流出泵底物阿昔洛韦的渗透吸收作用，从而改善生物利用度。

3. 高分子前药的制备

高分子前药是由高分子与药物经偶联反应、分离得到的。能否成功合成高分子前药取决于药物分子及高分子载体的化学结构、分子量、空间位阻及反应活性。

要合成一个高分子前药，两个化学实体都必须要有活性或功能基团，如—COOH、—OH、—SH 或—NH$_2$ 等。一般来说，大多数的生物分子如配体、肽、蛋白质、糖类、脂类、聚合物、核酸及寡核苷酸都有这些官能团。选择合适的方法、过程和试剂决定了偶联的成功概率。可是大量活性基团的存在又会使偶联反应及结果变得复杂。

基于以上的高分子前药模型——载体的端位或链中甩出的功能团与生物活性分子、显像剂、寻靶器等共价偶联，形成具有一定的稳定性、水溶性、靶向性且在体内可释放出生物活性分子的高分子前药给药系统。可采用以下两种不同的策略进行制备。

（1）单体间聚合——由小分子聚合合成高分子挂接药物

高分子挂接药物的一种制备途径是先将药物直接或经间隔臂连接到单体上，连接了生物活性分子的单体，再经高分子合成路径聚合成一定结构和分子量的高聚物。但通常所得是低聚物或大分子药物，不是高分子偶联药物，且难以释放。

（2）经活化的载体高分子与药物分子反应偶联

高分子载体经活化后，获得易于挂接的功能团，再与一定的生物活性分子或其他成分进行偶联反应。此偶联途径是以结构和分子量均已确定的完整的载体为原料，与相应的药物分子进行偶联的高分子前药制备过程。经这种路径制备的高分子前药，产物成分、结构确定，相对纯度较高，且制备过程简易，是最广泛采用的制备药物偶联物的方法。

对于最基本的高分子前药模型，一方面前药必须在体内经转运到达靶部位后在特定的生理环境中释放出生物活性分子的原型，进而发挥药效，因此，高分子与挂接的生物活性分子间的共价结合必须具有一定的稳定性、可水解性或酶解性，且释放的活性分子的结构不发生使其药效降低的改变。另一方面，为保证活性分子及载体的结构和功能不受影响，挂接的合成反应要求在尽可能温和的条件下进行，也就是说挂接的共价偶联反应要尽可能的容易。酯键、酰胺键是满足以上两点要求的较好的共价键，不仅易于合成，在体内水解或酶解的作用下也易于断裂，释放出原药，保证药效及时有效地发挥。同时，用于构建酯键及酰胺键的羧基、羟基、氨基、巯基等也是广泛存在于生物活性分子与大分子载体中的功能基。

在小分子合成反应中，酯或酰胺的制备方法很多，如在浓酸催化下的酯化反应，将羧酸制成酰氯，再与羟基或氨基反应制得相应的酯或酰胺都是较易进行的反应，且产率也较高，但对于生物活性分子与高分子的挂接反应，一般较剧烈的反应条件是不宜采用的。如上所述的浓酸催化下的高温反应或制成酰氯都可能对反应原料尤其是生物活性分子的结构和药效功能产生影响，且残留的无机或有机小分子不易去除，因而并不适宜用于药物偶联物的制备。基于以上考虑，利用适宜的脱水剂如碳化二亚胺类，不仅反应条件温和，催化效果好，且引入反应体系中的残留物易去除，故与其他合成途径相比更为理想。

以二环己基碳二亚胺（DCC）为交联剂，4-二甲氨基吡啶（DMAP）为催化剂，室温下酮洛芬的羧基与 mPEG 的羟基酯化生成 mPEG-酮洛芬高分子前药，增强了酮洛芬的止痛和抗炎作用，见图 6-9。

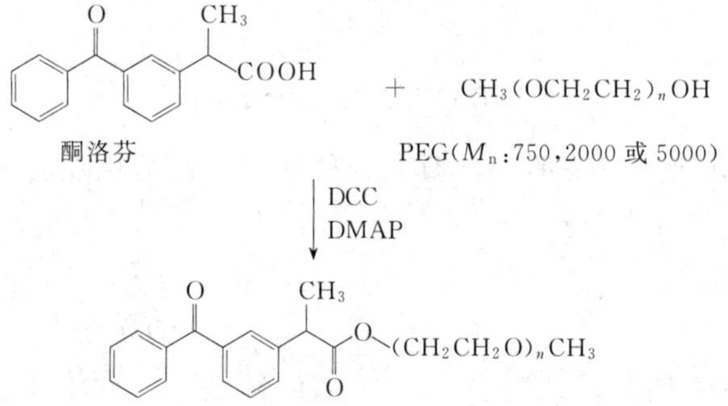

图 6-9　PEG-酮洛芬高分子前药的合成

PEG 与丁二酸酐（DA）在吡啶中反应制得 PEG-DA，PEG-DA 与 N-羟基琥珀酰亚胺（NHS）以 DCC 为交联剂，DMAP 为催化剂反应生成 PEG-DA-NHS 活性酯，再与氨基酸如脯氨酸反应生成 PEG-DA-Pro，此活化载体在 DCC、DMAP 催化下与紫杉醇偶联制成水溶性紫杉醇前药 PEG-DA-AA-Taxol。这种紫杉醇衍生物不仅具有良好的水溶性和更长的药物半衰期，而且可在体内酶的作用下，通过氨基酸酯的调控作用达到控释的目的。见图 6-10。

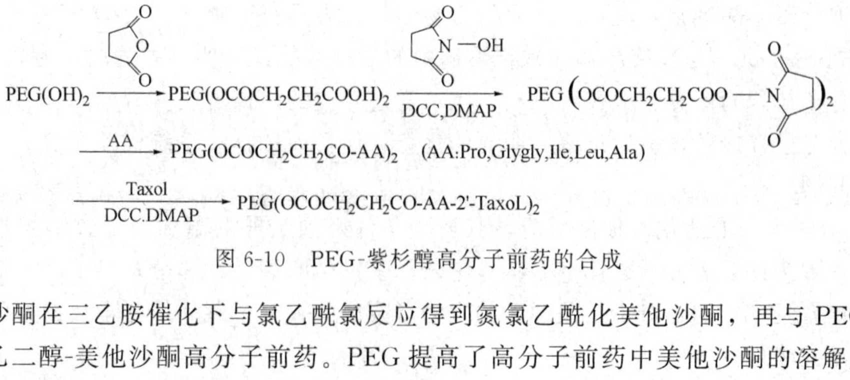

图 6-10　PEG-紫杉醇高分子前药的合成

美他沙酮在三乙胺催化下与氯乙酰氯反应得到氮氯乙酰化美他沙酮，再与 PEG 钠盐反应生成聚乙二醇-美他沙酮高分子前药。PEG 提高了高分子前药中美他沙酮的溶解度，而且形成的酰胺键保证了美他沙酮的释放。见图 6-11。

在氮气保护下，$SOCl_2$ 与 PEG2000 反应 5h 得 PEG2000-Cl_2，在丙烯腈存在条件下加 CsF-Celite（氟化铯-硅粒制剂）搅拌反应 48h，制得 PEG-6-巯基嘌呤高分子前药。所形成的

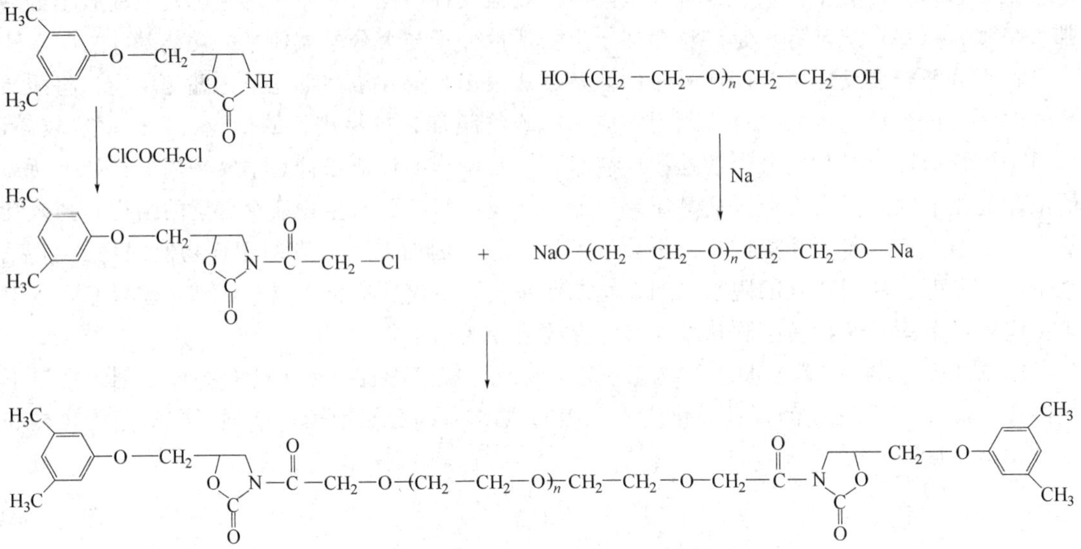

图 6-11 PEG-美他沙酮高分子前药的合成

巯基在体内原生质酶作用下较易断裂，断裂后释放的 6-巯基嘌呤能很好地被机体吸收。见图 6-12。

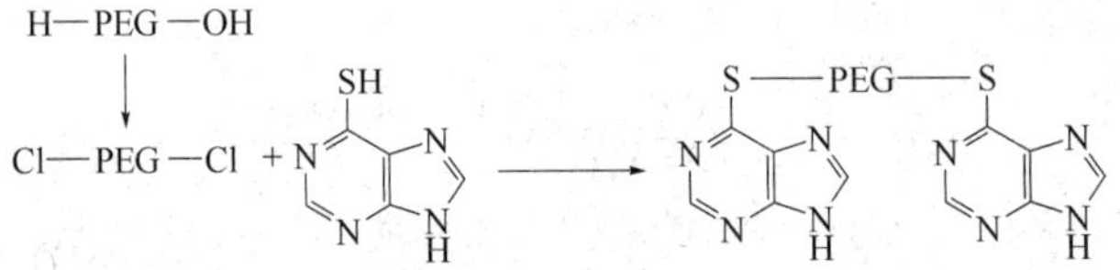

图 6-12 PEG-6-巯基嘌呤高分子前药的合成

　　小分子试剂与大分子载体的偶联，要求挂接试剂过量于载体，根据反应难易程度及反应条件选择适当的比例，以使高分子载体尽量反应完全。反应完后，对于过量未反应的小分子试剂与挂接产物的分离，一般有两种方法。

　　① 由于载体分子量一般较大，挂接产物主要表现载体的性质，此时若小分子试剂与大分子载体在某一溶剂中的溶解性能存在显著差异，则利用溶解-过滤、溶解-过滤-滤液浓缩、沉析、萃取、重结晶等常规物理方法可较容易地将两者进行分离。

　　② 若小分子试剂与挂接产物在常规溶剂中的溶解性能都无明显差异时，则可通过透析，利用两者分子体积间差异较大实现分离，也可通过相应的色谱方法实现分离。

　　虽然大分子挂接药物呈现出诸多明显的优势，但目前的挂接系统仍存在着一些有待进一步改善的问题。

　　① 大分子参与的活化及挂接反应，其反应条件必须足够的温和而不致影响到载体结构的稳定性。因为许多大分子载体链会在一定条件下发生断裂，载体分子量下降，而这一过程往往不易被察觉。特别是对于某些预设的生物可降解的大分子载体，化学反应过程中更要注意其分子链的断裂。

　　② 对于反应位点较少的载体如 PEG 来说，存在着挂接位点少、挂接难度大、载药量低的缺点。一方面，由于载体分子的结构特征使得反应活性位点很容易被包裹，减少了暴露位点的数目。另一方面，由于极大的空间位阻的存在，挂接反应不如小分子间的反应容易。这

就在一定程度上要求反应条件尽可能剧烈，以使反应更为充分。但同时也要保证载体及药物的结构不被破坏。

③ 后处理及检测分析方法还有待改进和发展。由于挂接后的载体药物与未反应的载体之间物理性质几乎没有差异，分子量差异也甚微，何以将两者有效的分离也是颇为困难的。大分子挂接药物也是高分子材料在医药领域的一个重要应用，也有其特殊的要求，如结构及分子量确定，在体内转运的过程已知，活化、挂接反应及转运过程中发生的物理、化学变化明确，若发生降解，降解后的结构及分子量也要可测或已知。而这些除对材料本身的选择上有严格的要求之外，也需要有精确的检测和分析方法予以保障。如，载体分子量的明确，就要求分离手段的改进，满足分离出尽可能窄的分子量的高分子载体的要求，以适用于人体药用。这些在药学领域都要求必须解决的问题目前仍困扰着大分子挂接药物，这也成为大分子挂接药物临床应用受限的一个重要原因。

高分子前药已经开辟了高分子药物传递系统的新纪元。数十年来，利用高分子材料的生物分子传递系统引起了大量高分子化学家、化学工程学家以及药学研究者的广泛兴趣。可是，具良好生物相容性和适应性的高分子候选载体的设计与合成才刚刚起步。

思 考 题

1. 高分子药物大体上可分为哪三类？

2. 何为 EPR 效应？

3. 简述高分子前药的转运模式和作用机制。

4. 多糖的硫酸酯为什么具有抗病毒和类肝素的功能？

5. 请设计 PEG-伊立替康的合成路线（用合成反应方程式表达）并给出合成工艺条件。

6. 以右旋糖酐和多柔比星为起始原料合成氧化右旋糖酐-多柔比星，请给出合成路线和工艺条件。

第七章 药品包装用高分子材料及其加工

由于药品中起作用的是活性化学物质或生物质，它的稳定性不仅与其自身的性质有关，还受包装材料及包装形式的影响，因此，对药品的包装需要高度重视。药品包装系指选用适宜的材料和容器，利用一定技术对药品进行分（灌）、封、装、贴签等加工过程的总称。

对药品包装的目的主要有：确保药品在贮存运输和使用过程中不受污染，防止由于吸潮、漏气和光照而引起的分解变质，以保持药物活性及效能；同时，为药品提供保护、分类和说明的作用，以保证药品的正确使用，并维持服用者的信赖。因此，包装材料对药品的质量、有效期、包装形式、销售、成本等起重要作用，要求包装材料应具有稳定性、阻隔性能、结构性能和良好的加工性。

第一节 概 述

一、药品包装用材料的定义与分类

药品包装用材料、容器，简称药包材。按材料的结构性能，可将药包材分为：玻璃和陶瓷，轻金属和有色金属，塑料、橡胶、纤维等高分子基材料以及复合材料。按对与接触药品的影响分为Ⅰ、Ⅱ、Ⅲ三类，按功能分为单剂量包装、内包装和外包装三类。

其中，Ⅰ类药包材是指直接接触药品且直接使用的药品包装用材料、容器；Ⅱ类药包材是指直接接触药品，但便于清洗，在实际使用过程中，经清洗后需要并可以消毒灭菌的药品包装用材料、容器；Ⅲ类药包材是指除Ⅰ和Ⅱ类外，其他可能直接影响药品质量的药品包装用材料、容器。Ⅰ类药包材的生产，须经国家市场监督管理总局批准注册，并颁发《药包材注册证书》。

实施Ⅰ类管理的药包材产品有：药用丁基橡胶瓶塞、药品包装用PTP铝箔、药用PVC硬片、药用塑料复合硬片、复合膜（袋）、塑料输液瓶（袋），固体、液体药用塑料瓶、塑料滴眼剂瓶、软膏管，气雾剂喷雾阀门和抗生素瓶铝塑组合盖。Ⅱ类药包材包括：药用玻璃管、安瓿、玻璃输液瓶、玻璃模制抗生素瓶、玻璃管制抗生素瓶、玻璃模制口服液瓶和玻璃管制口服液瓶，玻璃（黄料、白料）药瓶、玻璃滴眼剂瓶、陶瓷药瓶、输液瓶天然胶塞、抗生素瓶天然胶塞、气雾剂罐、瓶盖橡胶垫片（垫圈）和中药丸塑料球壳等。Ⅲ类药包材有：抗生素瓶铝（合金铝）盖、输液瓶（合金铝）、铝塑组合盖，口服液瓶（合金铝）和铝塑组合盖等。

单剂量包装是指对药物制剂按照用途和给药方法对药物成品进行分剂量并进行包装的过程，如将颗粒剂装入小包装袋，注射剂的玻璃安瓿包装，将片剂、胶囊剂装入泡罩式铝塑材料中的分装过程等，此类包装也称分剂量包装。内包装系指直接与药品接触的包装（如注射剂、铝箔等）。内包装应能保证药品在生产、运输、贮藏及使用过程中的质量，并便于医疗使用。药品内包装材料、容器（药包材）的更改，应根据所选用药包材的材质，做稳定性试验，考察药包材与药品的相容性。外包装系指内包装以外的包装，按由里向外分为中包装和大包装。外包装应根据药品的特性选用不易破损的包装，以保证药品在运输、贮藏、使用过程中的质量，相应地有分剂量包装用药包材、内包装用药包材和外包装用药包材。

二、常见的药品包装形式

药品包装的内涵十分丰富，它包括药物产品从其生产时起直到被应用时所涉及的保护产品，方便运输，促进销售，按一定技术方法而采用的容器、材料及辅助物等的总称。在高分子药用包装材料中，目前主要采用的是塑料类合成药用高分子材料，它具有体轻、不易破碎、易加工成型、价廉等优点，药品包装可分为袋和容器包装、薄膜包装等。

1. 袋和容器包装

（1）包装袋

有单层和多层膜结构的药袋。单层药袋是颗粒剂最常用的包装形式。一般选用高密度聚乙烯、聚丙烯、聚氯乙烯等防潮性能好、拉伸强度高的材料。虽然普通药袋有时也用于片剂的包装，但片剂本身应有较大的硬度，如糖衣片，否则容易受挤压而造成裂片和碎片。单层药袋一般是用吹塑法将树脂先行制备膜管，然后切断封口吹制成薄膜，经表面处理后即可交付印刷和制袋。

（2）复合药袋

单层药袋的性能一般是不够完备的。例如廉价的聚乙烯和聚丙烯，其薄膜的气密性、透明度均不够理想，且印刷性也不好。而聚偏二氯乙烯（PVDC）、聚酯薄膜性能虽好却不能热合成袋，价格又高，所以近年来开发了有两种或两种以上聚合物制备的多层复合薄膜，以改进药袋的整体性能。

多层复合药袋的基本材料是以纸、铝箔、尼龙、聚酯、拉伸聚丙烯等高熔点热塑性材料或非塑性材料为外层，以未拉伸聚丙烯、聚乙烯等低熔点热塑性材料为内层。复合药袋的制备方法与单层药膜类似，仅在制膜后采用了黏结手段或热熔融涂布工艺使各薄膜复合在一起。

（3）中空包装

所谓中空容器系指采用注射吹塑或挤出吹塑方法在一定形状模具上制得的瓶、罐、管、桶、盒等包装形式，多用于药品、胶囊、软膏、液体药剂的分装。常用的聚合物材料有高（低）压聚乙烯、聚丙烯、聚氯乙烯、聚苯乙烯等。

安全的中空容器包装或防偷换包装主要是利用具特殊性能的塑料帽及其接口。例如按压螺旋、挤压旋转、制约环、保险环、易碎盖等。另外，使用各种先进的封缄技术如压敏胶带，变色黏合剂，热收缩薄膜等也是有效的防偷换包装形式。

2. 薄膜包装

（1）薄膜直接包装

所谓直接包装，就是在两层塑料薄膜之间将药品像三明治那样夹起来的包装形式，包装的药品多数是锭剂或颗粒药剂。这种包装所使用的塑料薄膜，对高速自动的包装机械的适应性要好，必须要有较低的热黏结温度。

（2）泡罩包装

药品泡罩包装又称水泡眼包装，即 PTP（Press Through Package）包装技术。它给患者提供了一次剂量包装，既经济又方便。药品分剂量装填在塑料"水泡眼"内，复合以铝塑材料，使用时挤压"水泡"，药品即穿破铝塑。泡罩包装使用方便，便于携带和保存，密封性好。

泡罩包装常用塑料有聚氯乙烯、聚乙烯和聚苯乙烯、聚丙烯等，铝塑材料通常是铝箔与聚氯乙烯、聚丙烯等的复合薄膜。泡罩的加工方法包括塑片熔融、成膜、真空抽吸成泡，药品填充和铝塑热合等工艺过程，通常这几步在吸塑包装成型机械上连续进行。

安全的泡罩包装与一般泡罩包装的不同之处是铝箔外层涂有韧性很强的聚酯材料。按压药品时，有 PET 涂层的铝箔不破裂，要想取出药片，必须从单个泡罩包装的某一未热合角上撕去涂有 PET 的铝箔，从泡罩中取出药片。

（3）压塑包装

压塑包装是利用塑料薄膜作为药品包装材料的另一种用途。必须使用能够真空成型的热塑性树脂，按照颗粒状药品固有的形态，或者制成胶囊，或者制成连续的壳体，或者制成一边是塑料薄膜的连续壳体一边以铝箔作衬底结合而成。是一种密封性好、透视性好、取用方便、包装精美、成本低廉的新型包装，因此近年来有很大的发展趋势。现在用于压塑包装的薄膜，是一些加工适应性好、容易热塑成型的聚合物，以硬聚氯乙烯、聚氯乙烯涂覆的铝箔相结合的占主导地位。其次是聚苯乙烯薄膜、聚丙烯腈薄膜、聚碳酸酯薄膜、聚丙烯薄膜等与铝箔的配合使用。但是这些材料都有各自的缺点：除了聚丙烯以外，其他膜的透湿性都较高；聚丙烯虽然防潮性好，但透明度又较差，所以都不够理想。薄膜压塑包装在开始时之所以发展较慢，这也是一个重要的原因。

为了提高透明性好的塑料薄膜（如聚氯乙烯等）的防潮性和降低它的透气性，后来以聚偏氯乙烯来加以改进。其方法有二：一是在薄膜的表面涂上一层聚偏氯乙烯的涂层；二是在原来的薄膜里边再衬上一层聚偏氯乙烯薄膜。现在以采用前一种方法的居多数。

对于某些有更高防潮要求的药物，在压塑包装的外边也可以用聚乙烯薄膜包封，或者以聚偏氯乙烯外套的薄膜进行集装等。

（4）条形包装

药用条形包装 SP（Strip Packaging）是利用两层药用条形包装膜（SP 膜）把药品夹在中间，单位药品之间隔开一定的距离，在条形包装机上把药品周围的两层 SP 膜内侧热合密封，药品之间压上齿痕，形成的一种单位包装形式（单片包装或成排组成小包装）。取用药品时，可沿着齿痕撕开 SP 膜即可，这样取用一次剂量药品并不影响其他药品的包装。

（5）特殊包装

① 安全包装。为防止儿童打开误用药物的或防止药品被偷换的包装（Tamper-Evident Packaging）结构，聚合物材料是此类特殊包装的最佳选择。

② 微针。微针高度仅约为 $100\mu m$，因而大大降低了针尖接触到神经末梢的概率，减少对机体相应附属组织的损伤程度，不产生痛觉，并且，认为所形成的通路是暂时性的，移去微针后在一定时间内关闭，不至于引起皮肤感染。利用微针打开皮肤通道给药，药物吸收可提高数千至数万倍，尤其是在疫苗给药方面，可以产生更为强大的抗原抗体反应。因而具有给药精确、无痛、安全、高效、便利等优点。

③ 粉雾剂吸入装置。自 20 世纪 70 年代以来，粉雾剂给药装置就应用于肺部给药，但发展缓慢。在最近的十多年里，给药装置已由最初的第一代胶囊型（单剂量，如旋转吸入器）给药装置发展到了第二代泡囊型（多剂量，如准纳器、碟式吸入器等）和第三代贮库型给药装置。现在市场上的是第三代粉末吸入给药装置——多剂量贮库型粉末吸入给药装置，通过激光打孔的转盘精确定量。目前，国内有普米克、奥科斯和博利康尼 3 种剂型。

为了进一步提高患者依从性，保障用药安全，需要开发具有特定功能新型包装系统及给药装置，比如，粉雾剂专用给药装置，自我给药注射器、预灌封注射器、自动混药装置等新型注射器，多室袋和具备去除不溶性微粒功能的输液包装，带有记忆功能、质量监控功能的智能化包装系统等。

三、包装材料的选择

在现有的包装材料中，玻璃的一般包装形态是瓶，它的密闭性、防潮性、透视性都很好，而且价格便宜，但有容易碰坏、开封后药物不易保存等缺点。玻璃瓶适用于片剂、液体、固体制剂、软膏等各种型剂的包装；而金属筒（软管）一般适用于软膏类采用，金属箔通常是与纸张或塑料薄膜复合使用；塑料薄膜及塑料中空容器包装的优点是它不仅解决了药品包装的质量和安全问题，而且为药品包装的省力化与自动化提供了一定的保障。药品的内包装容器也称直接容器，常采用塑料、玻璃、金属、复合材料等。中包装一般采用纸板盒等；外包装一般采用内加衬垫的瓦楞纸箱、塑料桶、胶合板筒等。药品包装容器按密封性能可分为：密闭容器、气密容器及密封容器。密闭容器可防止固体异物侵入（如纸箱、纸袋等）；气密容器可防止固体异物、液体侵入（如塑料袋、玻璃瓶等）；密封容器可防止气体、微生物侵入（如安瓿、直管瓶等）。原料药以及药剂在产过程中，因管道输送而与塑料直接接触，对所用塑料的要求等同于药品对内包材的要求。药品包装与贮运高分子材料通常可分为塑料、橡胶和纤维。

选择适宜的包装材料以保护药品质量完好是制药工业中一项很重要的工作。药品包装用的容器材料为玻璃、金属、塑料和橡胶。这些材料特性各异，必须结合药品的理化性能选择最适宜的类别。

首先，必须了解药品的物理及化学性能、保护方法及销售要求，在此基础上筛选出具备下列基本特性的容器材料：保护药品不受环境条件的影响；与药品不发生反应；不应使药品有污染味；无毒；经有关部门批准；适应一般高速包装机械的要求。

另外，需要提出的是包装形式的选择和包装过程也是不容忽视的环节。适当的包装材料只有采取科学合理的包装形式才能确保药品安全有效地发挥作用，因此药品包装的设计必须结合剂型特点，便于临床的应用，如片剂和胶囊的单剂量包装在制药工业中应用广泛。包装过程中可能将污染物或异物引入最终产品，包装环境亦将影响药物的稳定性，这两种情况均可能导致患者用药的不安全。

作为药品包装材料除要满足包装材料的一般性能外，还要满足安全性和适用性等特殊要求。如药用泡罩包装材料包括药用铝箔、塑料硬片、热封涂料等材料。其中药用铝箔以硬质工业用纯铝为基材，具有无毒、耐腐蚀、不渗透、阻热、防潮、阻光、可高温灭菌等优点。因为药品对潮、湿、光透非常敏感，故要求所用的泡罩材料对水、光、汽等有高阻隔性。多选用聚氯乙烯（PVC）、聚偏二氯乙烯（PVDC）或复合材料 PVC/PVDC、PVC/PE、PVC/PVDC/PE、PVDC/OPP/PE 等。由于 PVC 在阻湿、阻汽等方面性能不够理想，现多已采用 PVDC 复合材料。与相同厚度的材料比较，PVDC 对空气中氧的阻隔性能是 PVC 的 1500 倍，是 PP 的 100 倍，是 PET 的 100 倍，其阻水蒸气、异味等性能也优于 PVC。一些需高阻隔包装的中成药，特别是阻氧包装的药品，如伤湿止痛膏，选用 PVDC 膜，气味就不会散失，不会影响疗效。就药品的条形包装膜（SP 膜）来看，较普遍地使用铝塑复合膜，如 PT/Al/PE、PET/Al/PE 等，即铝箔与塑料薄膜以黏合剂层压复合或挤出复合而成，由基层、印刷层、高阻隔层和密封层组成。要求基层材料机械性能优良，有光泽，印刷适应性好，透明性好，阻隔性好，安全无毒，但无热封性。典型材料有 PET、玻璃纸 PT 及带 PVDC 薄层的玻璃纸。高阻隔层要对气体阻隔性好并且防潮，不透过细菌及微生物，机械性能良好，有一定的延伸率，耐寒耐热，安全无毒，其典型材料是软质铝箔。PVDC 作高阻隔层材料，其最大特点就是对气体、水蒸气优异的阻隔性，很好地保持药品原味、原效。密封层是条形包装膜的内层，有优良的热封性，同时具有化学稳定性与安全卫生性，一般采用 LDPE 材料。

四、药品包装的有关法规

就药品而言，全球大多数国家在一些药品管理法规中都列有包装的专章，对包装的重视程度极高。

我们国家从 20 世纪 80 年代至今一直在推出相关法规，如，1980 年国家医药管理总局制定了《药品包装管理办法》（试行），1992 年国家医药管理局对生产直接接触药品的包装材料、容器的企业实施生产企业许可证制度，2000 年《药品包装用材料、容器管理办法》（局令第 21 号）确定药包材的生产与选用实施注册管理，2002 年颁布的《中华人民共和国药品管理法实施条例》确立了药品包装管理的法律依据，2004 年的《直接接触药品的包装材料和容器管理办法》（局令第 13 号）等。这些法规的出台与实施，为我国药包材产业的健康发展提供了强有力的法律和政策保证。

1. 我国药品包装的规定

根据 2015 年 4 月 24 日第十二届全国人民代表大会常务委员会第十四次会议审议通过的《中华人民共和国药品管理法》的第六章为"药品包装的管理"，全章包括三条。

第五十二条　直接接触药品的包装材料和容器，必须符合药用要求，符合保障人体健康、安全的标准，并由药品监督管理部门在审批药品时一并审批。

药品生产企业不得使用未经批准的直接接触药品的包装材料和容器。

对不合格的直接接触药品的包装材料和容器，由药品监督管理部门责令停止使用。

第五十三条　药品包装必须适合药品质量的要求，方便储存、运输和医疗使用。

发运中药材必须有包装。在每件包装上，必须注明品名、产地、日期、调出单位，并附有质量合格的标志。

第五十四条　药品包装必须按照规定印有或者贴有标签并附有说明书。

标签或者说明书上必须注明药品的通用名称、成分、规格、生产企业、批准文号、产品批号、生产日期、有效期、适应证或者功能主治、用法、用量、禁忌、不良反应和注意事项。

麻醉药品、精神药品、医疗用毒性药品、放射性药品、外用药品和非处方药的标签，必须印有规定的标志。

《国务院关于改革药品医疗器械审评审批制度的意见》［国发（2015）44 号］要求"实行药品与药用包装材料、药用辅料关联审批，将药用包装材料、药用辅料单独审批改为在审批药品注册申请时一并审评审批"，并于 2016 年开始实施。

原国家药品监督管理局（SDA）2006 年颁发的 24 号令《药品说明书和标签管理规定》，以及 2015 年版《药品生产质量管理规范》的第 9 章生产管理中的第四节包装操作，对包装、环境和设施以及包装材料、标签、说明书的要求和管理都作了明确规定。

2. FDA 等对药品包装的规定

美国食品药品监督管理局（FDA）规定，在评价一种药物时，必须确定此药物使用的包装能在整个使用期内保持其药效、纯度、一致性、浓度和质量。在美国政府食品、药物及化妆品条例中，虽然对容器或容器塞子没有提出规格或标准，但是条例规定制造厂有责任证明包装材料的安全性，在用此材料包装任何食品或药物前必须获得批准。FDA 公布的规定（第 133 条）是食品、药物及化妆品条例第 501 条中"现行药品生产与质量管理规范"要求的具体要求。

规定第 133 条中公布的包装容器标准，可用作生产、加工、包装或贮存药品的指导原则。FDA 有关药物的这项规则"容器、塞子及其他包装的组成部分，为了适合预期的用途，不得与药品发生反应，对药物的均一性、浓度、质量和纯度不得产生影响或对药物有吸收作用"。

世界上发达的国家，对于药物制剂的包装均比较严格。美国最早颁布了 GMP 法规。该法规的要求之一是防止污染与混淆。规定药物制剂的包装应达到以下要求：防止直接接触药物的容器与栓塞带来杂物与微生物；在装填和分包包装工序中防止交叉污染（其他药品粉尘混入）；防止包装作业中发生标志混淆；防止标志错误（如印刷、打印差错）；标签与说明书之类标志材料应加强管理；包装成品需进行检验；包装各工序皆应作好记录。

GMP 法规的管理效果极好，已被许多国家采纳，越来越普遍。日本对包装十分重视，《日本药事法》中明确规定了药品包装容器、包被、直接接触容器、包装材料、内袋、外部容器、外部包装材料、附加说明书、封口等包装术语的含义。而日本《药局方》通则 31～35 条也是有关包装的事项。

为了促进国际标准化的发展，以便国际物资交流，并发展在知识、科技、技术和经济活动领域里的合作，国际标准化组织（ISO）第 122 条、包装技术委员会 CISO/T（122）制定了几十个包装标准。

五、我国药品包装材料的过去与现状

20 世纪的 50～60 年代，我国药品包装笨重，类型单调。药品包装以棕色玻璃瓶、草板纸盒、直颈安瓿等为主。如片剂多用深棕色的玻璃瓶（配以软木塞、铁盖），大包装多，糖衣片少。玻璃瓶多用草板纸盒及手工糊衬隔垫包装。水针包装单一，以 1mL、2mL、5mL为主，点滴用葡萄糖则用 20mL 直径安瓿灌装，外盒为翻盒式纸盒。纸盒用盒贴，盒贴印刷粗糙，盒与盒贴差异大。散剂包装简易，粉药直接用薄纸叠袋装入，利用小型书写纸袋，用色单调。

20 世纪 70～80 年代初。此阶段处于调整、徘徊状态。特别是 20 世纪 60 年代后期至 70年代末，药品包装上已无注册商标，在经过长时间的阵痛之后才慢慢走向正规。

20 世纪 80 年代至今，与其他行业一样，经过多年的磨合，药品包装业才得以健康发展。在包装形式上，除片、散、丸、膏、水、针、粉之外，又开发了栓剂、口服液、气雾剂、胶丸、胶囊、贴剂、咀嚼剂等剂型。在材料方面，铝塑、纸塑、激光防伪等复合材料逐渐普及。各种新型包装机械的开发和引进，加上新型包装材料的应用，使我国药品包装业焕然一新。复合材料如铝塑、纸塑、电化铝、真空镀铝膜、激光防伪的广泛应用，有效地提高了药品档次，也提高了包装与包装装潢水平，逐步缩小与国外同行之间的差距。片剂铝塑泡罩包装广泛使用，在市场中占有相当大的比重。水针淘汰了直径安瓿，取而代之的是曲颈易折安瓿。复合袋普遍应用于粉剂。片剂。颗粒剂。胶囊上印字已逐步推向市场。

其中，固体剂型药品（素片、糖衣片、胶囊、胶丸、针剂、外贴用药等）包装更新发展迅速。经历了由简易纸袋包装，简易塑料袋包装，玻璃瓶包装到高密度聚乙烯瓶包装，聚酯瓶包装，铝塑泡罩包装，单元条形包装等改进，药品包装质量已有了很大的提高。国家药品监督局在 1995 年已明令淘汰玻璃瓶与蜡封工艺，推广使用吹塑成型工艺生产的优质塑料瓶包装。用于优质药用塑料瓶的主要材料有高密度聚乙烯（HDPE）、聚丙烯（PP）、聚对苯二甲酸乙二醇酯（PET）。这三种材料虽然各具特性，但均属结晶性塑料。它们具有良好的耐冲击强度、耐环境应力性、耐化学性和良好的气体阻隔性、阻湿性并且无毒。目前被广泛应用于片剂、胶囊、胶丸药品的包装。由于药品对 290～450nm 范围内的光线最为敏感，在应用塑料原料配方中要考虑添加遮光剂，保证药不透明。20 世纪 90 年代初，国外开发了吹塑瓶体新材料聚萘二甲酸二乙酯（PEN），其性质更优。PEN 强度高，耐热性好，耐紫外线光照射，对二氧化碳气体和氧气阻隔性能良好，耐化学药品性能好，比 PET 的用途更加广泛。PEN 是近年来国外积极开发的新型聚酯树脂，也是药品塑料瓶包装的极好材料。

近年来，随着信息化技术的发展，药品包装技术也进入了一个新的时期，条形码和二维码技术与互联网等的结合，确保产品质量责任的可追溯。

第二节　药品包装用高分子材料

合格的药品包装应具备密封、稳定、轻便、美观、规格适宜、包装标识规范、合理、清晰等特点，满足药品流通、贮存、应用各环节的要求。对任何一种产品而言，其包装的目的在于对产品从装卸、运输、贮存以至到用户使用为止的全过程进行保护。包装形式需根据产品特性而定，包装所用材料应与被包装产品相符，对被包装产品质量无影响。

一、药包材的功能

1. 包装材料的一般功能

所谓包装材料是指用于制造包装容器和构成产品包装的材料的总称。目前来看，它的种类包括木材、纸与纸板、玻璃陶瓷品、金属、塑料、纤维织物等。其中纸与纸板、玻璃、塑料、金属包装材料已成为包装工业的四大材料支柱。包装材料的性能通常表现在以下几个方面。

① 内容物保护性。包括阻隔性（如阻水、阻气、阻水蒸气、阻光、阻芳香味、阻臭味、隔热等），力学性（如耐压、耐振动、耐冲击、耐撕裂、抗拉伸、耐针刺等强度），稳定性（如耐药品、耐热、耐寒、耐老化、耐尺寸蠕变等）。

② 安全性。包括卫生性（如防渗透、防微生物影响、防虫、防尘、防腐、无毒害性等）和操作安全性。

③ 加工适应性。包括机械适应性（如抗拉强度、硬度、挺度、撕裂强度等），印刷适应性（如耐磨性、相容性、印刷精度等）和封合性（如热封温度、热合压力、时间等）。

④ 便利性。包括流通便利性，贮运的方便性和消费便利性（如启封的方便性、开封后的保存性、再利用性等）。

⑤ 商品性。包括展示性、光亮性，透明性、图示性等以及说明性和标准化。

⑥ 资源特性。包括来源稳定性和回收再利用性。

⑦ 废弃物处理性。

⑧ 经济性。

2. 药包材的基本功能

（1）包装材料与用药安全

包装材料，尤其是直接接触药品的包装材料对保证药品稳定性起决定作用，因而将直接影响用药的安全性。不适宜的材料可引起活性药物成分的迁移、吸着、吸附，甚至发生化学反应，导致药品失效，有时还会产生严重的毒副作用，因为包装材料不适宜而影响用药安全性甚至酿成事故的例子屡见不鲜。因此，在为任何药品选择容器材料之前必须检验证实其适用于预期用途，必须充分评价其对药品稳定性的影响，评定在长期的贮藏过程中，在不同环境条件下如温度、湿度、光线等，容器对药品的保护效果。中国国家市场监督管理总局和美国 FDA 在评价一个药物时，要求该药物使用的包装在整个使用期内能够保证其药效的稳定性。新药研究过程中就应当将制剂置于上市包装内进行稳定性考察。

（2）包装材料的适用性

药品包装材料适用性的选择与包装的设计，直接影响着药品的整体质量。我国即将实行非处方药（OTC）管理制度，药品包装的规范化和适用性，对方便和指导用药显得更加重要。

① 固体制剂的包装。片剂和胶囊剂现已趋向塑料/铝箔板包装或铝箔/铝箔板包装。优点是质轻，使用方便，污染少，便于调配。但铝塑包装有一定的渗湿性和透气性，药物易吸湿而潮解。铝箔/铝箔板包装可以遮光，保存时间相对长一些。如对于较长时间露置于空气中极易潮解、风化和氧化变色的药品，如复方甘草片、氨茶碱片、硫酸亚铁片等，如果药房分装在纸袋中发给病人，则药品易变质。如采用铝箔/铝箔板单剂量包装直接发给病人，既可保证药品的质量，又减少分装污染，便于调配。

有些用塑料瓶包装的药品易吸潮而变质失效，如安肽素片、维生素 B_1 片等，宜用玻璃瓶盛装。需遮光保存的药物不宜用铝塑包装，如替硝唑片用铝塑包装（因可透光），一旦去掉外包装，很容易变色，用铝箔/铝箔板包装要好。颗粒剂、混悬剂等现多采用铝塑袋单剂量包装，即内层为铝箔，外层有复合膜，如希舒美（阿奇霉素片）等。优点是不易吸潮，不易破碎，易撕开。

② 口服液体制剂的包装。现多采用易拉盖小瓶单剂量（一次用量）包装，使用方便，不易污染，比以前石蜡封口的小瓶更适用。还有带量杯的口服液瓶装使用也方便。但对儿童退烧药来说则不同。如某滴剂或口服液，15mL 或 60mL 装，低烧不必用，高烧（$T > 39℃$）时才暂时使用，有的用一到两次就退烧，剩下的药液时间长了只好丢弃，造成了药物资源的浪费。故单剂量包装更适用。

③ 注射剂和大输液的包装。注射剂全面采用易折安瓿，大大方便了临床应用。但玻璃安瓿上印字不清，易被擦去。如应用涤纶不干胶标签可解决这个问题。大多数进口和合资药品如酚妥拉明和卡肌宁等均采用这种标签。

大输液由原来的玻璃瓶包装正全面向一次性使用的聚丙烯塑料瓶或多层复合软袋包装发展。优点是方便，轻巧，不易破碎，便于运输和贮存；一次性使用，无污染；输液质量稳定，保存时间达 5 年。

④ 双室袋（Dual Chamber Bag）包装制剂。在应急的非常规情况下，为避免临床输液配制过程中的二次污染，方便临床用药，而开发的一类输液制剂包装。它是在普通塑料输液袋的基础上，采用特殊技术将其隔成两个独立的封闭腔室，两室中分别封装不同的药物，临

用时在密闭腔室内将两室贯通，混匀后用于静脉滴注的即配型输液配制系统。根据腔室中药物的状态，通常分为液液双室袋和粉液双室袋两种类型。

⑤ 其他类型剂。含有矿物油、植物油、一些油溶性的溶液及外用酊剂不宜用聚乙烯塑瓶盛装。因可溶出乙烯单体，对人体具有潜在的危害性。

此外，药品的包装是为保护其药效、装饰药品而采用的一种综合性保护措施的容器和包裹物，也是信息的载体。药品的说明书和标签是药物情报的主要来源之一，是临床用药的主要依据。因此，各种适用的包装形式对药物的使用、贮存、保管、库房管理及提高药物的治疗效果提供了有益的帮助。

二、常见药品包装用高分子材料

1. 塑料

塑料包装材料是最近几十年迅速发展起来的一种新颖包装材料，大部分以薄膜、片材、中空容器及其他制品的形式广泛应用于食品、化工、医药、日用品、纺织等包装领域。出于其具有质轻、耐腐、美观、成型方便、运用性广、应用灵活等优点，使它能表现出传统包装材料所不具备的优异性能。药物生产过程中，除了用不锈钢和玻璃等材料外，塑料管道以及衬塑管因耐腐蚀性能优异而受欢迎。但是，塑料包装与贮运材料存在穿透性、沥漏性、吸附性、化学反应、变形性等可能出现的问题，使用时应加以注意。

我们不但可以用塑料制作药品包装材料，而且还可用由塑料为主的复合材料制作药品包装材料。如软塑料包装材料既是指单种塑料薄膜或塑料与塑料的复合薄膜，又是指以塑料为主体，包含纸（或玻璃纸）或铝箔等其他挠性材料的复合材料薄膜。软塑包装材料是包装材料的重要组成部分。

塑料按高分子结构和加工性能，可分为热塑性塑料和热固性塑料，热塑性塑料是线形或带支链的高聚物，受热可软化和流动，可多次反复塑化成型，或者说，是一类在特定温度范围内具有可反复加热软化、冷却硬化特性的塑料品种，如聚乙烯（PE）、聚丙烯（PP）、聚氯乙烯（PVC）以及聚对苯二甲酸乙二醇酯（PET）等。热固性塑料的原料是带有多官能团的大分子，在固化剂和热、压力作用下可软化（或熔化）并固化成不溶不熔的立体型结构的高聚物，它是一类在特定温度下加热或通过加入固化剂可发生交联反应变成不溶不熔塑料制品的塑料品种，如酚醛塑料和脲醛塑料等。塑料按实用分为通用塑料、工程塑料、功能塑料等。通用塑料价格便宜，大量用在杂货、包装、农用等方面，聚乙烯、聚丙烯、聚氯乙烯、聚苯乙烯、酚醛树脂和脲醛等皆属于通用塑料。工程塑料的综合性能好，可替代金属作工程结构材料，也可以用于药品包装，如聚碳酸酯、聚甲醛（POM）、聚四氟乙烯（PTEF）和聚苯硫醚（PPS）等。具有耐高温、导电或导磁等特殊功能的塑料基本上不用作包装材料，在此不作介绍。常用塑料包装材料叙述如下。

目前用于包装的塑料，仍采用世界上六大通用塑料。国内的药品包装多用其中的聚乙烯、聚丙烯、聚苯乙烯、聚氯乙烯以及聚酰胺。现将其常用的塑料品种一般情况简介如下。

（1）聚乙烯（PE）

通常按聚乙烯密度可分为低密度聚乙烯（LDPE）、中密度聚乙烯（MDPE）、高密度聚乙烯（HDPE）；按聚合压力可分为高压聚乙烯、中压聚乙烯和低压聚乙烯，以及根据结构特征而命名的线形低密度聚乙烯（ LLDPE）。PE 具有无毒、卫生、价廉的特点，具有半透明状和不同程度的柔韧性；具有中等强度和良好的耐化学性能；它能防潮、防水但不阻气

（氧气、二氧化碳、蒸汽）；具有很好的耐寒性，可作为药物和医疗器具等的包装材料。PE具有非常好的成型加工性，可以进行挤出、吹塑、中空吹塑和注塑成型加工，制成管、膜、瓶等中空容器、瓦楞包装板材等。LDPE主要制造包装薄膜、片材等，HDPE主要用作包装容器，用LLDPE制造的包装膜具有透明、耐撕裂和特别耐穿刺等优点。

（2）聚丙烯（PP）

PP薄膜是无色无毒的可燃性树脂，由于性能较好，价格也较便宜而有广泛的应用。PP成膜和成型加工性好，可以进行挤出、中空吹塑和注塑成型，制成管、膜、瓶等中空容器和瓦楞包装板材等。PP薄膜密度最小，使用率较高，它的最大优点是外观性能很好，而且具有较好的防潮性能和耐磨性，它的特点表现在以下几个方面：①透明度大、光泽性优良而具有光亮；②质轻、卫生无毒；③阻隔性优于HDPE薄膜，特别是阻湿、防水性极好，而异味和气体透过率（如氧气）仍然较大，且透紫外线，复合或涂布时可改善；④拉伸强度和刚性优于其他价格相近的薄膜（如PE、PS）等；⑤良好的耐化学性能；⑥耐热性较好（可达120℃左右），熔点高；⑦最大缺点是低温时（<0℃）耐冲击强度较差；⑧由于熔点高而使其比PE薄膜需要更高的热封温度，而且热封的温度范围等条件也窄，特别是双向拉伸聚乙烯薄膜（BOPP）热封质量较差；⑨与PE膜一样印刷性不佳，须经表面处理，但其印刷效果较PE膜好。聚丙烯多制作为包装容器及薄膜。由于聚丙烯的熔点高，可作为需灭菌和煮沸的包装材料。

（3）聚苯乙烯（PS）

PS是一种硬而透明、无味的树脂，具有容易着色及价格低等优点。缺点是不耐有机溶剂，耐热性差，质硬而性脆不耐冲击。聚苯乙烯具有较高的水蒸气可透性及较高的氧渗透性。聚苯乙烯作为药品包装瓶已淘汰。

（4）聚氯乙烯（PVC）

PVC通常加有大量的增塑剂并用于生产包装膜，与PE膜相比，其特点表现为：①透明度、光泽性均优良；②阻湿性不如PE膜，且随增塑剂量的增加而越差，在潮湿条件下易受细菌侵蚀；③强度优于PE膜，且由于增塑剂量的多少而表现出不同程度的柔软性；④气体阻隔性（如阻CO_2气体）大，且随着增塑剂量的增大而提高；⑤PVC膜表面印刷也需先进行表面处理，但用黏结剂黏合时不经表面处理效果也较好；⑥薄膜刚性会随温度变化呈较大变化，高温时会变软而易结块，低温时变硬而易冲击脆化；⑦存在增塑剂迁移等问题。聚氯乙烯可制造透明硬质包装容器，加入增塑剂可制造薄膜。

（5）聚酰胺（尼龙，Polyamide）

尼龙薄膜是一种无色、无毒且具有良好透明度和光泽性的包装材料，它与PET同样具有强韧的性能，且价格昂贵。NY薄膜的性能表现为：①具有较高强度，耐磨，耐冲击，有极好的韧性，它的拉伸强度类似于玻璃或醋酸纤维素薄膜，是PE膜的3倍，它能耐撕、耐折，且延伸率大；②具有很好的高低温性能，使用温度范围在−60～150℃或更高；③能较好地阻隔氧气、二氧化碳以及香味；④可耐油、耐稀酸和碱，化学稳定性良好；⑤最大缺点是吸水、吸湿而溶胀变形，尺寸稳定性较差，且高温时具有透混性的特点；⑥由于熔点高而使热封合困难（热封温度高）。

近年来，塑料制的包装容器已在药品包装中普及起来。例如，以聚乙烯成型的瓶子，也已作为一些锭剂的容器应用了，今后这一类瓶类容器的用途必将更为扩大。

利用聚乙烯瓶子能任意挤压的特点，可以将某些液状或油膏状的药物（如眼药水、滴耳药、鼻药以及外用涂剂等）装入，这对于保存和使用都带来很大的方便。

此外，也有将聚乙烯吹塑成型的容器作为药瓶的，也有将聚乙烯成型物作为瓶盖的，以及将各种发泡制品（泡沫塑料）作为缓冲层等。

医药品的塑料包装，今后将根据包装的合理化、省力化、流通渠道的变化、新的包装机械的使用等的动向，得到进一步的发展。

2. 橡胶

橡胶是有机高分子弹性化合物。在很宽的温度（−50～150℃）范围内具有优异的弹性，所以有高弹性。橡胶具有独特的高弹性，还具有良好的疲劳强度、电绝缘性、耐化学腐蚀性以及耐热性，是除塑料之外的又一种药品包装与贮运材料。

实用橡胶的种类多达20余种，其分类方法也有好几种。例如，有按照是否属于双烯类而从化学结构上加以分类的。但在此列举的则是容易为专家以外的技术人员所熟识的实用分类法。一般的分类法有以下几种。

① 天然橡胶系列。包括天然橡胶和天然橡胶的衍生物。

② 通用合成橡胶系列。合成异戊二烯橡胶、丁苯橡胶、丁腈橡胶、丁二烯橡胶、氯丁橡胶、醇烯橡胶。

③ 特种合成橡胶系列。丙烯酸酯橡胶、聚氨酯橡胶、硅橡胶、氟橡胶、聚硫橡胶。

④ 塑料系列橡胶。乙丙橡胶、氯磺化聚乙烯、乙烯-醋酸乙烯酯橡胶、氯化聚乙烯、聚异丁烯、丁基橡胶、聚酯橡胶、氯醇橡胶、橡胶状软质聚氯乙烯。

在药品包装中起主要作用的瓶装橡胶密封材料、胶塞和垫片所用橡胶主要是天然橡胶和丁基橡胶。

（1）天然橡胶

天然橡胶的利用起源于15世纪，主要来源于巴西橡胶树。天然橡胶（NR）的种类主要有以下六种：皱纹烟片、苍皱片、白皱片、风干片、SP橡胶、平黑皱片。由于原料是天然产物，即使制备工艺控制得很严格，质量还会有波动，但综合性能优良，各种性能相当均衡，有些性能如强度和弹性等是合成橡胶不能比拟的。耐候性、耐臭氧性、耐油性、耐溶剂性、耐燃烧性等比较差。加工性、黏合性、混合性等良好。目前巴西橡胶树已广泛分布于40多个国家，我国天然橡胶的产量占世界第四位。天然橡胶的主要成分是橡胶烃，它是由异戊二烯链节组成的天然高分子化合物，分子量为 $3 \times 10^4 \sim 3 \times 10^7$，多分散习性指数为2.8～10。

天然橡胶的优点很多，主要有以下几种：①强度大，除了聚氨酯以外，纯胶在所有的橡胶中强度是最高的；②橡胶弹性最好；③耐弯曲开裂性优良，内部发热少；④抗撕强度好，胜过SBR；⑤耐磨损性优良；⑥耐寒性出色，至−50℃仍不脆，仍耐用；⑦绝缘性比较好；⑧硫化性、加工性、黏合性等也优良。

天然橡胶的缺点：①由于是天然原料，耐久性、耐臭氧性、耐热老化性、耐光性等较差；②耐油性、耐溶剂性极差，除醇以外，对所有溶剂均须注意防护；③耐药品性方面，一般能耐弱酸和碱，但能为强酸所侵蚀；④耐热性中等，上限为＋90℃，根据条件还可耐到＋120℃；⑤透气性中等，不能说是气密性的；⑥是自燃性的，不是难燃性的；⑦颜色为浅黄到褐色，略带有臭气。

（2）丁基橡胶

丁基橡胶是异丁烯和少量异戊二烯的共聚物，为白色或暗灰色透明弹性体。丁基橡胶于

1943 年在美国开始工业生产。由于性能好，发展较快，已成为通用橡胶之一。丁基橡胶是气密性最好的橡胶，其气透过率约为天然橡胶的 1/20，丁基橡胶的耐热性、耐候性和耐臭氧氧化性都很突出。最高使用温度可达 200℃。能长时间暴露于阳光和空气中而不易损坏。丁基橡胶耐化学腐蚀性好，耐酸、碱和极性溶剂。此外，丁基橡胶的电绝缘性和耐电晕性能比一般合成橡胶好。耐水性能优异，水渗透率极低。减振性能好，在 −30～50℃ 具有良好的减振性能，在玻璃化转变温度（−73℃）时仍具有屈挠性。丁基橡胶的缺点是硫化速度很慢，需要高温或长时间硫化，自黏性和互黏性差，与其他橡胶相容性差，难以并用。

　　由于丁基橡胶化学稳定性优于天然橡胶，对人体有害杂质的含量低于天然橡胶，而且气密性好，能延长药品的保质期，所以，天然橡胶在国外制药工业的产品包装中正逐渐被淘汰。但是，在我国天然橡胶仍在被大量使用。

　　(3) 丙烯酸酯橡胶（ACM）

　　ACM 是由不同链长酯基的丙烯酸酯为主单体经共聚而得的新型弹性体，使用性能因单体的组成不同而有所差异，一般具有耐热（可在 150℃ 及以上的温度环境中使用）、耐有机溶剂、耐臭氧、耐热氧老化和光老化等优异性能。用于丙烯酸酯橡胶合成的单体有：丙烯酸甲酯、丙烯酸乙酯、丙烯酸丁酯、丙烯酸异辛酯，一些带有极性基团的丙烯酸烷氧醚酯、丙烯甲氧乙酯、丙烯酸聚乙二醇甲氧基酯等，以及为了便于硫化而要加入的甲基丙烯酸缩水甘油酯和烯丙基缩水甘油酯等形成硫化点的单体。

　　丙烯酸酯橡胶的合成既可以用溶液聚合，也可以用悬浮聚合或乳液聚合的方法实施，多用乳液聚合。国外已广泛用于汽车工业，丙烯酸酯橡胶的优异的使用性能完全符合制药工业，尤其是药物制剂工业，并且这种橡胶对生物体是安全无害的。不久的将来，丙烯酸酯橡胶将在制药工业普遍应用。

　　3. 纤维纸

　　纤维是指长度比直径大很多倍，并具有一定柔韧性的纤细物质。供纺织用的纤维，长度与直径比一般大于 1000∶1。典型的纺织纤维的直径为几微米至几十微米，而长度超过 25mm。

　　纤维可分为两大类：一类是天然纤维，如棉花、羊毛、蚕丝和麻等；另一类是化学纤维，即用天然或合成高分子化合物经化学加工而制得的纤维。化学纤维按原料来源可分为人造纤维与合成纤维。人造纤维是以天然高聚物为原料，经过化学处理与机械加工而制得的纤维。其中，以含有纤维素的物质（如棉短绒、木材等）为原料的，称为纤维素纤维；以蛋白质为原料的，称为再生蛋白质纤维。合成纤维是由合成高分子经加工而成的纤维。

　　纸作为一种常见的包装材料，属于天然纤维制品。制剂生产中，几乎所有的中包装和大包装均采用纸包装材料。纸的定量是指单位面积的质量（g/m^2）。依据定量的大小，纸包装材料可分为纸（定量在 8～150g/m^2）、厚纸或薄纸板（150～250g/m^2）、纸板（250～500g/m^2）、厚纸板或薄板（500～600g/m^2）、板纸（>600g/m^2），用于药品的纸包装材料一般可分为包装用原纸和包装加工纸两大类。包装用原纸包括纸张（如包装纸、玻璃纸、过滤纸等）和纸板（如白纸板、牛皮箱纸板等）；包装加工纸包括防潮纸和瓦楞纸板等。药品包装用纸常用的有如下几种。

　　① 蜡纸。蜡纸具有防潮、防止气味渗透等特性，多作防潮纸，可用于蜜丸等的内包装。药用蜡纸主要采用亚硫酸盐纸浆生产的纸为基材，再涂布食品级石蜡或硬脂酸等而成。

　　② 玻璃纸（PT）。玻璃纸又称纤维素膜，具有质地紧密、无色透明等特点，多用于外

皮包装或纸盒的开窗包装。玻璃纸可与其他材料复合，如在其上涂一层防潮材料，可制成防潮玻璃纸，也可涂蜡，制成蜡纸。

③ 过滤纸。过滤纸有一种湿强度和良好的过滤性能，无异味，符合食品卫生要求，可作袋泡茶类药品的包装，过滤纸是卷筒纸，宽度为 94mm 或 145mm，每卷长为 420m。

④ 可溶性滤纸。可溶性滤纸是由棉浆、化学浆抄制，经羧甲基化后制得。其特性是匀度好，具有对细小微粒的保留性和对液体的过滤性。若将一定剂量药物吸附在一定面积的可溶性滤纸上，即可制得纸型片，可供内服药剂用。

⑤ 包装纸。即由多种配料抄制，用于包装目的纸张的总称，其特点是强度及韧性较好。普通食品包装纸是用漂白化学浆抄制，有单面光和双面光两种，可用于散剂包裹或投药用纸袋等。

⑥ 白纸板。白纸板常用于药品包装中的一般折叠盒，其由面层、芯层和底层组成。面层由漂白的木浆制成，芯层和底层由机械木浆等制成。白纸板的面层有单面和双面之分。白纸板具有较好的耐折力、挺力、表面强度和印刷性。白纸板的面层可涂布由白土、高岭土等白色颜料与干酪素、淀粉等黏合剂组成的涂料，可制成涂布白纸板，具有较高的印刷适应性和白度，常用于较高级的中包装折叠盒。

⑦ 牛皮箱纸板。牛皮箱纸板具有较高的耐折性、耐破性、挺力和抗压性。它是用硫酸盐木浆、竹浆挂面、再用其他纸浆挂底制成。多用于外贸商品及珍贵药品的包装纸箱。

⑧ 瓦楞纸板。瓦楞纸板是由瓦楞芯和纸板用黏合剂粘接而成的加工纸板，具有较高的强度和一些优良性质。瓦楞纸板可分为单面瓦楞纸板、双面瓦楞纸板和双瓦楞纸板、三瓦楞纸板等。根据瓦楞芯波形可分为 U、V 和 UV 形三种。U 形板强度较高、弹性及缓冲性能好，V 形板成本较低，UV 形兼具两者之优点，使用较广泛。根据一定长度上瓦楞的数目、峰高及纸厚，瓦楞纸可分为 A～E 五种。前者楞较宽和较高，压缩强度较高；后者具有良好的印刷表面。

纸容器指纸袋、纸盒、纸箱等纸质包装。纸盒一般以纸板制成，多作为销售包装。纸盒有固定式及折叠式两种，前者的式样有天地罩式、抽屉式等，后者有插扣和压扣形式等。纸箱一般以瓦楞纸板折合而成，多作为运输包装。药品纸箱常用一整块纸板制成，通过粘合或钉合将接缝封合制成纸箱，外盖一般对接，为了卫生，外盖也可以安全搭叠。

三、药品包装用高分子材料的毒性及其评价

1. 高分子材料的毒性

高分子材料的毒性不仅与高聚物本身有关，在很大程度上还与残留单体及各种添加剂有关。

纯的聚乙烯、聚丙烯化学结构稳定，毒性极低，是世界公认的安全塑料。聚苯乙烯、聚氯乙烯本身也无毒。实验证明，聚苯乙烯在家兔或大鼠体内氧化成苯甲酸，可以与葡萄糖醛酸结合的形式排出体外。虽其单体苯乙烯具一定毒性（大鼠口服 $LD_{50}=5g/kg$），但在残留量低于 0.5% 时可以视为是安全的。氯乙烯单体的毒性较大，最近 FDA 要求食品级聚氯乙烯包装材料、板材或片材，氯乙烯单体残留量应在 1×10^{-11} 以下；软管、衬圈或垫片，残留量应控制在 5×10^{-12} 以下。

聚乳酸和 PET 等聚酯本身无毒，其安全性问题来自聚合过程中的残留催化剂，如锑、锗等重金属，但是通过长期保存实验，重金属含量在 3×10^{-10} 左右的聚酯材料，溶出量在

1×10^{-13} 以下。

在塑料中应用较多的增塑剂就其毒性大小可分为 4 类,其中邻苯二甲酸二辛酯、二乙酯、癸二酸二辛酯、环氧大豆油、硬脂酸丁酯等属于安全性较大的品种,而邻苯二甲酸二丁酯、磷酸三甲酚酯一般不宜用于食品或药品包装。

在稳定剂和抗氧剂中,铝、钡、镉化合物和大部分有机锡化合物都有较大毒性,不宜使用。目前许可应用的有钙、锌、铝、锂的脂肪酸盐类以及月桂酸二正辛基锡,某些环氧化合物,多元醇以及叔丁基羟基茴香醚,二叔丁基对甲酚等。

2. 体外生物学反应性试验

该类试验是将高分子材料或其抽提液与哺乳动物细胞培养物直接接触,观察细胞反应性以判断材料生物相容性的方法。具体方法分为琼脂扩散试验、直接接触试验和洗提试验 3 种,以适合表面光滑样品、低密度或高密度样品以及各种提取液等不同试样的需要。试验过程大致为:取细胞培养物在平皿上铺成薄层,加入一定面积的试样或一定浓度的提取液,在 $(37\pm1)℃$ 和 $(5\pm1)\%$ 二氧化碳浓度下培养 24h,然后根据细胞溶解情况将试验结果分为 $0\sim4$ 级反应,同时以阳性反应物和阴性反应物对照。反应性在 2 级以下的试样可以认为符合包装容器要求。

3. 体内生物学试验

经过体外生物学反应性试验合格的高分子包装材料一般不要求做体内生物学试验,但体外试验有显著生物活性的必须做进一步的体内试验。此外,对于包装注射剂和血液制品的材料,包装滴眼液的材料以及直接与人体接触的植入剂高分子材料等也需进行体内生物相容性评价。

体内生物学试验包括材料提取液的静脉注射或腹腔注射、皮内注射、眼内刺激性试验以及材料的埋植试验。常用的提取溶剂为氯化钠注射液、1:20 乙醇-氯化钠注射液、PEG400、包装内容物的溶剂和植物油等。

4. 化学试验

试验是指对高分子包装材料的化学性质检查,根据不同包装材料性质选择恰当项目进行检查。如鉴别试验(燃烧试验、干馏试验、溶解性试验及红外光谱分析)、纯度试验(输液用、滴眼剂用容器纯度要求较高,包括重金属、灼烧残渣、增塑剂及稳定剂含量)、吸着性试验、溶出性试验、耐受性试验(憎水性、耐溶剂性及耐酸碱性)、耐老化性试验(耐热性、耐湿性及耐光性)等。下面主要介绍吸着性和溶出性。

(1) 吸着性

药物成分可能向包装材料迁移并吸附在材料中,这种吸附材料常称为吸着剂。吸着剂给某些药物制品带来两方面的不良后果。一方面,一些小剂量高效药物可因吸着性造成剂量损失而显著影响疗效,如硝酸甘油片剂量仅为 0.5mg,挥发性又强,容易被高聚物材料吸着,不宜采用聚合物材料包装。另一方面,含有微量防腐剂的药品,也可因吸着性造成损失,使这些防腐剂不能有效地抑制细菌或霉菌生长。

影响吸着性的因素包括药品的化学结构、药剂的 pH 值、溶剂、浓度以及材料的结构、面积等,环境温度和接触时间也起一定作用。

(2) 溶出性

溶出性主要是指存在于高分子中的助剂自包装容器进入药品中的性质。虽然在选择助剂时已经考虑了它们的毒性问题,但这些物质或多或少地会迁移到包装物品中,尤其是液体药品。例如邻苯二甲酸二辛酯（DEHP）被认为是毒性最低的增塑剂之一，但一些研究发现，含该种增塑剂的 PVC 输血袋，血液保存时间越长，输血病人发生肺源性体克的现象就越多。

高分子材料自身溶出量非常少，但在某些特殊条件下也可能发生溶出。例如聚乙烯与油脂长期接触，低分子量聚乙烯就可能有少量的溶出。干燥不充分的聚酯在加工时可能有些酯键会水解，水解生成的小分子也可以溶出。在含有油脂、酒精及大量水或有机溶剂的液体药剂中这种溶出现象会变得更为突出，溶出物影响药剂的外观、色泽、口味，严重的则与药物发生相互作用，影响疗效。像以聚氯乙烯树脂制备的输液袋，必须严格注意其中增塑剂的溶出对药液澄明度的影响，如增塑剂 DEHP 从输液袋中溶出可形成不溶性微粒。

5. 其他专项试验

对于输液剂等灭菌或无菌药品的高分子包装材料还必须进行无菌试验、热原试验以及溶血试验等安全性试验。

高分子药用包装材料或容器的评价除上述主要内容外，对于包装不同制剂的容器还有各自需进行的特殊检查。例如对于血液制品的塑料包装容器，除要求前述检查外还具体规定了撕裂检查、裂隙检查、充填速度检查、压空试验、温度变异试验以及透光率检查等，日本药局方则明确指出监测的品种是 500mL 以上的输液容器。一般而言，对包装固体制剂的塑料容器要求较低；其次是软膏类包装容器，对于那些含有油性基质的药品，要注意油性成分对包装材料中可能存在的镍、铬等皮肤致敏性溶出性的检查；对包装液体制剂，尤其是包装注射液的容器则要求全面检查生物性能和理化性能。

药用高分子材料是包装领域中特殊的一类材料。我国药用管理机构和世界先进国家医药管理机构对医药包装均有具体法规。涉及包装容器质量详细的检查、评价方法，对高分子药用包装容器及材料也有具体的试验方法，制剂生产厂也相继建立包装材料质量保证体系，对包装材料在包装前后进行全面的检查和控制。

最后，需要指出，目前作为药用包装的高分子材料的品种虽然只有聚乙烯、聚丙烯、聚苯乙烯、聚酯及聚氯乙烯、聚四氟乙烯、聚甲基丙烯酸甲酯等为数不多的几种，但由于各自性质不同，在监测方法上仍需区别对待。此外，美国、英国、日本等国药典目前正式收载的品种也仅聚乙烯、聚丙烯和聚氯乙烯等几个品种，其他材料尚无可依据的药用包装标准。所以，在使用这些材料以及新来源的材料时，除必须严格按现有塑料工业有关国家标准或部颁标准进行质量控制外，还必须按包装剂型及品种以及材料特性参考药典有关规定进行卫生学方面和生物学方面的检查。

第三节　药品包装用高分子材料的成型加工技术

药品包装所用中空容器、薄膜、片材等多采用热塑性塑料，胶塞、胶管等则采用橡胶。将塑料加热软化并压出以加工所需制品，多采用注射成型或挤出成型。将粒状塑料由料斗送入到加热的料筒，软化后用柱塞（或定量螺杆）将塑料通过喷嘴定量地压入模具中，可得不同形状的制品。将塑料由料斗连续地加入加热的料筒，软化后用螺杆将料推向机头的模具缝隙连续地挤出，可得管、棒等制品。橡胶则需要事先经混炼、塑炼等工序以使其具有可塑性后，再采用模压、挤出、压延等方法进行成型加工。

包装材料可以是一种材料或由两种或数种不同材料复合而成。复合材料改进了单一材料的性能，并能发挥各组合材料的优点，薄膜、塑料瓶以及片材和板材等均可复合。复合薄膜的基材除塑料薄膜外，还可用纸、玻璃纸、铝箔等。

一、塑料成型加工

塑料的成型加工过程，由原料准备、成型、机械加工、修饰和装配等连续过程组成。成型是将各种形态的塑料（粉料、粒料、溶液域分散体）制成所需形样的制品或坯件的过程，在整个过程中最为重要，是一切塑料制品或型材生产的必经过程。机械加工是指在成型后的工件上钻眼、切螺纹、车削或铣削等，用来完成成型过程不能完成或完成的不够准确的一些工作。修饰是为美化塑料制品的表面或外观，也有为其他目的，如为提高塑料制品的介电性能要求它具有高度光滑的表面。装配是将各个已完成的部件连接或配套使其成为一完整制品的过程。后三种过程有时统称为加工。

1. 成型用的物料及其配制

① 聚合物。是塑料的主要成分，所以它决定了塑料的基本性能。在塑料制品中，聚合物应成为均一的连续相，其作用在于将各种助剂连接为一个整体，从而具有一定的物理力学性能。由聚合物与助剂配制成复合物需要有良好的成型工艺性能，例如，在成型过程中，一般应在一定温度、压力下具有可塑性（连续流动的行为）。

② 增塑剂。为降低塑料的软化温度范围和提高其加工性能、柔韧性或延展性，加入的低挥发性或挥发性可忽略的物质称为增塑剂，而这种作用称为增塑作用。增塑剂通常是一类对热和化学实际都稳定的有机物，大多是低挥发性液体，少数则是熔点较低的固体，而且至少在一定范围内能与聚合物相容（混合后不会离析）。

③ 稳定剂。凡在成型加工与使用期间为有助于材料性能保持原始值或接近原始值而在塑料配方中加入的物质称为稳定剂，在塑料中加入稳定剂是制止或抑制聚合物因受外界因素（光、热、细菌、霉菌以至简单的长期放存）影响所引起的破坏作用。按所发挥的作用不同，稳定剂可分为热稳定剂、光稳定剂（紫外线吸收剂、光屏蔽剂等）及抗氧剂等。

④ 填充剂（填料）。填充剂一般都是粉末状物质，且对聚合物都呈惰性。可以是无机矿物质，也可以是有机高聚物。塑料配制时加入填充剂的目的是改善塑料的成型加工性能，提高制品的某些性能或降低成本。

⑤ 增强剂。加入聚合物中使其机械性能得到提高的材料，称为增强剂，通常是纤维类材料，也可以是纳米固体材料。它实际上也是聚合物的填料，但在性能上与填料有较大的差别。

⑥ 给予塑料以色彩或特殊光学性能或使之易于识别的材料称为着色剂。

⑦ 为改变塑料熔体的流动性能，减少或避免对设备的摩擦和黏附以及改变制品的光亮度等而加入的一类助剂称为润滑剂。

此外，还有防静电剂、阻燃剂等其他助剂。

2. 挤出成型

挤出成型又称挤出模塑或挤塑、挤压。挤出成型在热塑性塑料加工领域中，是一种变化多、用途广、在塑料加工中占比例很大的加工方法。由挤出制成的产品都是横截面一定的连续材料，如管、板、丝、薄膜，电线电缆的涂覆等。挤出在热固性塑料加工中是很有限的。

挤出过程可分为两个阶段：第一阶段是使固态塑料塑化（即变成黏性流体）并在加压下使其通过特殊形状的口模而成为截面与口模形状相仿的连续体；第二阶段是用适当的方法使挤出的连续体失去塑性状态而变为固体，即得所需制品。

按照塑料塑化的方式不同，挤出工艺可分为干法和湿法两种。干法的塑化是靠加热将塑料变成熔体，塑化和加压可在同一个设备内进行。其定型处理仅为简单的冷却。湿法的塑化是用溶剂将塑料充分软化，因此塑化和加压须是两个独立的过程，而且定型处理必须采用较麻烦的溶剂脱除，同时还得考虑溶剂的回收。湿法挤出虽在塑化均匀和避免塑料过度受热方面存有优点，但基于上述缺点，它的适用范围仅限于硝酸纤维素和少数醋酸纤维素塑料的挤出。

挤出过程中，随着对塑料加压方式的不同，可将挤出工艺分为连续和间歇两种。前一种所用设备为螺杆挤出机，后一种为柱塞式挤出机。螺杆挤出机又有单螺杆挤出机和双螺杆挤出机的区别，但使用较多的是单螺挤出机。用螺杆挤出机进行挤出时，装入料斗的塑料，借转动的螺杆进入加料筒中（湿法挤出不需加热），由于料筒的外热及塑料本身和塑料与设备间的剪切摩擦热，使塑料熔化而呈流动状态。与此同时，塑料还受螺杆的搅拌而均匀分散，并不断前进。最后，塑料在口处被螺杆挤到机外而形成连续体，经冷却凝固，即成产品。

柱塞式挤出机的主要部件是一个料筒和一个由液压操纵的柱塞。操作时先将已经塑化好的塑料放在料筒内，而后借助柱塞的压力将塑料挤出口模外，料筒内塑料挤完后，即应退出柱塞以便进行下次操作。柱塞最大的优点是能给塑料以最大的压力，而它的明显缺点是操作的不连续，而且塑料还要预先塑化，因而应用也较少，只有在挤出聚四氟乙烯塑料等方面尚有应用。

管材挤出时，塑料熔体从挤出口模挤出管状物，先通过定型装置，按管材的几何形状、尺寸等要求使它冷却成型。然后进入冷却水槽进一步冷却，最后经牵引装置送至切割装置切成所需长度。定型是管材挤出中最重要的步骤，它关系到管材的尺寸、形状是否正确及表面光泽度等产品质量问题，定型方法一般有外径定性和内轮定性两种。外径定性是靠挤出管状物在定径套内通过时，其表面与定径套内壁紧密接触进行冷却实现的。为保证它们的良好接触，可采用向挤出管状物内充压缩空气使管内保持恒定压力的办法，也可在定径套管上钻小孔进行抽真空保持一定的负压的办法，即内压式外定径和真空外定径。内径定型采用冷却模芯进行。管状物从机头出来就套在冷却模芯上使其内表面冷却而定型。两种定型其效果是不同的。

挤出成型的主要设备为螺杆挤出机，分单螺杆与双螺杆两种。如图 7-1 和图 7-2 所示。

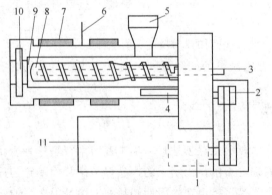

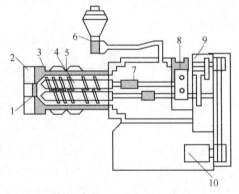

图 7-1　单螺杆挤出机示意图

图 7-2　双螺杆挤出机示意图

1—电动机；2—减速装置；3—冷却水入口；4—冷却水夹；
5—料斗；6—温度计；7—加热器；8—螺杆；
9—滤网；10—粗滤器；11—机座

1—连接器；2—过滤器；3—料筒；4—螺杆；
5—加热器；6—加料器；7—支座；
8—上推轴承；9—减速器；10—电动机

① 传动装置。传动装置是带动螺杆转动的部分，通常由电机、减速装置和轴承等组成。

② 加料装置。供料的形式有粒状、粉状和带状等几种。加料装置一般都采用加料斗。料斗的容量至少能容纳 1h 的用料。

③ 料筒。料筒是挤出机的主要部件之一，塑料的塑化和加压过程都在其中进行。

④ 螺杆。螺杆是挤出机的关键部件。通过它的转动，料筒的塑料才能发生移动，得到增压和部分的热量（摩擦热）。螺杆的几何参数，如直径、长径比、各段长度比例及螺槽深度等，对螺杆的工作特性均有重大影响。根据塑料在螺杆上的运行情况可分为加料、压缩和计量三段，这种通用螺杆，有时称为标准螺杆，各段的功能是不同的。

加料段是塑料入口向前延伸的一段距离，其长度为 $(4 \sim 8)D$。在这段中，塑料依然是固体状态。这段螺杆的主要功能是从加料斗攫取物料传送给压缩段，同时使物料受热，由于物料的密度低，螺槽做得很深，加料段的螺槽深度为 $(0.10 \sim 0.15)D$。另外，为使塑料有最好的输送条件，要求减少物料与螺杆的摩擦而增大物料与料筒的切向摩擦。为此，可在料筒与塑料接触的表面开设纵向沟槽；提高螺杆表面光洁程度，并在螺杆中心通水冷却。

压缩段是螺杆中部的一段。塑料在这段中，除受热和前移外，即由粒状固体逐渐压实并成为连续熔体。同时还将夹带的空气向加料段排出。为适应这一变化，通常使这一段螺槽深度逐渐减小，直至计量段的螺槽深度。这样，既有利于制品的质量，也有利于物料的升温和熔化。通常，将加料段一个螺槽的容积与计量段一个螺槽容积之比称为螺杆的压缩比。

计量段是螺杆的最后一段，其长度为 $(6 \sim 10)D$。这段的功能是使熔体进一步塑化均匀，并使料流定量、定压，由机头和口模的流道挤出，所以这一段称为计量段。这段螺槽的深度比较浅，其深度为 $(0.02 \sim 0.06)D$。

口模是安装在挤出机末端的有孔部件，它使挤出物形成规定的横截面形状。口模连接件是位于口模和料筒之间的那部分，这种组合装置的某些部分有时称为机头或口模体。

3. 注射模塑

注射模塑（又称注射成型，简称注塑），是成型塑料制品的一种重要方法。几乎所有的热塑性塑料及多种热固性塑料都可用此法成型。用注射模可成型各种形状，尺寸、精度满足各种要求的模制品。药用塑料瓶的坯料、塑料瓶盖以及一次性注射器等都可以采用注射成型的方法进行加工生产。注射制品约占塑料制品总量的 $20\% \sim 30\%$，尤其是塑料作为工程结构材料的出现，注射制品的用途已经扩大到国民经济的各个领域。

注射模塑的过程是：将粒料和粉料从注射机料斗加入加热的料筒，经加热呈流动状态后，由柱塞和螺杆推动，使其通过料筒前端的喷嘴注入闭合模具中；充满型腔的熔料在受压的情况下经冷却和加热固化后即可保持注射模型腔所赋予的形式；松开模具取出制品；在操作上即完成了一个模塑周期。然后就是不断重复上述周期的生产过程。

注塑具有成型周期短，能一次成型外形复杂、尺寸准确、带有嵌件的制品；对成型各种塑料的适应性强；生产效率高，易于实现全自动化等优点，是一种经济而先进的成型技术。注射成型的主要设备是注射机，分柱塞式和螺杆式两种，如图 7-3 和图 7-4 所示。

目前工厂中，广泛使用的是移动式螺杆注射机，但还有少量柱塞式注射机，在生产 60g 以下的小型制件时多用柱塞式，对模塑热敏性塑料、流动性差的各种塑料，中型及大型注射机则多采用移动螺杆式。移动螺杆式和柱塞式两种注射机都是由注射系统、锁模系统和注射模具三大部分组成。现分述如下。

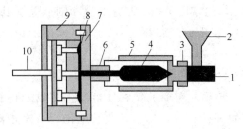

图 7-3 柱塞式注射机和塑模的剖面示意图

1—柱塞；2—料斗；3—冷却套；4—分流梭；

5—加热器；6—喷嘴；7—固定模板；

8—制品；9—活动模板；10—顶出杆

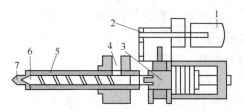

图 7-4 单螺杆式注射机结构示意图

1—电动机；2—传动螺杆；3—滑动键；

4—进料口；5—料筒；6—螺杆；

7—喷嘴

① 注射系统。它是注射机最主要的部分，其作用是使塑料均化和塑化，并在很高的压力和较快的速度下，通过螺杆或柱塞的推挤将均化和塑化好的塑料注射入模具。注射系统包括：加料装置、料筒、螺杆（柱塞式注射机则为柱塞和分流梭）及喷嘴等部件。

② 锁模系统。在注射机上实现锁合模具、启闭和顶出制件的机构总称为锁模系统。熔料通常以 $40 \sim 150 MPa$ 的高压注入模具，为保证模具的严密，闭合而不向外溢料，要有足够的锁模力。

锁模力 F 的大小决定于注射压力 p 和与施压方向成垂直的制品投影面积 A 的乘积。

即
$$F = pA$$

事实上，注射压力在模塑过程中有很大的损失，为达到锁模要求，锁模力只需保证大于模腔压力 p' 和投影面积（A 其中包括分流道投影面积）的乘积。

即
$$F > p'A$$

模腔压力通常是注射压力的 $40\% \sim 70\%$。

锁模结构应保证模具启闭灵活、准确、迅速而安全。工艺上要求，启闭模具时要有缓冲作用，模板的运行速度应在闭模时先快后慢，而在开模时应先慢后快再慢，以防止损坏模具及制件，避免机器受到强烈振动，适应平稳顶出制件，达到安全运行，延长机器和模具的使用寿命。

启闭模板的最大行程，决定了注射机所能生产制件的最大厚度，而在最大行程以内，为适应不同尺寸模具的需要，模板的行程是可调的。模板应有足够强度，保证在模塑过程中不致因频受压力的撞击引起变形，影响制品尺寸的稳定。

常用的启闭模具和锁模机构有三种形式，如图 7-5 所示。

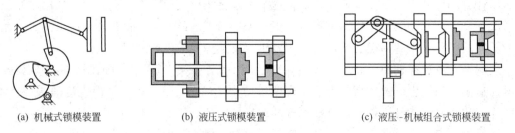

(a) 机械式锁模装置　　　　(b) 液压式锁模装置　　　　(c) 液压-机械组合式锁模装置

图 7-5 模具启闭形式和锁模机构示意

③ 注射模具。注射模具是在成型中赋予塑料以形状和尺寸的部件。模具的结构虽然由于塑料品种和性能、塑料制品的形状和结构以及注射机的类型等不同而可能千变万化，但是

基本结构是一致的。模具主要由浇注系统、成型零件和结构零件三部分组成，其中浇注系统和成型零件是与塑料直接接触的部分，并随塑料和制品而变化，是塑模中最复杂、变化最大、要求加工光洁度和精度最高的部分。浇注系统是指塑料从喷嘴进入型腔前的流道部分，包括主流道、冷料穴、分流道和浇口等。成型零件是指构成制品形状的各种零件，包括动模、定模和型腔、型芯、成型杆以及排气口等。典型塑模结构如图 7-6 所示。

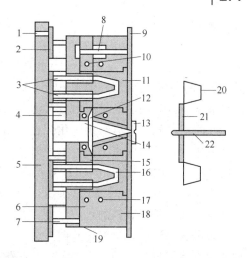

图 7-6　注射成型模具结构
1—用作推顶脱模板的孔；2—脱模板；
3—脱模杆；4—承压柱；5—后夹模板；
6—后扣模板；7—回顶杆；8—导合钉；
9—前夹模板；10—阳模；11—阴模；
12—分流道；13—主流道衬套；
14—冷料穴；15—浇口；16—型腔；
17—冷却剂通道；18—前扣模板；
19—塑模分界面；20—制品；
21—分流道赘物；22—主流道赘物

几种常用塑料的注射成型。

① 丙烯塑料。聚丙烯为非极性的结晶性高聚物，吸水率很低，约为 0.03%～0.04%，注射时一般不需干燥，必要时可在 80～100℃ 下干燥 3～4h。聚丙烯的熔点为 160～175℃，分解温度为 350℃，成型温度范围较宽，约为 205～315℃，其最大结晶速度的温度为 120～130℃。注塑用的聚丙烯的熔融指数为 2～9g/10min，熔体流动性较好，在柱塞式或螺杆式注射机中都能顺利成型。一般料筒温度控制在 210～280℃，喷嘴温度可比料筒温度低 10～30℃。生产薄壁制品时，料筒温度可提高到 280～300℃；生产厚壁制件时，为防止熔料在料筒内停留时间过长而分解，料筒温度应适当降低至 200～230℃，料筒温度过低，大分子定向程度增加，制品容易产生翘曲变形。

聚丙烯熔体的流变特性是黏度对剪切速率的依赖性比温度的依赖性大。因此在注射充模时，通过提高注射压力或注射速度来增大熔体的流动性比通过提高温度更有利。一般注射压力控制在 70～120MPa（柱塞式注射压力偏高，螺杆式注射压力偏低）。

聚丙烯的结晶能力较强，提高模具温度有助于制品结晶度的增加，甚至能够提前脱模。基于同一理由，制品性能当与模具温度有密切关系。生产上常采用的模温，约为 70～90℃，这不仅有利于结晶，而且有利于大分子的松弛，减少分子的定向作用，并可降低内应力。如模温过低，冷却速度太快，浇口过早冷凝，不仅结晶度低、密度小，而且制品内应力较大，甚至引起充模不满和制品缺料。冷却速度不仅影响结晶度，还影响晶体结构。急冷时呈碟状结晶结构，缓冷时呈球晶结构。晶体结构不同，制品的物理力学性能也各异。

由于聚丙烯的玻璃化转变温度低于室温，当制品在室温下存放时常发生后收缩（制品脱模后所发生的收缩）现象，原因是聚丙烯在这段时间内仍在结晶。后收缩量随制品厚度而定，制品越厚后收缩越大。后收缩总量的 90% 约在制品脱模后 6h 内完成，剩余 10% 约发生在随后的 10 天内，所以，制品在脱模 24h 后基本可以定型。成型时，缩短注射和保压时间，提高注射和模具温度都可减小后收缩。对尺寸稳定性要求较高的制品，应进行热处理。

② 聚酰胺塑料。聚酰胺品种较多。其中尼龙 6、尼龙 66、尼龙 610、尼龙 612、尼龙 11、尼龙 12 及我国独创品种尼龙 1010 等均已在工业上广泛使用。由于它们化学结构略有差异，性能不尽相同，但其成型特点则是共同的。

聚酰类塑料在分子结构中含有亲水的酰基，容易吸湿。其中尼龙 6 吸水性最大，尼龙66 次之，尼龙 610 的吸水性为尼龙 66 的一半，尼龙 612 的吸水性较尼龙 610 低 8%～10%；尼龙 1010 的吸水性较小，平衡吸水率为 0.8%～1.0%。水分对这些塑料的物理性能常有显著的影响。为顺利成型，须先进行干燥，使水分降至 0.3% 以下。水分大时，成型中会引起熔体黏度下降，使制品表面出现气泡、银丝和斑纹等缺陷，以致制品的力学强度下降。

干燥尼龙塑料时应防止氧化变色，因为酰氨基对氧敏感，易氧化而降解。干燥时，最好用真空干燥，因为脱水率高，干燥时间短，干燥后的粒料质量好。干燥条件一般为：真空度95kPa 以上；烘箱温度 90～110℃；料层厚度 25mm 以下。在这种条件下干燥 8～12h 后，水分含量可达 0.1%～0.3%。如果采用普通烘箱干燥，应将干燥温度降至 80～90℃，并延长干燥时间。干燥合格的料应注意保存，以免再吸湿。

聚酰胺为结晶性塑料，有明显的熔点，而且熔点较高（200～290℃），视品种不同而异，熔融温度范围较窄（约 10℃），熔体的流动性大，熔体的热稳定性差而且容易降解，成型收缩率较大。因此注射时对设备及成型工艺条件的选择都应重视以上特点。尼龙塑料可采用柱塞式或螺杆式注射机成型。由于尼龙塑料熔化温度范围较窄，熔化前后体积变化较大，选用螺杆式注射机时，应采用高压缩比螺杆。螺杆头应装上良好的止逆环，以免低黏度的熔体发生过多的漏流。为防止喷嘴处熔体的流延浪费原料，都应采用自锁喷嘴，一般以外弹簧针阀式喷嘴较好。料筒温度，主要应根据各种尼龙的熔点来确定。螺杆式注射机料筒温度可比塑料熔点高 10～30℃，而柱塞式注射机的料筒温度应比塑料熔点高 30～50℃。几种常用尼龙的注塑工艺参数见表 7-1。

表 7-1　几种尼龙注塑工艺参数

工艺参数		尼龙 6	尼龙 66	尼龙 610	尼龙 1010
熔点/℃		210～215	250～260	215～225	205
干燥条件	真空度/MPa	0.1	0.1	0.1	0.1
	干燥温度/℃	100±5	100±5	90～100	100±5
	干燥时间/h	15～25	16～24	14～16	8～12
含水量指标/%		＜0.1	＜0.1	＜0.1	＜0.1
注射料筒温度/℃		210～260	260～316	225～285	245～275
喷嘴温度/℃		210～260	260～300	220～260	240～260
模具温度/℃		60～80	40～100	40～100	40～100
注射压力/MPa		50～210	50～210	80～210	80～130
成型周期/s		60～150	60～150	50～200	

4. 压缩模塑

压缩模塑又称为模压成型或压制成型，这种成型方法是先将粉状、粒状或纤维状等塑料放入成型温度下的模具型腔中，然后闭模加压使其成型并固化的作业。压缩模塑可兼用于热塑性塑料和热固性塑料。模压热固性塑料时，塑料一直是处于高温的，置于型腔中的热固性塑料在压力作用下，先由固体变为半液体，并在这种状态下流满型腔而取得型腔所予的型样，随着交联反应的深化，半液体的黏度逐渐上升变成固体，最后脱模成为制品。热塑性塑料的模压，前一阶段与热固性塑料相同，但由于没有交联反应，所以在流满型腔后，须将塑模冷却使其固化才能脱模成为制品。由于热塑性塑料模压时模具需要交替地加热与冷却，生产周期长，因此热塑性塑料制品的成型以注射模塑法等更为经济，只有在模压较大平面的塑料制品时才采用模压成型。这里仅介绍热固性塑料的成型，必须指出的是压缩模塑并不是热固性塑料的唯一成型的方法，还可以用传递和注射法成型等。用聚四氟乙烯塑料成型的冷压烧结法，其中冷压形坯工序与压缩模塑有很多相同之处，故在此也作一简要叙述。

完备的压缩模塑工艺是由物料的准备和模压两个过程组成的，其中物料的准备又分为预压和预热两个部分。预压一般只用于热固性塑料，而预热则可用于热固性和热塑性塑料。模压热固性塑料时，预压和预热两个部分可以全用，也可以只用预热一种。单进行预压而不进行预热是很少见的。预压和预热不但可以提高模压效率，而且对制品的质量也起到积极的作用。如果制品不大，同时对它的质量要求又不太高，则准备过程也可以免去。

压缩模塑的主要优点是可模压较大平面的制品和利用多槽模进行大量生产，其缺点是生产周期长，效率低，不能模压要求尺寸较高的制品，这一情况尤以多槽模较为突出，主要原因是在每次成型时制品毛边厚度不易取得一致。

常用于压缩模塑的热固性塑料有：酚醛塑料、氨基塑料、不饱和聚酯塑料、聚酰亚胺塑料等，其中以酚醛塑料、氨基塑料的使用最为广泛。模压制品主要用于机械零部件、电器绝缘件、交通运输和日常生活等方面。压缩模塑用的主要设备是压机与塑模。

（1）液压机

液压机的作用在于通过塑模对塑料施加压力、开闭模具和顶出制品，液压机的重要参数包括公称直径、工作行程和柱塞直径。这些指标决定着液压机所能模压制品的面积、厚度以及能够达到的最大模压压力，模压成型所用液压机的种类很多，但用得最多的是自给式液压机，液压重量自几千牛顿至万牛顿不等。液压机按其结构的不同又可分为很多类型，其中比较主要的是以下两种。

① 上动式液压机。这种液压机如图 7-7 所示。液压机的主压筒处于液压机的上部，其中的上压柱塞是与上压板直接或间接相连的。上压板凭主压柱塞受液压的下推而下行，上行则靠液压的差动。下压板是固定执模具的阳模和阴模分别固定在上下压板上，依靠上压板的升降即能完成模具的启闭和对塑料施加压力等基本操作。制品的脱模是由设在机座内的顶出柱塞担任的（否则阴阳模不能固定在压板上），以便在模压后将模具移出，由人工脱模。

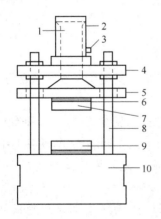

图 7-7　上动式液压机

1—柱塞；2—压筒；3—液压管线；
4—固定垫板；5—活动垫板；6—绝热板；
7—上压板；8—拉杆；9—下压板；10—机座

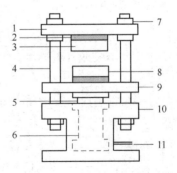

图 7-8　下动式液压机

1—固定垫板；2—绝热层；3—上模板；
4—拉杆；5—柱塞；6—压筒；7—行程调解套；
8—下模板；9—活动垫板；10—机座；11—液压管线

② 下动式液压机。这种液压机如图 7-8 所示。液压机的主压筒设在液压机的下部，其装置恰好与上动式液压机相反。制品在这种液压机上的脱模一般都靠安装在活动板上的机械装置来完成。

（2）塑模

压缩模塑用的塑模，按其结构的特征，可分为溢式、不溢式和半溢式 3 类，其中以半溢式用得最多。

① 溢式塑模。这种塑模如图 7-9 所示，其主要结构有阴阳模两个部分。阴阳模的正确位置由导合钉保证。脱模推顶杆是在模压完毕后使制品脱模的一种装置。导合钉和推顶杆在小型塑模中不一定具备。溢式塑模的制造成本低廉，操作也较容易，宜用于模压扁平或近于碟状的制品，对所用模压塑料的形状无严格要求，只需其压缩率较小而已。模压时每次用料量不求十分准确，但必须稍有过量。多余的料在阴阳模闭合时，即会从溢料缝溢出。积留在溢料缝而与内部塑料仍有连接的，脱模后就附在制品上成为毛边，事后必须除去。为避免溢料过多而造成浪费，过量的料应以不超过制品质量的 5％为度。

② 不溢式塑模。这种塑模如图 7-10 所示，它的主要特点是不让塑料从型腔中外溢和所加压力完全坐落在塑料上。用这种塑模不但可以采用流动性较差或压缩率较大的塑料，而且还可以制造牵引度较长的制品。此外，还可以使制品的质量均匀密实而又不带显著的溢料痕迹。由于不溢式塑模在模压时几乎无溢料损失，故加料不应超过规定，否则制品的厚度就不符合要求。但加料不足时制品的强度又会有所削弱，甚至变为废品。因此，模压时必须以称量加料，其次不溢式塑模不利于排除型腔中的气体，这就需要延长固化时间。

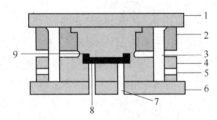

图 7-9 溢式塑模示意图

1—上模板；2—组合式阳模板；3—导合钉；
4—阴模；5—下气口；6—下模板；
7—推顶杆；8—制品；9—溢料缝

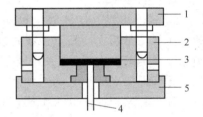

图 7-10 不溢式塑模示意图

1—阳模；2—阴模；3—制品；4—脱模杆；
5—定位下模杆

③ 半溢式塑模。这类塑模是兼具以上两类结构特征的一类塑模，按其结合方式的不同，又可分为无支承面与有支承面的两种。

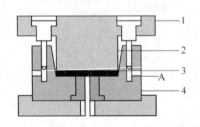

图 7-11 无支承面半溢式塑模示意图

1—阳模；2—溢料槽；3—制品；
4—阴模；A—平直段

a. 无支承面的塑模（见图 7-11）。这种塑模与不溢式塑模很相似，唯一的不同是阴模在 A 段以上略向外倾斜（锥度约为 30°），因而在阴阳模之间形成了一个溢料槽。A 段的长度一般为 1.5～3.0mm。模压时，当阳模伸入阴模而未达至 A 段以前，塑料仍可从溢料槽外溢，但受到一定限制。阳模到达 A 段以后，其情况就完全与不溢式塑模相同。所以模压时的用料量只求略有过量而不必十分准确，给加料带来了方便，但是所得制品的尺寸却较准确，而且它的质量也很均匀密实。

b. 有支承面的塑模。这种塑模除设有装料室外，与溢式塑模很相似（见图 7-9）。由于有了装料室，因此可以采用压缩率较大的塑料，而且模压带有小嵌件的制品比用溢料式塑模好，因为后一种塑模需用预压物模压，这对小嵌件是不利的。塑料的外溢在这种塑模中是受到限制的，因为当阳模伸入阴模时，溢料只能从阳模上开设的刻槽（其数量视需要而定）中溢出。不用这种设计而在阴模进口处开设向外的斜面亦可。基于这样一些措施，所以在每次用料的准确度和制品的均匀密实等方面，都与用无支承面的半溢式塑模相仿。这种塑模不宜于模压抗冲性较大的塑料，因为这种塑料容易积留在支承面上，从而使型腔内的塑料受不到足够的压力，其次是形成的较厚毛边也难以除尽。

5. 中空吹塑

药品包装中，塑料瓶等中空容器的制造多采用吹塑成型。中空吹塑（Blow Molding，又称为吹塑模塑）是制造空心塑料制品的成型方法。它借鉴于历史悠久的玻璃容器吹制工艺，至 20 世纪 30 年代发展为塑料吹塑技术，迄今已成为塑料的主要成型方法之一，并在吹塑模塑方法和成型机械的种类方面也有了很大的发展。

中空吹塑是借助气体压力使闭合在模具中的热熔塑料型坯吹胀形成塑料制品的工艺。根据型坯的生产特征分为两种。

① 挤出型坯。先挤出管状型坯进入开启的两瓣模具之间，当型坯壁的针头通入压缩空气，吹胀型坯使其紧贴模腔壁经冷却后开模脱出制品。

② 注射型坯。其是以注射法在模具内注塑成有底的型坯，然后开模将型坯移至吹塑模内进行吹胀成型，冷却后开模脱出制品。

大型复杂中空容器，目前在世界各国仍以挤出-吹胀成型为主，采用注射-吹胀成型工艺的为少数。由于挤出-吹胀成型是低温成型，所以残存应力小，又可采用中空夹层和多吹塑等工艺方法，可制隔声、隔热、形状复杂的制品，并具有工艺流程短、模具费用低等优点，受到各国制造商的青睐。但挤吹存在着纵向拉伸和限制吹胀中的粘模效应等动态变化，极易使制品壁厚分布不均匀和难以控制等缺点。吹塑制品包括塑料瓶、容器及各种形状的中空制品。现已广泛应用于化工、交通运输、农业、食品、饮料、化妆品、药品、洗涤制品、儿童玩具等领域中。

进入 20 世纪 80 年代中期，吹塑技术有长足发展，其制品应用领域已扩展到形状复杂、功能独特的办公用品、家用电器、家具、文化娱乐用品及汽车工业用零部件，如保险杆、汽油箱、燃料油管等，具有更高的技术含量和功能性，因此，又称为"工程吹塑"。吹塑制品具有优良的耐环境应力开裂性，气密性（能阻止氧气、二氧化碳、氮气和水蒸气向容器内外渗透）、耐冲击性，能保护容器内所装物品；还有耐药性、抗静电性、韧性和耐挤压性等特点。中空吹塑的常用塑料有聚乙烯、聚氯乙烯、聚丙烯、聚苯乙烯、聚酰胺和聚碳酸酯等。

中空吹塑成型装置包括型坯成型与吹塑成型两部分。型坯成型主要用到挤出机、机头及口模等，此处不再详述。吹胀装置包括吹气机构、模具及其冷却系统、排气系统等部分。现分述如下。

（1）吹气机构

吹气机构应根据设备条件、制品尺寸、制品厚度分布要求等选定。空气压力应以吹胀型坯得到轮廓图案清晰的制品为原则。一般有针管吹气、型芯顶吹、型芯底吹三种方式。

① 针吹法。如图 7-12 所示，吹气针管安装在模具型腔的半高处，当模具闭合时，针管向前穿破型坯壁，压缩空气通过针管吹胀型坯，然后吹针缩回，熔融物料封闭吹针遗留的针

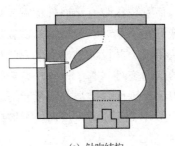

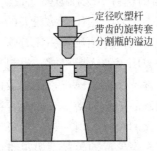

(a) 针吹结构　　　　　(b) 具有定径和切径作用的顶吹装置

图 7-12　针吹与顶吹吹胀机构与模具示意图

孔。另一种方式是在制品颈部有一伸长部分，以便吹针插入，又不损伤瓶颈。在同一型坯中可采用几支吹针同时吹胀，以提高吹胀效果。

针吹法的优点是：适于不切断型坯连续生产的旋转吹塑成型，吹制颈尾相连的小型容器，对无颈吹塑制品可在模具内部装入型坯切割器，更适合吹制有手柄的容器，手柄本身封闭与本体互不相通的制品。

缺点是：对开口制品由于型坯两端是夹住的，为获得合格的瓶，需要修饰加工，模具设计比较复杂，不适宜大型容器的吹胀。

② 顶吹法。如图 7-12 所示，顶吹法是通过型芯吹气。模具的颈部向上，当模具闭合时，型坯底部夹住，顶部开口，压缩空气从型芯通入，型芯直接进入开口的型坯内并确定颈部内径，在型芯和模具顶部之间切断型坯。较先进的顶吹法型芯由两部分组成。一部分定瓶颈内径，另一部分是在吹气型芯上滑动的旋转刀具，吹气后，滑动的旋转刀具下降，切除余料。

顶吹法的优点是：直接利用型芯作为吹气芯轴，压缩空气从十字机头上方引进，经芯轴进入型坯，简化了吹气机构。顶吹法的缺点是：不能确定内径和长度，需要附加修饰工序。

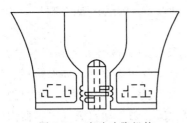

图 7-13　底吹吹胀机构
与模具示意图

压缩空气从机头型芯通过，影响机头温度。为此，应设计独立的与机头型芯无关的顶吹芯轴。

③ 底吹法。底吹法的结构如图 7-13 所示，挤出的型坯落到模具底部的型芯上，通过型芯对型坯吹胀。型芯的外径和模具瓶颈配合以固定瓶颈的内外尺寸。为保证瓶颈尺寸的准确，在此区域内必须提供过量的物料，这就导致开模后所得制品在瓶颈分型面上形成两个耳状飞边，需要后加工修饰。

底吹法适用于吹塑颈部开口偏离制品中心线的大型容器及有异形开口或有多个开口的容器。底吹法的缺点：进气口选在型坯温度最低的部位，也是型坯自重下垂厚度最薄的部位，当制品形状较复杂时，常导致制品吹胀不充分。另外，瓶颈耳状飞边修剪后留下明显痕迹。

（2）吹塑模具

吹塑模具通常是由两瓣合成，并设有冷却剂通道和排气系统。

① 模具的材质。吹塑模具结构较简单，生产过程中所承受压力不大，对模具的强度要求不高。常选用铝、锌合金，铍铜和钢材等，应根据生产制品的数量、质量和塑料品种来选择。铝合金易于铸造和机械加工，多用于形状不规则的容器；铝的热导率高，机械加工性优

良，可采用冷压技术制造不规则形状的模具，还可采用喷砂处理使模腔表面形成小凹坑，有利于排除模腔内的空气；铍铜易传热，利于模具冷却，多用作硬质塑料的吹塑模具及需要在容器本体上有装饰性刻花图案的模具；工具钢用作大批量生产硬质塑料制品的模具，多选用洛氏硬度 45～48 的材质，内表面应抛光镀铬，以提高制品的表面光泽。

② 模具的冷却系统。冷却系统直接影响制品性能和生产效率，因此合理设计和布置很重要，一般原则是：冷却水道与型腔的距离各处应保持一致，保证制品各处冷却收缩均匀。其距离一般为 10～15mm，根据模具的材质、制品形状和大小而定。在满足模具强度要求下，距离愈小，冷却效果愈好；冷却介质（水）的温度保持在 5～15℃为宜。为加快冷却，模具可分为上、中、下三段分段冷却，按制品形状和实际需要来调节各段冷却水流量，以保证制品质量。

冷却系统结构：内部互通的水道；模具铸成后钻出水道；将冷却蛇彩管铸入模具中冷却流道在模具铸造时一体制成；在型腔制成后再机械加工冷却系统等，其形状、结构、流向和密封形式很多，应根据模具不同而异。

③ 模具的排气系统。排气系统是用以在型坯吹胀时，排除型坯和模腔壁之间的空气，如排气不畅，吹胀时型腔内的气体会被强制压缩滞留在型坯和模腔壁之间，使型坯不能紧贴型腔壁，导致制品表面产生凹陷和皱纹，图案和字迹不清晰，不仅影响制品外观，甚至会降低制品强度。因此，模具应设置排气孔或排气槽。

6. 浇铸成型

浇铸又称铸塑，它是借用金属浇铸方法而来。浇铸通常是将已准备好的浇铸原料（通常是单体，经初步聚合或缩聚的浆状物或聚合物与单体的溶液等）注入一定的模具中使其固化，得到与模具型腔相似的制品。这种方法也称静态铸塑法。在此基础上还发展了一些其他方法，如嵌铸、离心浇铸、流延铸塑、搪塑、滚塑等。本章将按浇铸方法来分类讨论其工艺，同时也涉及所有的塑料和模具。

浇铸成型时很少施用压力，对模具和设备的强度要求较低，投资较小，对产品的尺寸限制较小，宜生产大型制品。此外，产品内应力低也是一种优点。因而近年来生产上有较大增长。缺点是成型周期长，制品尺寸准确性较差。

静态浇铸的制品设计和模具设计，在总的要求上和注射成型是相同的。由于过程多在较低的压力下进行，因此对模具强度的要求都不高，只要模具材料对浇铸过程无不良影响，能经受浇铸过程所需要的温度和加工性能良好即可。常用的制模材料有铸铁、钢、铝合金、型砂、硅橡胶、塑料、玻璃以至水泥、石膏等，选用时需视塑料品种、制品要求及所需数量而定。例如，环氧塑料在小批量生产时可用石膏模，而大量生产则用金属模。此外环氧树脂用于电子零件的封装中，有时零件本身或其外壳已起到模具的作用。

对于一些外形简单的制品，模具一般只用阴模（上部敞开）。使用此类模具，由于浇铸过程中塑料因固化而发生体积收缩（如己内酰胺浇铸时，收缩可达 15%～20%），将产生制品高度的减小和上表面的不平整，因此模具高度应考虑有充分的余量，以便在制品脱模后进行切削加工。

使用强度较差的模具材料，特别是在生产大型制品（如在汽车、飞机制造中用作压制工具的环氧塑料制品）时，为使模具有足够的刚度，常以其他硬性材料制成模框作为支承体。这种支承体又常称作模框、模座、骨架或基体。支承体的材料常用钢、木材、石膏（在用软塑料或橡皮模具时）。

用于环氧塑料的模具，有常压和真空浇铸两类。按照模具的不同又可分为敞开式浇铸、水平浇铸（正浇铸）、侧立式浇铸、倾斜式浇铸等。采用不同的浇铸方式主要有利于料流的充满模具和气泡的排出或使气泡移至非工作部位去。

敞开式浇铸，如图7-14所示，装置较简单，一般只有阴模；易于排气，因而所得制品内部的缺陷较少，通常用于制造外形较简单的制品。

水平式浇铸，如图7-15所示。它是将所生产制品的基体（制品中作为支承塑料部分用的）事先安装固定于阴模之上，然后用密封板密封，再向基体上的浇口铸入环氧塑料并借基体上的排气口排气。密封板可用石棉板或油毛毡。用石膏浆或环氧胶泥密封其缝隙。此种方法适用于制造飞机或汽车工业中使用的环氧塑料模具。

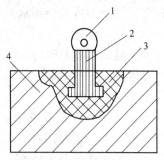
图7-14 敞开式浇铸
1—固定嵌件及拔出制品圆环；
2—嵌件；3—制品；4—阴模

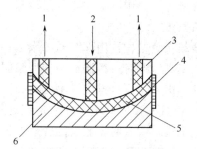
图7-15 水平式浇铸
1—排气口；2—浇口；3—基体；
4—密封板；5—环氧塑料；6—阴模

侧立式浇铸，如图7-16所示。它是将两瓣模具（或一瓣为基体）对合并侧立放置，两瓣模具对合时中间所余的缝隙即为模腔。对合缝处用环氧胶泥或石棉板与石膏浆密封。侧立放置模具的顶部留出环氧塑料的浇口和排气口。模具外部用固定夹夹紧，环氧塑料即由浇口铸入。此法的优点是可使制品的气泡集中在制品顶部非工作部位，而较之相似制品用平放模时有较高的制品质量。

真空浇铸，如图7-17所示。为了更好地排气，可以用抽真空的方法将模具型腔内的空气抽出，使之在真空下进行浇铸，真空度以维持在99.9kPa以上为宜。对于小型模具可直接放在真空烘箱中进行浇铸，而对于较大的模具则可采用对模具型腔直接抽真空的方法浇铸。使用此法时应选用难挥发的硬化剂，真空管道也应定时清理。真空浇铸不仅可使制品中气泡减少，并可使模具型腔中事先铺垫增强的玻璃毡或布从而提高制品的机械强度。

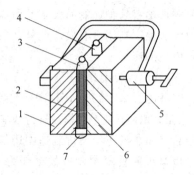
图7-16 侧立式浇铸示意
1—模具；2—制品；3—排气口；4—浇口；
5—G形夹；6—模具或基体；7—密封物

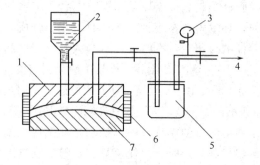
图7-17 真空浇铸示意
1—隐模或基体；2—浇铸用环氧塑料容器；3—真空表；
4—连接真空装置；5—过滤罐；6—密封板；7—阳模

　　用于甲基丙烯酸甲酯铸塑的模具，有它独自的特点。铸塑片材的模具通常是用下述方法制造：用两块表面平整无缺的硅酸盐玻璃板，厚约 1cm，长 1.0～2.2m，宽 0.9～1.4m。将玻璃板上的灰垢及绒毛等洗涤，擦净并干燥。然后将已清洁干燥的两块玻璃板对齐平放在桌上并用等厚的小木板（也可用聚氯乙烯块或有机玻璃块）衬在两块玻璃板的边角上将其隔开。沿着两块玻璃板的四周，依次用等厚而贴有玻璃纸的橡皮条（也可用软聚氯乙烯或铝等做的条状物）放在玻璃板四边，但应在其一边留出长约 20mm 的缺口作为浇铸口。原作隔开用的小木块应在衬橡皮条的过程中及时抽去。衬垫安好后，凡有衬垫的部位均应用胶（如丙烯酸树脂、熟糯米糊等）加以密封。最后还需用橡皮带或牛皮纸紧包封边并用夹子夹紧。即可作为铸塑板材的模具用。

　　制造棒或管材时，一般用铝或铅为模具，不同的只是运用的方法。铸塑棒材时，当模具（铝管）灌满液态原料后，继续聚合是在静态加热下完成的。而在铸塑管材时，铝管内只装入小于其容量很多的液态原料，并用氮气或二氧化碳排去管内空气，然后将其封闭。原料的继续聚合则是在将管子平放并沿管轴旋转（200～300r/min）和加热（常用热水浇淋）下完成的。

　　7. 压延成型

　　压延成型简称压延，它是将加热塑化的热塑性塑料通过已系列加热的压辊，使其连续成型薄膜或片材的一种成型的方法。压延成型所采用的原料主要是聚乙烯，其次是乙烯-乙酸乙烯酯共聚物以及改性聚苯乙烯等塑料。压延产品除薄膜和片材外，还有人造革和其他涂层制品。薄膜和片材之间的区分主要在于厚度，但也与其柔韧性有关。

　　压延成型的生产特点是加工能力大。生产速度快，产品质量好，生产连续。一台普通四辊压延机的年加工能力达 5000～10000t，生产薄膜时的线速度为 60～100m/min，甚至可达 300m/min。压延产品厚薄均匀，厚度公差可控制在 10% 以内，而且表面平整，若与轧花辊或印刷机械配套还可直接得到各种花纹和图案。此外，压延生产的自动化程度高，先进的压延成型联动装置只需 1～2 人操作。压延成型的主要缺点是设备庞大，投资较高，维修复杂、制品宽度受压延机滚筒长度的限制等，因而在生产连续片材方面不如挤出成型的技术发展快。

　　压延过程可分为前后两个阶段：前阶段是压延前的备料阶段，主要包括所用塑料的配料、塑化和向压延机供料等。后阶段，包括压延、牵引、轧花、冷却、卷取、切割等，是压延成型的主要阶段。图 7-18 所示为压延生产中常用的四种工艺过程，正方形表示原料、中间产物或成品，箭头表示流程前进的方向。

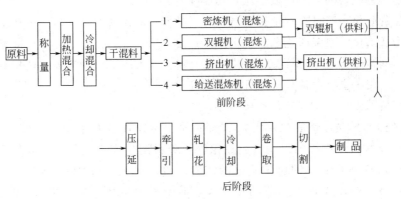

图 7-18　压延成型工艺过程

8. 包装用单膜与复合膜的成型方法

塑料薄膜指的是厚度很小的可挠性材料,其厚度一般小于 0.03mm;厚度在 0.03~0.06mm 之间通常称为片材;厚度大于 0.06mm 的被称为板材。塑料薄膜生产的方法有挤出法和压延法,其中挤出法又可分为使用圆口机头的吹塑法和使用狭缝机头的流延法。其中流延法所生产的薄膜幅度较宽,但需使用溶剂,故成本较高。

复合薄膜的制造方法可分为胶黏复合、熔融涂布复合和共挤复合三种。胶黏复合是将两种或两种以上的基材借胶黏剂将它们复合为一体。熔融涂布复合是通过挤出机将热塑性塑料熔融塑化成膜,立即与基材相贴合、压紧,冷却后即成为一体的复合薄膜。共挤复合是采用数个挤出机将塑料塑化,按层次挤出,利用吹塑法或流延法制成复合膜。

在塑料薄膜表面利用真空金属蒸镀可在其表面镀上一层极薄的金属膜,即可成金属化塑料薄膜,如在 PET、PP、PE、PVC 等表面镀铝或其他一些金属,可形成金属膜。由于金属化塑料薄膜可提高防湿性、密封性、遮光性、卫生性,并提高表面装潢作用,故应用日益广泛。

二、橡胶成型加工

橡胶因使用温度在高弹状态,成型加工与塑料有一定区别。一般包括塑炼、混炼、压延、压出、成型、硫化 6 个工序。

① 塑炼。塑炼是使生胶由弹性态转变为可塑状态的工艺过程。生胶具有很高的弹性,不便于加工成型。经塑炼后可获得适宜的可塑性和流动性,有利于后工序的进行,如混炼时配合剂易于均匀分散,压延时胶料易于渗入纤维织物。

② 混炼。将各种配合剂混入生胶中制成质量均匀的过程称为混炼。

③ 压延和压出。混炼胶通过压延和压出等工艺,可以制成一定形状的半成品。

a. 压延。压延是物料受到延展的工艺过程。橡胶的压延是指通过压延机辊筒间对胶料进行延展变薄的作用,制备出一定厚度和宽度的胶片或织物涂胶层的工艺过程。

b. 压出。压出工艺是胶料在压出机机筒和螺杆间的挤出作用下,连续通过一定形状的口型,制成各种形状半成品的工艺过程。

④ 成型。成型是构成制品的各部件,通过粘贴、压等方法组成具有一定形状的整体的过程。

⑤ 硫化。硫化是胶料在一定条件下,相交大分子由线形结构转变为网状结构的交联过程,其目的是改善胶料的物理机械性能和其他性能。

橡胶制品的硫化一般是在一定温度与压力下进行。硫化的方法很多,按其使用的硫化条件不同可分为冷硫化、室温硫化和热硫化三种。按采用的不同介质可分为直接蒸汽硫化和直接热水硫化、间接硫化也称间接蒸汽硫化和混气硫化(采用蒸汽和空气两种介质)。

橡胶成型所用的主要设备是开炼机与密炼机。

(1) 开炼机

开炼机又称为开放式炼胶机和开放式炼塑机。它是通过两个相对旋转的辊筒对橡胶和塑料进行挤压和剪切作用的设备。它在橡胶和塑料制品加工过程中得到较广泛的应用。开炼机的发展已有 100 多年的历史,它的结构简单,加工适应性强,使用也很方便。可是,开炼机存在着劳动条件差,劳动强度大,能量利用不尽合理,物料易发生氧化等缺点,它的一部分工作已由密炼机所代替。但由于开炼机具有其自身的特点,至今仍得到广泛应用。

随着橡胶和塑料工业的不断发展，开炼机的结构和性能有了很大改进，其发展动向是提高机械自动化水平，改善劳动条件，提高生产效率，缩小机台占地面积，完善附属装置和延长使用寿命等方面。近年来，由于开炼机从结构上作了进一步的改进，其在技术上达到了一个新的水平。

各种类型开炼机的基本结构是大同小异的。它主要由两个辊筒、辊筒轴承、机架、横梁、传动装置、辊距调整装置、润滑装置、加热或冷却装置、紧急停车装置、制动装置和机座等组成。开炼机的一种常见结构如图 7-19 所示。其两个辊筒 1 和 2 平行放置及相对回转，辊筒为中空结构，内部可通入介质加热或冷却。在机架 4 上，机架则与横梁 5 用螺栓固定连接，组成一个力的封闭系统，承受工作时的全部载荷。机架下端用螺栓固定在机座 6 上，组成一个机器整体。安装在机架 4 上的调距机构 7，通过调距螺杆与前辊筒轴承连接，转动手轮 8 进行两辊筒之间的辊距调整。后辊

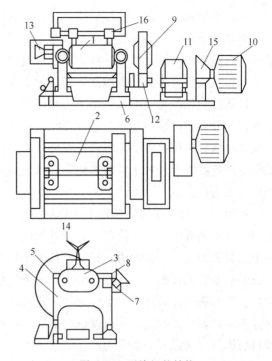

图 7-19 开炼机的结构

1—前辊筒；2—后辊筒；3—辊筒轴承；4—机架；
5—横梁；6—机座；7—调距机构；8—手轮；
9—大驱动齿轮；10—电动机；11—减速器；
12—小驱动齿轮；13—速比齿轮；14—安全杆；
15—电磁抱闸；16—挡板

筒一端装有大驱动齿轮 9，由电动机 10 通过减速器 11 带动小驱动齿轮 12 将动力传到大驱动齿轮 9 上，使后辊筒转动，后辊筒另一端装有速比齿轮 13，它与前辊筒上的速比齿轮啮合，使前、后辊筒 1 和 2 同时以不同线速度相对回转。为调整混炼过程辊筒的温度，由冷却系统或加热系统通过辊筒内腔提供冷却介质或加热介质。如出现紧急情况，可拉动开炼机上端的安全杆 14，开炼机便自动切断电源，并通过电磁抱闸 15 使开炼机紧急刹车。为了防止物料从辊筒两端之间挤入辊筒轴承部位，装有挡板 16。

（2）密炼机

密炼机是在开炼机基础上发展起来的一种高强度间歇混合设备。其特点为混炼是密闭的，因而工作密封性好，混合过程中物料不会外泄，可减少混合物中添加剂的氧化或挥发。混炼室的密闭有效地改善了工作环境，降低了劳动强度，缩短了生产周期，并为自动控制技术的应用创造了条件。

密炼机的结构形式较多，但主要由 5 个部分和 5 个系统组成。5 个系统是：加热冷却系统、气动控制系统、液压传动系统、润滑系统和电控系统。

加热冷却系统主要由管道、阀门组成。在操作时可通入冷却水或蒸汽，冷却加热密炼机的上、下顶栓，密炼机室和转子，使密炼机正常工作。

液压系统主要由一个双联叶片泵、油箱、阀板、冷却器及管道组成。它给卸料机构提供

动力。

气动控制系统，由空气压缩机，气阀、管道组成。它主要给加料压料机构提供动力。

为减少旋转轴、轴承、密封装置等各个转动部分的摩擦，增加其使用寿命，设置了润滑系统。润滑系统主要由油泵、分油器、管道等组成。

电控系统是全机的操作控制中心，主要由电控箱、操作台和各种电气仪表组成。

密炼机在橡胶工业中主要用于天然橡胶及其他高聚物弹性体的塑炼、橡胶与炭黑及其他配合剂的混炼，以制备塑炼胶或混炼胶。

在密炼机工作过程中，物料所受到的机械捏炼作用十分复杂。各种不同截面的转子，其工作原理有些差异。由于椭圆形转子密炼机具有良好的混炼效果和较高的生产能力，在国内外应用较为广泛。

如图 7-20 所示是椭圆形转子密炼机混炼示意。物料从加料斗加入密炼室以后，加料门关闭，压料装置的上顶栓降落，对物料加压。物料在上顶栓压力及摩擦力的作用下，被带入两个具有螺旋棱、有速比的、相对回转的两转子的间隙中，致使物料在由转子与转子，转子与密炼室壁、上顶栓、下顶栓组成的捏炼系统内，受到不断变化和反复进行的剪切、撕拉、搅拌、折卷和摩擦的强烈捏炼作用，使物料破坏并升温，产生氧化断链，增加可塑度，使配料分散均匀，从而达到塑炼或混炼的目的。物料炼好后，卸料门打开，物料从密炼室下部的排料口排出，完成一个加工周期。

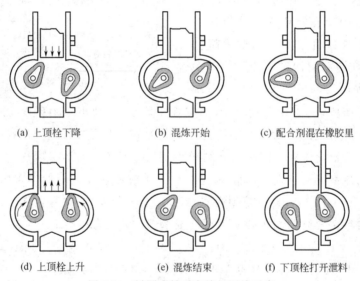

(a) 上顶栓下降   (b) 混炼开始   (c) 配合剂混在橡胶里

(d) 上顶栓上升   (e) 混炼结束   (f) 下顶栓打开泄料

图 7-20　椭圆形转子密炼机混炼示意

近年来，3D 打印技术的快速发展并日臻成熟，为新制剂的研发和智能型药品包装结构的加工带来了可靠的手段，需要我们关注并研究 3D 打印包装材料及工艺技术。

思　考　题

1. 按对与接触药品的影响将药包材分为哪三类？
2. 泡罩包装常用塑料包括哪些？
3. 用于大输液等液体制剂包装的药袋常用共挤出多层复合膜，其中所用树脂有聚乙烯、聚丙烯和聚酯等，但不包括聚氯乙烯，尤其是与药液接触层；为什么？

4. 塑料瓶盖通常采用的是注塑成型而不用中空吹塑成型技术，为什么？

5. 橡胶成型加工的一般工艺流程如何？

6. 简述开炼机和密炼机的结构与功能？

参 考 文 献

[1] 朱盛山. 药物制剂工程. 第2版. 北京：化学工业出版社，2009.

[2] 姚日生等. 药用高分子材料. 第2版. 北京：化学工业出版社，2008.

[3] 郑俊民. 药用高分子材料学. 第3版. 北京：中国医药科技出版社，2009.

[4] Joel R Fried. Polymer Science and Technology 聚合物科学与工程英文影印版. 第2版. 北京：化学工业出版社，2005.

[5] Otsu T，Yoshida M. Role of initiator-transfer agent-terminator（iniferter）in radical polymerizations：Polymer design by organic disulfides as iniferters. Die Makromolekulare Chemie，Rapid Communications，1982，3（2）：127-132.

[6] Tian Y K，Yang Z S，Lv X Q，et al. Construction of supramolecular hyperbranched polymers via the "tweezering directed self-assembly" strategy. Chemical Communications，2014，50（67）：9477-9480.

[7] ［苏］舍夫特尔 B. O. 聚合物材料毒性手册. 徐维正，何坤荣译. 北京：化学工业出版社，1991.

[8] 廖工铁. 靶向给药制剂. 成都：四川科学技术出版社，1997.

[9] Rujivipat S，Bodmeier R. Moisture plasticization for enteric Eudragit® L30D-55-coated pellets prior to compression into tablets. European Journal of Pharmaceutics and Biopharmaceutics，2012，81（1）：223-229.

[10] Schnabel W. 聚合物降解原理及应用. 陈用烈等译. 北京：化学工业出版社，1988.

[11] ［日］筱義人. 高分子表面的基础和应用. 徐德恒等译. 北京：化学工业出版社，1990.

[12] Qiao M，Zhang L，Ma Y，et al. A novel electrostatic dry coating process for enteric coating of tablets with Eudragit® L100-5. European Journal of Pharmaceutics and Biopharmaceutics，2013，83（2）：293-300.

[13] Peppas N A，Langer R. New challenges in biomaterials. Science，1994，263（5154）：1715-1720.

[14] 余传柏，陆绍荣，韦春. 高分子材料科学与工程专业实验教学改革初探. 高校实验室工作研究，2009（4）：22-23.

[15] 冯新德，唐熬庆，钱人元等. 高分子化学与物理专论. 广州：中山大学出版社，1984.

[16] 丁晓莉，朱玉莲，任远志等. 固体分散技术对缓释片中非洛地平的体外释放和在 Beagle 犬体内药动学的影响. 中国医药工业杂志，2016（02）：172-177.

[17] Fakhari A，Subramony J A. Engineered in-situ depot-forming hydrogels for intratumoral drug delivery. Journal of Controlled Release，2015，220：465-475.

[18] 国家药典委员会. 中华人民共和国药典. 北京，中国医药科技出版社，2015.

[19] United States Pharmacopoeia Convention. United States Pharmacopeia（USP-NF31）. Rockville：United States Pharmacopeial Convention，2015.

[20] 王森，伍伟聪，王彩媚等. 不同厂家羟丙甲纤维素部分功能性指标的研究. 广东药学院学报，2015（6）：705-708.

[21] 曹超，李扬，李金等. 微丸压片技术研究进展. 中国医药工业杂志，2017，48（5）：631-637.

[22] Viridéna A，Wittgrenb B，Anderssonb T，et al. Investigation of critical polymer properties for Polymer release and swelling of HPMC matrix tablets. European Journal of Pharmaceutical Sciences，2009，36：392-400.

[23] 郭宗儒. 药物分子设计. 北京：科学出版社，2005.

[24] 胡秀丽，谢志刚，黄宇彬等. 高分子药物学的研究进展与期盼. 高分子学报，2013（6）：733-749.

[25] Greene H L，Mostardi R F，Nokes R F. Effects of drag reducing polymers on initiation of atherosclerosis. Polymer Engineering & Science，1980，20（7）：499-504.

[26] Hinde E，Thammasiraphop K，Duong H T T，et al. Pair correlation microscopy reveals the role of nanoparticle shape in intracellular transport and site of drug release. Nature nanotechnology，2017，12（1）：81.

[27] Wang Q，Yao G，Dong P，et al. Investigation on fabrication process of dissolving microneedle arrays to improve effective needle drug distribution. European Journal of Pharmaceutical Sciences，2015，66：148-156.

[28] 张海，赵素合. 橡胶及塑料加工工艺. 北京：化学工业出版社，1997.

[29] 黄锐. 塑料成型工艺学. 第3版. 北京：中国轻工业出版社，2014.